建筑工程实用施工技术速学宝典

混凝土结构工程施工技术速学宝典

北京土木建筑学会　主编

中国・武汉

《混凝土结构工程施工技术速学宝典》

编委会名单

内 容 提 要

本书详细介绍了混凝土结构工程施工过程中的关键、核心及重点技术环节，主要内容包括模板工程、钢筋工程、混凝土工程、混凝土工程季节性施工、装配式结构工程、特殊混凝土工程及预应力混凝土工程。

本书是建筑工程项目各级工程技术人员、施工操作人员、工程建设监理人员、质量监督人员等的必备工具书，也可作为大中专院校相关专业及建筑施工企业职工的培训教材。

前　言

随着我国社会经济的快速发展、建设规模和建设领域投资的不断扩大，建筑工程施工技术日新月异，施工技术的种类和工艺也不断显示出多样性。为此，北京土木建筑学会组织有关单位和长期在建筑工程施工一线工作的工程技术人员，针对现场施工操作的实际情况，编写了这套“建筑工程实用施工技术速学宝典”丛书，以供广大施工、设计单位的技术人员工作、学习与参考应用。

本套丛书包括《地基与基础工程施工技术速学宝典》《钢结构工程施工技术速学宝典》《混凝土结构工程施工技术速学宝典》《砌体结构工程施工技术速学宝典》共四本。为了使丛书更具有学习性与实用性，更容易被建筑工程施工操作人员理解与掌握，我们针对建筑工程施工过程中所涉及的关键技术、重点难点技术和直接影响建筑工程施工质量、安全、环境保护等的重要因素，进行了总结和一定深度的剖析、详解，并以图表和文字相结合的形式突出建筑施工技术的重点，全书格局简约，要点明了，便于施工技术人员快速了解、掌握建筑施工技术的核心，易懂、易学、方便应用，可促进施工人员严格执行工程建设程序，坚持合理的施工程序、施工顺序和工艺，使建筑工程符合设计要求，同时满足材料、机具、人员等资源和施工条件要求。

本书包括模板工程、钢筋工程、混凝土工程、混凝土工程季节性施工、装配式结构工程、特殊混凝土工程及预应力混凝土工程。

本书内容丰富、翔实，语言简洁，重点突出，力求做到图、文、表并茂，表述准确，取值有据，具有较强的可读性和指导性。本书是建筑工程项目各级工程技术人员、施工操作人员、工程建设监理人员、质量监督人员等的必备工具书，也可作为大中专院校相关专业及建筑施工企业职工培训教材，有助于提高建筑施工企业工程技术人员的整体素质及业务水平。

由于水平有限，书中难免会有不足之处，恳请广大读者批评指正，以便再版时修订。

编　者

2012 年 8 月

目　录

第一部分　模板工程

一、全钢大模板安装、拆除技术要点

1. 全钢大模板安装前的技术准备工作

1）内外墙全现浇混凝土工程施工中，全钢大模板支设，如图 1-1 所示。

2）轴线和标高引测。

（1）轴线测设：每栋建筑物的各个大角和流水段分段处，均应设置标准轴线控制桩，据此用经纬仪引测各层控制轴线。然后拉通尺放出其他墙体轴线、墙体的边线、大模板安装位置线和门洞口位置线等。采用筒模时，还应放出十字控制线。

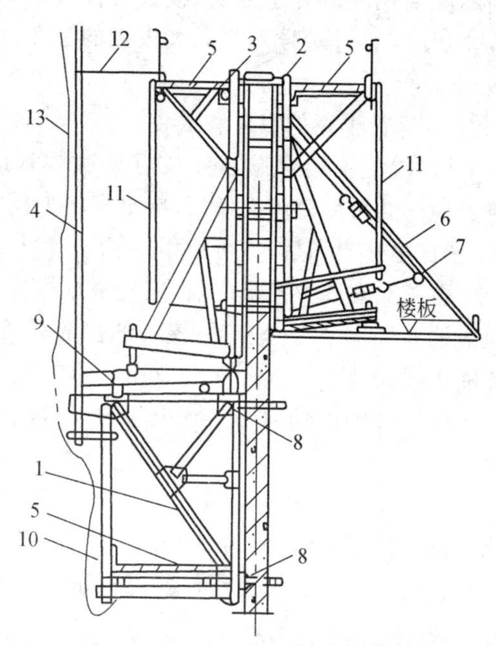

图 1-1　全钢大模板支设示意图

1—三角挂架；2—外墙内侧大模板；3—外墙外侧大模板；4—防护栏；5—操作平台；6—防侧移撑杆；7—防侧移位花篮螺栓；8—L 形螺栓挂钩；9—模板支承滑道；10—下层吊笼吊杆；11—上人爬梯；12—临时拉结；13—安全网

（2）水平标高测设：每栋建筑物设标准水平控制桩 1～2 个，并将水平标高引测到建筑物的首层墙上，作为水平控制线。各楼层的标高均以此线为基准，用钢尺逐层引测。每个楼层设两条水平线，一条离地面 500 mm 高，供立口和装修工程用；另一条距楼板下皮 100 mm，用以控制墙体找平层和楼板模板安装的高度。另外，在墙体钢筋上应弹出水平线，据此抹出砂浆找平层，以控制外墙板和大模板安装的水平度。为控制楼层标高，在确定外墙板找平层、混凝土内墙上口标高以及模板标高、砖墙顶部标高时，应预先进行抄平，并设明显标志。轴线和标高引测，均应由质量检查人员或施工员负责验线。

3）大模板现场堆放。

（1）由于大模板体形大、比较重，故应堆放在塔式起重机工作半径范围之内，以便于直接吊运。在拟建工程的附近，留出一定面积的堆放区。每块组合式大模板平均占地时间约 8 d，按 5 条轴线的流水段的外板内浇工程，模板占地约 270 m^2；内外墙全现浇工程，模板占地 430～480 m^2；筒体模占地面积应适当增加。

（2）如为外板内浇工程，在平面布置中，还必须妥善安排预制外墙板的堆放区，亦应堆放在塔式起重机起吊半径范围之内。

4）大模板运到现场后，要清点数量，核对型号，清除表面锈蚀和焊渣，板面缝隙要用环氧腻子嵌实，模板背面要刷好防锈漆，并用醒目字体注明模板编号，以便安装时对号入座。大模板的三角挂架、平台、护身栏以及工具箱，必须齐全。

5）进行模板的组装和试装。

（1）混凝土结构施工前，必须对大模板的自稳角进行调试，检查地脚螺栓是否灵便。如采用筒体大模板，应事先将大模板组装好，检查支撑杆和铰链是否灵活，调试运转自如后，方可使用。

在正式安装大模板之前，应先根据模板的编号进行试验性安装就位，以检查模板的各部尺寸是否合适，模板的接缝是否严密，发现问题及时处理，待解决后才能正式安装。

（2）如采用筒体模时，应事先进行全面组装，并调试运转自如后方能使用。

6）安装模板前必须做好抄平放线工作，并在大模板下部抹好找平层砂浆，依据放线位置进行大模板的安装就位。也可以在墙体根部用专用模具先浇筑 50～100 mm 高的混凝土导墙，然后依据导墙位置安装模板。

2. 全钢大模板构造

1）内墙全钢大模板构造。

（1）整体式大模板：又称平模，是将大模板的面板、骨架、支撑系统和操作平台组拼焊成一体。这种大模板由于是按建筑物的开间、进深尺寸加工制造的，通用性差，并需用小角模解决纵、横墙角部位模板的拼接处理，仅适用于大面积标准住宅的施工，目前已较少使用。

（2）组合式大模板：组合式大模板是目前最常用的一种模板形式。它通过固定于大模板板面的角模，可以把纵、横墙的模板组装在一起，用以同时浇筑纵、横墙的混凝土。并可适应不同开间、进深尺寸的需要，利用模数条模板加以调整。

面板骨架由竖肋和横肋组成，直接承受面板传来的荷载。竖肋，一般采用 60 mm×6 mm 扁钢，间距 400～500 mm；横肋（横龙骨），一般采用 8 号槽钢，间距为 300～350 mm；竖龙骨采用成对 8 号槽钢，间距为 1000～1400 mm（图 1-2）。

横肋与板面之间用断续焊，焊点间距在 20 cm 以内。竖向龙骨与横肋之间要满焊，形成整体。

横墙模板的两端，一端与内纵墙连接，端部焊扁钢，做连接件（图 1-2）；另一端与外墙板或外墙大模板连接，通过长销孔固定角钢；或通过扁钢与外墙大模板连接（图 1-2）。

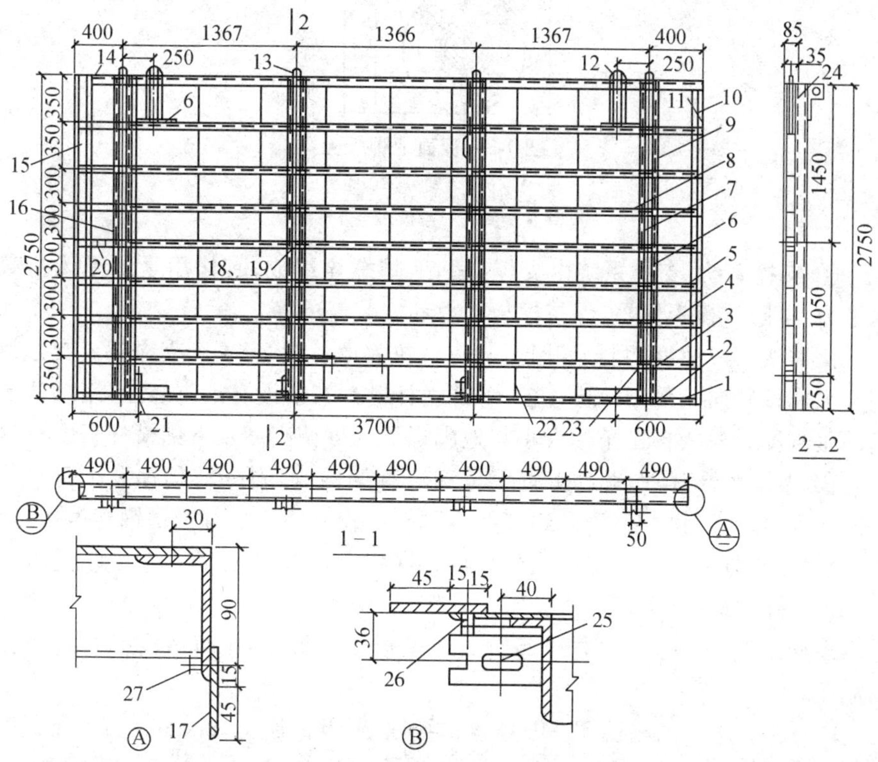

图 1-2　组合大模板板面系统构造

1—面板；2—底横肋（横龙骨）；3、4、5—横肋（横龙骨）；6、7—竖肋（竖龙骨）；8、9、22、23、24—小肋（扁钢竖肋）；10、17—拼缝扁钢；11、15—角龙骨；12—吊环；13—上卡板；14—顶横龙骨；16—撑板钢管；18—螺母；19—垫圈；20—沉头螺丝；21—地脚螺丝；25—连接销孔；26、27—连接螺栓

纵墙大模板的两端，用角钢封闭。在大模板底部两端，各安装一个地脚螺栓（图 1-3），以调整模板安装时的水平度。

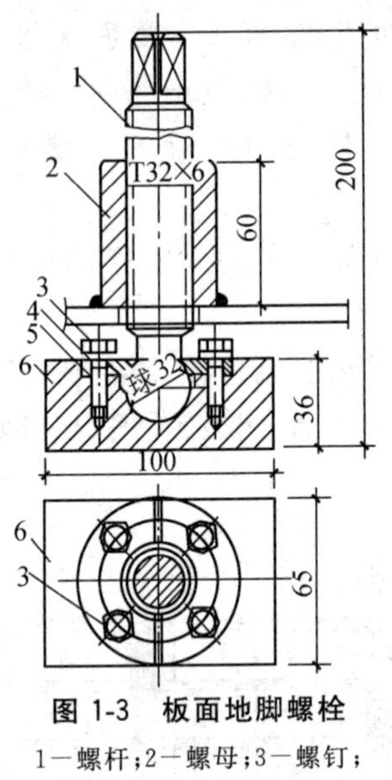

图 1-3 板面地脚螺栓

1—螺杆;2—螺母;3—螺钉;
4—弹簧垫圈;5—盖板;6—方形底座

① 支撑系统:支撑系统由支撑架和地脚螺栓组成,其作用是承受风荷载和水平力,以防止模板倾覆,保持模板堆放和安装时的稳定。

支撑架一般用型钢制成(图 1-4)。每块大模板设 2~4 个支撑架。支撑架上端与大模板竖向龙骨用螺栓连接,下部横杆槽钢端部设有地脚螺栓,用以调节模板的垂直度。模板自稳角的大小与地脚螺栓的可调高度及下部横杆长度有关。

② 操作平台:操作平台由脚手板和三脚架构成,附有铁爬梯及护身栏。三脚架插入竖向龙骨的套管内,组装及拆除都比较方便。护身栏用钢管做成,上下可以活动,外挂安全网。每块大模板设置铁爬梯一个,供操作人员上下使用。

(3) 拼装式钢大模板:其板面与骨架以及骨架中各钢杆件之间的连接全部采用螺栓组装(图 1-5),这样比组合式大模板便于拆改,也可减少因焊接而变形的问题。

① 板面:板面与横肋用 M6 螺栓连接固定,其间距为 35 cm。为了保证板面平整,板面材料在高度方向拼接时,应拼接在横肋上;在长度方向拼接时,应在接缝处后面铺一木龙骨。

② 骨架:横肋及周边边框全用 M16 螺栓连接成骨架,连接螺孔直径为 18 mm。为了防止木质板面四周损伤,可在其四周加槽钢边框,槽钢型号应比中部槽钢大一个板面厚度。如采用 20 mm 厚胶合板,普通横肋为[8,则边框应采用[10;若采用钢板板面,其边框槽钢与中部槽钢尺寸相同。各边框之间焊以 8 mm厚钢板,钻 ϕ18 mm 螺孔,用以互相连接。

竖向龙骨用[10 成对放置,用螺栓与横龙骨连接。

骨架与支撑架及操作平台的连接方法与组合式模板相同。

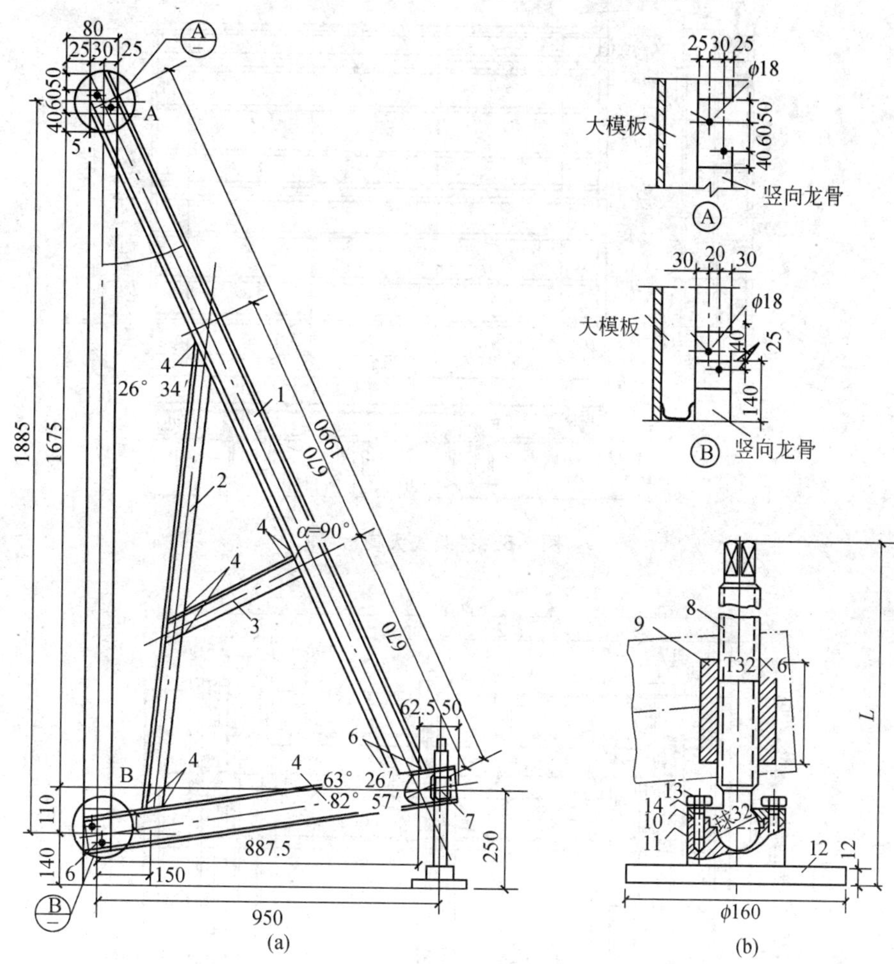

图 1-4　支撑架及地脚螺栓

(a)支撑架;(b)地脚螺栓

1—槽钢;2、3—角钢;4—下部横杆槽钢;5—上加强板;6—下加强板;7—地脚螺栓;
8—螺杆;9—螺母;10—盖板;11—底座;12—底盘;13—螺钉;14—弹簧垫圈

2) 外墙全钢大模板构造。

全现浇剪力墙混凝土结构的外墙模板结构与组合式大模板基本相同,但有所区别。除其宽度要按外墙开间设计外,还要解决以下几个问题。

(1) 门窗洞口的设置。一种做法是将门窗洞口部位的骨架取掉,按门、窗洞口尺寸,在模板骨架上做一边框,并与模板焊接为一体(图 1-6)。门、窗洞口的开洞,宜在内侧大模板上进行,以便于振捣混凝土时进行观察。

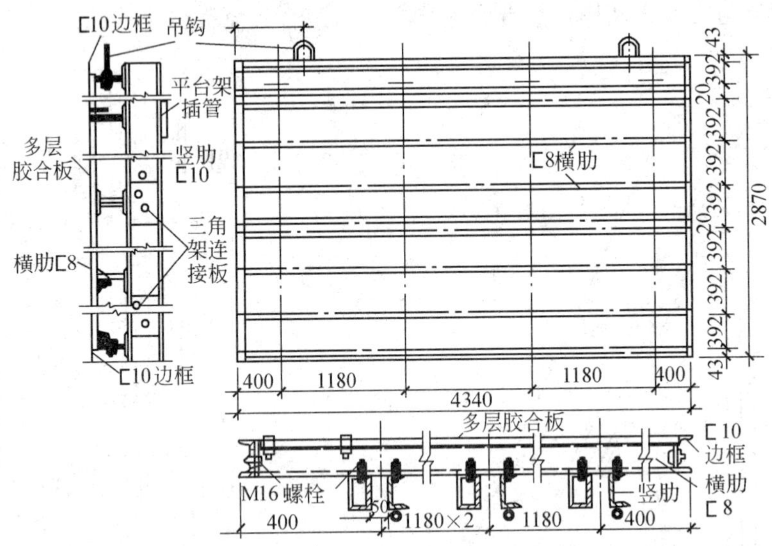

图 1-5 拼装式大模板

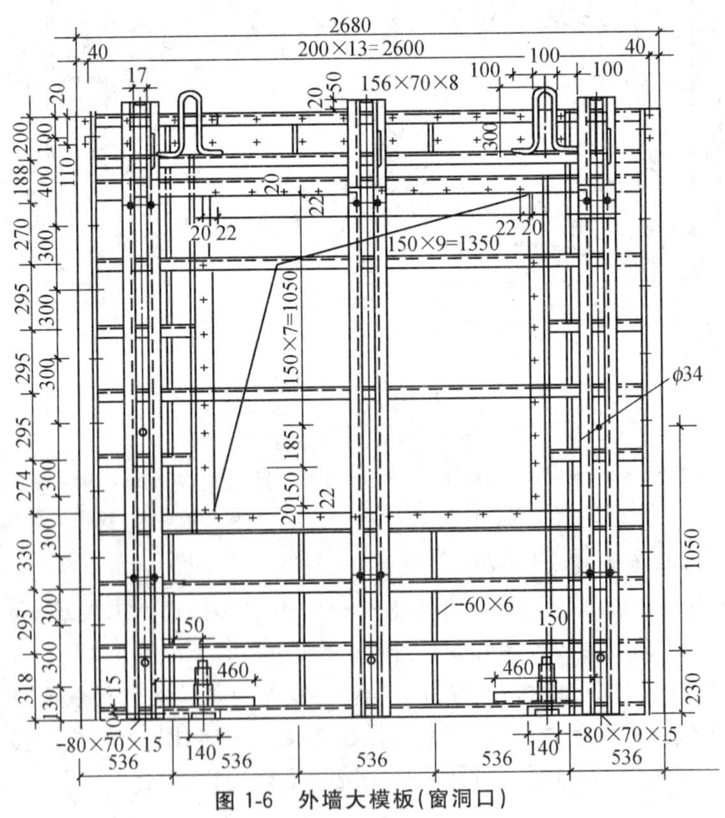

图 1-6 外墙大模板(窗洞口)

另一种做法是：在外墙内侧大模板上，将门、窗洞口部位的板面取掉，同样做一个型钢边框，并采取以下两种方法支设门、窗洞口模板。

① 散装散拆方法：按门、窗洞口尺寸先加工洞口的侧模和角模(图 1-7a、b)，钻连接销孔。在大模板骨架上按门、窗洞口尺寸焊接角钢边框，其连接销孔位置要和门、窗洞口模板一致。支模时，将门、窗洞口模板用 U 形卡与角钢固定(图 1-7c)。

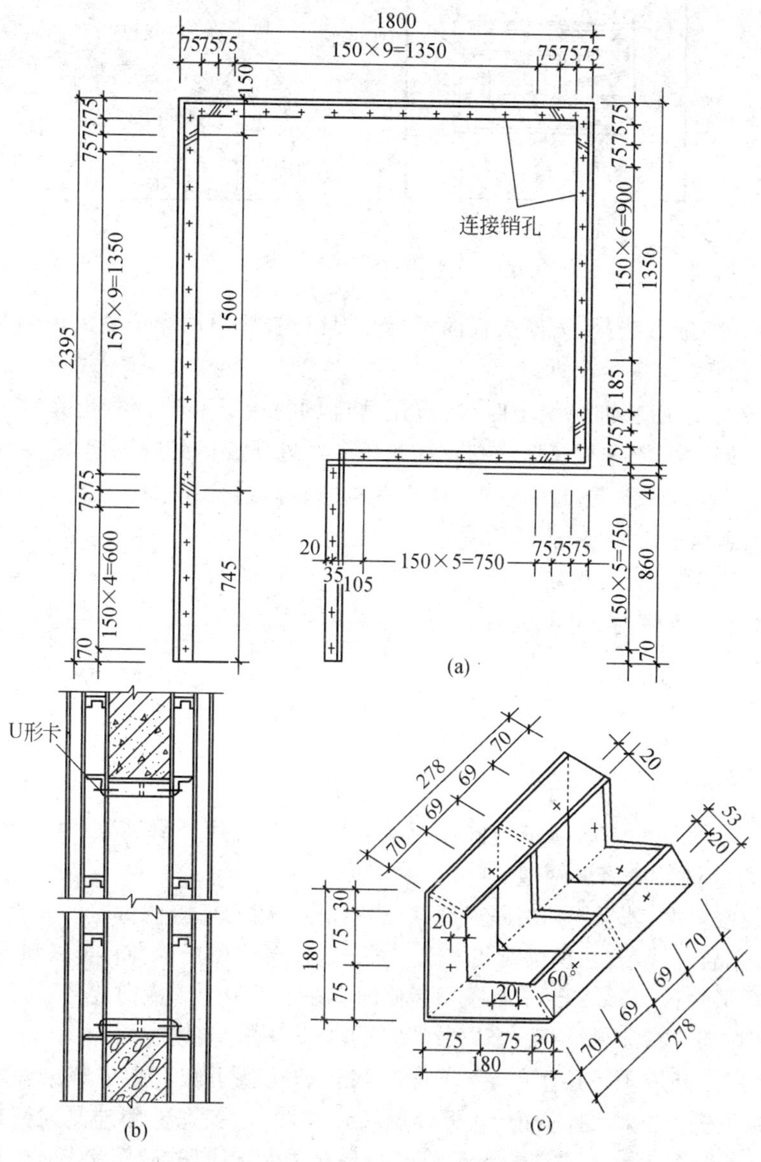

图 1-7　散装散拆门、窗洞口模板

(a)门、窗洞口模板组装图；(b)门、窗洞口模板安装后剖面图；(c)角模

② 板角结合方法：在模板板面门、窗洞口各个角的部位设专用角模，门、窗洞口的各面做条形板模，各板模用合页固定在大模板板面上。支模时用钢筋钩将其支撑就位，然后安装角模。角模与侧模用企口缝连接(图 1-8)。

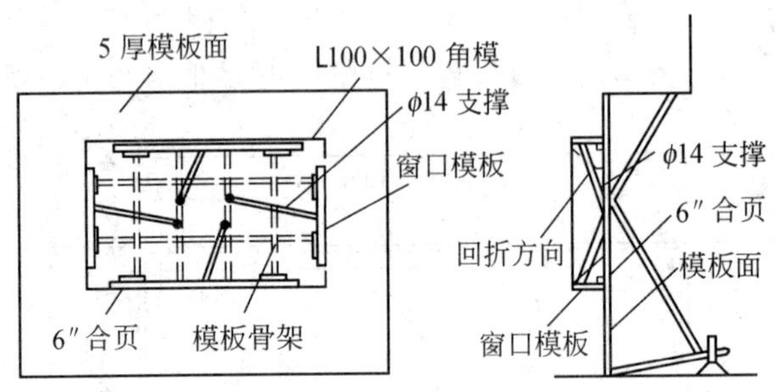

图 1-8 外墙窗口模板固定方法

目前最新的做法是：大模板板面不再开门窗洞口，门洞和窄窗采用假洞口框固定在大模板上，装拆方便。

(2) 外墙采用装饰混凝土时，要选用适当的衬模。装饰混凝土是利用混凝土浇筑时的塑性，依靠衬模形成有花饰线条和纹理质感的装饰图案，是一种新的饰面技术。它的成本低，耐久性好，能把结构与装修结合起来施工。

① 铁木衬模：用 2 mm 厚铁皮加工成凹凸形图案，与大模板用螺栓固定。在铁皮的凸槽内，用木板填塞严实(图 1-9)。

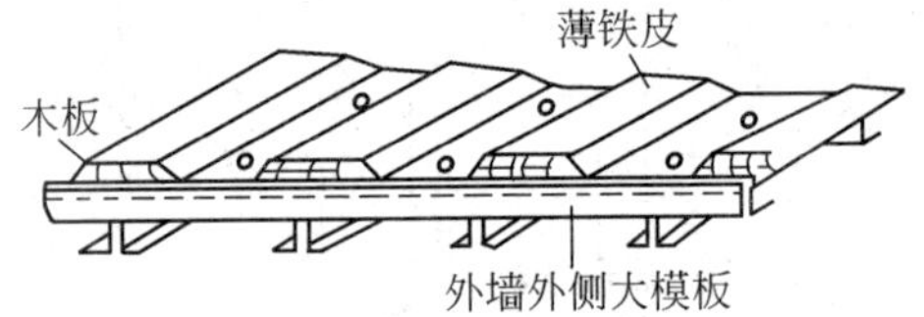

图 1-9 铁木衬模

② 角钢衬模：用∟30×30 角钢，按设计图案焊接在外墙外侧大模板板面即可(图 1-10)。焊缝须磨光。角钢端部接头、角钢与模板的缝隙及板面不平处，均应用环氧砂浆嵌填、刮平、磨光，干后再涂刷环氧清漆两遍。

③ 橡胶衬模：若采用油类隔离剂，应选用耐热、耐油橡胶作衬模。一般在工厂按图案要求辊轧成型，在现场安装固定。线条的端部应做成 45°斜角，以利于脱模。

④ 梯形塑料条：将梯形塑料条用螺栓固定在大模板上。横向放置时要注意安装模板的标高，使其水平一致；竖向放置时，可长短不等，疏密相同。

(3) 保证外墙上下层不错台、不漏浆和相邻模板平顺。为了解决外墙竖线条上下层不顺直的问题，防止上、下楼层错台和漏浆，要在外墙外侧大模板的上端固定一条宽 175 mm、厚 30 mm、长度与模板宽度相同的硬塑料板；在其下部固定一条宽 145 mm、厚 30 mm 的硬塑料板。为了能使下层墙体作为上层模板的导墙，在其底部连接固定一条 ⊏12 槽钢。槽钢外面固定一条宽 120 mm、厚

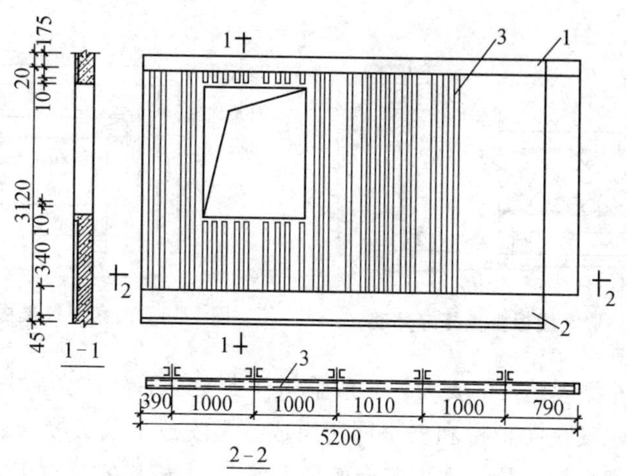

图 1-10　角钢衬模

1—上口水平装饰线模位置；2—下口水平装饰线模位置；3—∟30×30 角钢竖线条模

32 mm的橡胶板，见图 1-11 和图 1-12。浇筑混凝土后，墙体水平缝处形成两道腰线，可以作为外墙的装饰线。上部腰线的主要功能是在支模时将下部的橡胶板和硬塑料板卡在里边作导墙，橡胶板又起封浆条的作用。所以浇筑混凝土时，既可保证墙面平整，又可防止漏浆。

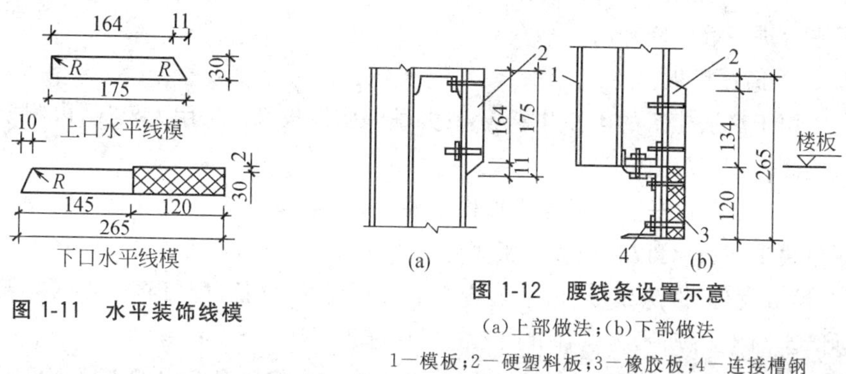

图 1-11　水平装饰线模

图 1-12　腰线条设置示意

(a)上部做法；(b)下部做法

1—模板；2—硬塑料板；3—橡胶板；4—连接槽钢

为保证相邻模板平整，要在相邻模板垂直接缝处用梯形橡胶条、硬塑料条或∟30×4 作堵缝条，用螺栓固定在两大模板中间(图 1-13)，这样既可防止接缝处漏浆，又使相邻外墙中间有一个过渡带，拆模后可以作为装饰线或抹平。

(4) 外墙大角的处理。外墙大角处相邻的大模板，采取在边框上钻连接销孔。将 1 根 80 mm×80 mm 的角模固定在一侧大模板上。两侧模板安装后，用 U 形卡与另一侧模板连接固定(图 1-14)。

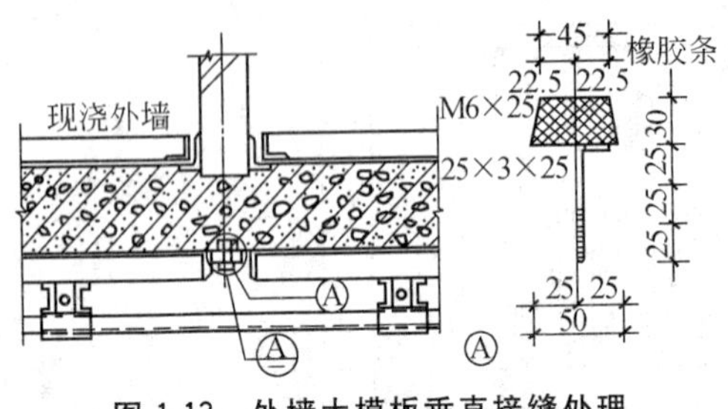

图 1-13　外墙大模板垂直接缝处理

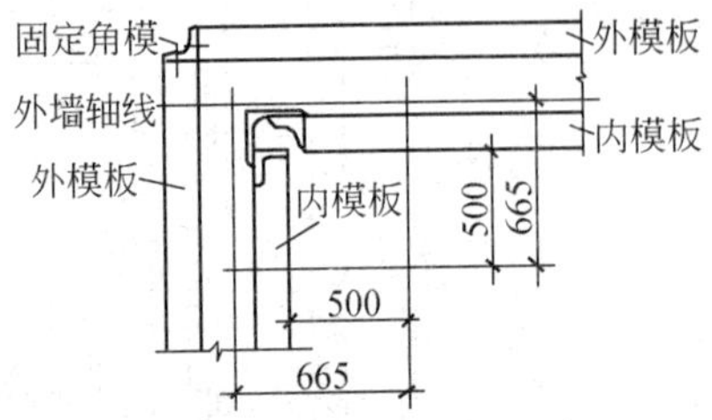

图 1-14　大角部位模板固定示意

(5) 外墙外侧大模板的支设。一般采用外支安装平台方法。安装平台由三角挂架、平台板、安全防护栏和安全网所组成。是安放外墙大模板、进行施工操作和安全防护的重要设施。在有阳台的地方，外墙大模板安装在阳台上。

三角挂架是承受模板和施工荷载的构件，必须保证有足够的强度和刚度。各杆件用 2∟50×5 焊接而成，每个开间内设置两个，通过 $\phi40$ 的 L 形螺栓挂钩固定在下层外墙上。

平台板用型钢做横梁，上面焊接钢板或铺脚手板，宽度要满足支模和操作需要。其外侧设有可供两个楼层施工用的护身栏和安全网。为了施工方便，还可在三角挂架上用钢管和扣件做成上、下双层操作平台。即上层作结构施工用，下层平台进行墙面修补用。

3) 筒体模板构造。

用于高层建筑的电梯井模板，其井壁外围模板可以采用大模板，内侧模板可采用筒体模板(筒体提模)。

(1) 组合式提模。组合式提模由模板、门架和底盘平台组成。模板可以做成单块平模；也可以将四面模板固定在支撑架上。整体安装模板时，将支撑架外撑，模板就位；拆除模板时，吊装支撑架，模板收缩移位，即可将模板随支架同时拆除。图 1-15 所示为电梯井组合式提模施工程序。

电梯井内的底盘平台，可做成工具式，伸入电梯间筒壁内的支撑杆可做成活动式。拆除时将活动支撑杆缩入套筒内即可(图 1-16)。

(2) 组合式铰接筒体模。组合式铰接筒体模的面板由钢框胶合板模板或组合式钢模板拼装而成，在每个大角用钢板铰链拼成三角铰，并用铰链与模板板面连成一体(图 1-17)，通过脱模器使模板启合，达到支拆模板的目的。筒体模的吊点设在 4 块墙模的上部，由 4 条吊索起吊。

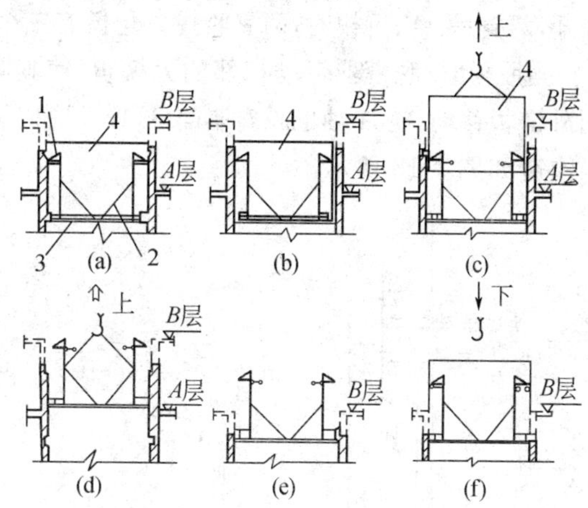

图 1-15　电梯井组合式提模施工程序

(a)混凝土浇筑完毕;(b)脱模;(c)吊离模板;(d)提升门架和底盘平台;

(e)门架和底盘平台安装就位;(f)模板吊装就位

1—支顶模板的可调三脚架;2—门架;3—底盘平台;4—模板

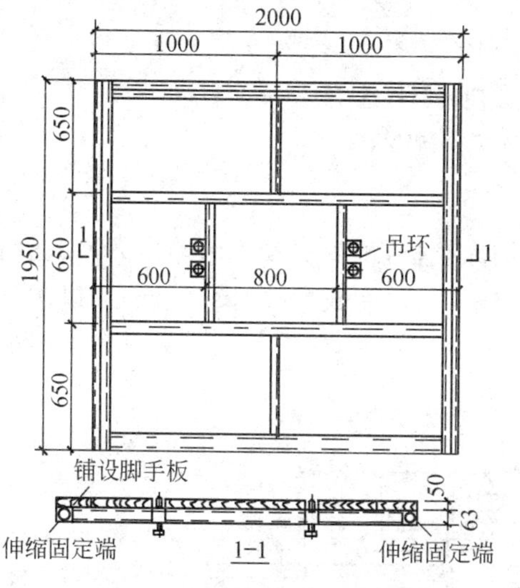

图 1-16　电梯间工具式支模平台

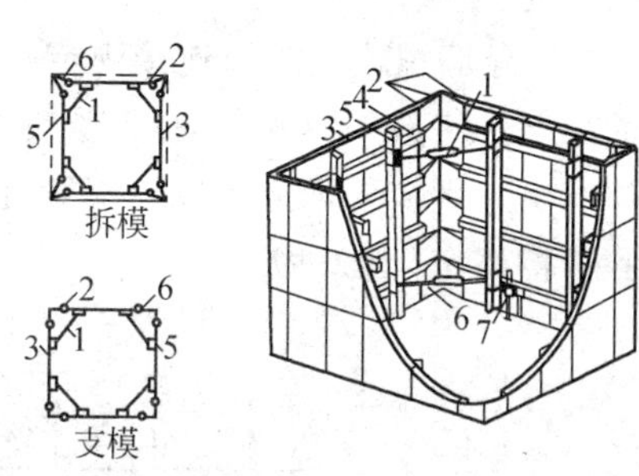

图 1-17　组合式铰接筒体模

1—脱模器;2—铰链;3—组合式模板;4—横龙骨;

5—竖龙骨;6—三角铰;7—支腿

大模板采用钢框覆面胶合板模板组成时,连同铰接角模一起,可组成任意规格尺寸的大模板。模板背面用 50 mm×100 mm 方钢管连接,横向方钢管龙骨外侧再用同样规格的钢管作竖向龙骨。

铰接式角模除作为筒模的一个组成部分外,其本身还具有进行支模和拆模的功能。支模时，角模张开，两翼呈 90°；拆模时，两翼收拢。角模有三个铰链轴，即 A、B_1、B_2，如图 1-18b 所示。当脱模时，脱模器牵动相邻的大模板，使其脱离相应墙面的内链板 B_1、B_2 轴，同时外链板移动，使 A 轴也脱离墙面，这样就完成了脱模工作。

角模和脱模器构造如图 1-18 所示。

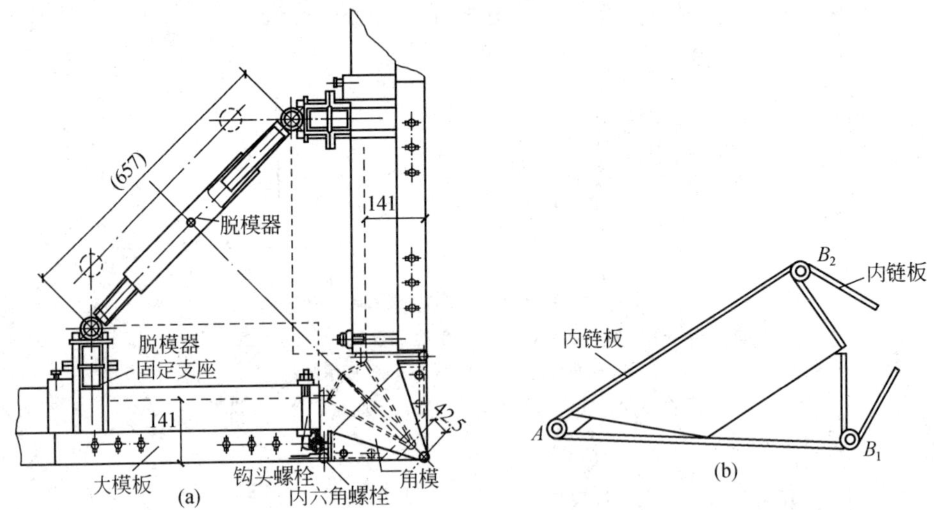

图 1-18　角模及脱模器构造

(a)铰接式角模构造；(b)脱模器

4）模板配件。

(1) 穿墙螺栓。用以连接固定两侧的大模板，承受混凝土的侧压力，保证墙体的厚度。一般采用 $\phi 30$ 的 45 号圆钢制成。一端制成螺纹，长 10 cm，用以调节墙体厚度。螺纹外面应罩以钢套管，防止落入水泥浆，影响使用。另一端采用钢销和键槽固定(图 1-19)。

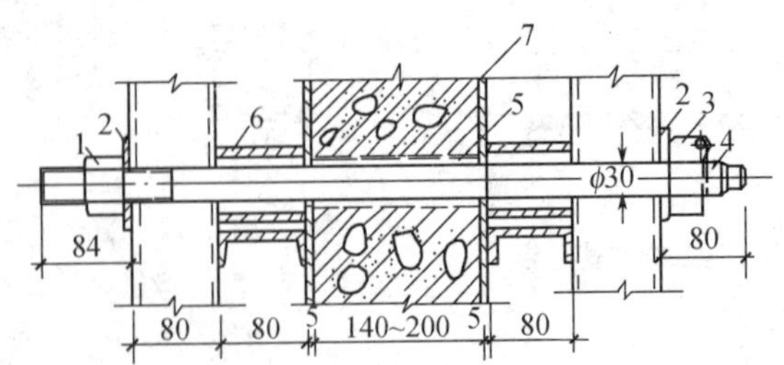

图 1-19　穿墙螺栓连接构造

1—螺母；2—垫板；3—板销；4—螺杆；5—套管；6—钢板撑管；7—模板

为了能使穿墙螺栓重复使用，防止混凝土黏结穿墙螺栓，并保证墙体厚度，螺栓应套以与墙厚相同的塑料套管。拆模后，将塑料套管剔除，周转使用。

(2) 上口铁卡子。主要用于固定模板上部。模板上部要焊上卡子支座,施工时将上口铁卡子安入支座内固定。铁卡子应多刻几道刻槽,以适应不同厚度的墙体(图 1-20)。

(3) 楼梯间支模平台。由于楼梯段两端的休息平台标高相差约半层层高,为了解决大模板的立足支设问题,可采用楼梯间支模平台(图 1-21),使大模板的一端支设在楼层平台板上,另一端则放置在楼梯间支模平台上。楼梯间支模平台的高度视两端休息平台的高度而定。

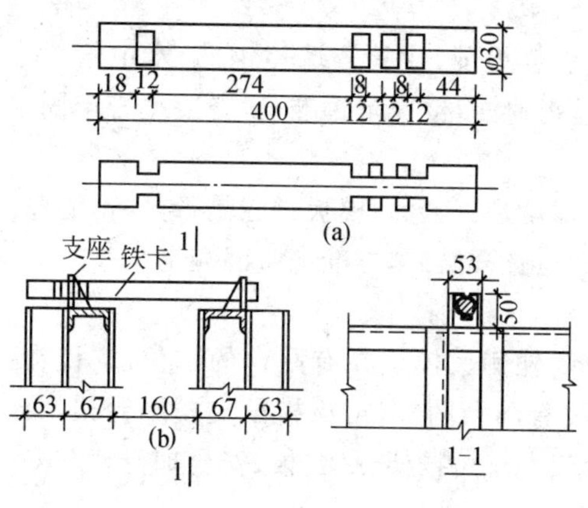

图 1-20　铁卡子与支座大样

(a)铁卡子大样;(b)支座

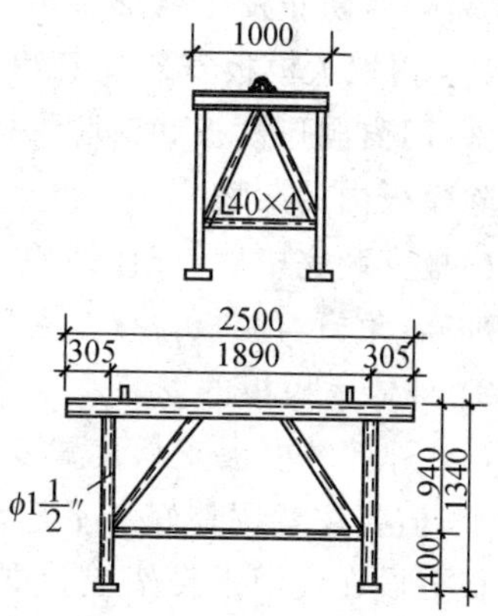

图 1-21　楼梯间支模平台

3. 外板内模结构大模板安装施工

1) 按照先横墙后纵墙的安装顺序,将一个流水段的正号模板用塔吊吊至安装位置初步就位,用撬棍按墙位置线调整模板位置,对称调整模板的对角螺栓或斜杆螺栓。用托线板测垂直校正标高,使模板的垂直度、水平度、标高符合设计要求,之后立即拧紧螺栓。

2) 安装外模板,用花篮螺栓或卡具将上、下端拉接固定。

3) 合模前检查钢筋,水电预埋管件,门窗洞口模板,穿墙套管是否遗漏,位置是否准确,安装是否牢固或削弱断面是否过多等,合反号模板前将墙内杂物清理干净。

4) 安装反号模板,经校正垂直后用穿墙螺栓将两块模板锁紧。

5) 正反模板安装完后检查角模与墙模,模板墙面间隙必须严密,防止出现漏浆和错台现象。检查每道墙上口是否平直,用扣件或螺栓将两块模板上口固定。模板工程检验验收合格,方准浇灌混凝土。

4.全现浇结构大模板安装施工

1）内墙大模板的安装。

(1) 安装大模板时应按模板编号顺序吊装就位。采用整体式大模板施工时，应先安装墙体一侧的模板，靠吊垂直后，放入穿墙螺栓和塑料套管，然后安装另一侧的模板，经靠吊垂直后，旋紧穿墙螺栓，大模板的垂直度用支腿上的地脚螺栓调节。如采用拼装式大模板，必须认真检查各个连接螺栓是否拧紧，保证模板的整体性，防止发生变形。

(2) 内墙大模板安装注意事项。模板合模前，应检查墙体钢筋、水电管线、预埋件、门窗洞口模板和窗墙螺栓套管是否遗漏，位置是否准确，安装是否牢固，并清除模板内的杂物。

模板安装完毕后，应仔细检查扣件、螺栓是否紧固，模板拼缝是否严密，墙厚是否准确，角模与墙板拉接是否紧固。经检查合格后，方准浇筑混凝土。

2）外墙大模板的安装。

(1) 外墙外模板支承装置安装。外墙外侧大模板在有阳台的部位，支设在阳台上，但要注意调整好水平标高。在没有阳台的部位，应搭设支模平台架，将大模板搭设在支模平台架上。支模平台架由三角挂架、平台板、安全护身栏和安全网组成。

每开间外墙由两榀三角桁架组成一个操作平台，支承外墙外模板。每榀桁架上部用 $\phi38$ 直角弯头螺栓做成大挂钩，下部用 $\phi16$ 螺栓做成小挂钩，通过墙上预留孔将桁架附着在外墙上。两榀桁架间用钢管拉接，组成操作平台，结构施工时作支承架用，装修时可改为吊篮，因此外支承架设有两层施工平台、安全护身栏杆和安全网。支承架利用塔吊逐层转移安装。外墙大模板支撑系统如图 1-22 所示。

(2) 外墙大模板安装。

① 安装外墙大模板之前，必须先安装三角挂架和平台板。利用外墙上的穿墙螺栓孔，插入 L 形连接螺栓，在外墙内侧放好垫板，旋紧螺母，然后将三角挂架钩挂在 L 形螺栓上，再安装平台板。也可将平台板与三角挂架连为一体，整拆整装。

L 形螺栓如从门窗洞口上侧穿过时，应防止碰坏新浇筑的混凝土。

② 要放好模板的位置线，保证大模板就位准确。应把下层竖向装饰线条的中线，引至外侧模板下口，作为安装该层竖向衬模的基准线，以保证该层竖向线条的垂直。

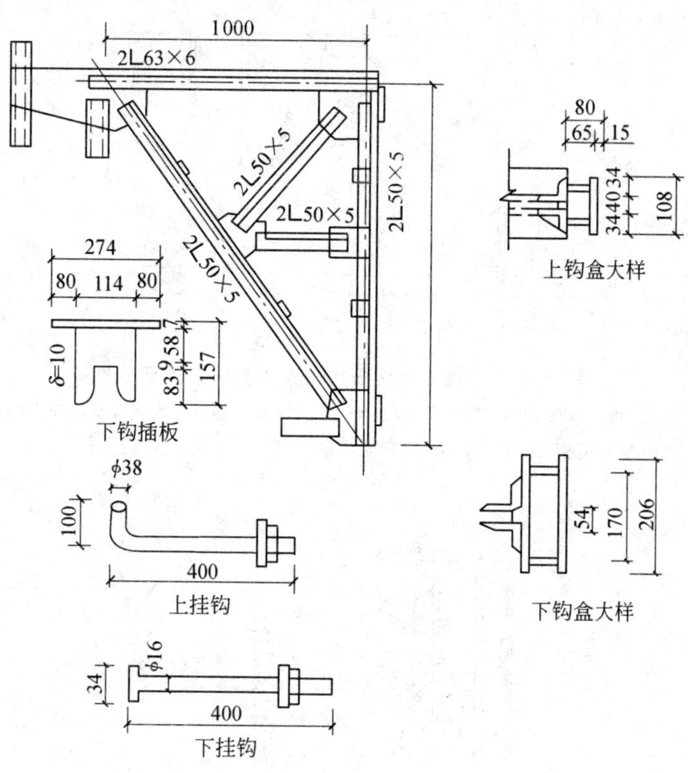

图 1-22　外墙大模板支撑系统

在外侧大模板底面 10 cm 处的外墙上，放出楼层的水平线，作为内外墙模板安装以及楼梯、阳台、楼板等预制构件的安装依据。防止因楼板、阳台板出现较大的竖向偏差，造成内外侧大模板难以合模，以及阳台处外墙水平装饰线条发生错台和门窗洞口错位等现象。

③ 当安装外侧大模板时，应先使大模板的滑动轨道(图 1-23)搁置在支撑挂架的轨枕上，要先用木楔将滑动轨道与前后轨枕固定牢，在后轨枕上放入防止模板向前倾覆的横栓，方可摘除塔式起重机的吊钩。然后松开固定地脚盘的螺栓，用撬棍拨动模板，使其沿滑动轨道滑至墙面位置，调整好标高位置后，使模板下端的横向衬模进入墙面的线槽内(见图 1-24)，并紧贴下层外墙面，防止漏浆。待横向及水平位置调整好以后，拧紧滑动轨道上的固定螺栓将模板固定。

④ 外侧大模板经校正固定后，以外侧模板为准，安装内侧大模板。为了防止模板位移，必须与内墙模板进行拉结固定。其拉结点应设置在穿墙螺栓位置处，使作用力通过穿墙螺栓传递到外侧大模板，防止拉结点位置不当而造成模板位移。

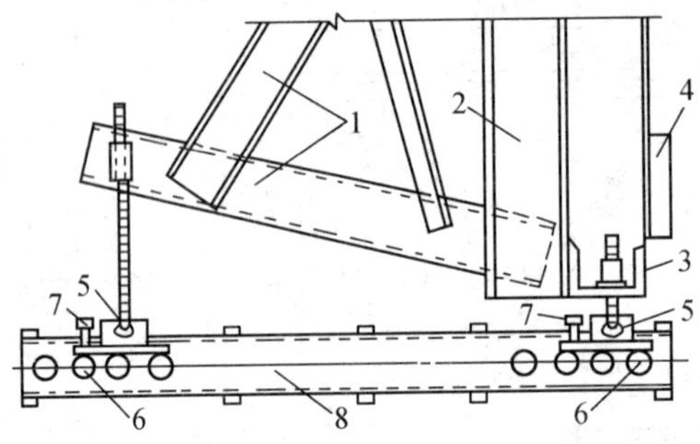

图 1-23　外墙外侧大模板与滑动轨道安装示意图

1—大模板三角支撑架；2—大模板竖龙骨；3—大模板横龙骨；4—大模板下端横向腰线衬模；
5—大模板前、后地脚；6—滑动轨道辊轴；7—固定地脚盘螺栓；8—轨道

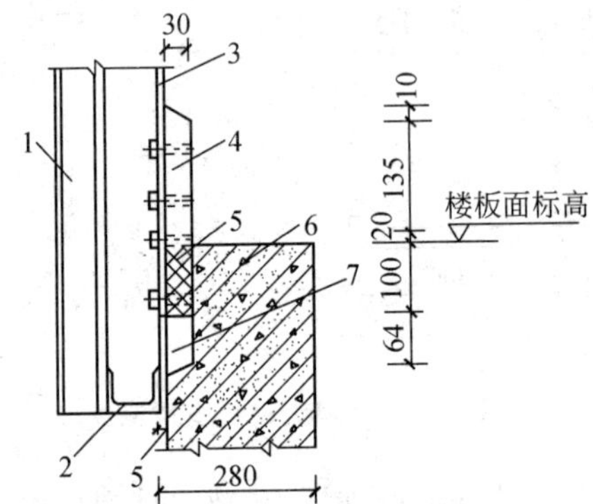

图 1-24　大模板下端横向衬模安装示意图

1—大模板竖龙骨；2—大模板横龙骨；3—大模板板面；4—硬塑料衬模；
5—橡胶板导向和密封衬模；6—已浇筑外墙；7—已形成的外墙横向线槽

⑤ 当外墙采取后浇混凝土施工时，应在内墙外端留好连接钢筋，并用堵头模板将内墙端部封严。外侧大模板之间的墙缝模板条必须与大模板缝隙结合严密，并连接紧固，防止松动错位。常用楼板楼层接缝节点做法如图 1-25 所示。

⑥ 外墙大模板上的门窗洞口模板必须安装牢固、垂直方正。

⑦ 装饰混凝土衬模要安装牢固，在大模板安装前要认真进行检查，发现松动应及时进行修理，防止在施工中发生位移和变形，防止拆模时将衬模拔出。

镶有装饰混凝土衬模的大模板，宜选用水乳型隔离剂，不宜用油性隔离剂，以免污染墙面。

3）筒体模板安装。

(1) 筒体模板从角模的形式上分一般有铰接式筒体模板和角模式筒体模板两种。两种模板的施工顺序基本相同。

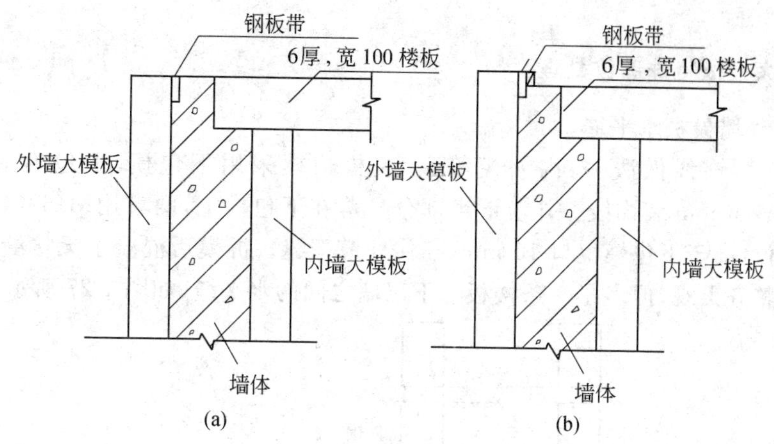

图 1-25 外墙大模板楼层接缝节点做法

(a)楼层墙体接缝节点做法一；(b)楼层墙体接缝节点做法二

(2) 施工时，首先在墙体上留出放置底座平台的预留孔洞，并用同强度等级砂浆找平，然后吊起支模平台，将爬脚平稳地放置在预留孔洞中，调整底座平台，用楔子把平台四周固定牢靠；吊起筒体模板，使滑轮对准平台滑道就位，调整支撑到位并加固，支模完毕。

4) 门、窗洞口模板安装。

门窗洞口模板一般采用整支散拆的方法施工，在角部配置钢护角，以保证洞口方正。按照所用材质不同，洞口侧面模板一般有全钢模板和木模板两种做法，仅内部支撑的做法不同(钢模板可用钢管支撑，木模板多用木方支撑)，施工顺序及方法基本一致。门、窗洞口模板角部节点如图 1-26 所示。

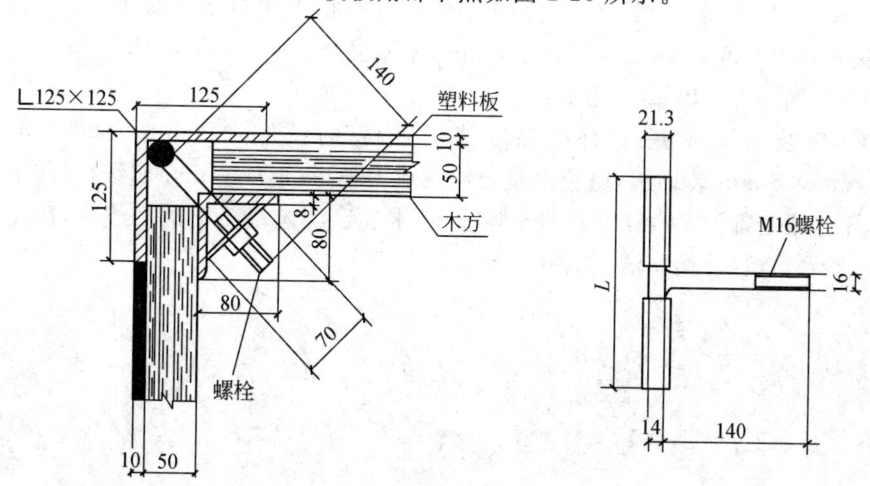

图 1-26 门、窗洞口模板角部节点

5.全钢大模板特殊部位处理

1）外墙模板水平缝。

（1）装饰线做法一：内外模等高，模板边模采用下包模，下包模上部设110 mm×6 mm 装饰线。外模下半部分坐落在下包模上，两者用M16×40螺栓连接定位，高于下包模上口 10 mm，挡住外模下缝。拆模后混凝土无接缝错台，装饰线整齐美观，但多了一条楼板与下层墙之间的水平缝（如图 1-27 所示）。

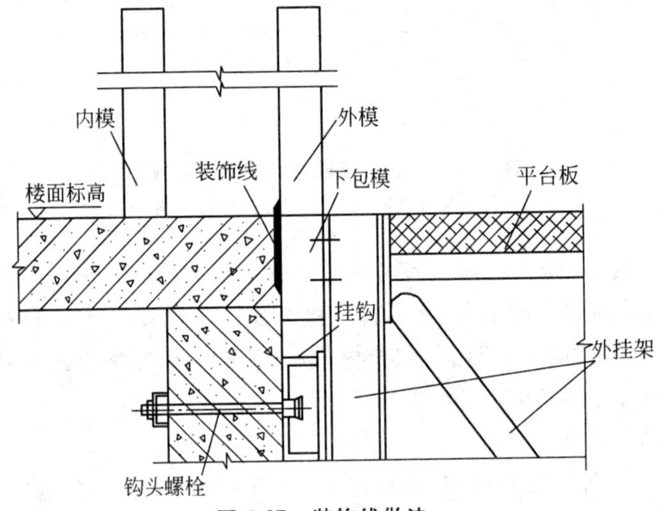

图 1-27　装饰线做法一

（2）装饰线做法二：外模高度等于层高，内模低 100 mm，外模上部设110 mm×6 mm 装饰线，墙顶混凝土浇筑成刀把形，以此作为楼板边模。外模底部接∟80×8 角钢，突出大模板面 6 mm，贴紧混凝土上已形成的凹线，防止上层墙漏浆，同样看不出接缝，装饰线整齐（如图 1-28 所示）。

（3）装饰线做法三：外模高度等于层高，内模低 100 mm，外模上部设110 mm×6 mm 装饰线，墙顶混凝土浇筑成刀把形，形成 6 mm 凹线，安装下包模，下包模上部设 70 mm×6 mm 装饰线，卡在已浇筑混凝土的凹线内，防止漏浆和错台，确保外墙整洁、平齐（如图 1-29 所示）。

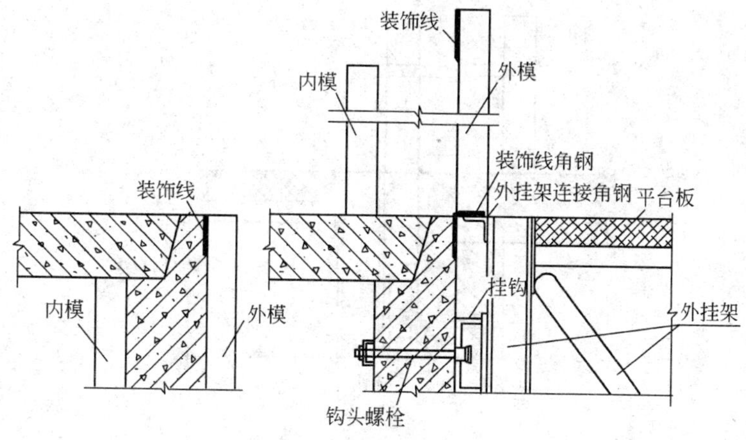

图 1-28　装饰线做法二

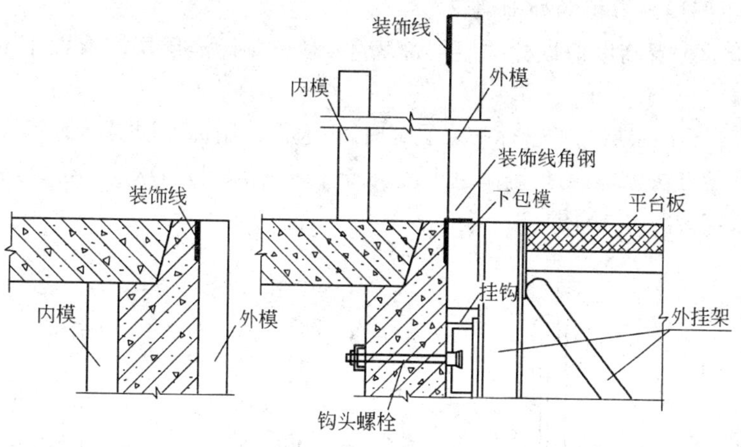

图 1-29　装饰线做法三

（4）不设装饰线做法：内外模等高，模板边模采用下包模，下包模不设装饰线。楼板混凝土浇筑完成后，外模坐落到下包模上，两者之间用海绵条堵缝，用M16×40螺栓连接定位。拆模后出现 2 条水平缝，用砂轮磨平。此种做法用于设计要求不留装饰凹线的工程。为确保下包模贴紧已浇墙面，可采取在外挂架下部用木楔顶紧的办法（如图 1-30 所示）。

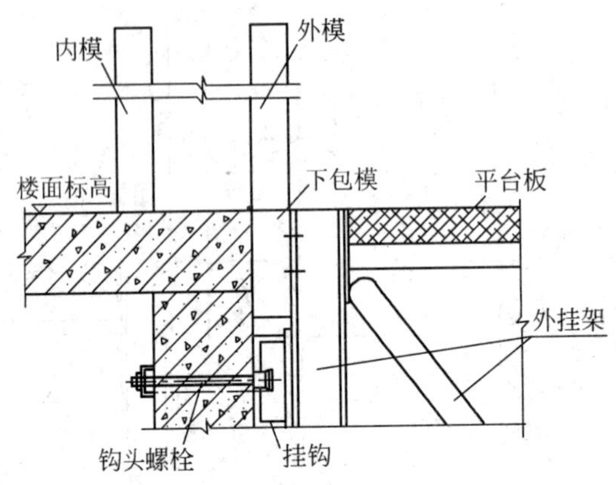

图 1-30　不设装饰线做法

2）不同层高模板的处理。

模板的配置高度应以标准层层高为主，对于非标准层层高有以下几种处理方法：

(1) 非标准层层高低于标准层层高时，一般仍采用标准层层高的模板，采取混凝土打底的办法处理；为控制混凝土浇筑高度，可采取尺量、钢筋定位、扁钢定位或扁钢通长定位等方法(图1-32)。

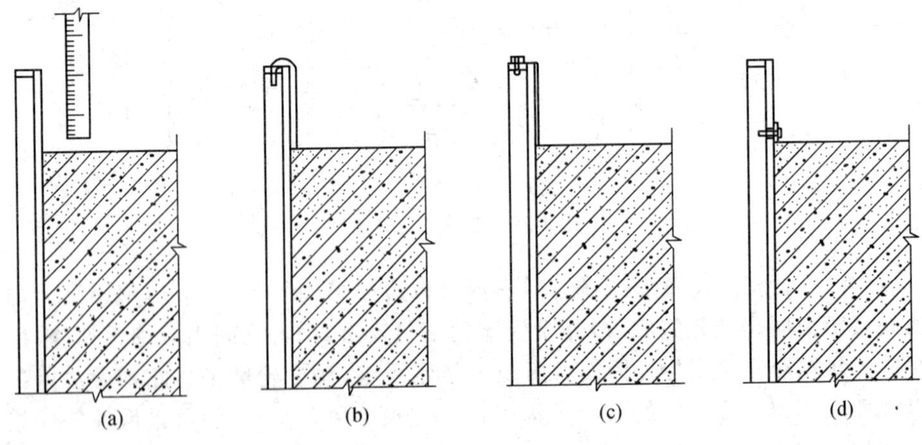

图 1-31　混凝土打底的控制办法

(a)尺量；(b)钢筋定位；(c)扁钢定位；(d)扁钢通长定位

(2) 非标准层层高略高于标准层层高时，例如，标准层高 2.8 m，非标准层层高 3.4 m，可采用 600 mm 模板横放，接高模板，与大模板之间螺栓连接，另外加竖向短背楞[图 1-32(a)]。

在非标准层,还可采用木(竹)胶合板模板[图 1-32(b)]或小钢模接高[图 1-32(c)]。

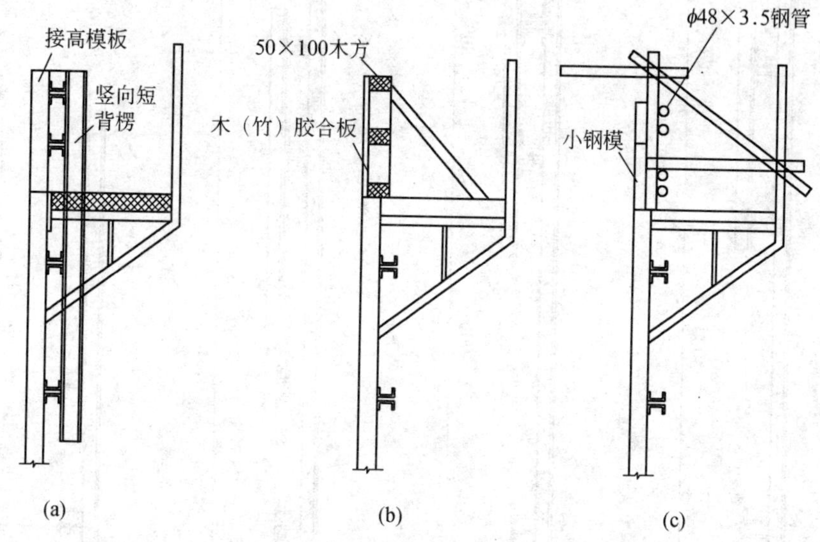

图 1-32　大模板接高处理方法

(a)加短背楞接高;(b)木(竹)胶合板接高;(c)小钢模接高

整个非标准层不用钢大模板,而采用竹(木)胶合板模板,由于非标准层模板仅用少数几层,此部分竹(木)胶合板可转到上层作为水平模板使用。

(3) 当非标准层层高远远大于标准层层高时,还可用标准层大模板,采用多施工一次的办法,二次支模时模板与已浇混凝土的搭接大于 100 mm。搭设支模脚手架时,支撑大模板的脚手架钢管必须抄平。

(4) 对于层高变化较多的工程,可采用大模板同若干组合模板组拼在一起,到一定层高拆卸一次(图 1-33)。

3) 高低错层模板的处理。

在同一楼层常有不同的标高,例如,卫生间、客厅等比其他房间标高低 50～300 mm,个别工程特意设计错台达 900 mm。高低错层模板的处理方法:

(1)错台部位的模板上口平齐,下口接长,大模板穿墙螺栓孔位不变。错台超过 300 mm 的下接模板,增加穿墙螺栓孔,孔位同大模板最上排孔位协调一致,以利用与下层墙已形成的孔眼连接(图 1-34)。

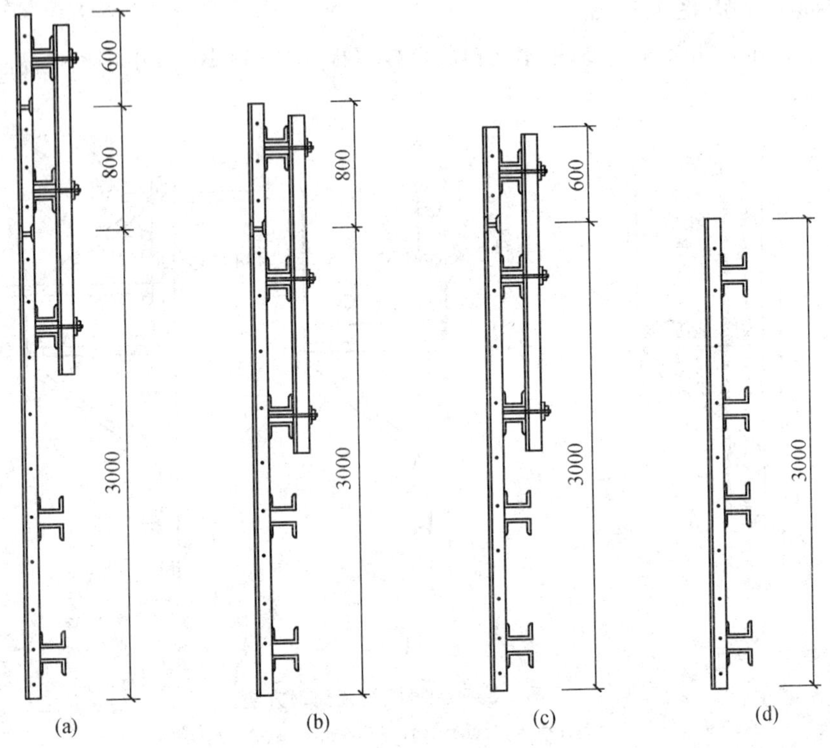

图 1-33　大模板层高变化的配模方法

(a)模板接高 800 mm、600 mm；(b)模板接高 800 mm；(c)模板接高 600 mm；(d)标准层模板

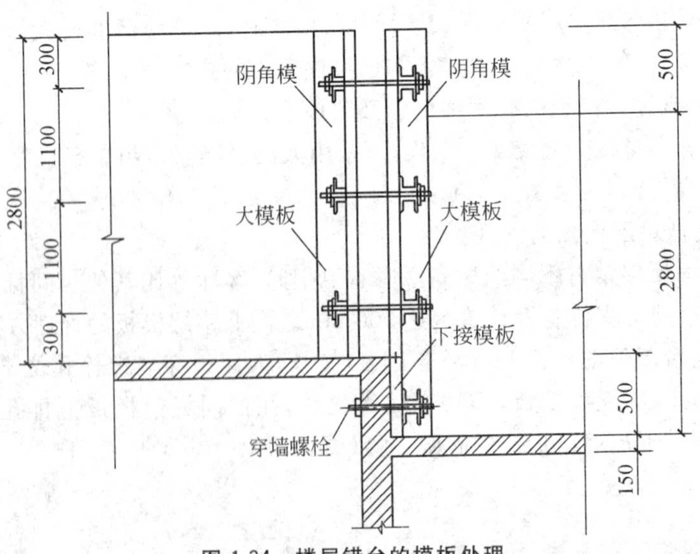

图 1-34　楼层错台的模板处理

(2) 混凝土错台浇筑,错台位置以小孔钢板网割断。

(3) 错台部位的阴阳角模高度=大模板高+错台高低差。大模板错台位置放在角模的另一侧边。

(4) 50~100 mm 的高低差,可在模板底部连接相应的角钢。

(5) 50 mm 以下(含 50 mm),可在模板底部连接或垫方木、木板。

4) 连墙柱。

(1) 连墙柱与剪力墙一起配置模板。在两柱轴线之间优先排列模数化大模板后,余数为柱模及相对应的大模尺寸。

(2) 连墙柱与剪力墙之间所形成的阴角,宜采用"单调"阴角模,即阴角模与剪力墙大模板之间为可调,与柱模之间直接同阳角模连接[图 1-35(a)]。

(3) 在连接角柱位置还可采用 1 块平模板同 2 个不等边单调阴角模相连,两者之间由 2 个阳角角钢相连[图 1-35(b)]。

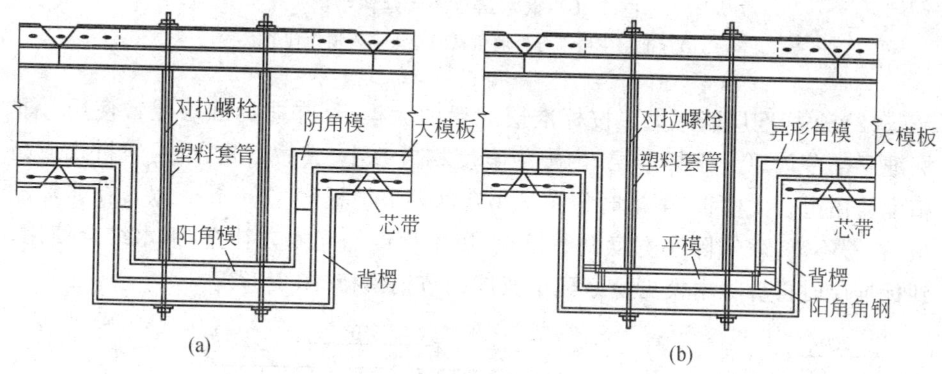

图 1-35 连墙柱模板的配置

(a)阳角模连接;(b)阳角角钢连接

(4) 在与框架梁相连的柱头,设置梁柱节点凹形板,留出梁的高宽位置,梁的钢筋照绑,梁高度范围内的混凝土同其余梁板一起施工,先后浇筑的混凝土用小孔钢板网隔开。

5) 钢木结合处理平面变换。

在非标准层由于使用功能与标准层不同,因而在结构平面、截面尺寸等方面也同标准层有诸多变化,为了尽量发挥标准层大模板的作用,减少非标准层其他模板的投入,可以采用钢木结合的方法,处理非标准层与标准层的变换。

(1) 非标准层外墙延伸。在非标准层主楼投影面部分采用大模板,其余外墙延伸部分采用木(竹)胶板,两种模板结合施工(图 1-36)。

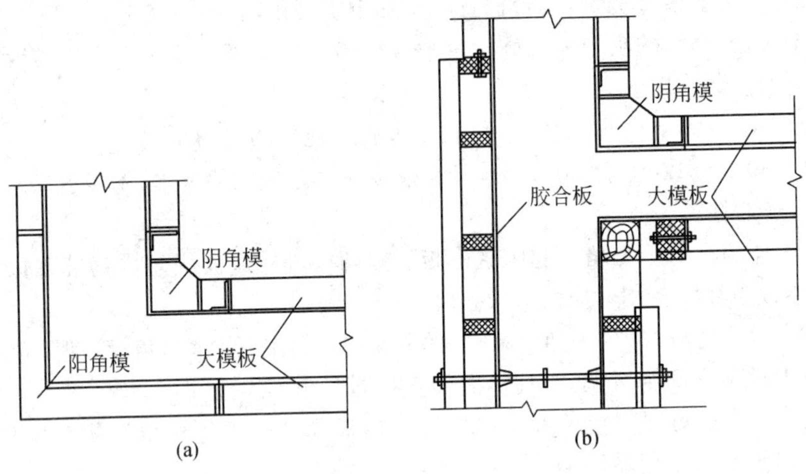

图 1-36　钢木结合外墙延伸示例

(a)标准层主楼部分外墙角；(b)地下室外墙延伸节点

(2) 非标准层墙厚大。按标准层配置的大模板，在非标准层照常使用。非标准层部分墙厚大于标准层，内模板宽度相应改小，其做法是：采用组拼式或高精度通用组合大模板，配模时预设最小宽度调节模板（如 200 mm 宽），在非标准层，背楞不动，仅卸除小宽度调节模板，以木模或刨光木方补充，钢木结合使用，到标准层时再拆除木模更换原配小宽度调节钢模板（图 1-37）。

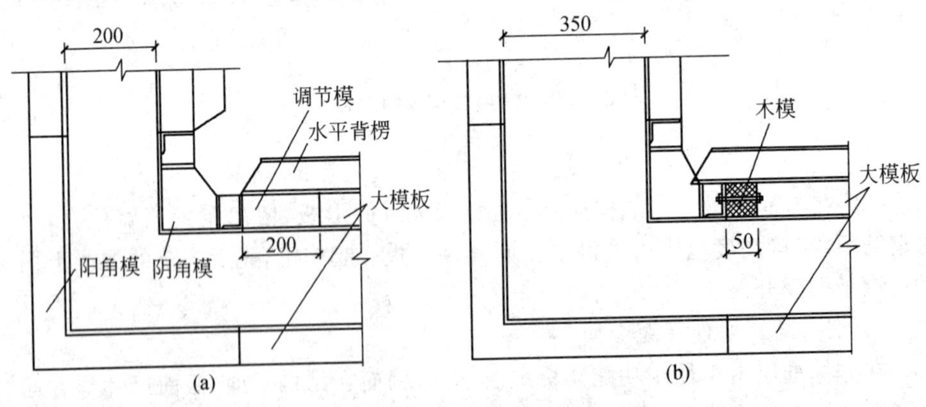

图 1-37　非标准层墙体变厚示例

(a)标准层墙厚 200 mm，预设调节钢模；(b)非标准层墙厚 350 mm，换为木模调节

(3) 墙柱变换。当标准层墙角或丁字墙在非标准层为柱子时，大模板仍按标准层配置。在非标准层，特殊位置因为模板仅使用 1～2 次，故不配钢模，而配竹（木）柱模比较合理，以减少一次性投资（图 1-38）。

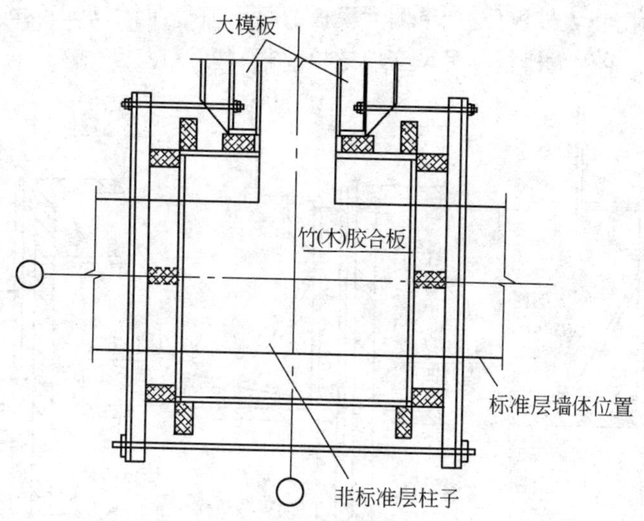

图 1-38　墙柱变换示例

6）丁字墙有无变换。

有些工程在某一部位的下层结构有丁字墙，到上层时消失，而有些工程在下层某一部位没有丁字墙，但到上层时新增丁字墙。无论丁字墙由无到有，还是由有到无，均采取“2 块角模＋丁字墙厚＝模数化大模板规格”（例如：600/900 mm），以此进行变换[图 1-39(a)、(b)]。

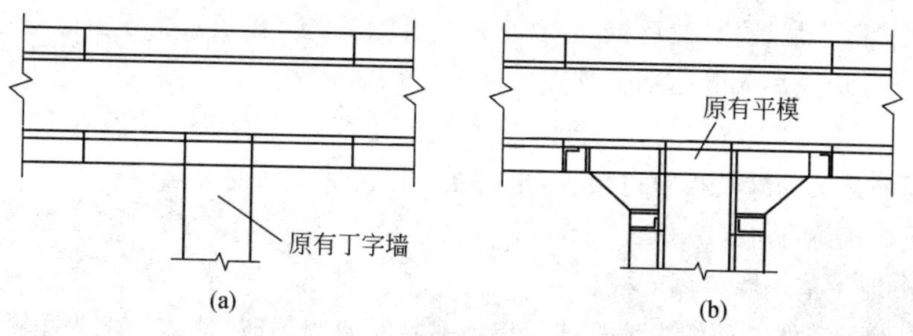

图 1-39　丁字墙有无变换示例

(a)丁字墙消失加平模；(b)新增丁字墙加角模

7）沉降缝。

根据沉降缝(含伸缩缝)缝隙的大小，模板可分 3 种处理办法：

(1) 缝宽小于 90 mm。缝中不设大模板，缝隙采用等宽泡沫塑料板填充，用乳胶贴于已浇墙体上。沉降缝(伸缩缝)两侧墙体支模方法为：第一次浇筑的墙体同一般外墙支模，第二次浇筑的墙体设单侧大模板，在单侧大模板底部的楼板上预埋螺栓，紧固后防止大模板位移，单侧大模板的斜撑加密，间距 600 mm 设一道，用于支撑大模板。单侧大模板不另设穿墙螺栓[图 1-40(a)]。

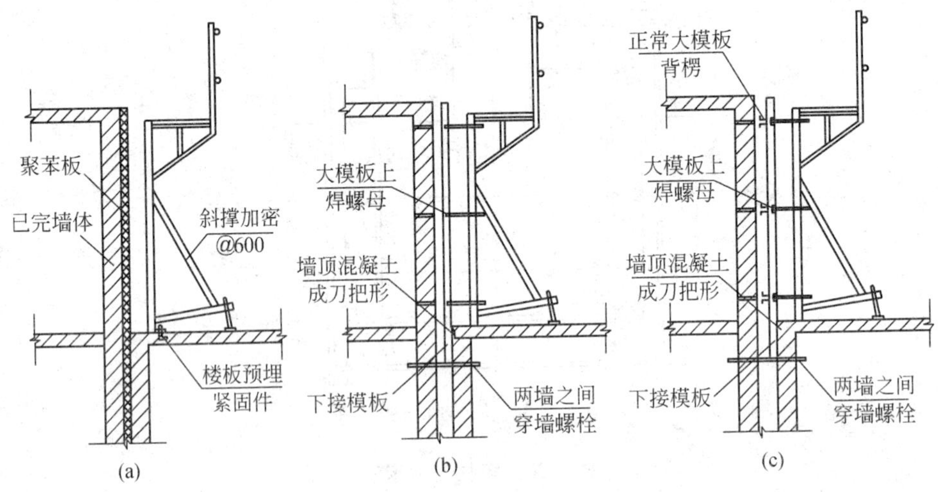

图 1-40　沉降缝模板的设置

(a)楼板预埋紧固件固定模板做法；(b)穿墙螺栓固定模板做法；(c)焊接螺栓固定模板做法

(2) 缝宽 100～190 mm。沉降缝模板不设背楞，模板厚 86 mm(或大于等于 66 mm)，在模板穿墙孔位置焊接螺母。外模高度：上口同上层楼面持平，下口接长，坐落到下层两墙之间的穿墙螺栓上。施工时，墙顶混凝土浇筑成刀把形。拆模时先拆除穿墙螺栓，然后拆除内模，最后拆除沉降缝模板。由于沉降缝模板无斜撑，拆除后应吊入专用钢管支架内堆放[图 1-40(b)]。

(3) 缝宽 200 mm 以上。沉降缝模板同正常外挂模板一样配有水平背楞，所不同的是沉降缝模板下口接长，坐落在下层两墙之间的穿墙螺栓上，模板穿墙孔位置焊接螺母[图 1-40(c)]。

8) 地下室外墙单侧支模。

当地下室外墙外侧为地下连续墙或基坑垂直喷锚时，墙体内侧为单侧支模，采用大模板接高和支撑架接高方法支模，底部预埋拉结螺栓，顶部可用地下连续墙钢筋或锚杆钢筋焊接拉杆螺栓。支架底部用可调丝杠调节模板垂直度(图 1-41)。

图 1-41　地下室外墙单侧支模

6.全钢大模板拆除

1）大模板拆除基本要求。

（1）模板拆除时保证其表面及棱角不因拆除模板而受损，拆模时应以同条件养护试块抗压强度为准。

（2）拆除模板顺序与安装模板顺序相反，先拆纵墙模板，后拆横墙模板。首先拆下穿墙螺栓，再松开地脚螺栓，使模板向后倾斜与墙体脱开。如果模板与混凝土墙面吸附或粘接不能离开时，可用撬棍撬动模板下口，不得在墙体上口撬模板或用大铁锤砸模板。应保证拆模时不晃动混凝土墙体，尤其是拆门窗洞模板时不能用大锤砸模板。

（3）拆除全现浇结构模板时，应先拆外墙外侧模板，再拆除内侧模板。

（4）清除模板平台上的杂物，检查模板是否有勾挂兜绊的地方，调整塔臂至被拆除模板的上方，将模板吊出。

（5）大模板吊至存放地点时，必须一次放稳，保持自稳角为 75°～80°面对面放，中间留 500 mm 工作面，及时进行模板清理，涂刷隔离剂，保证不漏刷，不流淌（用橡皮刮子刮薄），每块模板后面挂牌，标明清理、涂刷人名单，模板堆放区必须有围栏，挂“非工作人员禁止入内”的牌子。

（6）大模板应定期进行检查和维修，大模板上后开孔应打磨平，不用者应补堵后磨平，以保证使用质量。

（7）为保证墙筋保护层准确，大模板顶应配合钢筋工安水平外控扁铁定距框。

（8）大模板的拆除时间，以能保证其表面不因拆模而受到损坏为原则。一般情况下，当混凝土强度达到 1.0 MPa 以上时，可以拆除大模板。但在冬期施工时，应视其施工方法和混凝土强度增长情况决定拆模时间。

(9) 门窗洞口底模、阳台底模等拆除，必须依据同条件养护的试块强度和国家规范执行。模板拆除后混凝土强度尚未达到设计要求时，底部应加临时支撑支护。

(10) 拆完模板后，要注意控制施工荷载，不要集中堆放模板和材料，防止造成结构受损。

2) 内墙大模板的拆除。

(1) 拆模基本顺序是先拆纵墙模板，后拆横墙模板和门洞模板及组合柱模板。

(2) 每块大模板的拆模顺序是先将连接件，如花篮螺栓、上口卡子、穿墙螺栓等拆除。放入工具箱内，再松动地脚螺栓，使模板与墙面逐渐脱离。脱模困难时，可在模板底部用撬棍撬动，不得在上口撬动、晃动和用大锤砸模板。

3) 角模的拆除。

角模的两侧都是混凝土墙面，吸附力较大，加之施工中模板封闭不严，或者角模位移，被混凝土握裹，因此拆模比较困难。可先将模板外表的混凝土剔除，然后用撬棍从下部撬动，将角模脱出。千万不可因拆模困难用大锤砸角模，造成变形，给以后的支模、拆模造成更大困难。

4) 门洞模板的拆除。

(1) 固定于大模板上的门洞模板边框，一定要当边框离开墙面后再行吊出。

(2) 后立口的门洞模板拆除时，要防止将门洞过梁部分的混凝土拉裂。

(3) 角模及门洞模板拆除后，凸出部分的混凝土应及时进行剔凿。凹进部位或掉角处应用同强度等级水泥砂浆及时进行修补。

(4) 跨度大于 1 m 的门洞口，拆模后要加设支撑，或延期拆模。

5) 外墙大模板的拆除。

(1) 拆除顺序。拆除内侧外墙大模板的连接固定装置（如倒链、钢丝绳等）→拆除穿墙螺栓及上口卡子→拆除相邻模板之间的连接件→拆除门窗洞口模板与大模板的连接件→松开外侧大模板滑动轨道的地脚螺栓紧固件→用撬棍向外侧拨动大模板，使其平稳脱离墙面→松动大模板地脚螺栓，使模板外倾→拆除内侧大模板→拆除门窗洞口模板→清理模板、刷隔离剂→拆除平台板及三角挂架。

(2) 拆除外墙装饰混凝土模板必须使模板先平行外移，待衬模离开墙面后，再松动地脚螺栓，将模板吊出。要注意防止衬模拉坏墙面或衬模坠落。

(3) 拆除门窗洞口框模时，应在拆除窗台模并加设临时支撑后，再拆除洞口角模及两侧模板。上口底模要待混凝土达到规定强度后再行拆除。

(4) 脱模后要及时清理模板及衬模上的残渣，刷好隔离剂。隔离剂一定要涂刷均匀。衬模的阴角内不可积留有隔离剂，并防止隔离剂污染墙面。

(5) 脱模后,如发现装饰图案有破损,应及时用同一品种水泥所拌制的砂浆进行修补,修补的图案造型力求与原图案一致。

6) 筒体大模板的拆除。

(1) 组合式提模的拆除。

① 拆模时先拆除内,外模各个连接件,然后将大模板底部的承力小车调松,再调松可调卡具,使大模板逐渐脱离混凝土墙面。当塔式起重机吊出大模板时,将可调卡具翻转再行落地。

② 大模板拆模后,便可提升门架和底盘平台,当提至预留洞口处,搁脚自动伸入预留洞口,然后缓缓落下电梯井筒模。预留洞位置必须准确,以减少校正提模的时间。

③ 由于预留洞口要承受提模的荷载,因此必须注意墙体混凝土的强度,一般应在 1 MPa 以上。

(2) 铰接式筒体大模板的拆除。

① 应先拆除连接件,再转动脱模器,使模板脱离墙面后吊出。

② 筒体大模板由于自重大,四周与墙体的距离较近,故在吊出吊进时,挂钩要挂牢,起吊要平稳,不准晃动,防止碰坏墙体。

二、定型组合钢模板安装、拆除技术要点

1. 组合钢模板配板设计

1) 组合钢模板工程施工设计要求。

(1) 施工前,应根据结构施工图及施工现场实际条件,编制模板工程施工设计,作为工程项目施工组织设计的一部分。模板工程施工设计应包括以下内容:

① 绘制配板设计图、连接件和支承系统布置图,以及细部结构、异形模板和特殊部位详图。

② 根据结构构造形式和施工条件,对模板和支承系统等进行力学验算。

③ 制定模板及配件的周转使用计划,编制模板和配件的规格、品种与数量明细表。

④ 制定模板安装及拆模工艺,以及技术安全措施。

(2) 为了加快模板的周转使用,降低模板工程成本,宜选择以下措施:

① 采取分层分段流水作业,尽可能采取小流水段施工;

② 竖向结构与横向结构分开施工;

③ 充分利用有一定强度的混凝土结构支承上部模板结构;

④ 采取预装配措施,使模板做到整体装拆;

⑤ 水平结构模板宜采用“先拆模板(面板),后拆支撑”的“早拆体系”;充分利用各种钢管脚手架做模板支撑。

(3) 模板的强度和刚度验算,应按照下列要求进行:

① 模板承受的荷载参见《混凝土结构工程施工质量验收规范》(GB 50204—2002)(2011 年版)的有关规定进行计算;

② 组成模板结构的钢模板、钢楞和支柱应采用组合荷载验算其刚度,其容许挠度应符合表 1-1 的规定;

表 1-1 钢模板及配件的容许挠度 (单位:mm)

部件名称	容许挠度	部件名称	容许挠度
钢模板的面积	1.5	柱箍	$b/500$
单块钢模板	1.5	桁架	$L/1000$
钢楞	$L/500$	支承系统累计	4.0

注:L 为计算跨度,b 为柱宽。

③ 模板所用材料的强度设计值,应按国家现行规范的有关规定取用。并应根据模板的新旧程度、荷载性质和结构不同部位,乘以系数 1.0～1.18;

④ 采用矩形钢管与内卷边槽钢的钢楞,其强度设计值应按现行《冷弯薄壁型钢结构技术规范》(GB 50018—2002)有关规定取用,强度设计值不应提高;

⑤ 当验算模板及支承系统在自重与风荷作用下抗倾覆的稳定性时,抗倾覆系数不应小于 1.15。风荷载应根据《建筑结构荷载规范》(GB 50009—2001)(2006 年版)的有关规定取用。

(4) 配板设计和支承系统的设计,应遵守以下规定:

① 要保证构件的形状尺寸及相互位置的正确。

② 要使模板具有足够的强度、刚度和稳定性,能够承受新浇混凝土的重量和侧压力,以及各种施工荷载。

③ 力求构造简单,装拆方便,不妨碍钢筋绑扎,保证混凝土浇筑时不漏浆。柱、梁墙、板的各种模板面的交接部分,应采用连接简便、结构牢固的专用模板。

④ 配制的模板,应优先选用通用、大块模板,使其种类和块数最小,木模镶拼量最少。设置对拉螺栓的模板,为了减少钢模板的钻孔损耗,可在螺栓部位改用 55 mm×100 mm 刨光方木代替。或应使钻孔的模板能多次周转使用。

⑤ 相邻钢模板的边肋,都应用 U 形卡卡牢,U 形卡的间距不应大于 300 mm,端头接缝上的卡孔,也应插上 U 形卡或 L 形插销。

⑥ 模板长向拼接宜采用错开布置,以增加模板的整体刚度。

⑦ 模板的支承系统应根据模板的荷载和部件的刚度进行布置:

a. 内钢楞应与钢模板的长度方向相垂直，直接承受钢模板传递的荷载，外钢楞应与内钢楞互相垂直，承受内钢楞传来的荷载，用以加强钢模板结构的整体刚度，其规格不得小于内钢楞；

b. 内钢楞悬挑部分的端部挠度应与跨中挠度大致相同，悬挑长度不宜大于400 m，支柱应着力在外钢楞上；

c. 一般柱、梁模板，宜采用柱箍和梁卡具作支承件，断面较大的柱、梁，宜用对拉螺栓和钢楞及拉杆；

d. 模板端缝齐平布置时，一般每块钢模板应有两处钢楞支承，错开布置时，其间距可不受端缝位置的限制；

e. 在同一工程中可多次使用的预组装模板，宜采用模板与支承系统连成整体的模架；

f. 支承系统应经过设计计算，保证具有足够的强度和稳定性，当支柱或其节间的长细比大于110时，应按临界荷载进行核算，安全系数可取3～3.5；

g. 对于连续形式或排架形式的支柱，应适当配置水平撑与剪刀撑，以保证其稳定性。

⑧ 模板的配板设计应绘制配板图，标出钢模板的位置、规格、型号和数量。预组装大模板，应标绘出其分界线。预埋件和预留孔洞的位置，应在配板图上标明，并注明固定方法。

(5) 配板步骤如下：

① 根据施工组织设计对施工区段的划分、施工工期和流水段的安排，首先明确需要配制模板的层段数量。

② 根据工程情况和现场施工条件，决定模板的组装方法。

③ 根据已确定配模的层段数量，按照施工图纸中梁、柱、墙、板等构件尺寸，进行模板组配设计。

④ 明确支撑系统的布置、连接和固定方法。

⑤ 进行夹箍和支撑件等的设计计算和选配工作。

⑥ 确定预埋件的固定方法、管线埋设方法以及特殊部位(如预留孔洞等)的处理方法。

⑦ 根据所需钢模板、连接件、支撑及架设工具等列出统计表，以便备料。

2) 基础的配板设计。

混凝土基础中箱基、筏基等是由厚大的底板、墙、柱和顶板所组成的，可以参照柱、墙、楼板的模板进行配板设计。下面介绍条形基础、独立基础和大体积设备基础的配板设计。

(1) 组合特点。

基础模板的配制有以下特点：

① 一般配模为竖向，且配板高度可以高出混凝土浇筑表面，所以有较大的灵活性。

② 模板高度方向如用两块以上模板组拼时，一般应用竖向钢楞连接，其接缝齐平布置时，竖楞间距一般宜为 750 mm；当接缝错开布置时，竖楞间距最大可为 1200 mm。

③ 基础模板由于可以在基槽设置锚固桩作支撑，所以可以不用或少用对拉螺栓。

④ 高度在 1400 mm 以内的侧模，其竖楞的拉筋或支撑，可按最大侧压力和竖楞间距计算竖楞上的总荷载布置，竖楞可采用 $\phi 48 \times 3.5$ 的钢管。高度在 1500 mm以上的侧模，可按墙体模板进行设计配模。

(2) 条形基础。

条形基础模板两边侧模，一般可横向配置，模板下端外侧用通长横楞连固，并与预先埋设的锚固件楔紧。竖楞用 $\phi 48 \times 3.5$ 钢管，用 U 形钩与模板固连。竖楞上端可对拉固定[图 1-42(a)]。

阶形基础，可分次支模。当基础大放脚不厚时，可采用斜撑[图 1-42(b)]；当基础大放脚较厚时，应按计算设置对拉螺栓[图 1-42(c)]，上部模板可用工具式梁卡固定，亦可用钢管吊架固定。

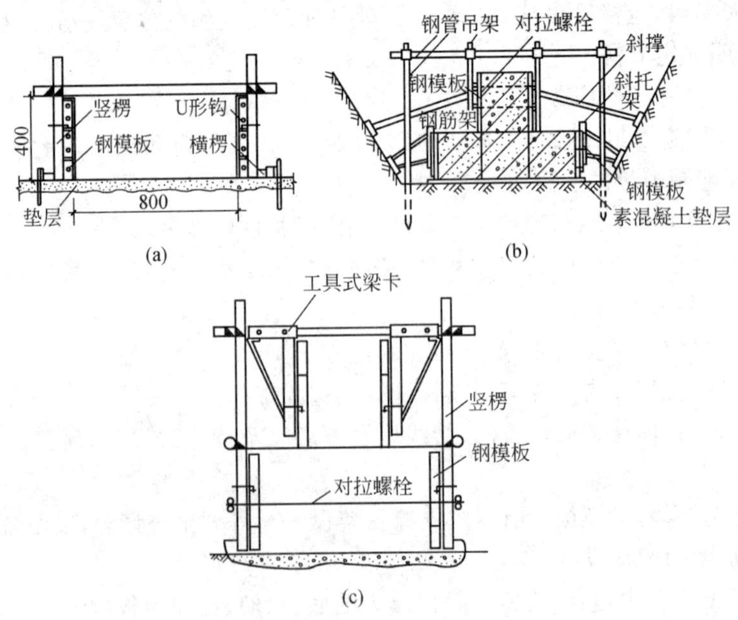

图 1-42　条(阶)形基础支模示意图

(a)竖楞上端对拉固定；(b)斜撑；(c)对拉螺栓

(3) 独立基础。

独立基础为各自分开的基础，有的带地梁，有的不带地梁，多数为台阶式

(图 1-43)。其模板布置与单阶基础基本相同。但是,上阶模板应搁置在下阶模板上,各阶模板的相对位置要固定结实,以免浇筑混凝土时模板位移。杯形基础的芯模可用楔形木条与钢模板组合。

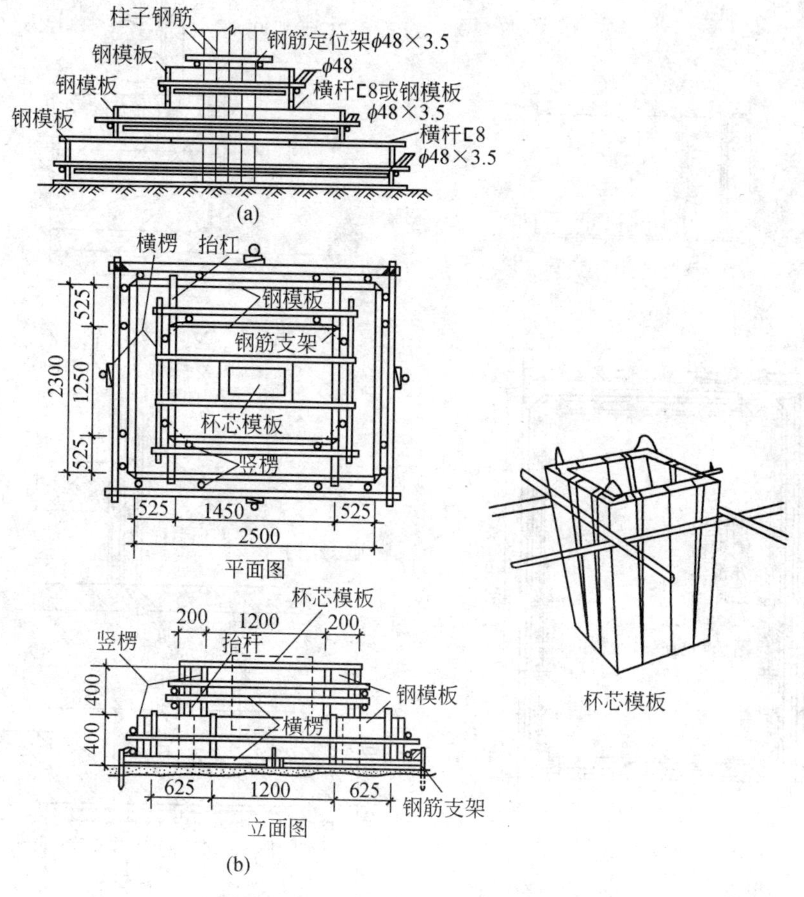

图 1-43　独立基础支模示意图

(a)现浇柱独立基础;(b)杯形基础

① 各台阶的模板用角模连接成方框,模板宜横排,不足部分改用竖排组拼。

② 竖楞间距可根据最大侧压力经计算选定。竖楞可采用 φ48×3.5 钢管。

③ 横楞可采用 φ48×3.5 钢管,四角交点用钢管扣件连接固定。

④ 上台阶的模板可用抬杠固定在下台阶模板上,抬杠可用钢楞。

⑤ 最下一层台阶模板,最好在基底上设锚固桩支撑。

(4) 筏基、箱基和设备基础。

① 模板一般宜横排,接缝错开布置。当高度符合主钢模板块时,模板亦可竖排。

② 支承钢模的内、外楞和拉筋、支撑的间距,可根据混凝土对模板的侧压力和施工荷载通过计算确定。

③ 筏基宜采取底板与上部地梁分开施工、分次支模[图 1-44(a)]。当设计要求底板与地梁一次浇筑时,梁模要采取支垫和临时支撑措施。

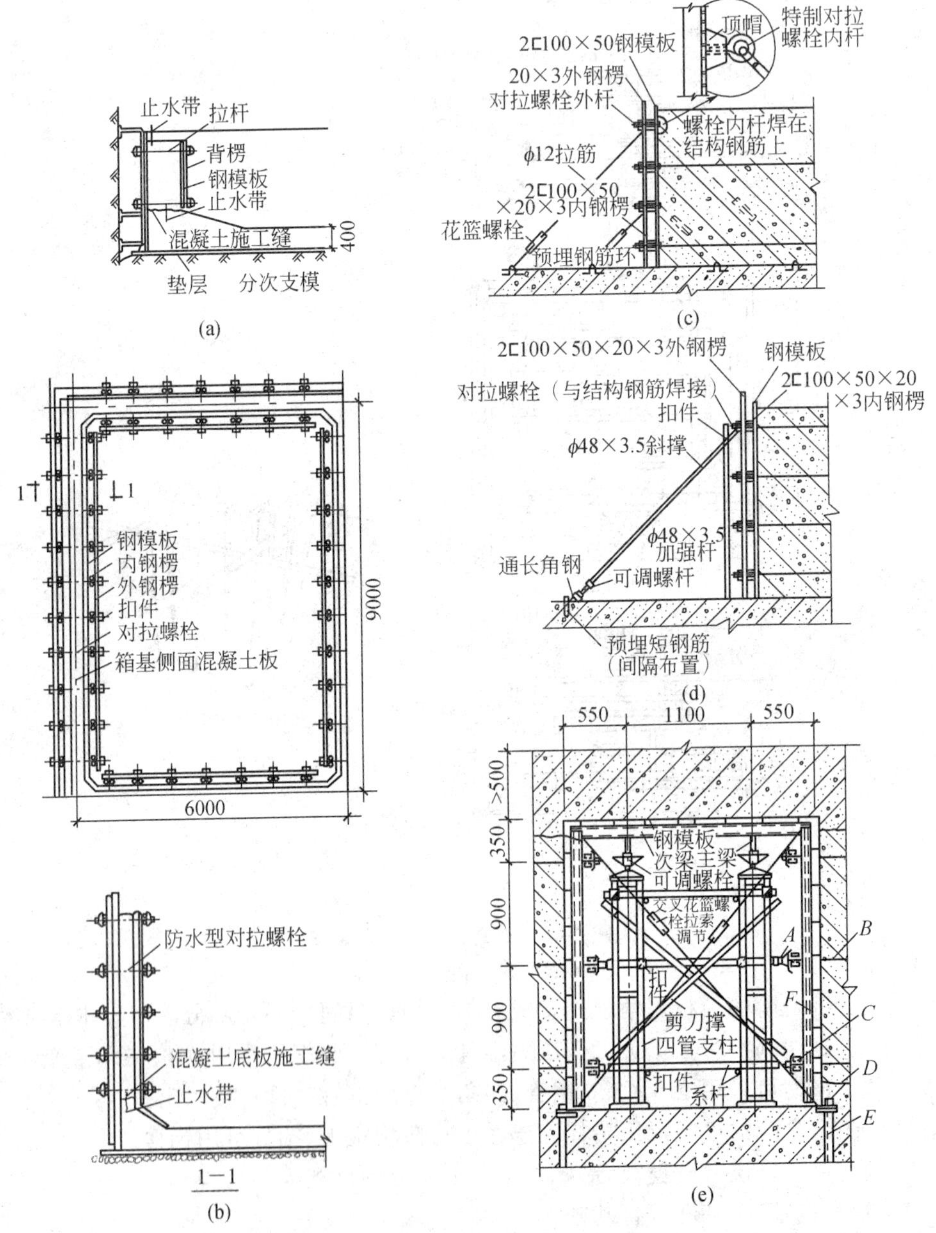

图 1-44 筏基、箱基和大型设备基础支模示意图

(a)单管横向支杆,两头设可调千斤顶;(b)对拉螺栓;(c)2⊏100×50×20×3 mm 外钢楞;(d)2⊏100×50×20×3mm 内钢楞;(e)模板支承架

④ 箱基一般采用底板先支模施工。要特别注意施工缝止水带及对拉螺栓的处理，一般不宜采用可回收的对拉螺栓[图 1-44(b)]。

⑤ 大型设备基础侧模的固定方法，可以采用对拉方式[图 1-44(c)]，亦可采用支拉方式[图 1-44(d)]。

⑥厚壁内设沟道的大型设备基础，配模方式可参见图 1-44(e)。

3）柱的配板设计。

柱模板的施工设计，首先应按单位工程中不同断面尺寸和长度的柱，所需配制模板的数量作出统计，并编号、列表。然后再进行每一种规格的柱模板的施工设计，其具体步骤如下：

(1) 依照断面尺寸选用宽度方向的模板规格组配方案，并选用长(高)度方向的模板规格进行组配；

(2) 根据施工条件，确定浇筑混凝土的最大侧压力；

(3) 通过计算，选择柱箍、背楞的规格和间距；

(4) 按结构构造配置柱间水平撑和斜撑。

4）墙的配板设计。

按图纸，统计所有配模平面的尺寸并进行编号，然后对每一种平面进行配板设计，其具体步骤如下：

(1) 根据墙的平面尺寸，有横排、竖排两种方案，可择优选用。若采用横排原则，则先确定长度方向模板的配板组合，再确定宽度方向模板的配板组合，然后计算模板块数和需镶拼木模的面积；若采用竖排原则，可确定长度和宽度方向模板的配板组合，并计算模板块数和拼木模面积。

(2) 计算新浇筑混凝土的最大侧压力。

(3) 计算确定内、外钢楞的规格、型号和数量。

(4) 确定对拉螺栓的规格、型号和数量。

(5) 对需配模板、钢楞、对拉螺栓的规格、型号和数量进行统计、列表，以便备料。

5）梁的配板设计。

梁模板往往与柱、墙、楼板相交接，故配板比较复杂。另外，梁模板既需承受混凝土的侧压力，又要承受垂直荷载，故支承布置也比较特殊。因此，梁模板的施工设计有其独特情况。

梁模板的配板，宜沿梁的长度方向横排，端缝一般都可错开，配板长度虽为梁的净跨长度，但配板的长度和高度要根据与柱、墙和楼板的交接情况而定。

正确的方法是在柱、墙或大梁的模板上，用角模和不同规格的钢模板作嵌补模板拼出梁口(图 1-45)，其配板长度为梁净跨减去嵌补模板的宽度。或在梁口用方木镶拼(图 1-46)，使梁口处的板块边肋与柱混凝土不接触，在柱身梁底位置设柱箍或槽钢，用以搁置梁模。

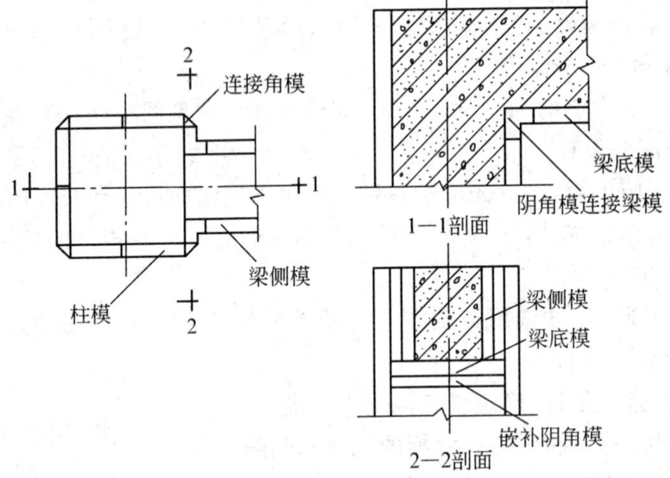

图 1-45　柱顶梁口采用嵌补模板

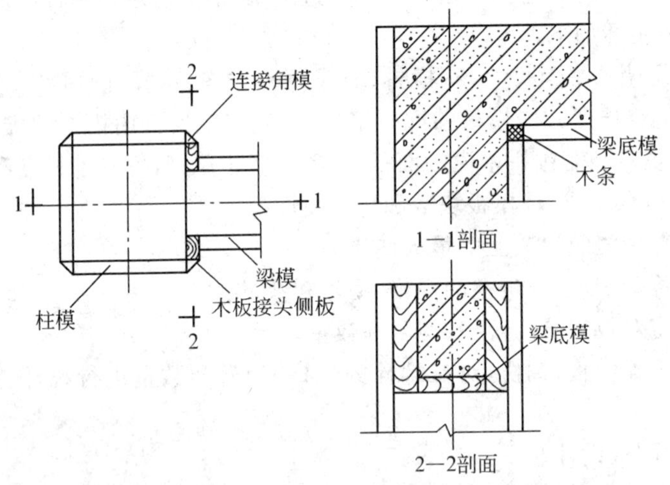

图 1-46　柱顶梁口用方木镶拼

梁模板与楼板模板交接，可采用阴角模板或木材拼镶(图 1-47)。

梁模板侧模的纵、横楞布置，主要与梁的模板高度和混凝土侧压力有关，应通过计算确定。

直接支承梁底模板的横楞或梁夹具，其间距尽量与梁侧模板的纵楞间距相适应，并照顾楼板模板的支承布置情况。在横楞或梁夹具下面，沿梁长度方向布置纵楞或桁架，由支柱加以支撑。纵楞的截面和支柱的间距，通过计算确定。

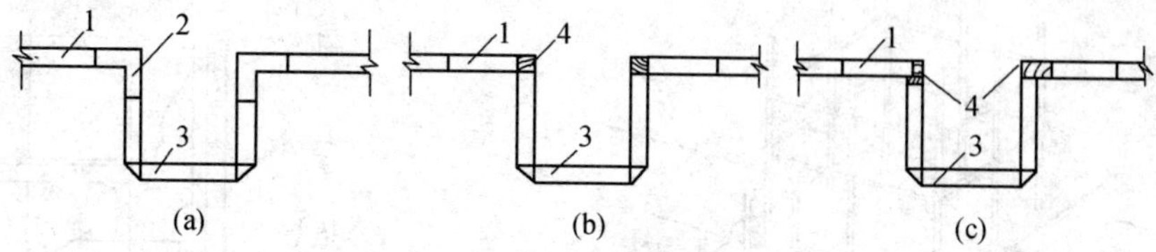

图 1-47　梁模板与楼板模板交接

(a)阴角模连接；(b)、(c)木材拼镶

1—楼板模板；2—阴角模板；3—梁模板；4—木材

6）楼板配板设计。

楼板模板一般采用散支散拆或预拼装两种方法。配板设计，可在编号后对每一平面进行设计。其步骤如下：

(1) 可沿长边配板或沿短边配板，然后计算模板块数及拼镶木模的面积，通过比较作出选择。

(2) 确定模板的荷载，选用钢楞。

(3) 计算选用钢楞。

(4) 计算确定立柱规格型号，并作出水平支撑和剪力支撑的布置。

2.组合钢模板施工前的技术准备工作

1）模板的定位基准工作。

(1) 进行中心线和位置线的放线。

首先引测建筑物的边柱或墙轴线，并以该轴线为起点，引出每条轴线。

模板放线时，应先清理好现场，然后根据施工图用墨线弹出模板的内边线和中心线，墙模板要弹出模板的内边线和外侧控制线，以便于模板安装和校正。

(2) 做好标高量测工作。

用水准仪把建筑物水平标高根据实际标高的要求，直接引测到模板安装位置。在无法直接引测时，也可以采取间接引测的方法，即用水准仪将水平标高先引测到过渡引测点，作为上层结构构件模板的基准点，用来测量和复核其标高位置。

(3) 进行找平工作。

模板承垫底部应预先找平，以保证模板位置正确，防止模板底部漏浆。常用的找平方法是沿模板内边线用 1∶3 水泥砂浆抹找平层[图 1-48(a)]。另外，在外墙、外柱部位，继续安装模板前，要设置模板承垫条带[图 1-48(b)]，并用仪器校正，使其平直。

(4) 设置模板定位基准。

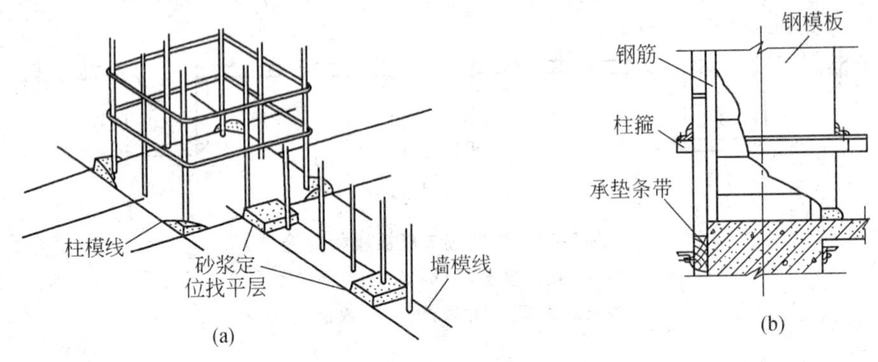

图 1-48 墙、柱模板找平

(a)砂浆找平层;(b)外柱外模板设承垫条带

传统做法是,按照构件的断面尺寸,先用同强度等级的细石混凝土浇筑50～100 mm的短柱或导墙,作为模板定位基准。

另一种做法是采用钢筋定位:墙体模板可根据构件断面尺寸切割一定长度的钢筋焊成定位梯子支撑筋(钢筋端头刷防锈漆),绑(焊)在墙体两根竖筋上[图 1-49(a)],起到支撑作用,间距 1200 mm 左右;柱模板,可在基础和柱模上口用钢筋焊成"井"字形套箍撑住模板并固定竖向钢筋,也可在竖向钢筋靠模板一侧焊一短截钢筋,以保持钢筋与模板的位置[图 1-49(b)]。

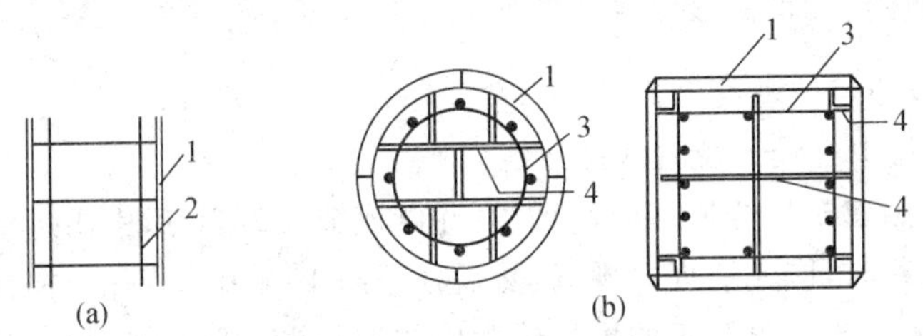

图 1-49 钢筋定位示意图

(a)墙体梯子支撑筋;(b)柱井字套箍支撑筋

1—模板;2—梯形筋;3—箍筋;4—井字支撑筋

2) 预拼装。

(1) 拼装场地应夯实平整,条件允许时宜设拼装操作平台。

(2) 按照模板设计图进行拼装,相临板块的孔均用 U 形卡正反交替卡紧,龙骨用钩头螺栓外垫碟形扣件与平板边肋孔卡紧。组装完毕后编号并进行试吊,试吊完毕应检查紧固情况。

(3) 柱、剪力墙模板拼装时,应预留清扫口和振捣口。

(4) 模板拼装完应检查其对角线、平整度、外形尺寸及紧固件的数量和牢固度,并涂刷隔离剂,分规格、按安装先后顺序堆放。组合钢模板组装质量标准见

表 1-2。

表 1-2　钢模板施工组装质量标准

项　　目	允许偏差/mm
两块模板之间拼接缝隙	≤2.0
相邻模板面的高低差	≤2.0
组装模板板面平面度	≤2.0(用 2 m 长平尺检查)
组装模板板面的长宽尺寸	≤长度和宽度的 0.1%,最大±4.0
组装模板两对角线长度差值	≤对角线长度的 0.1%,最大≤7.0

3.基础模板安装

1）条形基础。

根据基础边线就地组拼模板。将基槽土壁修整后用短木方将钢模板支撑在土壁上。然后在基槽两侧地坪上打入钢管锚固桩,搭钢管吊架,使吊架保持水平,用线锤将基础中心引测到水平杆上,按中心线安装模板,用钢管、扣件将模板固定在吊架上,用支撑拉紧模板[图 1-42(b)],亦可采用工具式梁卡支模[图 1-42(c)]。

施工注意事项：

(1）模板支撑于土壁时,必须将松土清除修平,并加设垫板；

(2）为了保证基础宽度,防止两侧模板位移,宜在两侧模板间相隔一定距离加设临时木条支撑,浇筑混凝土时拆除。

2）杯形基础。

第一层台阶模板可用角模将四侧模板连成整体,四周用短木方撑于土壁上；第二层台阶模板可直接搁置在混凝土垫块(图 1-50)上,也可参照条形基础采用钢管支架吊设。

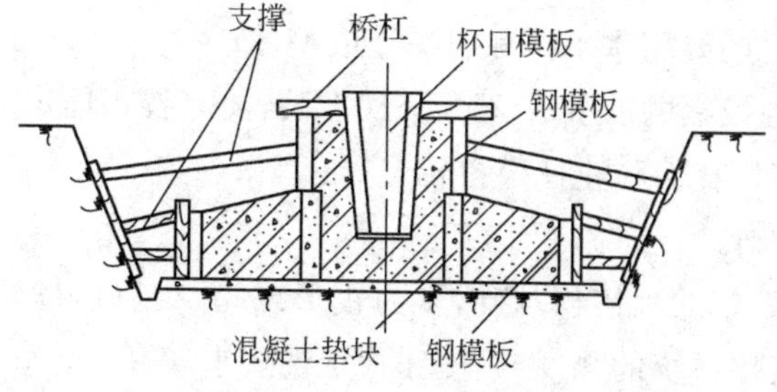

图 1-50　杯形基础模板

杯口模板可采用在杯口钢模板四角加设四根有一定锥度的方木，或在四角阴角模与平模间嵌上一块楔形木条，使杯口模形成锥度[图 1-43(b)]。

施工注意事项：

(1) 侧模斜撑与侧模夹角不宜小于 45°；

(2) 为了防止浇筑混凝土时杯口模板上浮和杯口落入混凝土，宜在杯口模板上加设压重，并将杯口临时遮盖。

3) 独立基础。

就地拼装各侧模板，并用固定支撑撑于土壁上。搭设柱模井字架，使立杆下端固定在基础模板外侧，用水平仪找平井字架水平杆后，先将第一块柱模用扣件固定在水平杆上，同时搁置在混凝土垫块上。然后按单块柱模组拼方法组拼柱模，直至柱顶(图 1-51)。

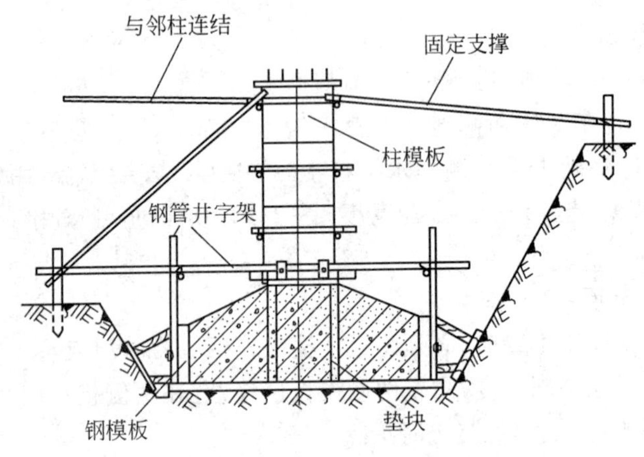

图 1-51　独立柱基础模板

施工注意事项：

(1) 基础短柱顶伸出的钢筋间距，更符合上段柱子的要求；

(2) 柱模板之间要用水平撑和斜撑连成整体；

(3) 基础短柱模板的 U 形卡不要一次上满，要等校正固定后再上满；安装过程中要随时检查对角线，防止柱模扭转。

4) 大体积基础。

工业和民用建筑的大体积基础，多为筏形或箱形基础，埋置深，有抗渗防水的要求，对模板支撑系统的强度、刚度和稳定性要求较高。

(1) 对于厚大墙体的模板，由于两侧模板相距较远，不易构成对拉条件，最好以钢管脚手为稳固结构，采用钢管扣件将模板与其连接固定。

(2) 对于不太厚的墙体模板,有条件设置对拉螺栓时,应优先采用组合式对拉螺栓。

使用组合式对拉螺栓时应注意:先将内螺栓与尼龙帽事先对好,再根据墙截面尺寸安上内螺栓。立好钢模板后拧紧外螺栓,这样可以起到准确固定模内向尺寸的作用。但是,当墙厚在 500 mm 以下时,人不能在模板内拧紧内螺栓,因此要随时找正墙模,及时拧紧外螺栓;当墙厚在 500 mm 以上时,人可进入模板内操作,可在模板支设一定高度后,再成批地穿放拧紧螺栓。

钢楞可选用[100×50×20×3、ϕ48×3.5 和[80×40×3。为了防止模板的整体偏移,应设置一定数量的稳定支撑,如图 1-52 和图 1-53 所示。

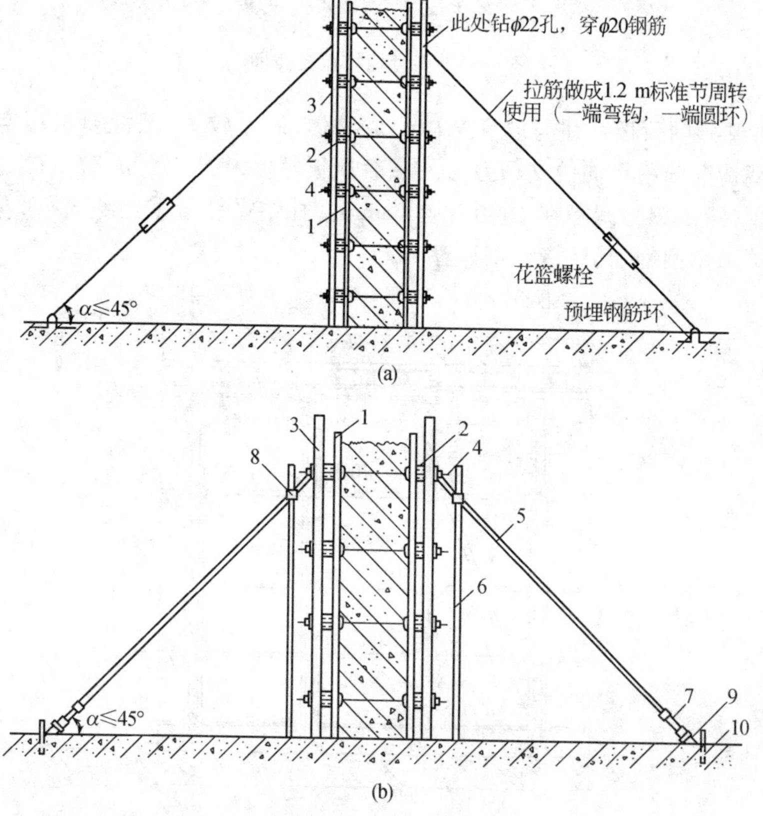

图 1-52　单墙模板支撑图

(a)4 m 以上;(b)4 m 以下

1—钢模板;2—内钢楞;3—外钢楞;4—对拉螺栓;5—斜撑钢管;6—加固杆(钢管);7—可旋千斤顶;8—扣件;9—通长角钢;10—预埋短钢筋(间隔布置)

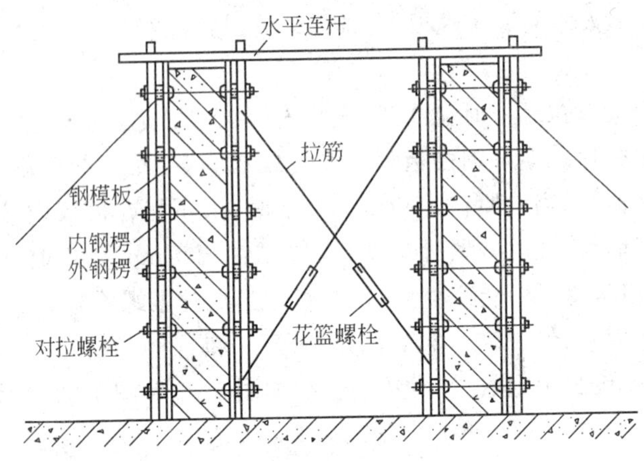

图 1-53　两近墙模板支撑图

(3) 基础的顶板往往与墙和基础形成整体，厚度较大，因此要根据空间、板厚和荷载情况选用不同的支顶方法。一般顶板厚度超过 0.5 m 时，可采用四管支柱支顶(图 1-54)，间距在 1500～2000 mm。柱结系杆可采用 $\phi48\times3.5$ 钢管。主次梁可采用型钢，其规格根据计算确定。

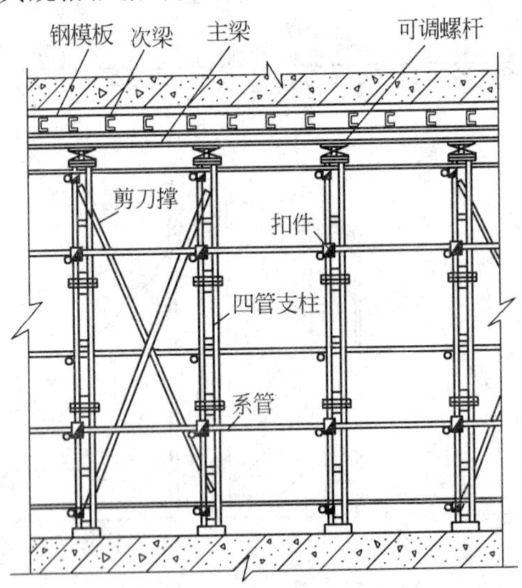

图 1-54　厚大基础顶板支模示意图

(4) 大型设备基础模板的支设，可参见图 1-44(c)、(d)、(e)。

4. 柱模板安装

1) 当模板支设在回填土上时，应将回填土分层夯实，表面平整；当模板支在楼面上时，应沿柱边线外 2 mm 粘贴海绵条。若表面平整度偏差过大，应按照标高抹好水泥砂浆找平层，防止漏浆。

2）按照柱的位置线在预埋插筋上焊水平定位筋，每边不少于 2 点，从四面顶住模板，以固定模板位置，防止位移，如图 1-55 所示。

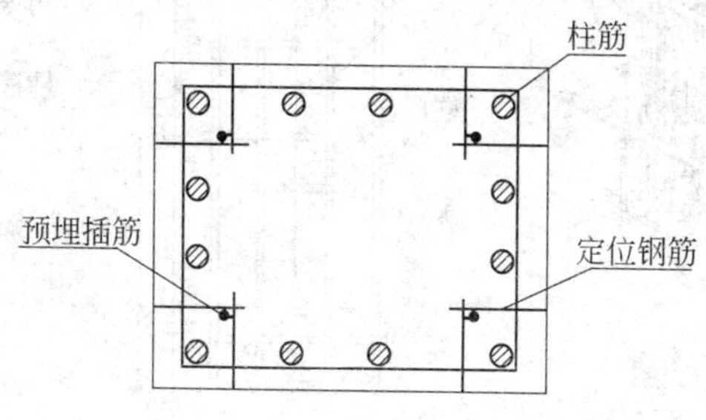

图 1-55 定位筋示意图

3）柱模板安装。按柱子尺寸和位置线，将各块模板依次安装就位，用铁丝将模板与主筋临时绑扎固定后，用 U 形卡将相临模板连接卡紧；采用预组装法时，应预拼成一面一片（每面的边上带一个角模）或两面一片，依次吊装，安装完相邻的两面再安装另外的两面。

4）安装柱箍。按照模板设计的规格、间距，自下而上安装柱箍。柱截面较大时，应增设对拉螺栓；柱较高时，应按照模板设计将柱箍加密。

5）支撑和拉杆的安装与校正。根据柱高、截面尺寸确定支撑、拉杆的数量，分别将其固定在预埋楼板内的钢筋环上。用经纬仪、线坠控制，用花篮螺栓、可调支撑调节，校正模板的垂直度。预埋的钢筋环距柱宜为 3/4 柱高，拉杆、支撑与地面夹角宜为 45°～60°。柱较高时，应根据需要增设支撑或拉杆，如图 1-56 所示。

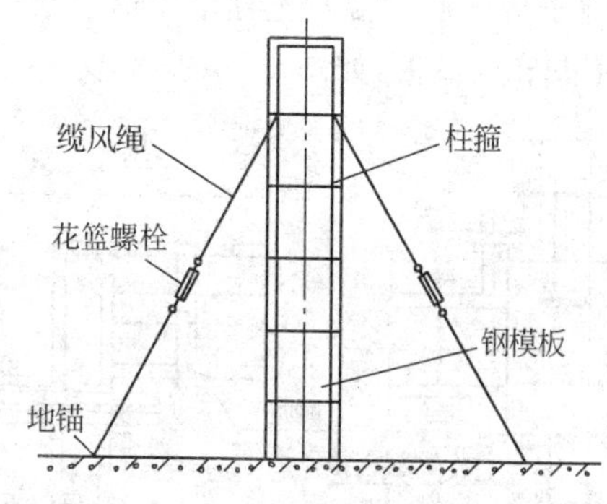

图 1-56 校正柱模板

6）安装群柱模板时，先安装两端柱模，校正、固定后，拉通线，再安装中间各柱。

7）几种常见的柱模支设方法，如图 1-57 所示。

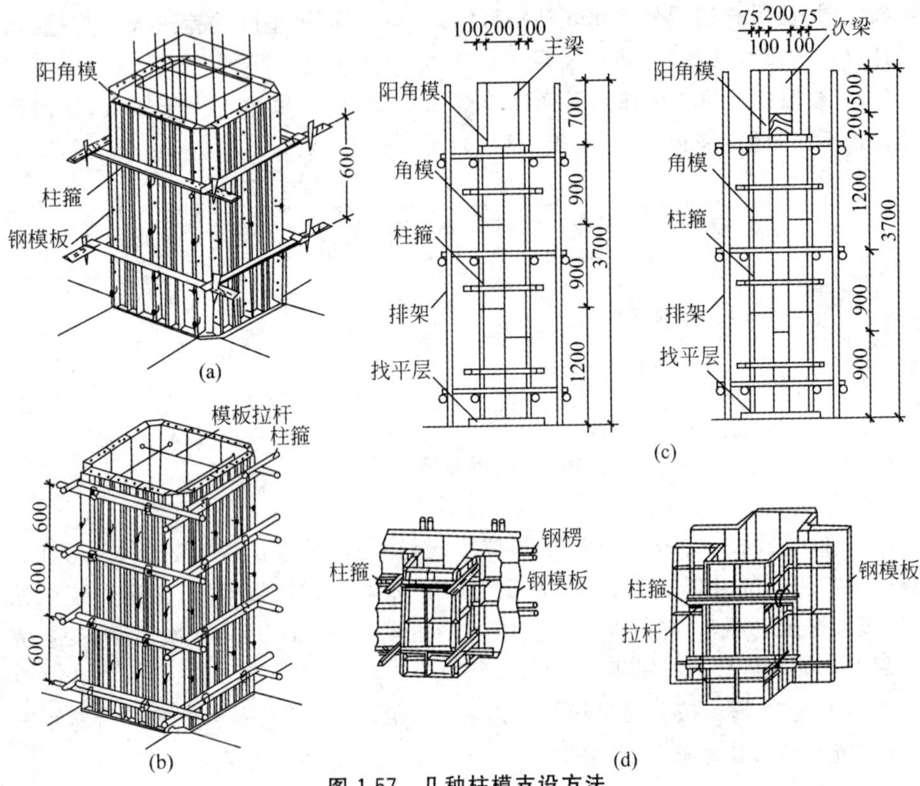

图 1-57　几种柱模支设方法

(a)型钢柱箍;(b)钢管柱箍;(c)钢管脚手支柱模;(d)附壁柱模

5. 梁模板安装

1) 放线、抄平:柱子拆模后在混凝土柱上弹出水平线,在楼板上和柱子上弹出梁轴线。安装梁柱头节点模板,如图 1-58 所示。

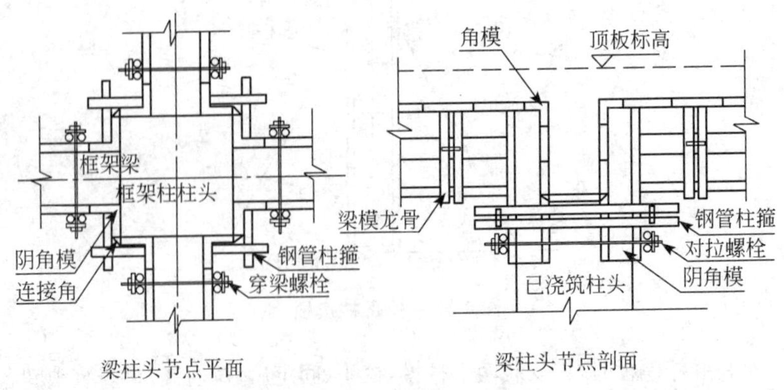

图 1-58　梁柱头节点组合模板示意图

2）搭设梁支架：支架的间距根据模板设计，一般为 800～1200 mm，支架搭设于回填土上时，应分层夯实，并将表面平整好，下垫通长木板；搭设于楼板上时，应加设垫木，并使上、下层立柱在同一竖向中心线上。梁支架的横杆宜与楼板支架拉通设置，若单独支设，立杆应加设双向剪刀撑和水平拉杆。

3）在支架立杆上安装顶托，顶托的外露丝扣长度不得超过 300 mm，在顶托上放置主、次龙骨，间距应均匀，然后安装梁底模板，并拉线找直，用可调顶托调整立杆的标高。当梁跨度等于或大于 4 m 时，应按照设计要求在梁中间超拱，如设计要求时，按照全跨长度的 1‰～3‰起拱。

4）绑扎梁钢筋，经检查合格后办理隐检。

5）安装梁侧模板：模板接缝处距模板面 1.5 mm 处粘贴海绵条，用 U 形卡将梁侧与梁底模通过连接角模连接，梁侧模板的支撑采用梁托或三脚架、钢管、扣件与梁支架等连成整体，形成三角斜撑，间距宜为 700～800 mm；当梁侧模高度超过 600 mm 时，应加对拉螺栓。

6）安装完后，校正梁中心线、标高、起拱高度、断面尺寸。清理模板内杂物，经检查合格并办理检查验收手续，如图 1-59 所示。

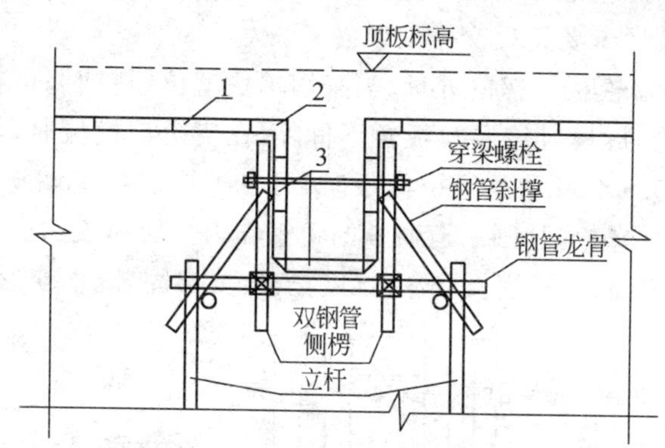

图 1-59 组合钢模板梁支模示意图

1—楼板模板；2—阴角模板；3—梁模板

6.墙模板安装

1）按位置线安装门洞口板，下预埋件或木砖。

2）把预先拼装好的一面模板按位置线就位，然后安装拉杆或斜撑，安装支固套管和穿墙螺栓。穿墙螺栓的规格和间距，由模板设计规定。

3）清扫墙内杂物，再安装另一侧模板，调整斜撑（或拉杆）使模板垂直后，拧紧穿墙螺栓。

4）墙模板安装注意事项：

（1）单块就位组拼时，应从墙角模开始，向互相垂直的两个方向组拼，这样可以减少临时支撑设置。否则，要随时注意拆换支撑或增加支撑，以保证墙模处于稳定状态。

（2）当完成第一步单块就位组拼模板后，可安装内钢楞，内钢楞与模板肋用钩头螺栓紧固，其间距不大于600 mm。当钢楞长度不够，需要接长时，接头处要增加同样数量的钢楞。

（3）预组拼模板安装时，应边就位、边校正，并随即安装各种连接件、支承件或加设临时支撑。必须待模板支撑稳固后，才能脱钩。当墙面较大，模板需分几块预拼安装时，模板之间应按设计要求增加纵横附加钢楞。当设计无规定时，连接处的钢楞数量和位置应与预组拼模板上的钢楞数量和位置等同。附加钢楞的位置在接缝处两边，与预组拼模板上钢楞的搭接长度，一般为预组拼模板全长（宽）的15％～20％。

（4）在组装模板时，要使两侧穿孔的模板对称放置，以使穿墙螺栓与墙模保持垂直。

（5）相邻模板边肋用U形卡连接的间距，不得大于300 mm，预组拼模板接缝处宜满上。U形卡要正反交替安装。

（6）上下层墙模板接槎的处理，当采用单块就位组拼时，可在下层模板上端设一道穿墙螺栓，拆模时该层模板暂不拆除，在支上层模板时，作为上层模板的支承面（图1-60）。当采取预组拼模板时，可在下层混凝土墙上端往下200 mm左右处，设置水平螺栓，紧固一道通长的角钢作为上层模板的支承（图1-61）。

（7）预留门窗洞口的模板，应有锥度，安装要牢固，既不变形，又便于拆除。

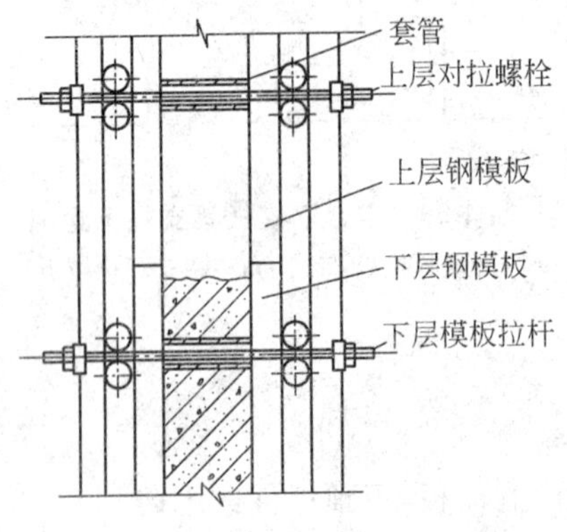

图1-60　下层模板不拆，作支承面

（8）对拉螺栓的设置，应根据不同的对拉螺栓采用不同的做法：

组合式对拉螺栓——要注意内部杆拧入尼龙帽有7～8个丝扣；

通长螺栓——要套硬塑料管，以确保螺栓或拉杆回收使用。塑料管长度应比墙厚小 2～3 mm。

(9) 墙模板上预留的小型设备孔洞，当遇到钢筋时，应设法确保钢筋位置正确，不得将钢筋移向一侧(图 1-62)。

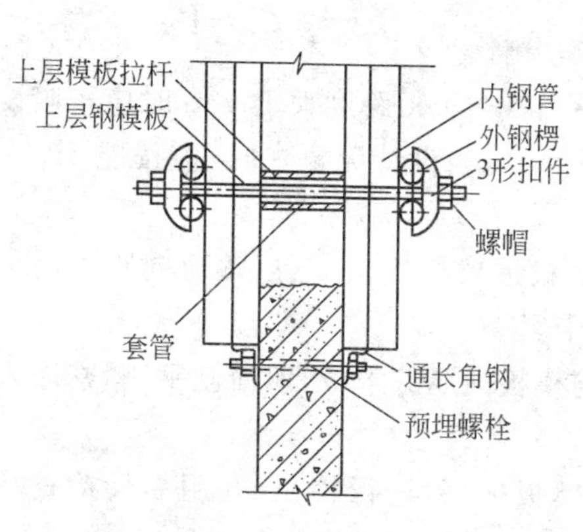

图 1-61　角钢支承图

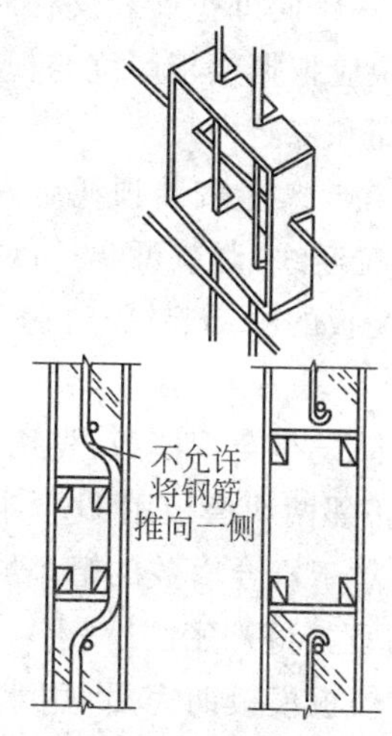

图 1-62　墙模板上设备孔洞模板做法

墙模板的组装方法，见图 1-63 所示。

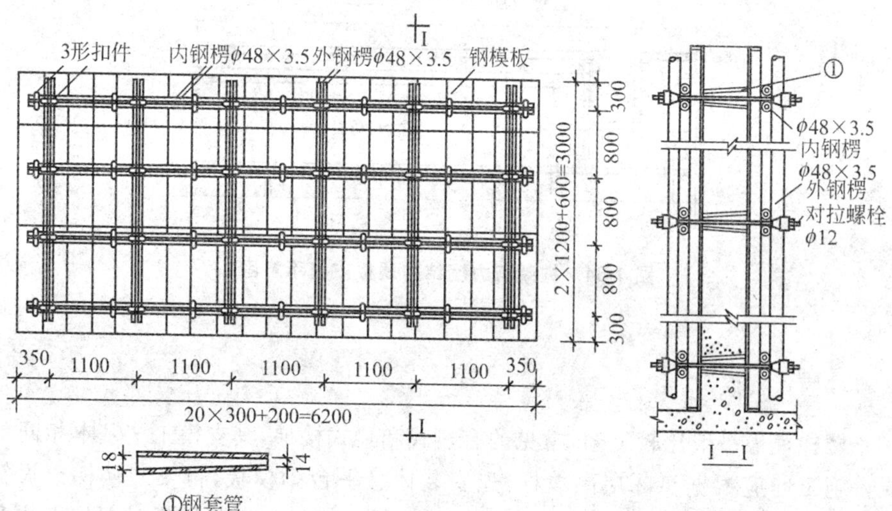

图 1-63　墙模板

7.楼板模板安装

1）楼板模板的支架搭设前，地面及支脚的处理同第5条第2)款的有关内容。支架搭设时，自边跨开始先完成一个格构的立柱、水平连接杆及斜撑安装，再逐排、逐跨向外扩展。支柱和水平杆的布置应考虑设置施工通道，立柱间距与龙骨间距应根据楼板厚度与模板规格、型号设计确定，支架搭设完成后应检查支架的标高和稳定性。

2）在支架上安装顶托后，再安放主、次龙骨。

3）拉通线，调节可调托，调整龙骨的标高，当顶板跨度大于4 m时应按照设计要求在板的中部起拱，边缘部分要保持水平，当设计无要求时，应按照1‰～3‰起拱。

4）铺设组合钢模板：先用阴角模与墙模或梁模连接，然后逐块向跨中铺设平模。相邻两块模板用U形卡正反相间卡紧。

5）对于不合模数的窄条缝，应采用与模板同厚的木板，四面刨平，紧密嵌入缝中，保证接缝严密。

6）楼板模板铺完后，用水准仪测量模板标高，进行校正，并用靠尺检查平整度。

7）支柱之间加设水平拉杆：根据支柱高度确定水平拉杆的数量和间距。一般情况下离地300 mm处设第一道，其构造如图1-64所示。

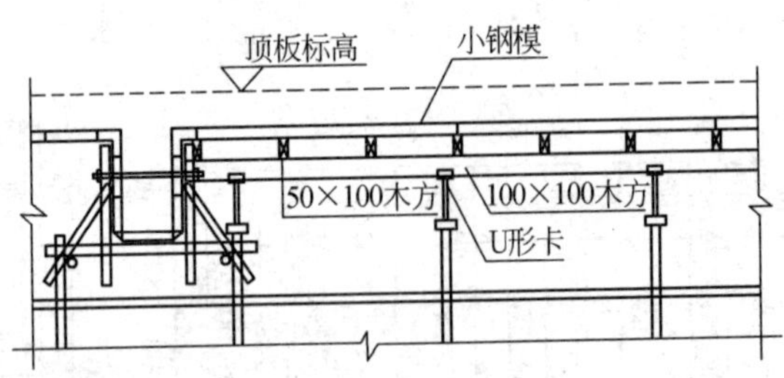

图1-64 框架剪力墙结构顶板支模示意图

8.楼梯模板安装

楼梯模板一般比较复杂，常见的有板式和梁式楼梯，其支模工艺基本相同。

施工前应根据实际层高放样，先安装休息平台梁模板，再安装楼梯模板斜楞，然后铺设楼梯底模，最后安装外帮侧模和踏步模板。安装模板时要特别注意斜向支柱（斜撑）的固定，防止浇筑混凝土时模板移动。

楼梯段模板组装示意如图1-65所示。

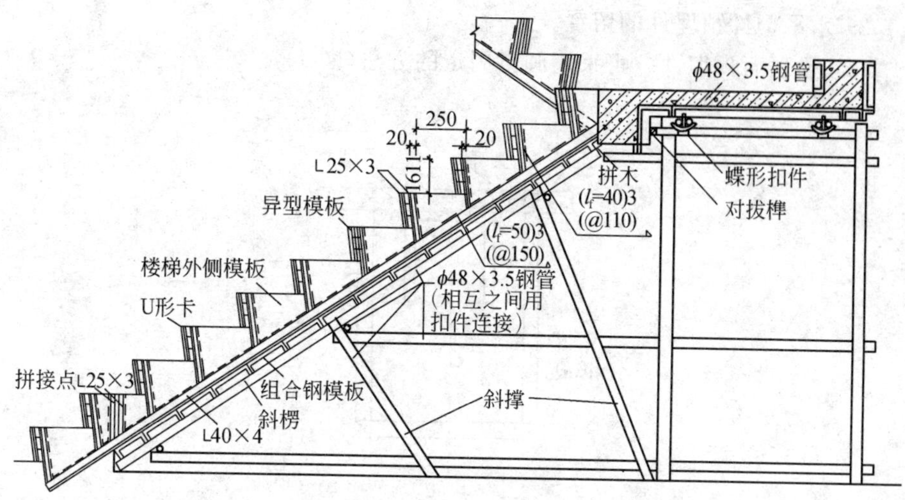

图 1-65　楼梯段模板组装示意图

9. 预埋件和预留孔洞的设置

1）竖向构件预埋件的留置。

(1) 焊接固定。焊接时先将预埋件外露面紧贴钢模板，锚脚与钢筋骨架焊接(图 1-66)。当钢筋骨架刚度较小时，可将锚脚加长，顶紧对面的钢模，焊接不得咬伤钢筋。但此方法严禁与预应力筋焊接。

(2) 绑扎固定。用钢丝将预埋件锚脚与钢筋骨架绑扎在一起(图 1-67)。为了防止预埋件位移，锚脚应尽量长一些。

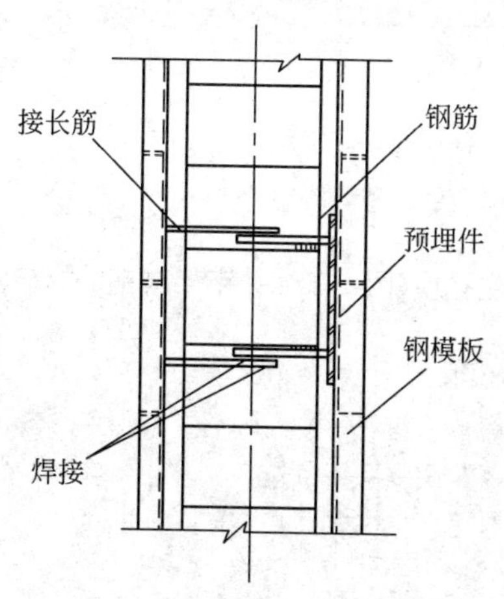

图 1-66　焊接固定预埋件

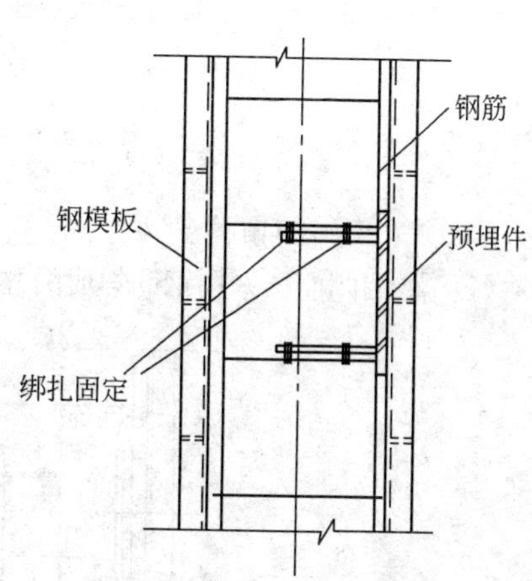

图 1-67　绑扎固定预埋件

2）水平构件预埋件的留置。

（1）梁顶面预埋件。可采用圆钉固定的方法（图 1-68）。

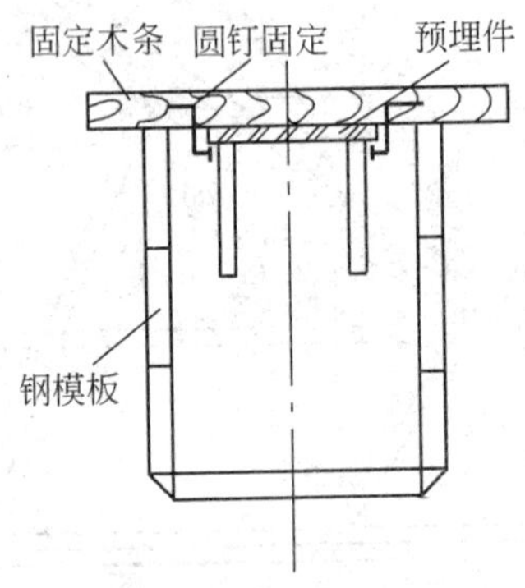

图 1-68　梁顶面圆钉固定预埋件

（2）板顶面预埋件。将预埋件锚脚做成“八”字形，与楼板钢筋焊接。用改变锚脚的角度，调整预埋件标高（图 1-69）。

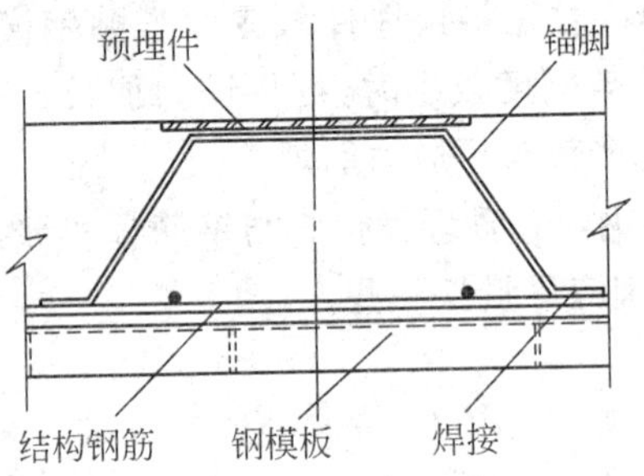

图 1-69　板顶面固定预埋件

3）预留孔洞的留置

（1）梁、墙侧面。采用钢筋焊成的井字架卡住孔模（图 1-70），井字架与钢筋焊牢。

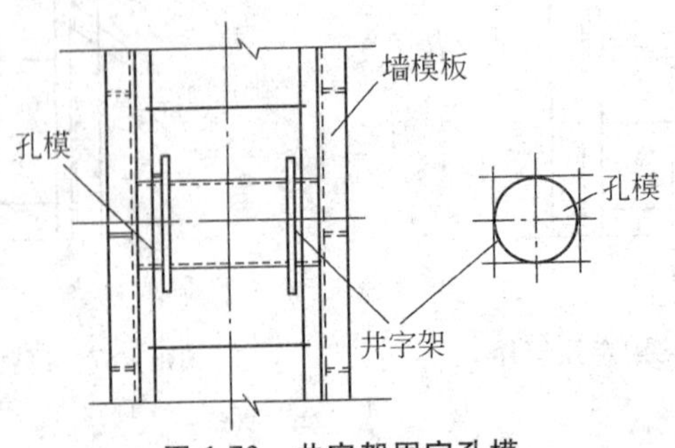

图 1-70　井字架固定孔模

(2) 板底面。可采用在底模上钻孔,用铁丝固定在定位木块上,孔模与定位木块之间用木楔塞紧(图 1-71);亦可在模板上钻孔,用木螺钉固定木块,将孔模套上固定(图 1-72)。

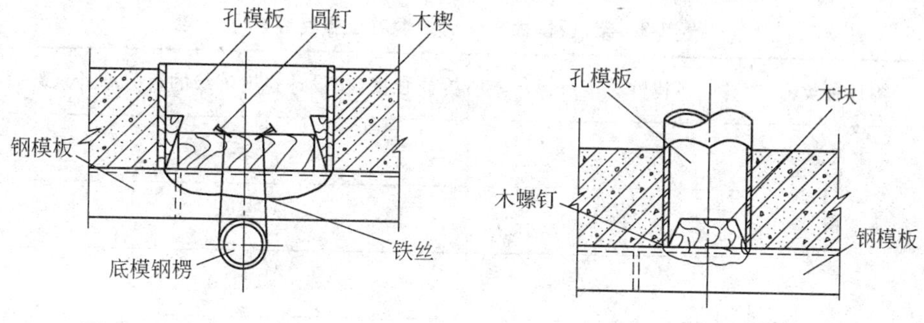

图 1-71　楼板用铁丝固定孔模

图 1-72　楼板用木螺丝固定孔模

当楼板板面上留设较大孔洞时,留孔处留出模板空位,用斜撑将孔模支于孔边上(图 1-73)。

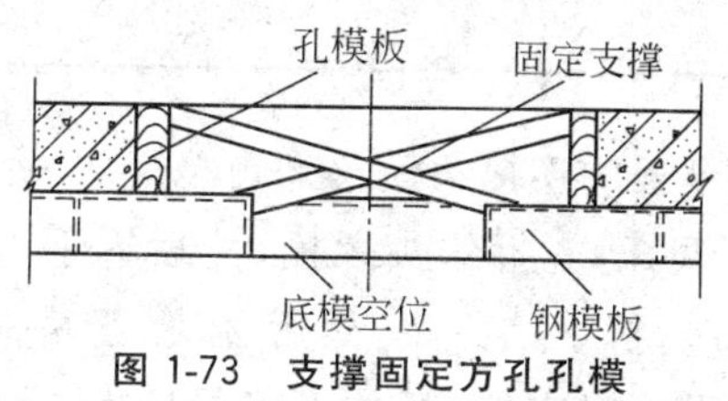

图 1-73　支撑固定方孔孔模

10. 组合钢模板拆除施工

组合钢模板拆除应遵循的原则:先支后拆,后支先拆;先拆不承重的模板,后拆承重部分的模板;自上而下;先拆侧向支撑,后拆竖向支撑。

1) 墙、柱模板拆除。

(1) 墙、柱模板拆除时,混凝土强度应能保证其表面及棱角不因拆除模板而受损坏。

(2) 墙模板拆除。墙模板拆除应逐块拆除。先拆除斜拉杆或斜支撑,再拆除对拉螺栓及纵横龙骨或钢管卡,将 U 形卡或插销等附件拆下,然后用锤向外侧轻击模板上口,用撬棍轻轻撬动模板,使模板脱离墙体,将模板逐块传下码放;预组装模板应整体拆除、吊运。

(3) 柱模板拆除。先拆除柱斜撑和拉杆,卸掉柱箍,再将连接每片柱模板的 U 形卡拆除,然后用锤向外侧轻击模板上口,使之松动,脱离混凝土。

2）梁、板模板拆除。

（1）模板拆除时，应根据混凝土的强度填写拆模申请，经批准后，方可拆模。

（2）梁、板模板拆除时，其混凝土同条件试块强度应满足表 1-3 的要求。

表 1-3 梁、板模板拆除时的混凝土强度要求

构件种类	构件跨度/m	拆模强度（按设计强度等级的百分率计）（%）
楼板	≤2	≥50
	2～8	≥75
	＞8	≥100
梁	≤8	≥75
	＞8	≥100
悬挑构件	—	≥100

（3）拆除梁与楼板模板的连接角模及梁侧模板，以使两相临模板脱开。

（4）下调支柱的可调托，先拆钩头螺栓，然后拆下 U 形卡和 L 形插销，再轻撬模板，或用锤子轻敲，拆下第一块，然后逐块、逐跨拆除模板。拆除的模板传递放于地面上，或搭设临时支架，托住下落的模板，严禁使模板自由落下。

（5）拆除大跨度梁模时，应按照跨中至梁端的顺序松可调托、拆模板。

三、木（竹）胶合板模板制作、安装及拆除技术要点

1.墙模板制作、安装

1）墙模板制作。

（1）依据模板设计制作图进行模板制作，先将方木背楞厚度方向上的上下两个面刨平、刨直，挑选厚度一致的背楞和胶合板。

（2）根据单块模板制作大样图进行裁板，并对胶合板裁边处采用封口漆封边。

（3）面板与背楞固定采用沉头螺钉或圆钉固定牢固。

（4）同一面墙出现两块以上模板，其接缝处做法如图 1-74 所示。

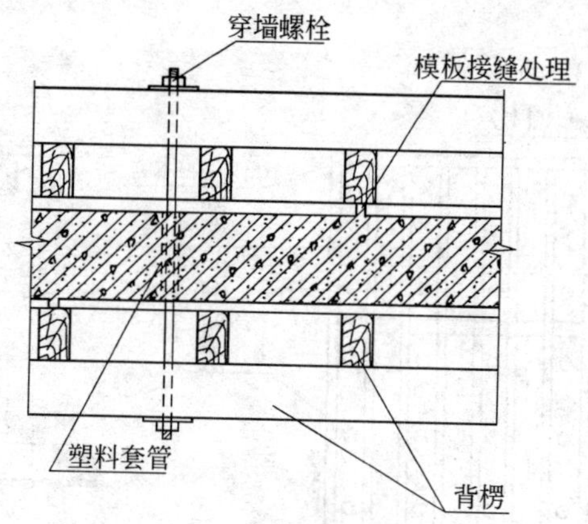

图 1-74 墙模板接缝处做法

(5) 单块模板制作完,按模板设计图纸对模板外形、尺寸、平整度、对角线进行检查,分规格平行叠放,其底层模板加垫木,距地面不小于 100 mm。

(6) 模板安装前,应均匀涂刷隔离剂。

2) 安装剪力墙模板

(1) 按位置线安装门洞口模板,下预埋件或木砖,门窗洞口模板应加定位筋固定和支撑,洞口设 4～5 道横撑。门窗洞口模板与墙模接合处应加垫海绵条防止漏浆。

(2) 把预先拼装好的一面墙体模板按位置线就位,然后安装拉杆或斜撑,安塑料套管和穿墙螺栓,穿墙螺栓规格和间距应符合模板设计规定,如图 1-75～图 1-77 所示。

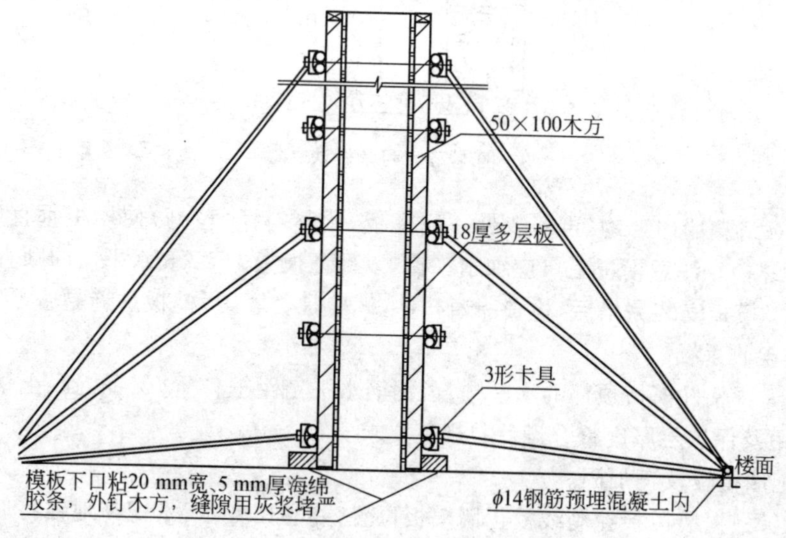

图 1-75 内墙模板支撑示意图

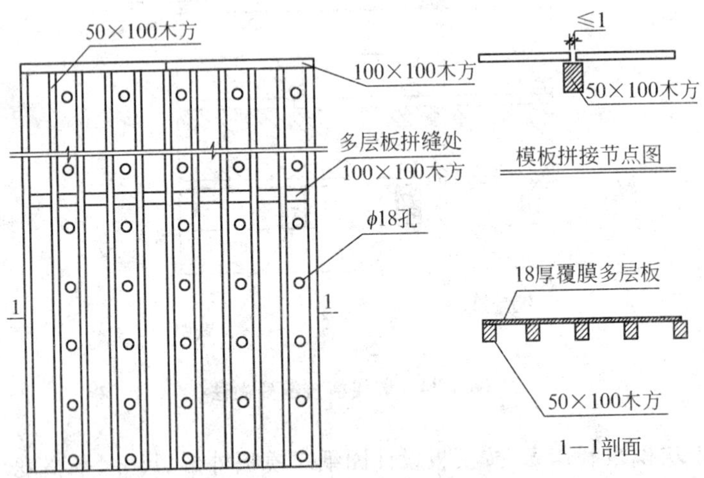

图 1-76 墙模板立面节点示意图

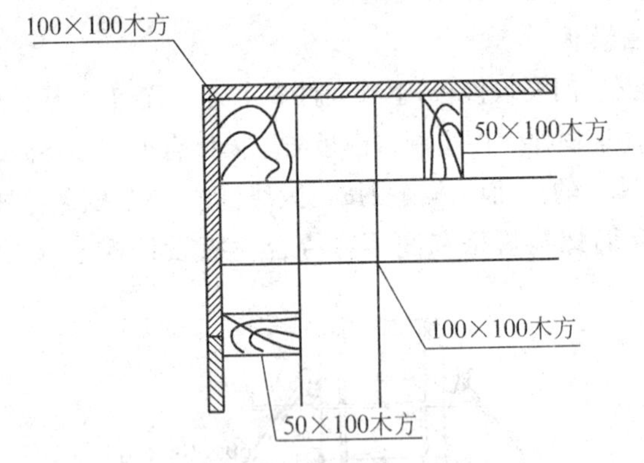

图 1-77 阴角做法

(3) 清扫墙内杂物，再安装另一侧模板，调整斜撑(拉杆)使模板垂直后，拧紧穿墙螺栓。注意模板上口应加水平楞，以保证模板上 1∶3 水平向的顺直。

(4) 模板安装完毕后，检查一遍扣件，螺栓是否紧固，模板拼缝是否严密，办完检查验收手续。

(5) 调整好模板顶部的水平顺直，钢筋水平定距框位置，保证混凝土钢筋间距、排距及保护层厚度符合设计与规范要求。

3) 墙模板校正加固。

(1) 根据墙模板控制线校正墙模板位置，并利用方木、木楔与地锚将墙模下口固定。

(2) 模板上口吊线坠检查墙模板垂直度，通过斜撑校正墙身垂直度，调整合格后固定。

(3) 再次复查墙模板轴线位移、垂直度、截面尺寸、对角线偏差，调整无误后，锁定斜撑。

(4) 模板安装校正完毕后，将模板接缝及模板下口进行封严。

2. 柱模板制作、安装

1) 柱模板制作。

(1) 依据模板设计制作图进行模板制作，先将木背楞厚度方向上的上下两个面刨平、刨直，挑选厚度一致的背楞和胶合板。

(2) 依据单块模板制作大样图，将胶合板按制作尺寸要求裁板，并对裁边处的胶合板采用封口漆封边。

(3) 胶合板与木背楞固定采用沉头螺钉或圆钉固定牢固，制作时应预留清扫口和振捣口。

(4) 柱模四角制作时宜采用企口做法，如图 1-78 所示。

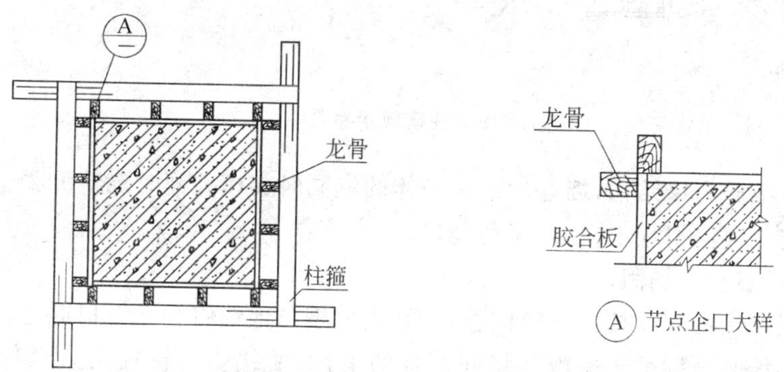

图 1-78　柱模四角企口做法

(5) 单块模板制作完，按模板设计图纸对模板外形、尺寸、平整度、对角线进行检查，分规格平行叠放，其底层模板加垫木，距地面不小于 100 mm。

(6) 模板安装前，应均匀涂刷隔离剂。

2) 柱模板安装。

(1) 按照放线位置，在柱内四边的预留地锚筋上焊接支杆，从四面顶住模板，以防止位移。

(2) 安装柱模板：通排柱，先安装楼层平面的两边柱，经校正、固定，再拉通线校正中间各柱。一般情况下，模板按柱子大小，可以预拼成一面一片，就位后先用铁丝与主筋绑扎临时固定，用木钉将两侧模板连接紧。安装完两面后，再安装另外两面模板。

(3) 安装柱箍：柱箍可用方钢、角钢、槽钢、钢管等制成，也可以采用钢木夹箍。柱箍应根据柱模尺寸、侧压力大小等因素在模板设计时确定柱箍尺寸间距。柱断面大时，可增加穿模螺栓。

(4) 安装柱模的拉杆或斜撑。柱模每边设两根拉杆，固定于事先预埋在楼板内的钢筋拉环上，用线坠(必要时用经纬仪)控制垂直度，用花篮螺栓或螺杆调节校正。拉杆或斜撑与楼板面夹角宜为 45°，预埋在楼板内的钢筋拉环与柱距离宜为 3/4 柱高，见图 1-79。

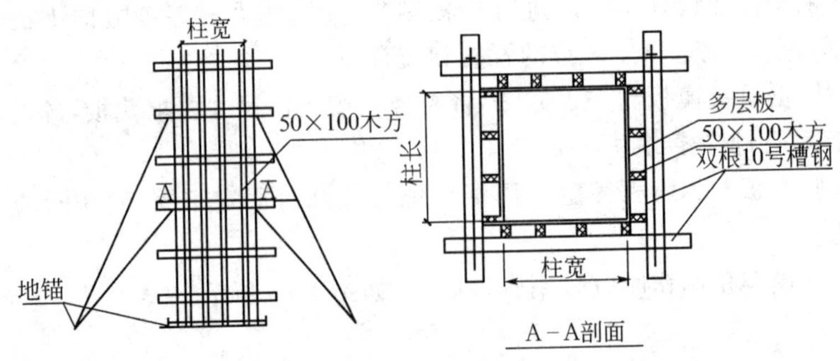

图 1-79　柱模板示意图

(5) 框架剪力墙结构，墙柱如连接一体的宜同时支模并同时浇筑混凝土。

(6) 将柱模内清理干净，封闭清理口。

3) 柱模板校正加固。

(1) 根据柱控制线校正柱模位置，并采用木楔与地锚将柱模下口固定。

(2) 将线坠分别吊于模板及相邻模板的上口，使线坠由模板上口延伸接近楼面检查模板的垂直度，并且通过拉锚或斜撑校正柱身垂直度和柱身扭向，调整偏差后固定。

(3) 对于群柱应先安装两端柱模板，校正固定后依次安装中间各柱，并拉通线检查校核。

3.梁模板制作、安装

1) 放线、抄平：柱子拆模后在混凝土柱上弹出水平线，在楼板上和柱子上弹出梁轴线。安装梁柱头节点模板，见图 1-80。

2) 铺设垫板：安装梁模板支柱之前应先铺垫板。垫板可用 50 mm 厚脚手板或 50 mm×100 mm 木方，长度不小于 400 mm，当施工荷载大于 1.5 倍设计使用荷载或立柱支设在基土上时，垫通长脚手板。

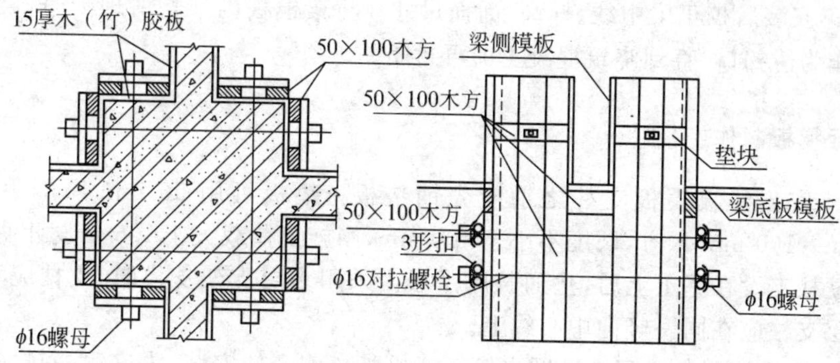

图 1-80　梁柱头节点木(竹)模板示意图

3）安装立柱：一般梁支柱采用单排，当梁截面较大时可采用双排或多排，支柱的间距应由模板设计确定，支柱间应设双向水平拉杆，离地 300 mm 设第一道。当四面无墙时，每一开间内支柱应加一道双向剪刀撑。支撑体系宜与混凝土柱子拉结，保证支撑体系的稳定性。

4）调整标高和位置、安装梁底模板：按设计标高调整支柱的标高，然后安装梁底模板，并拉线找直，按梁轴线找准位置。梁底模板跨度大于或等于 4 m 应按设计要求起拱。当设计无明确要求时，一般起拱高度为跨度的1/1000～1.5/1000。

5）绑扎梁钢筋，经检查合格后办理隐检手续。

6）清理杂物，安装侧模板，把两侧模板与梁底板用钉子或工具卡子连接。

7）用梁托架支撑固定两侧模板。龙骨间距应由模板设计确定，梁模板上口应用定型卡子固定。当梁高超过 600 mm 时，加穿梁螺栓加固或使用工具式卡子加固，并注意梁侧模板根部一定要楔紧或使用工具式卡子夹紧，防止出现胀模漏浆通病，如图 1-81 所示。

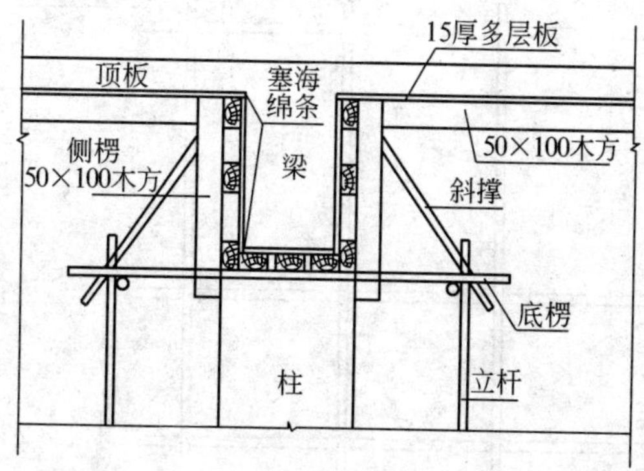

图 1-81　木胶合板梁支模示意图

8）安装后校正梁中线、标高、断面尺寸。将梁模板内杂物清理干净，梁端头一般作为清扫口，直到浇筑混凝土前再封闭。

4.楼板模板制作、安装

1）安装楼板模板支柱之前应先铺垫板。垫板可用 50 mm 厚脚手板或 50 mm×100 mm 木方，长度不小于 400 mm，当施工荷载大于 1.5 倍设计使用荷载或立柱支设在基土上时，垫通长脚手板。采用多层支架支模时，支柱应垂直，上下层支柱应在同一竖向中心线上。

2）严格按照各房间支撑图支模。从边跨一侧开始安装，先安第一排龙骨和支柱，临时固定，再安第二排龙骨和支柱，依次逐排安装。支柱和龙骨间距应根据模板设计确定，碗扣式脚手架还要符合模数要求。

3）调节支柱高度，将大龙骨找平。楼板跨度大于或等于 4 m 时应按设计要求起拱，当设计无明确要求时，一般起拱高度为跨度的 1/1000～1.5/1000。

此外注意大小龙骨悬挑部分应尽量缩短，避免出现较大变形。面板模板不得有悬挑，凡有悬挑部分，板下应加小龙骨。

4）铺设模板：可从一侧开始铺，拼缝严密不得漏浆。同一房间多层板与竹胶板不宜混用。

5）楼板模板铺完后，用水准仪测量模板标高，进行校正，并用 2 m 靠尺检查平整度。

6）支柱之间加设水平拉杆：根据支柱高度确定水平拉杆的数量和间距。一般情况下离地 300 mm 处设第一道，其构造如图 1-82、图 1-83 所示。

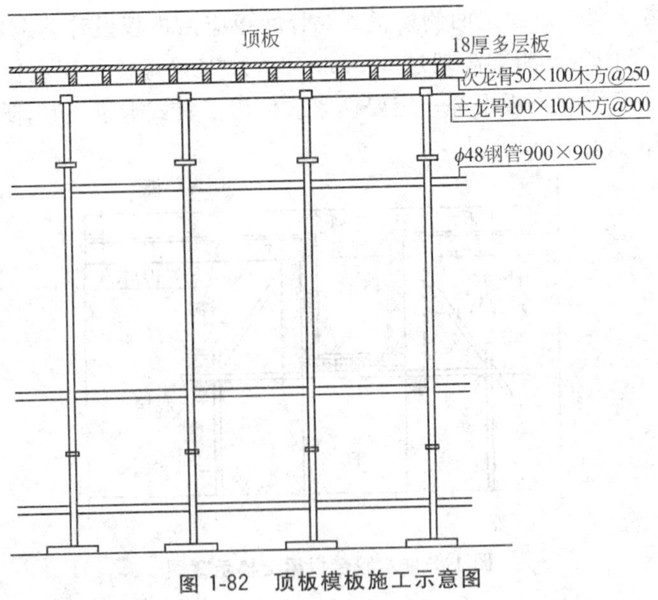

图 1-82　顶板模板施工示意图

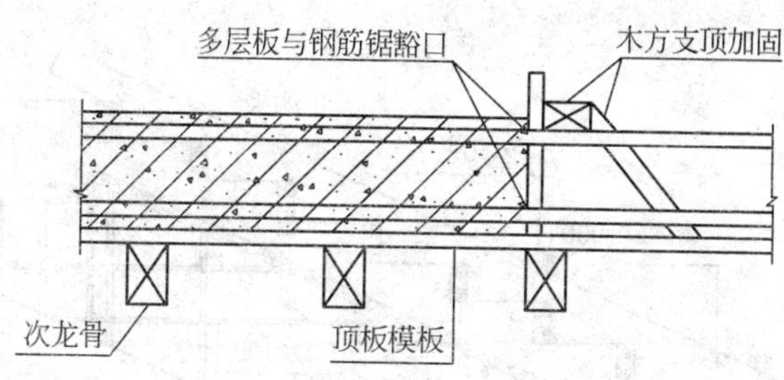

图 1-83　木胶合板顶板施工缝示意图

5. 楼梯模板制作、安装

1）放线、抄平：弹好楼梯位置线，包括楼梯梁、踏步首末两级的角部位置、标高等。

2）铺垫板、立支柱：支柱和龙骨间距应根据模板设计确定，先立支柱、安装龙骨（有梁楼梯先支梁），然后调节支柱高度，将大龙骨找平，校正位置标高，并加拉杆，如图 1-84 所示。

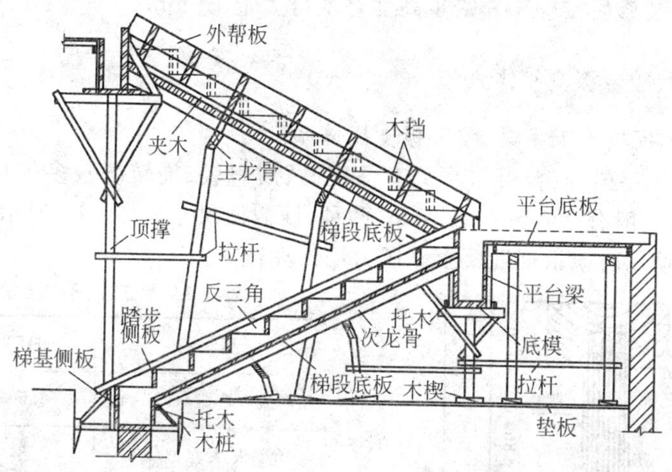

图 1-84　有梁楼梯模板示意图

3）铺设平台模板和梯段底板模板，模板拼缝应严密，不得漏浆。在板上划梯段宽度线，依线立外帮板，外帮板可用夹木或斜撑固定，如图 1-85 所示。

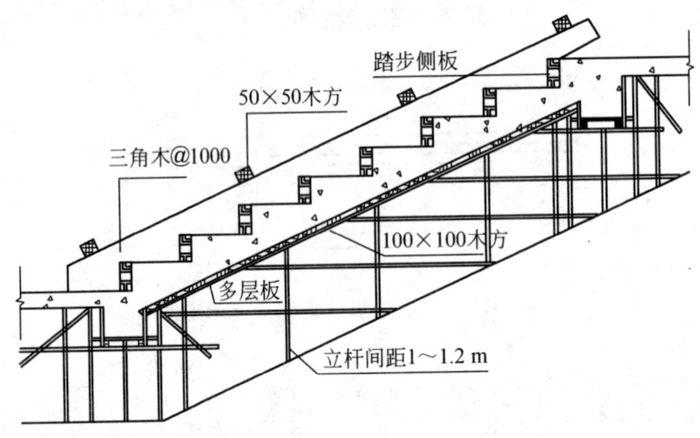

图 1-85 楼梯模板示意图

4）绑扎楼梯钢筋（有梁先绑扎梁钢筋）。

5）吊楼梯踏步模板。办钢筋的隐检和模板的检验。

注意梯步高度应均匀一致，最下一步及最上一步的高度，必须考虑到楼地面最后的装修厚度及楼梯踏步的装修做法。防止由于装修厚度不同形成楼梯步高度不协调。装修后楼梯相邻踏步高度差不得大于 10 mm。

6. 木工字梁、胶合板支模体系

1）墙体模板木工字梁、胶合板支模体系。

(1) 木工字梁、胶合板体系具有强度高、质量轻、周转次数多等特点。木工字梁的高度一般有 200 mm、160 mm 两种，横截面尺寸如图 1-86 所示，技术参数见表 1-4。使用时应根据混凝土侧压力经计算选用。

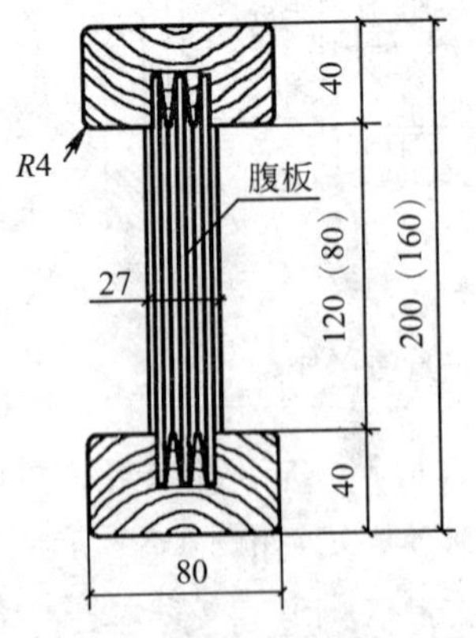

图 1-86 木工字梁横截面示意图

表 1-4 木工字梁的技术参数

型 号	H16	H20
允许最大弯矩/(kN·m)	3.5	5.0
允许最大剪力/kN	8.5	11.0
每米质量/kg	4.5	5.0
木梁高度/mm	160	200
截面惯性矩/cm^4	4290	2420

(2) 木工字梁、胶合板体系墙体模板主要由胶合板、木工字梁、双槽钢背楞(2[10、2[12)连接爪、吊钩等构成，如图 1-87 所示。

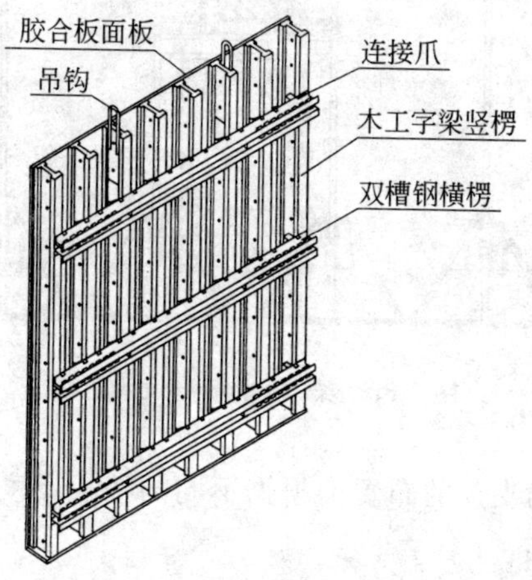

图 1-87　木工字梁墙模示意图

(3) 木工字梁、胶合板体系墙体模板的支设如图 1-88 所示，根据墙体尺寸拼制成整块模板。

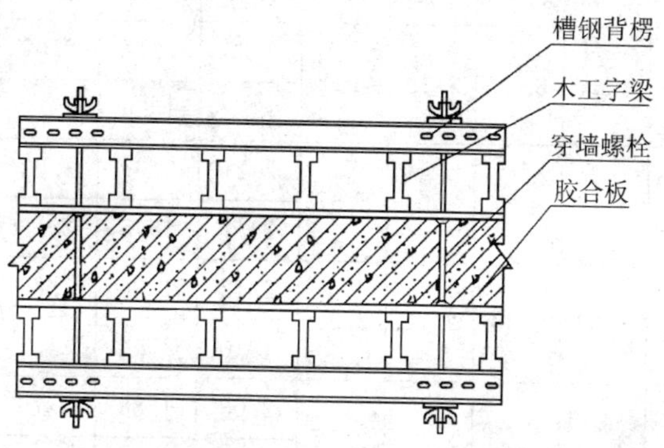

图 1-88　木工字梁墙模支设示意图

(4) 由于木工字梁刚度较大，使用该体系时可采用高强穿墙螺栓(D15 或 D20)，一般 1 m^2 的模板范围内布置 1 根穿墙螺栓即可。

2) 梁、板模板木工字梁、胶合板支模体系。

(1) 采用 15～18 mm 厚优质木胶合板或竹胶合板、木工字梁(H20、H16)、独立式钢支柱或碗扣架。

(2) 梁、板模板支设示意图如图 1-89 所示。

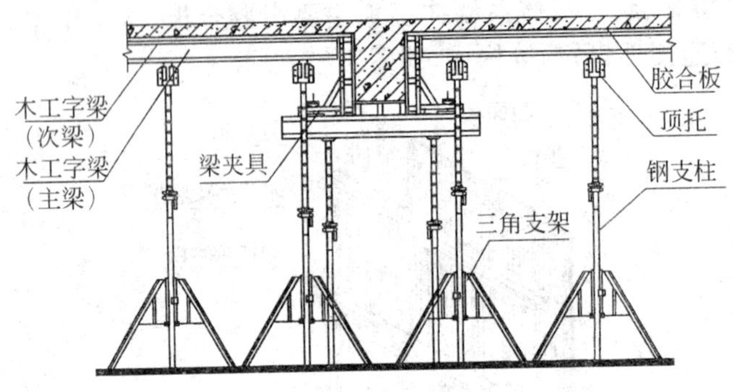

图 1-89　梁、板模板支设示意图

（3）主、次梁及钢支撑的布置。根据不同的楼板厚度，木工字梁及钢支柱的布置间距选用见表1-5。

表 1-5　H20 型木工字梁设计间距布置表

楼板厚/mm	总负载/(kN/m²)	给定次梁间距时主梁的最大允许间距/m				给定主梁间距时，钢支柱的最大允许间距/m 给定最大间距时，单根钢支柱荷载/kN				
		0.42	0.50	0.625	0.667	1.50	1.75	2.00	2.25	2.50
120	4.92	3.64	3.43	3.19	3.12	2.33	2.16	2.02	1.90	1.79
						17.2	18.6	19.9	21.1	22.0
140	5.44	3.47	3.27	3.04	2.97	2.21	2.05	1.92	1.80	1.62
						18.1	19.5	20.9	22.0	22.0
160	5.96	3.33	3.14	2.92	2.85	2.12	1.96	1.83	1.64	1.48
						19.0	20.4	21.8	22.0	22.0
180	6.48	3.21	3.03	2.81	2.75	2.03	1.88	1.70	1.51	1.36
						19.7	21.3	22.0	22.0	22.0
200	7.00	3.10	2.93	2.72	2.66	1.95	1.80	1.57	1.40	1.26
						20.5	22.0	22.0	22.0	22.0
220	7.52	3.01	2.84	2.64	2.58	1.88	1.67	1.46	1.30	1.17
						21.2	22.0	22.0	22.0	22.0
240	8.04	2.93	2.76	2.57	2.51	1.82	1.56	1.37	1.21	1.09
						22.0	22.0	22.0	21.9	22.0

续表

楼板厚/mm	总负载/(kN/m²)	给定次梁间距时主梁的最大允许间距/m				给定主梁间距时,钢支柱的最大允许间距/m 给定最大间距时,单根钢支柱荷载/kN				
		0.42	0.50	0.625	0.667	1.50	1.75	2.00	2.25	2.50
260	8.56	2.86	2.70	2.50	2.45	1.71	1.47	1.29	1.14	1.03
						22.0	22.0	22.0	22.0	22.0
280	9.08	2.79	2.63	2.44	2.39	1.62	1.38	1.21	1.08	0.97
						22.0	21.9	22.0	22.0	22.0
300	9.66	2.73	2.57	2.39	2.34	1.52	1.30	1.14	1.01	0.91
						22.0	22.0	22.0	22.0	22.0

(4) 施工前应根据不同工程情况及所用的材料进行受力计算,以确定合理的模板设计方案。

7.模板拆除

1) 墙、柱模板拆除。

(1) 拆除墙、柱模板时,混凝土强度应能保证其表面及棱角不受损坏。

(2) 拆除模板顺序:按照模板设计要求的拆模顺序进行,先支的模板后拆,后支的模板先拆。

(3) 墙模板拆除时,应对模板进行临时固定,然后松开对拉螺栓螺母、斜撑,拆除模板下口固定木楔,拆除模板横楞,随后拆除对拉螺栓,使模板向后倾斜与墙体脱开;拆柱模板时,先拆拉锚或斜撑,后拆柱箍,如模板与混凝土面黏结,可用撬棍轻轻撬动模板,但不得用大锤砸模板上口。门窗洞口模板应根据洞口宽度和混凝土强度掌握拆模时间。

(4) 模板吊出时,必须检查模板是否与墙体有钩挂的地方,且依次吊入模板插放架内。

(5) 模板应及时清理、修理,涂刷隔离剂,以便下次使用。

2) 梁、板模板拆除。

(1) 拆除工艺流程:拆除梁侧模斜撑、连接件及侧模→下调顶托,拆除主、次龙骨→拆除顶板区域支撑体系→拆除顶板模板→拆除梁底支撑及模板→清理模板。

(2) 梁、板模板拆除施工要点。

① 拆除梁、板模板要以同条件试块抗压强度试验报告为准,并应符合《混凝

土结构工程施工质量验收规范》(GB 50204－2002)(2011 年版)中的底模拆除时混凝土强度要求。填写拆模申请,经审批后方可拆模。

② 模板拆除宜逐跨依次拆除梁侧模板(帮包底)、顶板模板、梁底模板。

③ 梁侧模板拆除。依次拆除梁侧模板的斜撑、锁口木方、连接件以及侧模。

④ 顶板模板拆除。下调可调顶托,拆除主、次龙骨,再依次拆除支撑体系的斜杆、横杆及立杆,最后拆除顶板模板。

⑤ 按拆除顶板模板的顺序拆除梁底支撑和底模。

⑥ 后浇带模板的拆除应满足混凝土的强度要求,支顶应按施工技术方案执行。

⑦ 拆下的模板应及时清理。钢管、龙骨、模板应分类码放,但不应集中放置,防止集中荷载过大,导致顶板出现裂缝。

四、其他模板安装、拆除技术要点

1.密肋楼板模壳安装、拆除

1) 模壳安装。

为加速模壳周转,减少投入,密肋模壳安装宜采用快拆体系。

(1) 弹线:在四周墙体和柱面弹出模壳支设标高控制线,并在楼地面上弹出支撑水平控制线。

(2)安装支撑体系和快拆顶托:在坚实地面或楼板上,铺放垫木并安放底座,根据支撑设计的间距安装碗扣架或钢管支撑架和快拆顶托,上下层支撑应对准对齐。凡支撑高度超过 3.5 m 时,每隔 2 m 高度应增设连接杆件,将支柱互相连接以保证支撑体系的稳定。

(3) 安装龙骨:安装龙骨前在框架梁侧模板上放出模壳的位置线,保证龙骨(即密肋)位置准确。龙骨安装应按设计要求起拱,设计无要求时,起拱高度为全跨长度的 1‰～3‰。龙骨安装时,要拉水平通线,先用可调支撑头粗调标高,然后再进一步调整龙骨水平,使龙骨安装做到间距、标高准确。

(4) 安放模壳及补缝板条:按模壳组装设计图的平面布置,将模壳按型号安装在龙骨上。双向模壳安装,要求在一个柱网内应由中间向两端排放,以免出现两端边肋不等的现象。边肋不能使用模壳时,可用木模板补嵌。模壳位置调整准确后钉装补缝板条,板条为木质时两侧需要涂刷封边漆,缝隙处填塞海绵条,并用防水腻子(或油腻子)刮平封严,以免漏浆。模壳安装示意如图 1-91所示。

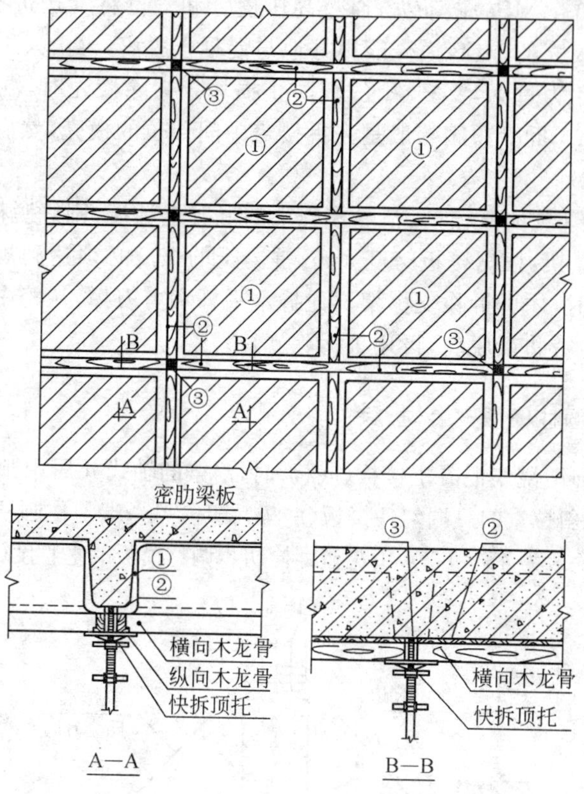

图 1-90　模壳安装平面示意图

①—模壳；②—补缝板条；③—顶托方板

(5) 封闭拆模气孔：拆模气孔要用胶带粘贴严密，防止浇筑混凝土时灰浆流入气孔。在涂刷脱模剂前应先将充气孔周围擦干净，并用细钢丝捅气孔，使其畅通，然后粘贴不小于 50 mm×50 mm 的布基胶带堵住气孔，此项工序检验时应认真检查，浇筑混凝土时要设专人看管。

(6) 刷脱模剂：在清理模壳表面垃圾后，即涂刷水质脱模剂，涂刷应均匀并不得漏刷。

(7) 检验：模壳安装完成后应逐项检查模壳的安装质量，检查的重点是支撑体系的整体稳定性和连接节点的严密性。

2) 模壳拆除。

(1) 降快拆顶托：转动手把，降下快拆顶托。

(2) 拆除模壳支撑(龙骨)。

(3) 拆除模壳：模壳及其支架拆除的顺序及方法应按施工技术方案执行，模壳拆除可采用气动拆模和手动拆模两种方式，由于模壳与混凝土呈凹槽形接触，手动拆模对模壳损坏较多，故应优先采用气动拆模。气动拆模是用气泵(工作压力一般不小于 0.7 MPa)做动力,通过高压皮管和气枪将气送进拆模气孔,由于气压的作用和模壳的弹性,模壳能很好地与混凝土脱离,再由人工辅助将模壳拆下。拆模不可用力过猛,要轻拿轻放,防止损坏。拆除模壳时,混凝土的强度必须达到 10 MPa。拆除顺序一般是先拆楼盖中间部位的模壳,然后向两边延伸拆除剩余的模壳。

(4) 清理模壳、刷脱模剂:清除模壳上的混凝土粘痕,刷好脱模剂备用。

(5) 拆支撑架:根据楼板跨度大小,混凝土的强度必须达到规范允许拆模强度和设计要求时,才可拆除支撑架。先拆水平杆和剪刀撑,从跨中向两端下调快拆顶托,使其与密肋梁脱离,再逐根拆除立柱。

2.平板玻璃钢圆柱模板安装、拆除

1) 埋设锚环:浇筑混凝土楼板(底板)时,沿梁的轴线并居中预埋钢筋(ϕ10)锚环。施工时,用斜拉索的一端勾住楼板(底板)锚环,另一端勾住圆柱上端钢筋(斜拉索与楼板交角一般为 45°～60°),用花篮螺栓初步调整模板的垂直度(图 1-91)。

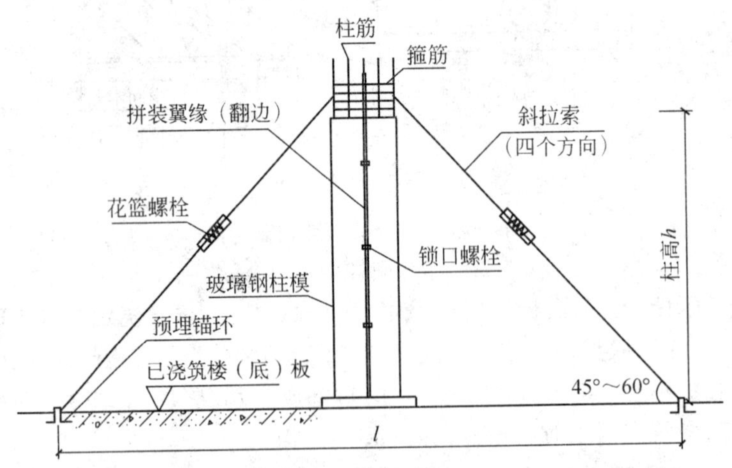

图 1-91　支模示意图

2) 放置垫块:每根圆柱分两层放 8 个钢筋保护层垫块(砂浆垫块和塑料垫块均可,以塑料垫块为宜),上下层各 4 块,按"十"字形布设;下层距地面 50～100 mm;上层在柱顶标高下返 50～100 mm。

3) 粘海绵条:将 3～5 mm 海绵条粘在圆柱模锁口缝处,防止漏浆。粘贴的海绵条不得超越模板侵入柱体内,防止海绵条嵌在柱体混凝土内。

4) 柱模就位:用 2～4 人把模板抬至柱筋旁侧,将模板竖立,围裹闭合模板。

5) 拧锁口螺栓:柱身从上到下不加柱箍,逐个拧紧锁口螺栓。

6) 勾斜拉索并初调垂直:斜拉索由 ϕ6 钢筋(或钢丝绳)与花篮螺栓组成,圆柱模板就位后，斜拉索的上端在高于柱模 100 mm 的位置勾住伸出柱模的柱子主筋，下端勾住设在楼(底)板上的锚环。用斜拉索和线坠初步调整玻璃钢圆柱模板的垂直度(因为此时尚未浇筑混凝土的模板还不圆，无法将柱的垂直度准确调整到位)。

7) 根部堵浆：在柱模根部外侧留 20～30 mm 的间隙，外箍一个高 30～50 mm的方形或圆形的钢框或木框，当将要浇筑圆柱混凝土时，在其间隙内填入砂浆，防止柱模底部漏浆造成烂根。

8) 浇筑混凝土：混凝土浇筑按有关施工工艺标准执行。结合玻璃钢圆柱模特点，浇筑时应确保垂直下料，并正确控制混凝土的坍落度(宜为 120～180 mm)和浇筑的分层厚度(宜为 500～700 mm)。

9) 复调复振：混凝土浇筑至柱顶时，玻璃钢柱模会完全自然的胀圆。在混凝土初凝之前，吊线坠检查柱子垂直偏差，微调斜拉索的花篮螺栓进行校正。对柱上端的混凝土应进行复振密实，以确保混凝土对钢筋的握裹。

10) 清理柱根：单根柱混凝土的浇筑时间一般为 0.5～1 h，浇筑完毕随即撤除柱根外侧的箍框，并将外侧砂浆铲除。

11) 拆模刷油：圆柱拆模时，混凝土强度应达到 1 MPa，常温下一般 8～12 h 即可。一根柱模每天可周转 1～2 次。拆模时卸下斜拉索，松开锁口螺栓，模板就会从接口处自动弹开，再人工将模板移开放平，清理并涂刷脱模剂。

3.弧形汽车坡道楼板模板安装

1) 按设计要求放出坡道坡度变化位置线，坡道坡度变化位置标高点、控制线，见图 1-92。

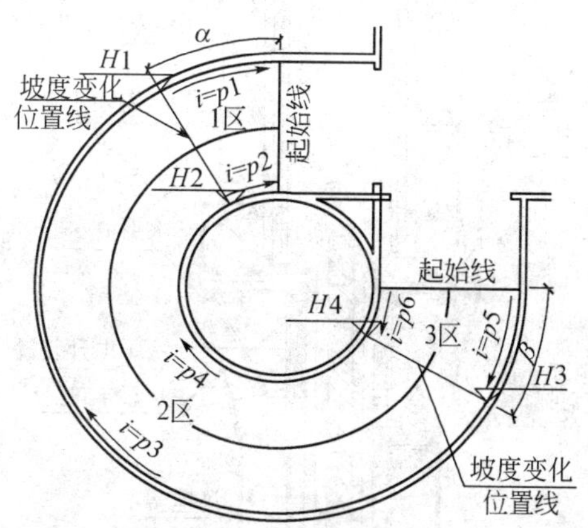

图 1-92　坡道坡度变化点、控制线示意图

$H1$～$H4$—坡度变化位置标高；i—坡度；$p1$～$p6$—坡度值

2) 顺着主龙骨方向铺设垫板，垫板尺寸应满足卸荷要求。

3）安装钢支柱。

(1) 根据模板设计要求安装钢支柱，安装支柱顶托，粗调整标高。

(2) 加固支柱间拉杆设双向加水平拉杆，离地 300 mm 设第一道。

(3) 顺坡道坡度方向安装剪刀支撑。顺坡道坡度方向以三根立柱间距为一个单元，可跳单元安装剪刀支撑，保证支撑体系的稳定性。

4）安装主龙骨。

(1) 主龙骨采用 100 mm×100 mm 木方，其间距应符合模板设计要求，曲线汽车坡道的局部主龙骨，其间距大的部位应另加支撑和主龙骨。

(2) 调整主龙骨标高，重点控制坡道坡度变化线位置及高程是否符合设计要求。

5）安装次龙骨：次龙骨采用 50 mm×100 mm 木方，其上下面应刨光，保证板面平整度。坡道坡度变化位置线标高应拉线控制，并调整次龙骨的高度。

6）铺设模板板面：定型组合钢模，相邻两块模板用 U 形卡连接，U 形卡卡紧方向应正反相间。

7）将模内清理干净，封闭清理口。

4. 液压动力爬模安装

1）平台支架及模板系统：支架主要由水平支架、竖向支架、吊挂架组成，如图 1-93 所示。

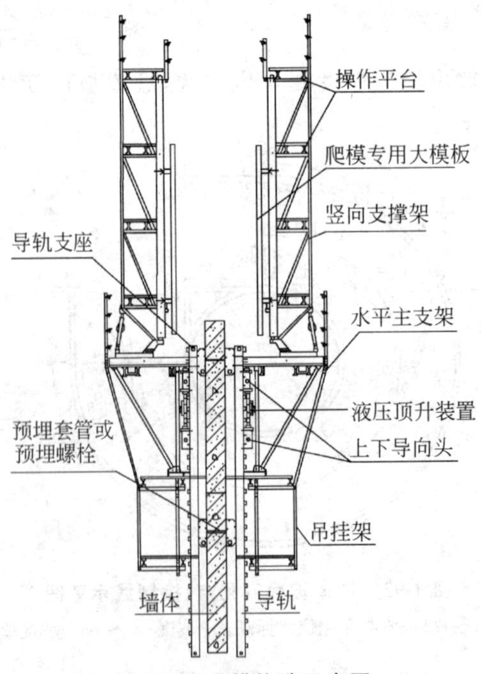

图 1-93　爬模构造示意图

2）预埋件埋设：导墙钢筋绑扎后，应严格按照爬模设计确定的位置固定好预埋螺栓，避免漏埋或移位，并经隐检合格。

3）下层导墙施工：利用组装好的爬模专用大模板并参照本书第一部分“一、全钢大模板安装、拆除工程”的内容施工，如图1-94所示。

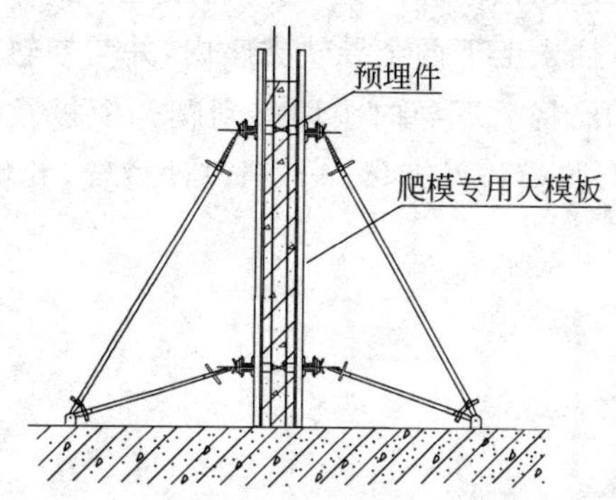

图1-94　下层导墙施工示意图

4）爬模架体及液压系统安装：当导墙墙体混凝土强度达到10 MPa以上后，即可在预埋螺栓上安装下导轨支座，随即进行爬模架体、内外模板及液压系统安装，如图1-95所示。

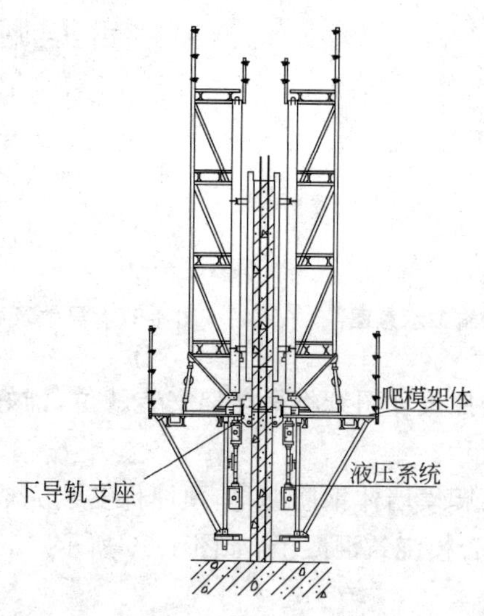

图1-95　爬模架体及液压系统安装示意图

5）上层导墙施工：上层导墙的钢筋与爬模预埋件安装，经检查验收并办理验收手续后，即可合模，浇筑上层导墙混凝土，如图 1-96 所示。

6）安装导轨：后退模板，安装上导轨支座，插入导轨。

(1) 利用模板后移装置，将模板后退 600～700 mm。

(2) 将导轨支座固定在预埋螺栓上并拧紧，扭矩不少于 60 N·m。

(3) 将导轨从上方插入上下两个导轨支座内，并与导轨支座固定。

7）模板及架体爬升：将上下导向头调整到爬升模板及架体的位置，启动液压泵，通过油缸的伸缩，将模板及架体爬升到设计位置，并将架体与上方导轨支座固定，如图 1-97 所示。

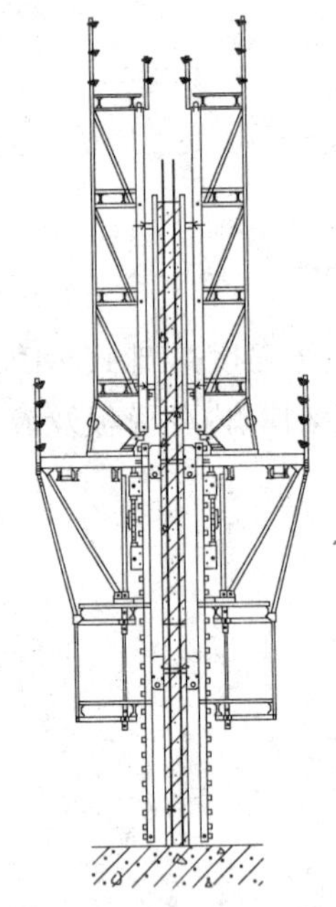

图 1-96　上层导墙施工示意图

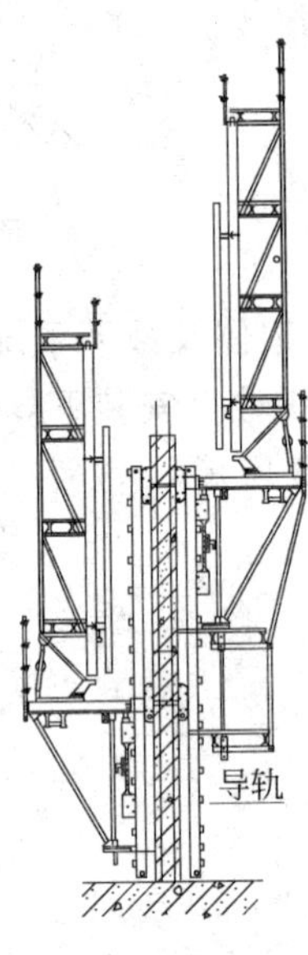

图 1-97　导轨及爬升模板安装示意图

8）安装吊挂架：按照设计图纸将吊挂架安装就位，铺好脚手板，挂好密目防护安全网，如图 1-98 所示。

9）爬模墙体施工：爬模墙体钢筋绑扎、预埋件安装完成后，经检查验收并办理隐检验收手续，即可合模浇筑混凝土，如图 1-99 所示。

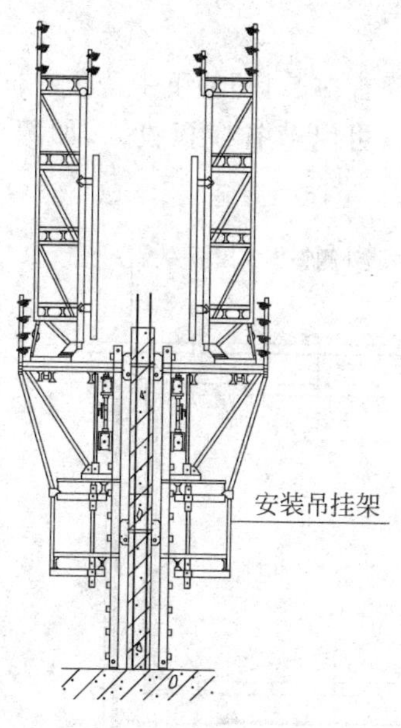

图 1-98　吊挂架安装示意图

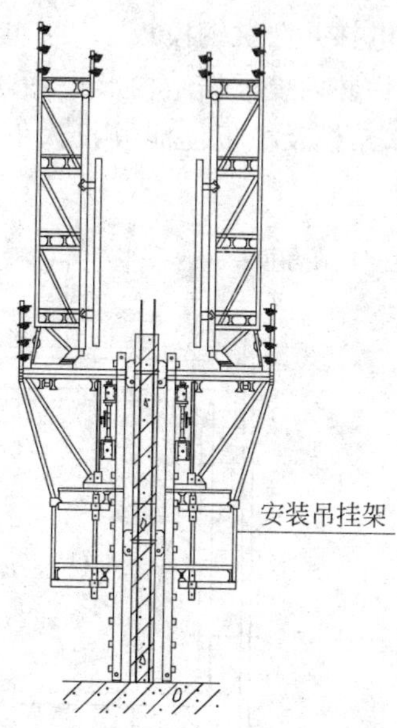

图 1-99　爬模墙体施工示意图

5.电梯井模板安装

1)定型钢制筒模。

筒模是由模板、角模和紧伸器等组成。主要适用于电梯井内模的支设,同时也可用于方形或矩形狭小建筑单间、建筑构筑物及筒仓等结构。筒模具有结构简单、装拆方便、施工速度快、劳动工效高、整体性能好、使用安全可靠等特点,如图 1-100 所示。

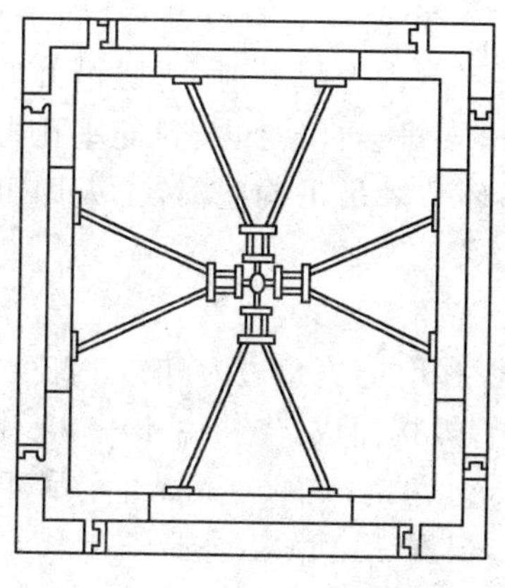

图 1-100　定型钢制筒模

2)电梯井散拼钢模板

电梯井内模根据结构形式,采用标准大钢模板拼装,即使下一段没有同样的电梯井,角模及模板仍能够投入下一流水施工,可以节省模板投入,如图 1-101 所示。

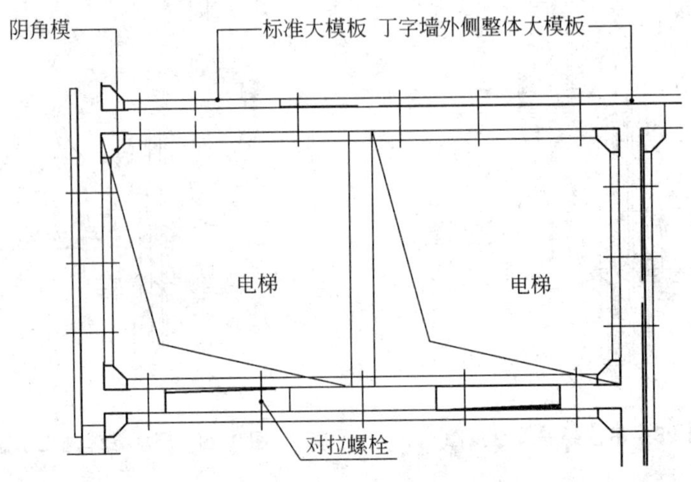

图 1-101 电梯井散拼钢模板

3)电梯井支模平台—墙豁支撑式

平台结构采用普通梁格系,面层铺 15mm 厚木板,下面布置 5 根 60mm×90mm 木方龙骨,龙骨下面为两根[128a 槽钢钢梁。在两根钢梁上焊四个吊环,每浇筑完一个楼层高的井筒筒壁混凝土,平台就提升一次,在每层筒壁上部平台钢梁制作的位置上留出 4 个支座孔(100mm×100mm×300mm),作为平台提升后钢梁的支座。平台两端有钢支腿,支腿采用∟ 90×8 角钢制作,用 ϕ20 钢销钉与钢梁连接。平台向上提升时,支腿沿井筒壁滑行,当滑行到支座孔时,由于支腿有配重板,支腿会自动伸入到支座孔内;经检查 4 个支腿全部伸入支座孔后,方可将吊环与塔吊吊钩脱离,工人即可在平台上操作,如图 1-102 所示。

4)电梯井支模平台—三角支架式

平台尺寸与电梯井尺寸相同,直角边为电梯井高度,平台面层铺 50mm 厚普通脚手板,平台由 ϕ48 钢管焊接而成,支架由 4 根 ϕ48 钢管和 2 根 10 号槽钢组成,支座为 100mm×100mm 角钢;在平台上焊 2 个吊环($L_{2/3}$位置,如图 1-103 所示)。由于平台为三角形,根据三角稳定原理,只要将平台支座支设在下一层的入口处,平台即牢固地卡在电梯井内(图 1-103)。拆模后用塔吊吊钩勾住吊环,使平台略微倾斜,即可将平台平稳提升。

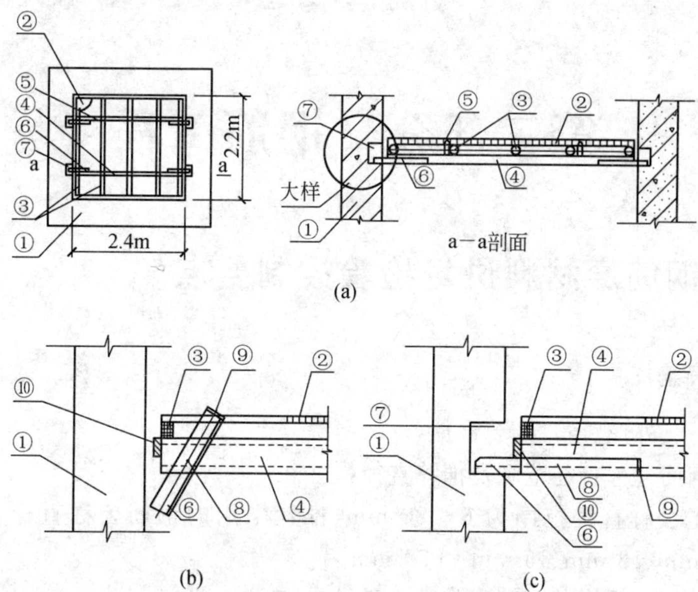

图 1-102　电梯井支模平台—墙豁支撑式

(a)平台示意图；(b)节点大样一；(c)节点大样二

①—混凝土井筒；②—木地板；③—方木龙骨；④—钢梁；⑤—吊环；

⑥—钢支腿；⑦—支座孔；⑧—钢销钉；⑨—配重板；⑩—挡板

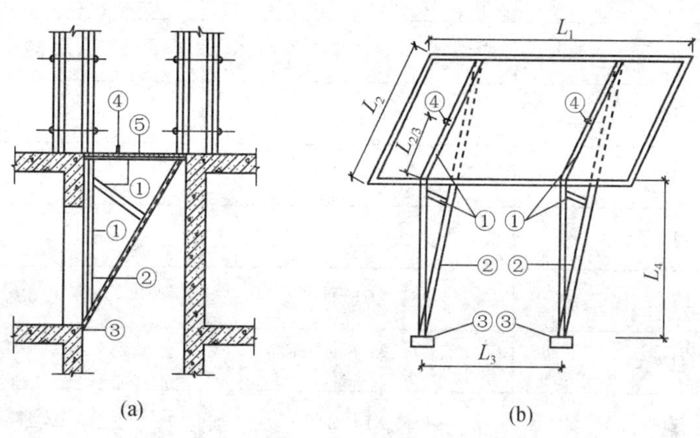

图 1-103　电梯井支架平台—三角支架式

(a)电梯井内支架侧面图；(b)三角支架构造示意图

L_1—电梯井洞宽—20mm；L_2—电梯井进深；L_3—门洞宽度—150mm；

L_4—层高—50mm；①—ϕ48×3.5 钢管；②—[10 号槽钢；

③—L 100×100 角钢；④—吊环；⑤—50mm 厚脚手板

第二部分　钢筋工程

一、钢筋原材料进场检验控制要点

1.热轧光圆钢筋

1）尺寸、外形、质量及允许偏差。

（1）钢筋公称直径范围及推荐直径：

钢筋的公称直径范围为 6～22 mm，推荐采用的钢筋公称直径为 6 mm、8 mm、10 mm、12 mm、16 mm 和 20 mm。

（2）钢筋公称横截面面积与理论质量，见表 2-1。

表 2-1　钢筋的公称横截面面积与理论质量

公称直径/mm	公称横截面面积/mm^2	理论质量/(kg/m)
6(6.5)	28.27(33.18)	0.222(0.260)
8	50.27	0.395
10	78.54	0.617
12	113.1	0.888
14	153.9	1.21
16	201.1	1.58
18	254.5	2.00
20	314.2	2.47
22	380.1	2.98

注：表中钢筋理论质量按密度为 7.85 g/cm^3 计算。公称直径 6.5 mm 的产品为过渡性产品。

（3）光圆钢筋的截面形状及尺寸允许偏差。

① 光圆钢筋的截面形状如图 2-1 所示。

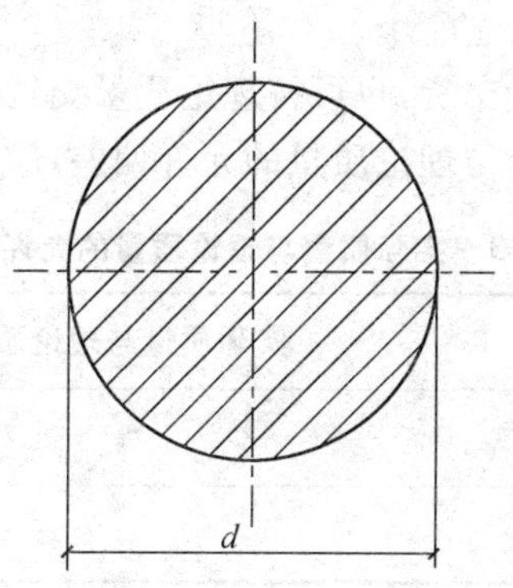

图 2-1 光圆钢筋截面形状

d—钢筋直径

② 光圆钢筋的直径允许偏差和不圆度应符合表2-2的规定。当钢筋实际质量与理论质量的偏差符合质量允许偏差规定(表 2-3)时,钢筋直径允许偏差不作交货条件。

表 2-2 光圆钢筋直径允许偏差和不圆度 (单位:mm)

公称直径	允许偏差	不圆度
6(6.5) 8 10 12	±0.3	≤0.4
14 16 18 20 22	±0.4	

(4) 长度及允许偏差。

① 长度:钢筋可按直条或盘卷交货;直条钢筋定尺长度应在合同中注明。

② 长度允许偏差:按定尺长度交货的直条钢筋其长度允许偏差范围为 0～+50 mm。

(5) 弯曲度和端部。

① 直条钢筋的弯曲度应不影响正常使用,总弯曲度不大于钢筋总长度的 0.4%。

② 钢筋端部应剪切正直,局部变形应不影响使用。

(6) 质量及允许偏差。

① 钢筋可按实际质量交货，也可按理论质量交货。

② 直条钢筋实际质量与理论质量的允许偏差，应符合表2-3的规定。

表 2-3 实际质量与理论质量的允许偏差

公称直径/mm	实际质量与理论质量的偏差(%)
6～12	±7
14～20	±5

③ 盘重：按盘卷交货的钢筋，每根盘条质量应不小于 500 kg，每盘质量应不小于 1000 kg。

2) 主要性能及技术要求。

(1) 牌号及化学成分。

① 钢筋牌号及化学成分(熔炼分析)应符合表 2-4 的规定。

表 2-4 钢的牌号及化学成分

牌号	化学成分(质量分数)(%)				
	C	Si	Mn	P	S
HPB 235	≤0.22	≤0.30	≤0.65	≤0.045	≤0.050
HPB 300	≤0.25	≤0.55	≤1.50		

② 钢中残余元素铬、镍、铜质量分数应各不大于 0.30%，供方如能保证可不作分析。

③ 钢筋的成品化学成分允许偏差应符合《钢的成品化学成分允许偏差》(GB/T 222—2006)的有关规定。

(2) 冶炼方法。

钢以氧气转炉、平炉或电炉冶炼。

(3) 力学性能、工艺性能。

① 钢筋的屈服强度 R_{eL}、抗拉强度 R_m、断后伸长率 A、最大力总伸长率 A_{gt} 等力学性能特征值应符合表 2-5 的规定。表 2-5 所列各力学性能特征值，可作为交货检验的最小保证值。

② 根据供需双方协议，伸长率类型可从 A 或 A_{gt} 中选定。如伸长率类型未经协议确定，则伸长率采用 A，仲裁检验时采用 A_{gt}。

③ 弯曲性能:按表 2-5 规定的弯芯直径弯曲 180°后,钢筋受弯曲部分表面不得产生裂纹。

表 2-5　钢筋的力学性能特征值

牌号	R_{eL}/MPa	R_m/MPa	A(%)	A_{gt}(%)	冷弯试验 180° d—弯芯直径; a—钢筋公称直径
HPB 235	≥235	≥370	≥25.0	≥10.0	$d=a$
HPB 300	≥300	≥420			

(4) 表面质量。

① 钢筋应无有害的表面缺陷,按盘卷交货的钢筋应将头尾有害缺陷部分切除。

② 试样可使用钢丝刷清理,清理后的质量、尺寸、横截面面积和拉伸性能满足标准的要求,锈皮、表面不平整或氧化铁皮不作为拒收理由。

③ 当带有上述锈皮、表面不平整或氧化铁皮缺陷以外的表面缺陷的试样不符合拉伸性能或弯曲性能要求时,则认为这些缺陷是有害的。

3) 进场检验。

(1) 质量证明文件核查。

质量证明书必须字迹清楚,证明书中应注明:供方名称或商标,需方名称,发货日期,标准号,牌号,炉(批)号,交货状态,加工用途,质量,支数或件数,品种名称,尺寸(型号)和级别,标准和合同中所规定的各项试验结果,供方质量监督部门印记。

(2) 外观质量检查。

钢筋进场时,表面质量应符合"表面质量"的规定。

(3) 关于复验要求。

① 复验项目。钢筋进场时应对下列项目进行复验:拉伸试验(屈服点、抗拉强度、伸长率),弯曲试验。

② 组批及取样。

a. 每批由同一牌号、同一炉罐号、同一尺寸的钢筋组成。每批重量通常不大于 60 t。超过 60 t 部分每增加 40 t(或不足 40 t 的余数),增加一个拉伸试验试样和一个弯曲试验试样。

b. 每一验收批取一组试件(拉抻 2 个、弯曲 2 个)。

c. 在任选的两根钢筋上截取。

2.热轧带肋钢筋

1）主要性能指标及技术要求。

(1) 力学性能。

① 钢筋的屈服强度 R_{eL}、抗拉强度 R_m、断后伸长率 A、最大力总伸长率 A_{gt} 等力学性能特征值应符合表 2-6 的规定。表 2-6 所列各力学性能特征值,可作为交货检验的最小保证值。

表 2-6　热轧带肋钢筋力学性能

牌　号	屈服强度/MPa	抗拉强度/MPa	断后伸长率(%)	最大力总伸长率(%)
	不小于			
HRB 335 HRBF 335	335	455	17	7.5
HRB 400 HRBF 400	400	540	16	
HRB 500 HRBF 500	500	630	15	

② 直径 28～40 mm 各牌号钢筋的断后伸长率 A 可降低 1%;直径大于 40 mm各牌号钢筋的断后伸长率 A 可降低 2%。

③ 有较高要求的抗震结构适用牌号为:在钢筋牌号后加 E(例如:HRB 400E、HRBF 400E)的钢筋。该类钢筋除应满足以下要求外,其他要求与相对应的已有牌号钢筋相同。

a. 钢筋实测抗拉强度与实测屈服强度之比 R_m^o/R_{eL}^o不小于 1.25。

b. 钢筋实测屈服强度与表 2-6 规定的屈服强度特征值之比 R_{eL}^o/R_{eL} 不大于 1.30。

c. 钢筋的最大力总伸长率 A_{gt}不小于 9%。

注:R_m^o 为钢筋实测抗拉强度;R_{eL}^o为钢筋实测屈服强度。

④ 对于没有明显屈服强度的钢,屈服强度特征值 R_{eL}应采用规定非比例延伸强度 $R_{p0.2}$。

⑤ 根据供需双方协议,伸长率类型可从 A 或 A_{gt}中选定。如伸长率类型未经协议确定,则伸长率采用 A,仲裁检验时采用 A_{gt}。

(2) 工艺性能。

① 弯曲性能。按表 2-7 规定的弯芯直径弯曲 180°后,钢筋受弯曲部位表面不得产生裂纹。

表 2-7　热轧带肋钢筋工艺性能　（单位:mm）

牌　　号	公称直径 d	弯芯直径
HRB 335 HRBF 335	6～25	$3d$
	28～40	$4d$
	>40～50	$5d$
HRB 400 HRBF 400	6～25	$4d$
	28～40	$5d$
	>40～50	$6d$
HRB 500 HRBF 500	6～25	$6d$
	28～40	$7d$
	>40～50	$8d$

② 反向弯曲性能。根据需方要求，钢筋可进行反向弯曲性能试验。

a. 反向弯曲试验的弯芯直径比弯曲试验相应增加一个钢筋公称直径。

b. 反向弯曲试验。先正向弯曲 90°后再反向弯曲 20°。两个弯曲角度均应在卸载之前测量。经反向弯曲试验后，钢筋受弯曲部位表面不得产生裂纹。

（3）疲劳性能。

如需方要求，经供需双方协议，可进行疲劳性能试验。疲劳试验的技术要求和试验方法由供需双方协商确定。

（4）焊接性能。

① 钢筋的焊接工艺及接头的质量检验与验收应符合相关行业标准的规定。

② 普通热轧钢筋在生产工艺、设备有重大变化及新产品生产时进行型式检验。

③ 细晶粒热轧钢筋的焊接工艺应经试验确定。

（5）晶粒度。

细晶粒热轧钢筋应做晶粒度检验，其晶粒度不大于 9 级，如供方能保证可不做晶粒度检验。

2）进场检验。

（1）质量证明文件核查。

质量证明文件的核查同“热轧光圆钢筋”的要求。

（2）外观质量检查。

外观质量检查同“热轧光圆钢筋”。

（3）关于复验。

① 复验项目。钢筋进场时应对下列项目进行复验：拉伸试验（下屈服强度、

抗拉强度、伸长率)，弯曲试验。

② 组批及取样。

a. 钢筋应按批进行检查和验收，每批由同一牌号、同一炉罐号、同一规格的钢筋组成。每批重量通常不大于 60 t。超过 60 t 的部分，每增加 40 t(或不足 40 t的余数)，增加一个拉伸试验试样和一个弯曲试验试样。

b. 每一验收批取一组试件(拉伸 2 个、弯曲 2 个)。

3. 余热处理钢筋

1) 主要性能指标及技术要求

(1) 牌号及化学成分。

① 钢的牌号及化学成分(熔炼分析)应符合表 2-8 的规定。

② 钢中铬、镍、铜的残余含量应各不大于 0.30%，其总量不大于 0.60%。经需方同意，铜的残余含量不大于 0.35%。供方保证可不作分析。

表 2-8　余热处理钢筋牌号及化学成分(质量分数)

表面形状	钢筋级别	强度代号	牌号	化学成分(%)				
				C	Si	Mn	P	S
月牙肋	Ⅲ	KL 400	20MnSi	0.17～0.25	0.40～0.80	1.20～1.60	≤0.045	≤0.045

③ 氧气转炉钢的氮含量不应大于 0.008%，采用吹氧复合吹炼工艺冶炼的钢，氮含量可不大于 0.012%。供方保证可不作分析。

④ 钢筋的化学成分允许偏差应符合《钢的成品化学成品允许偏差》(GB/T 222－2006)的规定。

(2) 力学性能和工艺性能。

钢筋的力学性能和工艺性能应符合表 2-9 的规定。当进行冷弯试验时，受弯曲部位外表面不得产生裂纹。

表 2-9　余热处理钢筋力学性能和工艺特性

表面形状	钢筋级别	强度等级代号	公称直径/mm	屈服点 σ_s/MPa	抗拉强度 σ_b/MPa	伸长率 δ_5(%)	冷弯 d—弯芯直径；a—钢筋公称直径
月牙肋	Ⅲ	KL 400	8～25 28～40	≥440	≥600	≥14	90°　$d=3a$ 90°　$d=4a$

注：征得需方同意，在 KL 400Ⅲ级钢筋性能符合表中的规定，且伸长率冷弯试验符合《钢筋混凝土用钢第 2 部分 热轧带肋钢筋》(GB 1499.2－2007)中 HRB 335 钢筋的要求时，可按 RL 335Ⅱ级钢筋交货。此时应在质量证明书中注明。

2）进场检验。

(1) 质量证明文件核查。

质量证明文件的核查要求同“热轧光圆钢筋”。

(2) 外观检查。

钢筋进场时，表面质量应符合下列规定：

① 钢筋表面不得有裂纹、结疤和折叠。

② 钢筋表面允许有凸块，但不得超过横肋的高度，钢筋表面上其他缺陷的深度和高度不得大于所在部位尺寸的允许偏差。

(3) 关于复验。

复验的要求同“热轧光圆钢筋”。

4.冷轧带肋钢筋

1）主要性能指标及技术要求。

(1) 牌号和化学成分。

制造钢筋的盘条应符合《低碳钢热轧圆盘条》(GB/T 701－2008)、《优质碳素钢热轧盘条》(GB/T 4354－2008)或其他有关标准的规定，盘条的牌号及化学成分宜参考《冷轧带肋钢筋》(GB 13788－2008)中附录 B。

(2) 力学性能和工艺性能。

① 钢筋的力学性能和工艺性能应符合表 2-10 的规定。当进行弯曲试验时，受弯曲部位表面不得产生裂纹。反复弯曲试验的弯曲半径应符合表 2-11 的规定。

② 钢筋的强屈比 $R_m/R_{p0.2}$ 比值应不小于 1.03。经供需双方协议可用 $A_{gt} \geqslant 2.0\%$ 代替 A。

③ 供方在保证 1000 h 松弛率合格基础上，允许使用推算法确定 1000 h 松弛。

表 2-10　钢筋力学性能和工艺性能

牌号	$R_{p0.2}$/MPa	R_m/MPa	伸长率(%)		弯曲试验 180°	反复弯曲次数	应力松弛初始应力应相当于公称抗拉强度的 70%
			$A_{11.3}$	A_{100}			1000 h 松弛率(%)
CRB 550	≥500	≥550	≥8.0	—	$D=3d$	—	—
CRB 650	≥585	≥650	—	≥4.0	—	3	≤8

续表

牌号	$R_{p0.2}$/MPa	R_m/MPa	伸长率(%)		弯曲试验180°	反复弯曲次数	应力松弛初始应力应相当于公称抗拉强度的70%
			$A_{11.3}$	A_{100}			1000 h 松弛率(%)
CRB 800	≥720	≥800	—	≥4.0	—	3	≤8
CRB 970	≥875	≥970	—	≥4.0	—	3	≤8

注:表中 D 为弯心直径,d 为钢筋公称直径。

表 2-11　钢筋反复弯曲试验的弯曲半径　(单位:mm)

钢筋公称直径	4	5	6
弯曲半径	10	15	15

2) 进场检验。

(1) 质量证明文件核查。

质量证明文件的核查要求同“热轧光圆钢筋”。

(2) 外观检查。

钢筋进场时,表面质量应符合下列规定:

① 钢筋表面不得有裂纹、结疤、折叠、油污及其他影响使用的缺陷。

② 钢筋表面可有浮锈,但不得有锈皮及目视可见的麻坑等腐蚀现象。

(3) 复验。

① 复验项目。钢筋进场时应对下列项目进行复验:拉伸试验(屈服点、抗拉强度、伸长率),弯曲试验。

② 组批及取样。

a. 同一牌号、同一外形、同一规格、同一生产工艺、同一交货状态,每 60 t 为一验取批,不足 60 t 也按一批计。

b. 每一检验批取拉伸试件 1 个(逐盘),弯曲试件 2 个(每批),松弛试件 1 个(定期)。

c. 在每(任意)盘中的任意一端截去 500 mm 后切取。

5. 冷轧扭钢筋

1) 主要性能指标及技术要求。

(1) 原材料。

① 生产冷轧扭钢筋用的原材料应选用符合《低碳钢热轧圆盘条》(GB/T 701—2008)规定的低碳钢热轧圆盘条。

② 采用低碳钢的牌号应为 Q 235 或 Q 215。当采用 Q 215 牌号时,其碳的含量不应低于 0.12%。550 级Ⅱ型和 650 级Ⅲ型冷轧扭钢筋应采用 Q 235 牌号。

(2) 力学性能和工艺性能。

冷轧扭钢筋力学性能和工艺性能应符合表 2-12 的规定。

表 2-12 力学性能和工艺性能指标

强度级别	型号	抗拉强度 σ_b/MPa	伸长率 A(%)	180°弯曲试验(弯心直径=3d)	应力松弛率(%)(当 $\sigma_{con}=0.7f_{ptk}$)	
					10 h	1000 h
CTB550	Ⅰ	≥550	$A_{11.3}\geqslant 4.5$	受弯曲部位钢筋表面不得产生裂纹	—	—
	Ⅱ	≥550	$A\geqslant 10$		—	—
	Ⅲ	≥550	$A\geqslant 12$		—	—
CTB650	Ⅲ	≥650	$A_{100}\geqslant 4$		≤5	≤8

注:①d 为冷轧扭钢筋标志直径。

②A、$A_{11.3}$分别表示以标距 $5.65\sqrt{S_0}$ 或 $11.3\sqrt{S_0}$(S_0 为试样原始截面面积)的试样拉断伸长率,A_{100}表示标距为 100 mm 的试样拉断伸长率。

③σ_{con}为预应力钢筋张拉控制应力;f_{ptk}为预应力冷轧扭钢筋抗拉强度标准值。

2) 进场检验。

(1)质量证明文件核查。

冷轧扭钢筋质量证明书核查要求同"热轧光圆钢筋"。

(2)标志。

冷轧扭钢筋产品应有标签标志,标明钢筋的型号、强度等级、规格(标志直径)和长度尺寸,并注明数量、生产企业名称、生产日期、商标以及检验印记。

(3)外观检查。

冷轧扭钢筋表面不应有影响钢筋力学性能的裂纹、折叠、结疤、机械损伤或其他影响使用的缺陷。

(4)关于复验。

①复验项目。钢筋进场时应对下列项目进行复验:拉伸试验(抗拉强度、伸长率)、弯曲试验、重量、节距、厚度。

② 组批及取样。

a. 同一型号、同一强度等级、同一规格尺寸、同一台(套)轧机生产,每批不应大于 20 t,不足 20 t 按一批计。

b. 每批取弯曲试件1个，拉伸试件2个，重量、节距、厚度试件各3个。

二、钢筋加工技术要点

1.钢筋下料计算

1）钢筋下料计算。

（1）钢筋下料长度计算公式。

直钢筋下料长度＝构件长度－保护层厚度＋弯钩增加长度

弯起钢筋下料长度＝直段长度＋斜段长度－弯曲调整值＋弯钩增加长度

箍筋下料长度＝箍筋周长＋箍筋调整值

（2）弯曲调整值。钢筋弯曲处内皮收缩、外皮延伸、轴线变弯，变曲处形成圆弧。钢筋的量度方法是沿直线量外包尺寸，如图2-2所示。

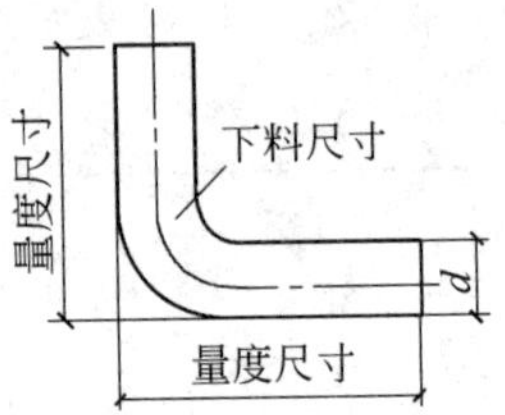

图2-2　钢筋弯曲时的量度

不同弯钩的弯曲调整值见表2-13。

表2-13　钢筋弯曲调整值

弯曲角度(°)	30	45	60	90	135
弯曲调整值	$0.35d$	$0.5d$	$0.85d$	$2d$	$2.5d$

（3）弯钩增加长度。弯钩形式有三种：半圆弯钩、直弯钩及斜弯钩，如图2-3所示。钢筋弯钩增加长度，按图2-3所示的计算简图，其计算值：半圆弯钩为6.25 d，如图2-3(a)所示；直弯钩为3.5 d，如图2-3(b)所示；斜弯钩为4.9 d，如图2-3(c)所示。不同直径的弯钩长度值见表2-14。

表2-14　钢筋弯钩长度值

直径/mm	≤6	8～10	12～18	20～28	32～36
弯钩长度	$2d$	$6d$	$5.5d$	$5d$	$4.5d$

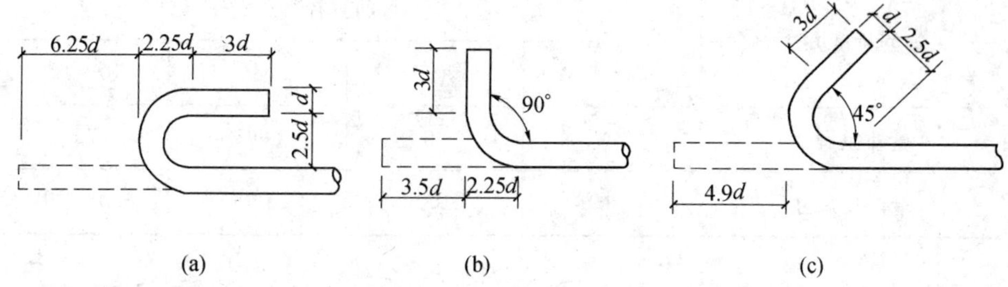

图 2-3　钢筋弯钩计算简图

(a)半圆弯钩;(b)直弯钩;(c)斜弯钩

(4) 弯起钢筋斜长,如图 2-4 所示。弯起钢筋斜度长系数见表 2-15。

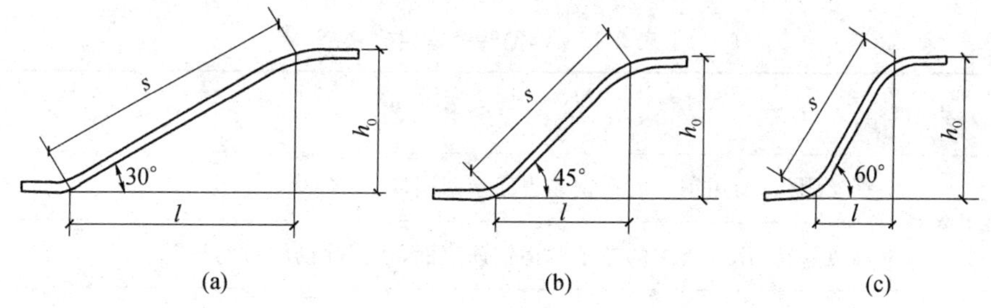

图 2-4　弯起钢筋斜长计算简图

(a)弯起角度 30°;(b)弯起角度 45°;(c)弯起角度 60°

表 2-15　弯起钢筋斜度长系数表

弯起角度 α/°	30	45	60
斜边长度 s	$2h_0$	$1.41h_0$	$1.15h_0$
底边长度 l	$1.732h_0$	h_0	$0.575h_0$
增加长度 $s-l$	$0.268h_0$	$0.41h_0$	$0.575h_0$

注:h_0 为弯起高度。

(5) 箍筋调整值。箍筋调整值即弯钩增加长度和弯曲调整值两项之差或和,根据箍筋量外包尺寸或内皮尺寸确定,见表 2-16。

表 2-16　箍筋调整值　　(单位:mm)

箍筋量度方法	箍筋直径			
	4～5	6	8	10～12
量外包尺寸	40	50	60	70
量内皮尺寸	80	100	120	150～170

2. 钢筋除锈

钢筋的表面应洁净。油渍、漆污和用锤敲击时能剥落的浮皮、铁锈等应在使用前清除干净。在焊接前,焊点处的水锈应清除干净。钢筋的除锈可采用机械除锈和手工除锈两种方法,见表 2-17。

表 2-17　钢筋除锈常用方法

方法	操作工艺
手工除锈	钢丝刷除锈:用钢丝刷在钢筋表面来回刷动
	沙盘除锈:用沙盘中的沙子摩擦钢筋表面,达到除锈的目的
机械除锈	钢筋调直或冷拉过程中除锈
	电动除锈机除锈:用小功率电动机带动圆盘钢丝刷进行除锈

注:①电动除锈前,应认真检查钢丝刷固定螺母有无松动,传动部分润滑是否良好,封闭式防护罩及排尘设备是否完好,并按规定及时清除防护罩内的铁屑、铁锈等。

②注意用电安全,及时检查电气设备的绝缘、漏电保护器等情况是否良好。

③操作人员必须侧身送钢筋,禁止站在除锈机的正前方,对整根较长的钢筋除锈时,应由两人配合操作,同时,操作人员应将袖口扎紧,戴好口罩、手套及防护眼镜,以防止钢丝刷伤人。

在除锈过程中发现钢筋表面的氧化层脱落现象严重并已损伤钢筋截面,或在除锈后钢筋表面有严重的麻坑、斑点削弱钢筋截面时,不宜使用或经试验降级使用。

3. 钢筋调直

钢筋的调直是在钢筋加工成型之前,对热轧钢筋进行矫正,使钢筋平直,无局部曲折。钢筋调直分为机械调直和人工调直。

1）机械调直。

机械调直可采用调直机和卷扬机冷拉调直钢筋两种方法。

(1) 当采用钢筋调直机时，要根据钢筋的直径选用调直模和传送压辊，要正确掌握调直模的偏移量和压辊的压紧程度。

调直模的偏移量根据其磨耗程度及钢筋品种通过试验确定，调直筒两端的调直模一定要在调直前后导孔的轴心线上。

压辊的槽宽一般在钢筋穿入压辊之后，在上下压辊间宜有 3 mm 左右的空隙。

目前常采用的调直剪切机有 GT－4/8 和 GT－4/14。图 2-5 所示为 GT－4/8型调直剪切机的构造，其除了具有自动调直功能外，还可自动控制钢筋的截断；其最大调直钢筋直径为 8 mm，最大调直长度为 6 m，钢筋切断误差小于 3 mm。钢筋调直机操作如图 2-6 所示。

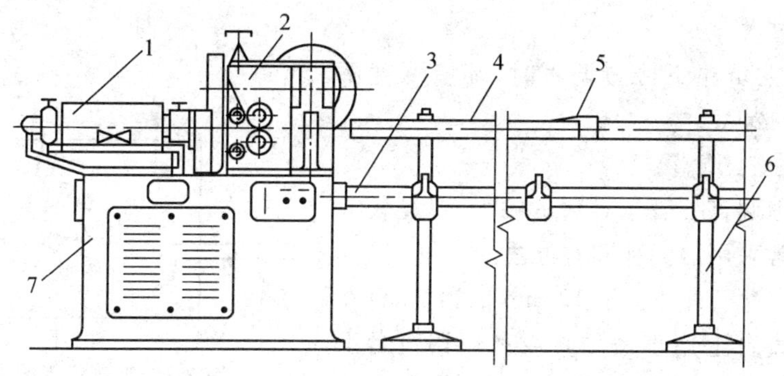

图 2-5　GT－4/8 型调直机

1—调直辊筒；2—传动箱；3—受力架；4—承料架；5—定长器；6—撑脚；7—机架

图 2-6　钢筋调直示意图

(2) 当采用冷拉方法调直盘圆钢筋时，可采用控制冷拉率方法，HPB 235 级钢筋的冷拉率不宜大于 4%。

钢筋伸长值 Δl 按式(2-1)计算：

$$\Delta l = rL \tag{2-1}$$

式中 r——钢筋的冷拉率(%)；

L——钢筋冷拉前的长度(mm)。

① 冷拉后钢筋的实际伸长值应扣除弹性回缩值，一般为 0.2%～0.5%。冷拉多根连接的钢筋，冷拉率可按总长计，但冷拉后每根钢筋的冷拉率应符合要求。

② 钢筋应先拉直，然后量其长度再行冷拉。

③ 钢筋冷拉速度不宜过快，一般直径 6～12 mm 盘圆钢筋控制在 6～8 m/min，待拉到规定的冷拉率后，须稍停 2～3 min，然后再放松，以免弹性回缩值过大。

④ 在负温下冷拉调直时，环境温度不应低于－20℃。

2) 人工调直。

人工调直一般是对数量较少、直径较大的钢筋常采用的一种调直方法。

(1) 对于直径小于 12 mm 的钢筋，可在钢筋调直台上用小锤敲直或利用调直台上卡盘和钢筋扳手将钢筋扳直，如图 2-7 所示；同时，也可利用绞磨车调直，如图 2-8 所示。

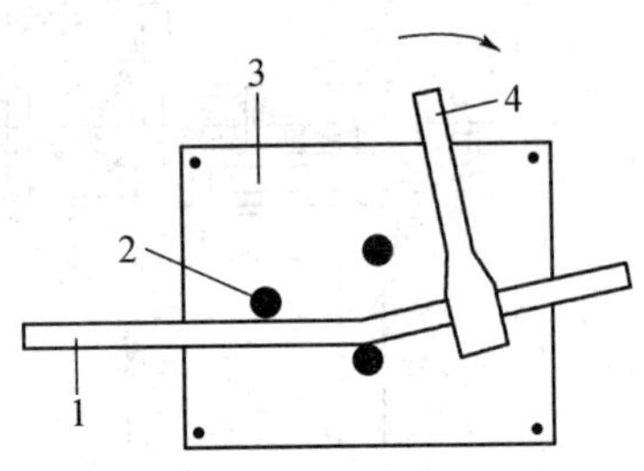

图 2-7 钢筋扳手调直

1—钢筋；2—扳柱；3—卡盘；4—钢筋扳手

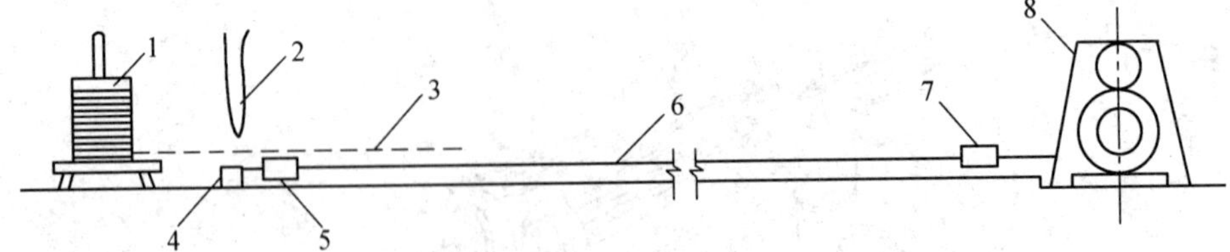

图 2-8 绞磨车调直

1—盘条架；2—钢筋剪；3—开盘钢筋；4—地锚；5—钢筋夹；6—调直钢筋；7—钢筋夹具；8—绞磨车

(2) 对于直径大于 12 mm 的粗钢筋，如只出现一些缓弯现象的钢筋，可利用人工在调直台上进行调直。在调直 32 mm 以下的钢筋时，应在扳柱上配有钢套，以调整扳柱之间的净空距离。调直时，将钢筋放在钢套和扳柱之间，将有弯的地方对着扳柱，然后用手扳动钢筋，就可将钢筋调直。

4.钢筋切断

1）钢筋切断操作要点。

钢筋下料切断可用钢筋切断机（直径 40 mm 以下的钢筋），如图 2-9 所示，以及手动液压切断器（直径 16 mm 以下的钢筋），如图 2-10 所示。钢筋切断配料时，应以钢筋配料单提供的钢筋级别、直径、外形和下料长度为依据，在工作台上做出明显的标志，确保下料长度的准确。用于机械连接、定位用钢筋应采用无齿锯锯断，保证端头平直，直径无椭圆，顶端切口无有碍于套丝质量的斜口、马蹄口或扁头。用于对焊、电渣压力焊焊接接头的钢筋，应将钢筋端头的热轧弯头或劈裂头切除。

图 2-9 钢筋切断机

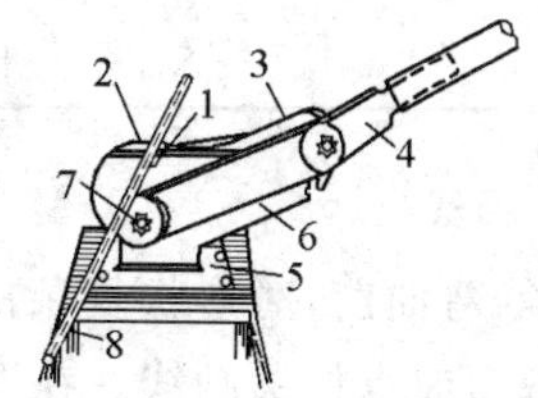

图 2-10 手动液压切断器

1—固定刀口；2—活动刀口；3—边夹板；4—把柄；5—底座；6—固定板；7—轴；8—钢筋

2）钢筋切断机安全操作要点。

(1) 检查。使用前应检查刀片安装是否牢固，润滑油是否充足，并应在开机空转正常以后再进行操作。

(2) 切断。钢筋应调直以后再切断，钢筋与刀口应垂直。

(3) 安全操作。断料时应握紧钢筋，待活动刀片后退时及时将钢筋送进刀口，不要在活动刀片已开始向前推进时，向刀口送料，以免断料不准，甚至发生机械及人身事故；长度在 30 cm 以内的短料，不能直接用手送料切断；禁止切断超过切断机技术性能规定的钢材以及超过刀片硬度或烧红的钢筋；切断钢筋后，刀口处的屑渣不能直接用手清除或用嘴吹，而应用毛刷刷干净。

5.钢筋弯曲成型

1）钢筋配料单。

钢筋弯曲成什么样的形状，各部分的尺寸是多少，主要依据钢筋配料单（表 2-18）。

表 2-18　××钢筋配料单

编号	式　样	规格	下料长度/mm	根数	总下料长/m	重量/kg
1	2980	$\phi18$	2980	4	11.92	23.8
2	2400　600	$\phi16$	3170	5	15.85	25.0
3	1200　1200　500　820　580　500　4000　580	$\phi20$	8940	3	26.82	66.2

2）画线。

钢筋弯曲前，对形状复杂的钢筋（如弯起钢筋），根据钢筋料牌上标明的尺寸，在各弯曲点位置画线。在弯曲成型之前，除应熟悉待加工钢筋的规格、形状和各部尺寸，确定弯曲操作步骤及准备工具等之外，还需将钢筋的各段长度尺寸画在钢筋上。精确画线的方法是，大批量加工时，应根据钢筋的弯曲类型、弯曲角度、弯曲半径、扳距等因素，分别计算各段尺寸，再根据各段尺寸分段画线。这种画线方法比较繁琐。现场小批量的钢筋加工，常采用简便的画线方法：即在画钢筋的分段尺寸时，将不同角度的弯折量度差在弯曲操作方向相反的一侧长度内扣除，画上分段尺寸线，这条线称为弯曲点线。根据弯曲点线并按规定方向弯曲后得到的成型钢筋，基本与设计图要求的尺寸相符。

弯制形状比较简单或同一形状根数较多的钢筋，可以不画线，而在工作台上按各段尺寸要求，固定若干标志，按标准操作。此法工效较高。

弯曲钢筋画线后，即可试弯 1 根，以检查画线的结果是否符合设计要求。如不符合，应对弯曲顺序、画线、弯曲标志、扳距等进行调整，待调整合格后方可成批弯制。

3）手工弯曲成型操作要点。

(1) 钢筋手工弯曲应在工作台上进行，主要工具为手摇扳。工作台的宽度通常为 800 mm，视钢筋种类而定。弯细钢筋时一般为 400 mm，弯粗钢筋时可为 800 mm，台高一般为 900～1000 mm。

(2) 手工弯曲成型步骤。

为了保证钢筋弯曲形状正确，弯曲弧准确，操作时扳子部分不碰扳柱，扳子与扳柱间应保持一定距离。一般扳子与扳柱之间的距离，可参考表 2-19 所列的数值来确定。

表 2-19　扳子与扳柱之间的距离

弯曲角度	45°	90°	135°	180°
扳　　距	$(1.5\sim2)d_0$	$(2.5\sim3)d_0$	$(3\sim3.5)d_0$	$(3.5\sim4)d_0$

注：d_0 为钢筋直径。

扳距、弯曲点线和扳柱的关系如图 2-11 所示。弯曲点线在扳柱钢筋上的位置为：弯 90°以内的角度时，弯曲点线可与扳柱外缘持平；当弯 135°～180°时，弯曲点线距扳柱边缘的距离约为 d_0。

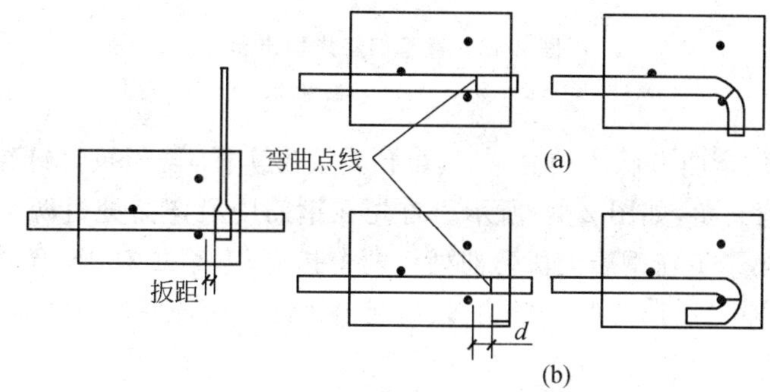

图 2-11　扳距、弯曲点线和扳柱的关系

(a)90°弯曲；(b)180°弯曲

4）不同钢筋的弯曲方法。

(1) 箍筋的弯曲成型。

箍筋弯曲成型步骤分为五步，如图 2-12 所示。在操作前，首先要在手摇扳的左侧工作台上标出钢筋 1/2 长、箍筋长边内侧长和短边内侧长（也可以标长边外侧长和短边外侧长）三个标志，如图 2-12 所示。

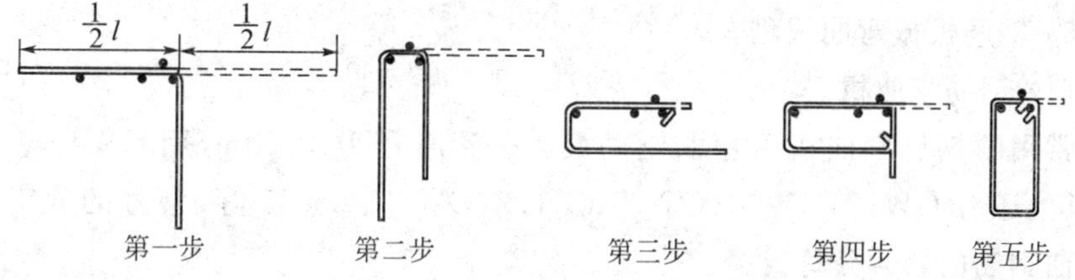

图 2-12　箍筋弯曲成型步骤

第一步，在钢筋 1/2 长处弯折 90°；第二步，弯折短边 90°；第三步，弯长边 135°弯钩；第四步，弯短边 90°弯折；第五步，弯短边 135°弯钩。

因为第三、五步的弯钩角度大，所以要比第二、四步操作时靠标志略松些，预留一些长度，以免箍筋不方正。

(2) 弯起钢筋的弯曲成型。

如图 2-13 所示，一般弯起钢筋长度较大，故通常在工作台两端设置卡盘，分别在工作台两端同时完成成型工序。

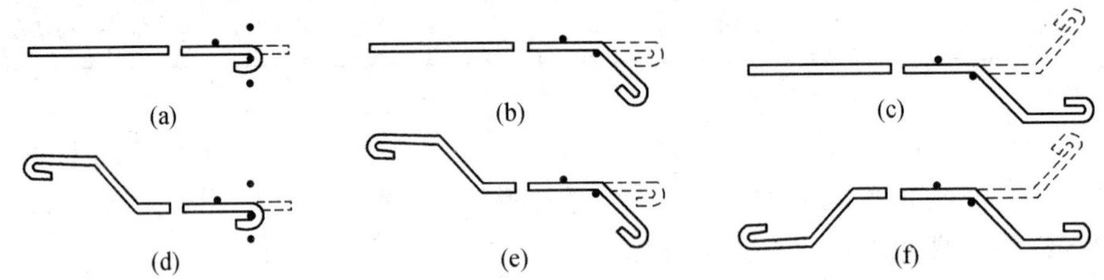

图 2-13 弯起钢筋成型步骤

(a)、(d)90°弯曲；(b)、(e)135°弯曲；(c)、(f)－135°弯曲

当钢筋的弯曲形状比较复杂时，可预先放出实样，再用扒钉钉在工作台上，以控制各个弯转角，如图 2-14 所示。首先在钢筋中段弯曲处钉两个扒钉，弯第一对 45°弯；第二步在钢筋上段弯曲处钉两个扒钉，弯第二对 45°弯；第三步在钢筋弯钩处钉两个扒钉；弯两对弯钩；最后起出扒钉。这种成型方法，形状较准确，平面平整。

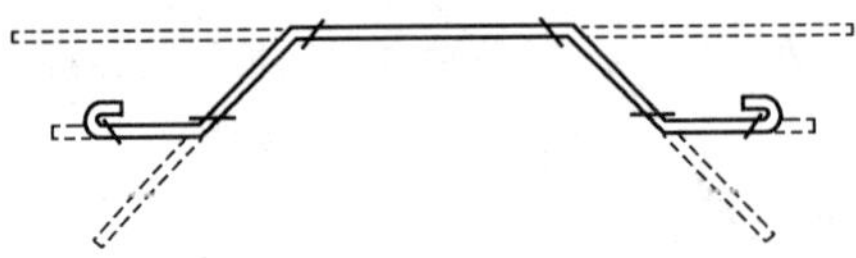

图 2-14 钢筋扒钉成型

各种不同钢筋弯折时，常将端部弯钩作为最后一个弯折程序，这样可以将配料弯折过程中的误差留在弯钩内，不致影响钢筋的整体质量。

5) 钢筋机械弯曲成型。

(1) 钢筋弯曲机。

常用的钢筋弯曲机可弯曲钢筋最大公称直径为 40 mm，用 GW40 表示型号；其他还有 GW12、GW20、GW25、GW32、GW50、GW65 等，型号的数字标志可弯曲钢筋的最大公称直径。

各种钢筋弯曲机可弯曲钢筋直径是按抗拉强度为 450 MPa 的钢筋取值的。对于级别较高、直径较大的钢筋，如果用 GW40 型钢筋弯曲机不能胜任，则可采用 GW50 型来弯曲。

最普遍使用的 GW40 型钢筋弯曲机的上视图如图 2-15 所示。

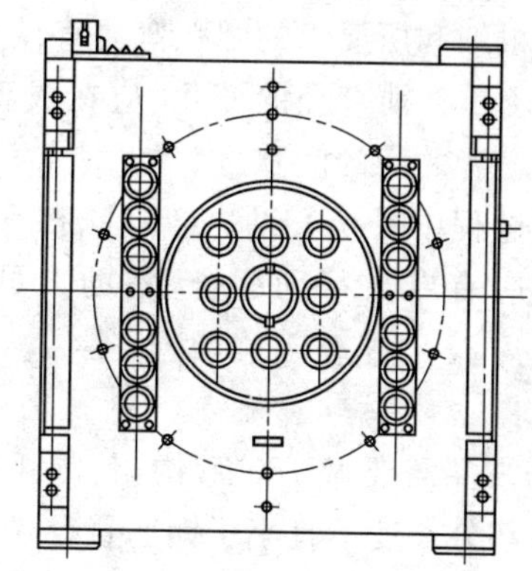

图 2-15 GW40 型钢筋弯曲机上视图

更换传动轮，可使工作盘得到三种转速。弯曲直径较大的钢筋必须使转速放慢，以免损坏设备。在不同转速的情况下，一次最多能弯曲的钢筋根数根据其直径的大小应按弯曲机的说明书确定。弯曲机的操作过程如图 2-16 所示。

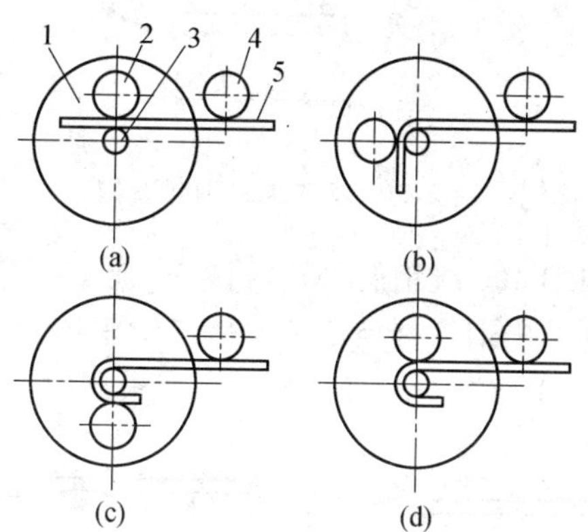

图 2-16 钢筋弯曲机的操作过程

1—工作盘；2—成型轴；3—心轴；4—挡铁轴；5—钢筋

(2) 钢筋弯曲机操作要点。

① 对操作人员进行岗前培训和岗位教育，严格执行操作规程。

② 操作前要对机械各部件进行全面检查以及试运转，并查点齿轮、轴套等设备是否齐全。

③ 要熟悉倒顺开关的使用方法以及所控制的工作盘旋转方向，使钢筋的放置与成型轴、挡铁轴的位置相应配合。

④ 使用钢筋弯曲机时，应先进行试弯，以摸索规律。

⑤ 钢筋在弯曲机上进行弯曲时，其形成的圆弧弯曲直径是借助于心轴直径

实现的，因此要根据钢筋粗细和所要求的圆弧弯曲直径大小随时更换轴套。

⑥ 为了适应钢筋直径和心轴直径的变化，应在成型轴上加一个偏心套，以调节心轴、钢筋和成型轴三者之间的间隙。

⑦ 严禁在机械运转过程中更换心轴、成型轴、挡铁轴，或进行清扫、注油。

⑧ 弯曲较长的钢筋应有专人帮助配合，辅助人员应听从指挥，不得任意推送。

6）受力钢筋弯曲要求。

(1) HPB235 级钢筋末端需要做 180°弯钩，其圆弧弯曲直径 D 不应小于钢筋直径 d 的 2.5 倍，平直部分长度不宜小于钢筋直径 d 的 3 倍(图 2-17)；用于轻骨料混凝土结构时，其弯曲直径 D 不应小于钢筋直径 d 的 3.5 倍。

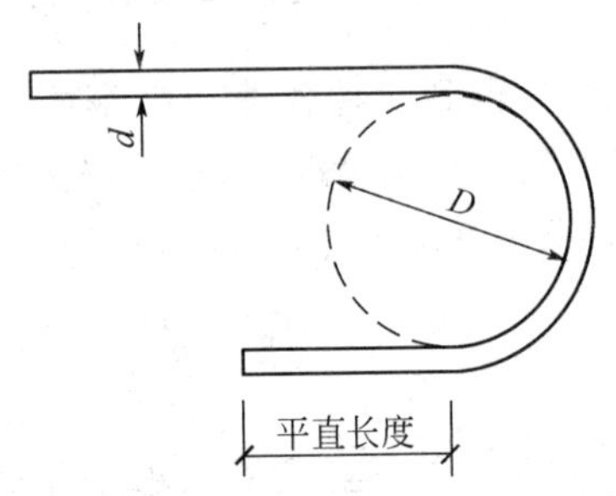

图 2-17　钢筋末端 180°弯钩

(2)HRB 335、HRB 400 级钢筋末端需做 90°或 135°弯折时，HRB 335 级钢筋的弯曲直径 D 不宜小于钢筋直径 d 的 4 倍；HRB 400 级钢筋不宜小于钢筋直径 d 的 5 倍(图 2-18)，平直部分长度应按设计要求确定。

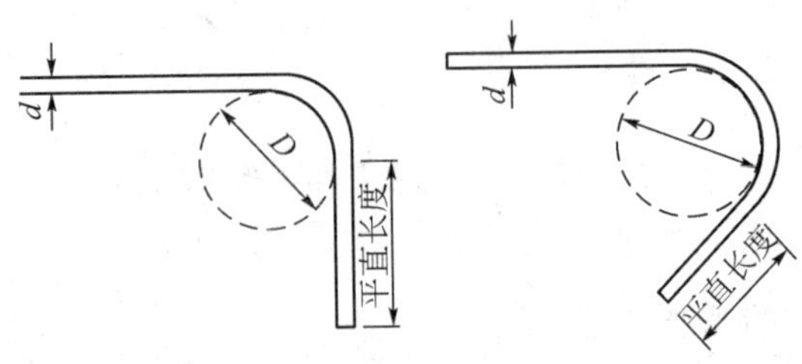

图 2-18　钢筋末端 90°或 135°弯折

(3) 弯起钢筋中间部位弯折处的弯曲直径 D，不应小于钢筋直径 d 的 5 倍(图 2-19)。

(4) 钢筋做不大于 90°的弯折时，弯折处的弯弧内直径不应小于钢筋直径的 5 倍。

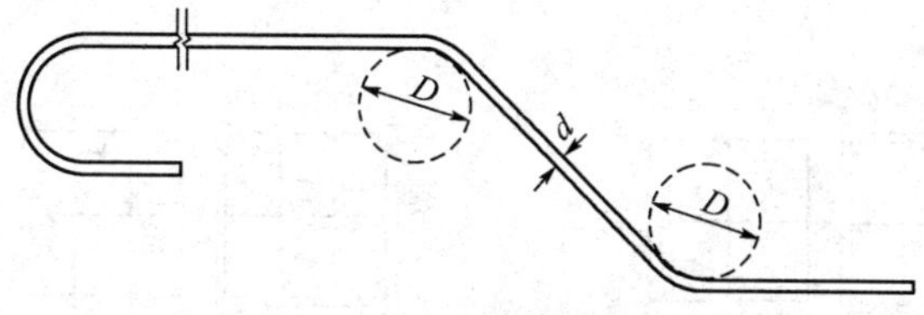

图 2-19　钢筋弯折加工

7）箍筋弯曲成型。

（1）除焊接封闭环形箍筋外，箍筋的末端应做弯钩，弯钩形式应符合设计要求。当设计无具体要求时，应符合下列规定：

①箍筋弯钩的弯弧内直径除应满足上一条“受力钢筋弯曲要求”，尚应不小于受力钢筋直径；

② 箍筋弯钩的弯折角度：对有抗震要求的结构，应为 135°；

③ 箍筋弯后平直部分长度：对有抗震要求的结构，不应小于箍筋直径的 10 倍。

对有抗震要求和受扭的结构，可按如图 2-20(a)所示加工。对于柱、梁钢筋绑扎接头范围内的箍筋可按如图 2-20(b)所示加工。

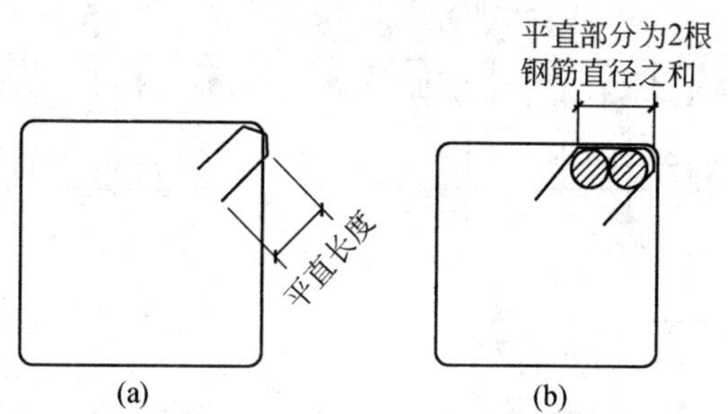

图 2-20　箍筋示意图 135°/135°

（2）复合箍筋的闭合方式如图 2-21 所示。

矩形复合箍筋的基本方式可分为：

①沿复合箍周边，箍筋局部重叠不宜多于两层，以复合箍筋最外围的封闭箍筋为准，柱内的横向箍筋紧挨其设置在下（或在上），柱内纵向箍筋紧挨其设置在上（或在下）。

②柱内复合箍可全部采用拉筋，拉筋须同时钩住纵向钢筋和外围封闭箍筋。

③为使箍筋外围局部重叠不多于两层，当拉筋设在旁边时，可沿竖向将相临两道箍筋按其各自平面位置交错放置。

（3）圆柱螺旋箍筋构造如图 2-22 所示。

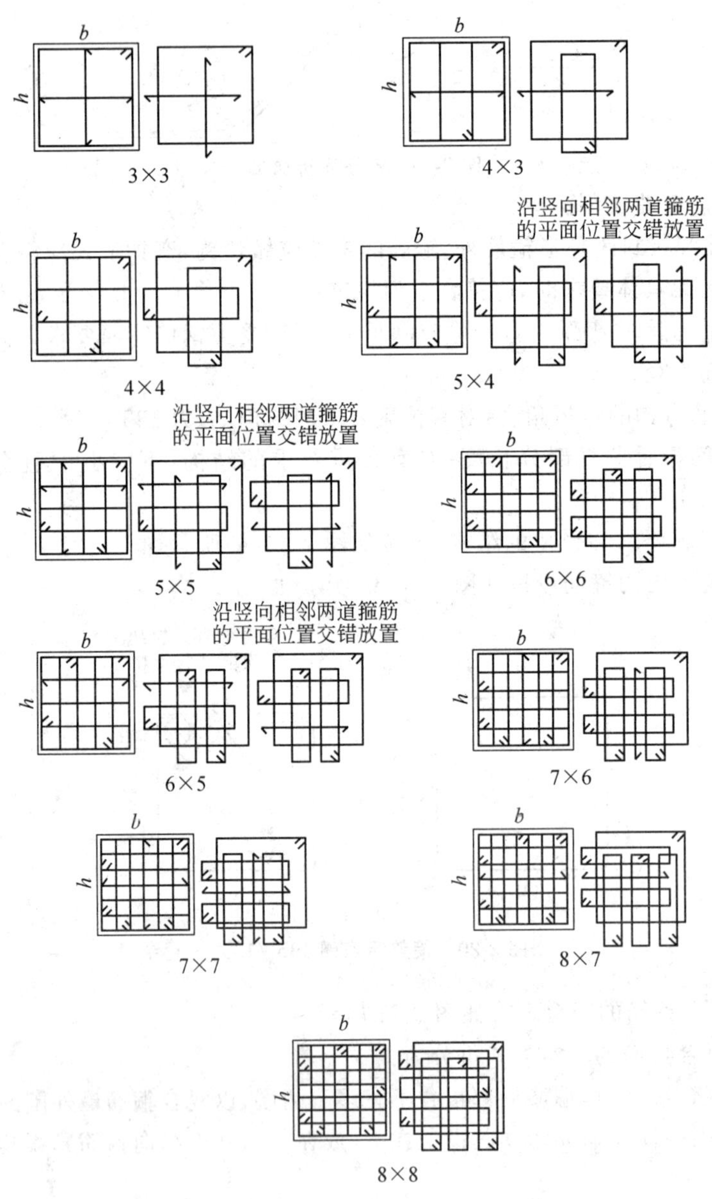

图 2-21　矩形复合箍筋的基本方式

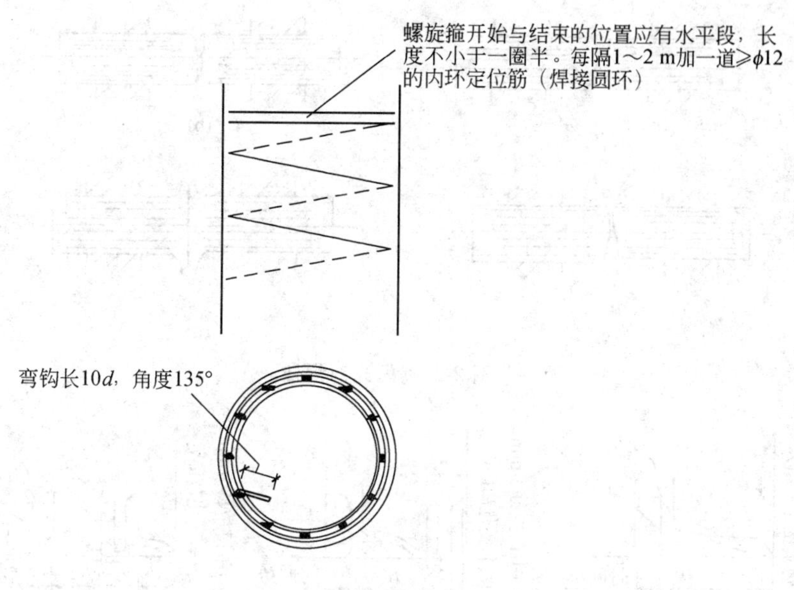

图 2-22　圆柱螺旋箍筋构造

三、钢筋焊接技术要点

1. 钢筋闪光对焊

1）钢筋闪光对焊工艺要点。

(1)连续闪光焊。

连续闪光焊是将工件夹紧在钳口上，接通电源后，使工件逐渐移近，端面局部接触，如图 2-23(a)、(b)所示，工件端面的接触点在高电流密度作用下迅速熔化、蒸发、爆破，呈高温粒状金属，从焊口内高速飞溅出来，如图 2-23(c)所示。当旧的接触点爆破后又形成新的接触点，这就形成了连续不断的爆破过程。为了保证连续不断的闪光，随着金属的烧损，工件需要连续不断地送进，即以一定的送进速度适应其焊接过程的烧化速度。工件经过一定时间的烧化，使其焊口达到所需要的温度，并使热量扩散到焊口两边，形成一定宽度的温度区，在撞击式的顶锻压力作用下液态金属排挤在焊口之外，使工件焊合，并在焊口周围形成大量毛刺，由于热影响区较窄，故在结合面周围形成较小的凸起，如图 2-23(d)所示。

焊接工艺过程的示意如图 2-24 所示。钢筋直径较小时，宜采用连续闪光焊。

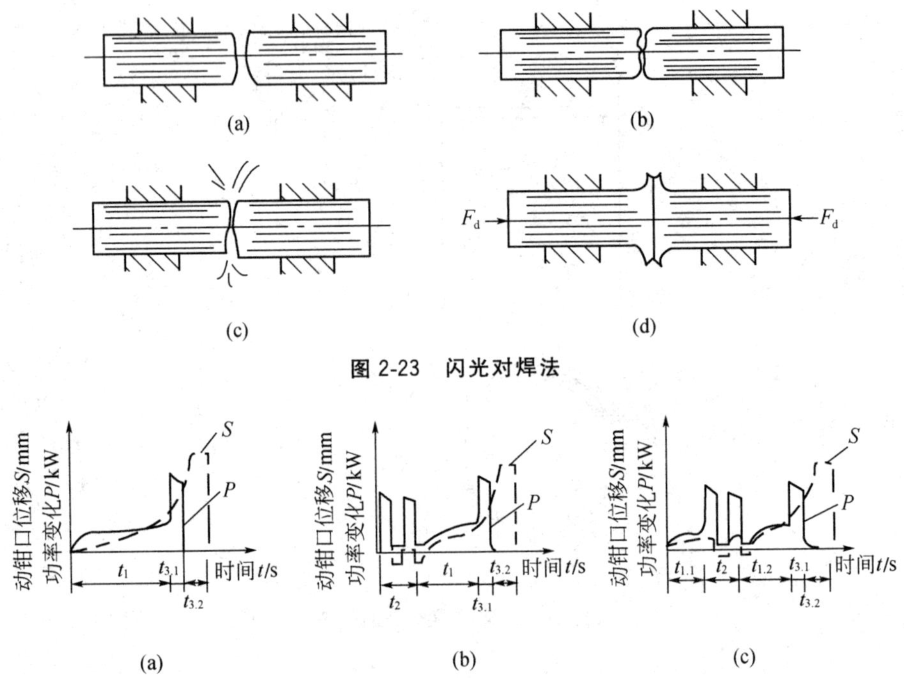

图 2-23 闪光对焊法

图 2-24 钢筋闪光对焊工艺过程图解

(a)连续闪光焊;(b)预热闪光焊;(c)闪光一预热闪光焊

t_1一烧化时间;$t_{1.1}$一一次烧化时间;$t_{1.2}$一二次烧化时间;t_2一预热时间;t_3一顶锻时间;

$t_{3.1}$一有电顶锻时间;$t_{3.2}$一无电顶锻时间

(2) 预热闪光焊。

在连续闪光焊前附加预热阶段,即将夹紧的两个工件,在电源闭合后开始以较小的压力接触,然后又离开,这样不断地断开又接触,每接触一次,由于接触电阻及工件内部电阻使焊接区加热,拉开时产生瞬时的闪光。经上述反复多次,接头温度逐渐升高形成预热阶段。焊件达到预热温度后进入闪光阶段,随后以顶锻而结束。钢筋直径较粗,并且端面比较平整时,宜采用预热闪光焊。

(3) 闪光-预热闪光焊。

在钢筋闪光对焊生产中,钢筋多数采用钢筋切断机断料,端部有压伤痕迹,端面不够平整,这时宜采用闪光-预热闪光焊。

闪光-预热闪光焊就是在预热闪光焊之前,预加闪光阶段,其目的就是把钢筋端部压伤部分烧去,使其端面比较平整,在整个断面上加热温度比较均匀。这样,有利于提高和保证焊接接头的质量。

2）钢筋闪光对焊工艺参数确定。

连续闪光焊的主要工艺参数有：调伸长度、焊接电流密度（常用次级空载电压来表示）、烧化留量、闪光速度、顶锻压力、顶锻留量、顶锻速度。

预热闪光焊工艺参数还包括预热留量。在闪光对焊中应合理选择各项工艺参数。留量如图 2-25 所示。

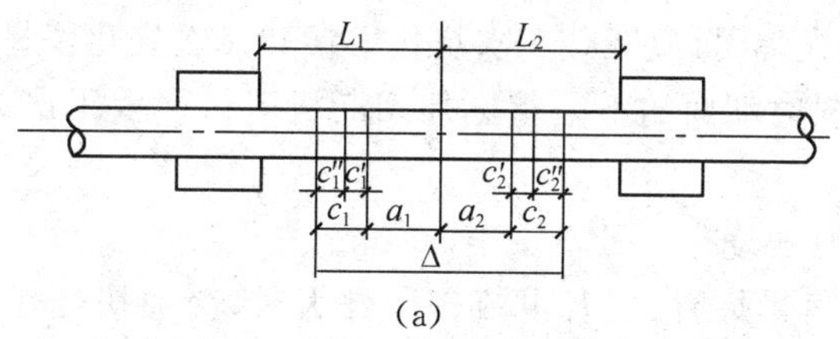

（a）

L_1、L_2—调伸长度；a_1+a_2—烧化留量；c_1+c_2—顶锻留量；
$c'_1+c'_2$—有电顶锻留量；$c''_1+c''_2$—无电顶锻留量；Δ—焊接总留量

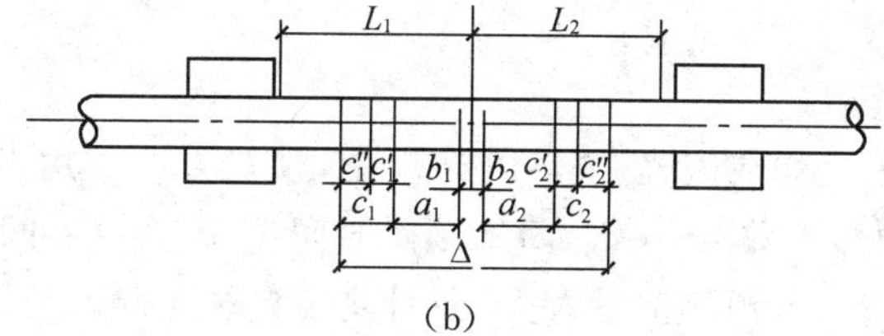

（b）

L_1、L_2—调伸长度；b_1+b_2—预热留量；a_1+a_2—烧化留量；
c_1+c_2—顶锻留量；$c'_1+c'_2$—有电顶锻留量；$c''_1+c''_2$—无电顶锻留量；Δ—焊接总留量

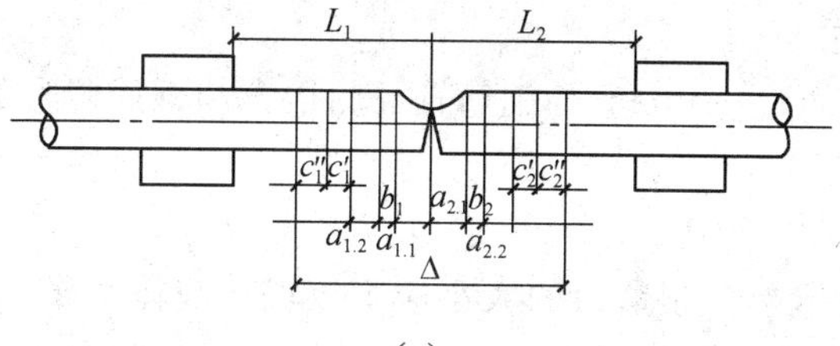

（c）

L_1、L_2—调伸长度；$a_{1.1}+a_{2.1}$——次烧化留量；$a_{1.2}+a_{2.2}$—二次烧化留量；
b_1+b_2—预热留量；c_1+c_2—顶锻留量；$c'_1+c'_2$—有电顶锻留量；$c''_1+c''_2$—无电顶锻留量；
Δ—焊接总留量

图 2-25　钢筋闪光对焊三种工艺方法留量图解

（a）连续闪光焊；（b）预热闪光焊；（c）闪光-预热闪光焊

（1）调伸长度。

调伸长度的选择，应随着钢筋牌号的提高和钢筋直径的加大而增长，尤其是在焊接 HRB 400、HRB 500 钢筋时，在不致产生侧弯的前提下，调伸长度应尽可能选择长一些。若长度过小，向电极散热增加，加热区变窄，不利于塑性变形，顶锻时所需压力较大；当长度过大时，加热区变宽，若钢筋较细，容易产生弯曲。

(2) 烧化留量。

烧化留量的选择应根据焊接工艺方法而定。连续闪光焊接时，为了获得必要的加热，烧化过程应该较长，烧化留量应等于两钢筋在断料时端面的不平整度加切断机刀口严重压伤部分，再加 8 mm。

闪光-预热闪光焊时，应区分一次烧化留量和二次烧化留量。一次烧化留量等于两钢筋在断料时端面的不平整度加切断机刀口严重压伤部分，二次烧化留量不小于 10 mm。

预热闪光焊时的烧化留量不小于 10 mm。

当采用预热闪光焊时，以及电流密度较大时，会加快烧化速度。在烧化留量不变的情况下，提高烧化速度会使加热区不适当地变窄，所需焊机容量增大，并引起爆破后火口深度的增加。反之，过小的烧化速度对接头的质量也是不利的。

(3) 预热留量。

在采用预热闪光焊或闪光-预热闪光焊中，预热方法采用电阻预热法，预热留量 1～2 mm，预热次数 1～4 次，每次预热时间 1.5～2.0 s，间歇时间 3～4 s。

预热温度太高或者预热留量太大，会引起接头附近金属组织晶粒长大，降低接头塑性；预热温度不足，会使闪光困难，过程不稳定，加热区太窄，不能保证顶锻时足够塑性变形。

(4) 顶锻留量。

顶锻留量应为 4～10 mm，随钢筋直径的增大和钢筋牌号的提高而增加；其中，有电顶锻留量约占 1/3。

焊接原 RL540(HRB 500 级)钢筋时，顶锻留量宜增大 30%。

顶锻速度越快越好，顶锻力的大小应足以保证液体金属和氧化物夹渣全部挤出。

(5) 变压器级数。

变压器级数应根据钢筋牌号、直径、焊机容量、焊机新旧程度以及焊接工艺方法等具体情况选择，既要满足焊接加热的要求，又能获得良好的闪光自保护效果。

闪光对焊的电流密度通常在较宽范围内变化。采用连续闪光焊时，电流密度取高值，采用预热闪光焊时，取低值。实际上，在闪光阶段焊接电流并不是常数，而是随着接触电阻的变化而变化。在顶锻阶段，电流急剧增大。在生产中，一般是给出次级空载电压 U20。焊接电流的调节也是通过改变次级空载电压，即改变变压器级数来获得。因为 U20 越大，焊接电流也越大。比较合理的是，在维护闪光稳定、强烈的前提下，采用较小的次级空载电压。不论钢筋直径的大小，一律采用高的次级空载电压是不适当的。

(6)由于二次电流存在分流现象如图 2-26 所示，因此焊接变压器级数应适当提高。

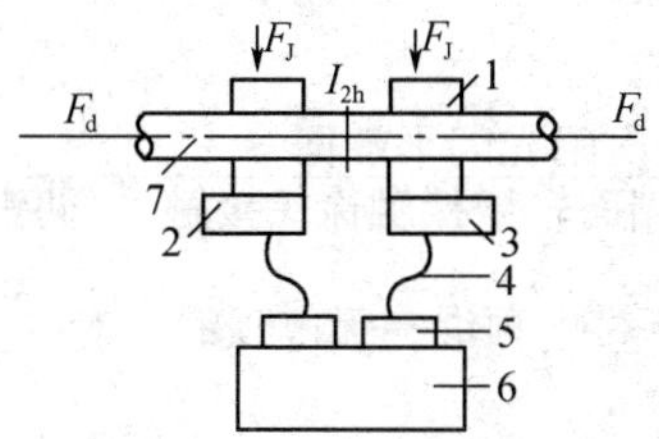

图 2-26　钢筋闪光对焊机的焊接回路与分流

1—电极；2—动板；3—动板；4—次级软导线；

5—次级线圈；6—变压器；7—箍筋

F_J—夹紧力；F_d—顶锻力；

I_{2h}—二次焊接电流

3）钢筋闪光对焊技术要点。

(1) 连续闪光对焊。

① 工艺过程。

闭合电路→$\dfrac{\text{闪光}}{\text{两钢筋端面轻微接触}}$→$\dfrac{\text{连续闪光加热到将近熔点}}{\text{两钢筋端面徐徐移动接触}}$→带电顶锻→无电顶锻

② 操作过程。

将两根钢筋分别夹在对焊机的两个电极上，然后使两根钢筋的端部轻微接触，由于钢筋端部不平整，开始时只是点接触，接触面小，而电流密度和接触电阻较大，促使接触点融化，并产生金属蒸气飞溅，形成闪光现象。

闪光开始时，徐徐地移动钢筋，形成连续闪光过程，同时接头也被加热，等接头烧平，闪去杂质和氧化膜，达到焊接温度后，立即断电或带电顶锻，使两根钢筋焊牢。

(2) 预热闪光焊。

① 工艺过程。

闭合电路→$\dfrac{\text{继续闪光预热}}{\text{两钢筋端面交替接触和分开}}$→$\dfrac{\text{连续闪光加热到将近熔点}}{\text{两钢筋端面徐徐移动接触}}$→带电顶锻→无电顶锻

② 操作过程。

预热闪光焊是在焊接前增加多次预热过程，以扩大焊接预热影响区域，也就是在电源闭合后，开始以较小的压力使钢筋接触，然后离开，这样不断地离开又接触，接触后又离开，使钢筋端部的间隙中发出断续的闪光，从而使接触面得到预热，经过反复多次预热，接头温度上升到闪光阶段，随后顶锻焊牢。

(3) 闪光-预热闪光焊。

① 工艺过程。

闭合电路→（一次闪光闪平端面 / 两钢筋端面轻微接触徐徐接触）→（继续闪光预热 / 两钢筋端面交替接触和分开）→（二次连续闪光加热近熔点 / 两钢筋端面徐徐移动接触）→带电顶锻→无电顶锻

② 操作过程。

闪光-预热闪光焊适用于钢筋直径较大且断面不够平整的钢筋。在预热闪光焊之前再加一个闪光的过程，目的是把钢筋不平整的部分烧去，使接头平整，以便使整个断面加热温度均匀。

(4) 特殊情况对焊操作。

① 异径钢筋的对焊。不同直径的钢筋对焊时，其直径之比不宜大于1.5；同时除应按大直径钢筋选择焊接参数外，并应减小大直径钢筋的调伸长度，或利用短料先将大直径钢筋预热，以使两者在焊接过程中加热均匀，保证焊接质量。

② 大直径钢筋对焊。大直径钢筋焊接一般采用UN2－150型对焊机(电动机凸轮传动)或UN17－15－1型对焊机(气-液压传动)进行。焊接前宜首先采取锯割或气割方式对钢筋端面进行平整处理；然后，采取预热闪光焊工艺，并应符合下列要求：

a. 闪光过程应强烈、稳定；

b. 顶锻凸块应垫高；

c. 应准确调整并严格控制各过程的起点和止点。

③ 冷拉钢筋对焊。对于冷拉钢筋的对焊连接，钢筋要在冷拉之前对焊，使焊接接头质量和冷却钢筋不因焊接而降低强度。

(5) 季节性施工。

① 闪光对焊可在负温条件下进行，但当环境温度低于－20℃时，不宜施焊。

② 在环境温度低于－5℃的条件下进行闪光对焊时，宜采用预热闪光焊或闪光-预热闪光焊工艺；与常温焊接相比，焊接参数可采取下列措施进行调整：

a. 增加调伸长度；

b. 采用较低焊接变压器级数；

c. 增加预热次数和间歇时间。

③ 雨天、雪天不宜在现场进行施焊；必须施焊时，应采取有效遮蔽措施。焊后未冷却的接头不得碰到冰雪。

④ 在现场进行闪光对焊时，若风速超过 7.9 m/s，应采取挡风措施。

4）箍筋闪光对焊技术要点。

（1）箍筋闪光对焊的焊点位置宜设在箍筋受力较小一边。不等边的多边形柱箍筋对焊点位置宜设在两个边上，如图 2-27 所示；大尺寸箍筋焊点位置如图2-28所示。

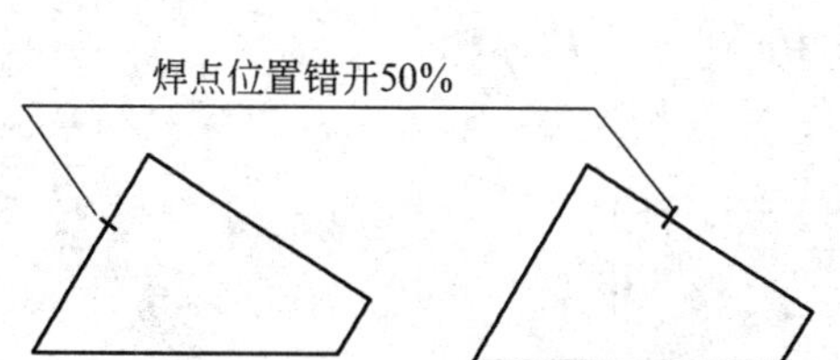

图 2-27　不等边多边形箍筋的焊点位置

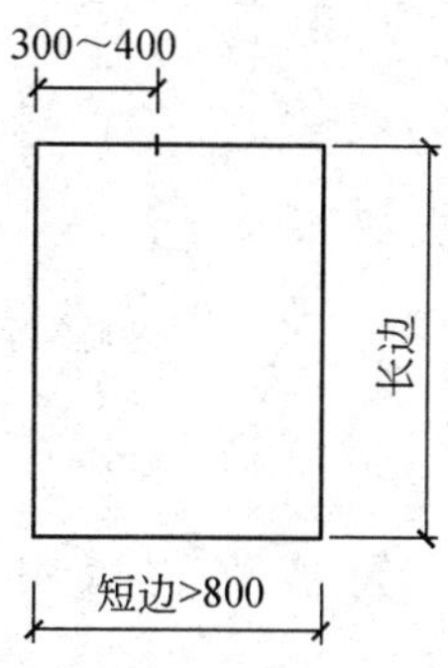

图 2-28　大尺寸箍筋焊点位置

（2）箍筋下料长度应预留焊接总留量 Δ，其中包括烧化留量 A、预热留量 B 和顶端留量 C。矩形箍筋下料长度可参照下式计算：

$$L_g = 2(a_g + b_g) + \Delta$$

式中　L_g——箍筋下料长度(mm)；

a_g——箍筋内净长度(mm)；

b_g——箍筋内净宽度(mm)；

Δ——焊接总留量(mm)。

当切断机下料，增加压痕长度，采用闪光－预热闪光焊工艺时，焊接总留量 Δ 随之增大，为 $1.0d$～$1.5d$。上列计算值应经试焊后核对确定。

（3）应精心将下料钢筋按设计图纸规定尺寸弯曲成形，制成待焊箍筋，并使两个对焊头完全对准，具有一定弹性压力，如图 2-29 所示。

（4）由于二次电流存在分流现象，如图 2-30 所示，因此焊接变压器级数应适当提高。

5）钢筋闪光对焊焊接缺陷及其消除措施。

钢筋闪光对焊焊接缺陷及其消除措施见表 2-20，箍筋闪光对焊焊接缺陷及清除措施见表 2-21。

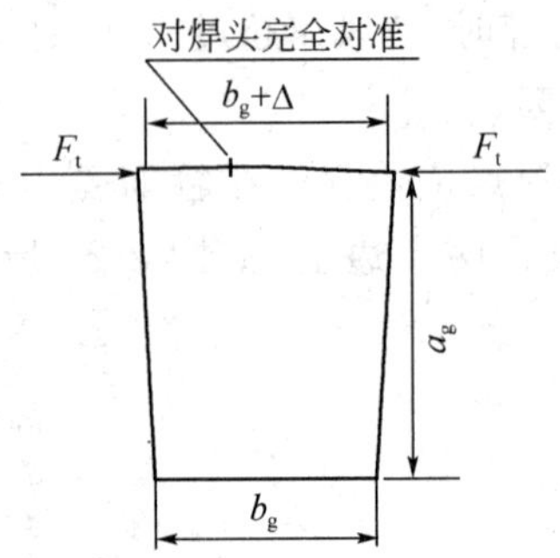

图 2-29　待焊箍筋

a_g—箍筋内净长度；b_g—箍筋内净宽度；Δ—焊接总留量；

F_t—弹性压力；F_t—弹性压力

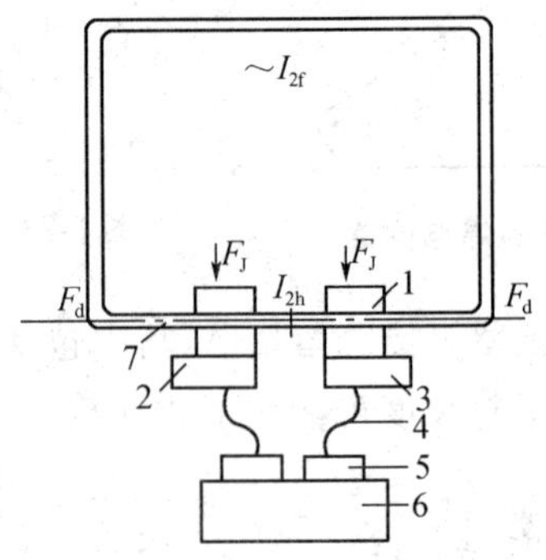

图 2-30　箍筋闪光对焊机的焊接回路与分流

1—电极；2—动板；3—动板；4—次级软导线；

5—次级线圈；6—变压器；8—箍筋

F_J—夹紧力；F_d—顶锻力；I_2—二次电流；

I_{2h}—二次焊接电流；I_{2f}—二次分流电流

表 2-20　钢筋闪光对焊异常现象、焊接缺陷及消除措施

异常现象和焊接缺陷	消除措施
烧化过分剧烈并产生强烈的爆炸声	1. 降低变压器级数； 2. 减慢烧化速度
闪光不稳定	1. 消除电极底部和表面的氧化物； 2. 提高变压器级数； 3. 加快烧化速度
接头中有氧化膜、未焊透或夹渣	1. 增加预热程度； 2. 加快临近顶锻时的烧化程度； 3. 确保带电顶锻过程； 4. 加快顶锻压力； 5. 增大顶锻压力

续表

异常现象和焊接缺陷	消除措施
接头中有缩孔	1. 降低变压器级数； 2. 避免烧化过程过分强烈； 3. 适当增大顶锻留量及顶锻压力
焊缝金属过烧	1. 减小预热程度； 2. 加快烧化速度，缩短焊接时间； 3. 避免过多带电顶锻
接头区域裂纹	1. 检验钢筋的碳、硫、磷含量，若不符合规定时应更换钢筋； 2. 采取低频预热方法，增加预热程度
钢筋表面微熔及烧伤	1. 消除钢筋被夹紧部位的铁锈和油污； 2. 消除电极内表面的氧化物； 3. 改进电极槽口形状，增大接触面积； 4. 夹紧钢筋
接头弯折或轴线偏移	1. 正确调整电极位置； 2. 修整电极钳口或更换已变形的电极； 3. 切除或矫直钢筋的接头

表 2-21　箍筋闪光对焊的异常现象、焊接缺陷及消除措施

异常现象和焊接缺陷	消除措施
箍筋下料尺寸不准，钢筋头歪斜	1. 箍筋下料长度必须经弯曲和对焊试验确定； 2. ϕ6～10 mm 钢筋必须选用性能稳定、下料误差±3 mm，能确保钢筋端面垂直于轴线的调直切断机
待焊箍筋头分离、错位	1. 做箍筋时将有接头的对面一边的两个 90°角弯成 87°～89°角，使接头处产生弹性压力 F_t； 2. 掌握让两钢筋头对准的技术
焊接接头错位或被拉开	1. 修整电极钳口，或更换已经磨损变形的电极； 2. 矫直变形的钢筋头； 3. 先将待焊箍筋一头在固定电极板上夹紧，再与待焊箍筋另一头完全对准后夹紧移动电极板

2. 钢筋电弧焊

钢筋电弧焊包括帮条焊、搭接焊、坡口窄间隙焊、熔槽帮条焊等接头型式。应根据钢筋牌号、直径、接头形式和焊接位置，选择焊条、焊接工艺和焊接参数。

1)焊条和焊接电流选择。

焊条和焊接电流选择见表 2-22。

表 2-22 焊条直径和焊接电流

搭接焊、帮条焊				坡口焊			
焊接位置	钢筋直径/mm	焊条直径/mm	焊接电流/A	焊接位置	钢筋直径/mm	焊条直径/mm	焊接电流/A
平焊	10～12	3.2	90～130	平焊	16～20	3.2	140～170
	14～22	4	130～180		22～25	4	170～190
	25～32	5	180～230		28～32	5	190～220
	36～40	5	190～240		36～40	5	200～230
立焊	10～12	3.2	80～110	立焊	16～20	3.2	120～150
	14～22	4	110～150		22～25	4	150～180
	25～32	4	120～170		28～32	4	180～200
	36～40	5	170～220		36～40	5	190～210

2) 帮条焊。

(1) 钢筋帮条焊：帮条焊宜采用双面焊[图 2-31(a)]，当不能进行双面焊时，方可采用单面焊[图 2-31(b)]。

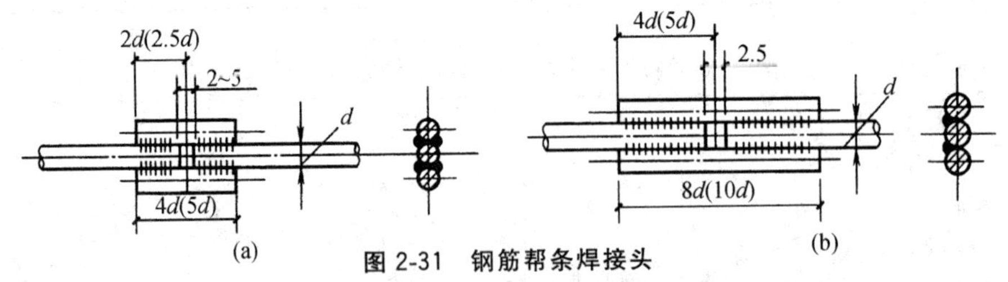

图 2-31 钢筋帮条焊接头

(a)双面焊；(b)单面焊

d—钢筋直径

(2) 帮条宜采用与主筋同牌号、同直径的钢筋制作，其帮条长度 l 见表2-23。如帮条牌号与主筋相同时，帮条的直径可以比主筋直径小一个规格；如帮条直径与主筋相同时，帮条牌号可与主筋相同或低一个牌号。

表 2-23 钢筋帮条长度

钢筋牌号	焊缝形式	帮条长度 l	钢筋牌号	焊缝形式	帮条长度 l
HPB 235	单面焊	≥8d	HRB 335、HRB 400、RRB 400	单面焊	≥10d
	双面焊	≥4d		双面焊	≥5d

注：d 为主筋直径(mm)。

(3) 钢筋帮条焊时，钢筋的装配和焊接应符合下列要求：

① 帮条焊时，两主筋端面的间隙应为 2～5 mm。

② 帮条焊时，帮条与主筋之间应用四点定位焊牢固，定位焊缝与帮条端部的距离大于或等于 20 mm。

(4) 焊接时，引弧应在垫板、帮条或形成焊缝的部位进行，不得烧伤主筋。在端头收弧前应填满弧坑，并应使主焊缝与定位焊缝的始端和终端熔合。

(5) 焊接地线与钢筋应接触紧密。

(6) 焊接过程中应及时清渣，焊缝表面应光滑，焊缝余高应平缓过渡，弧坑应填满。

(7) 帮条焊接头的焊缝厚度 h 不应小于 $0.3d$，焊缝宽度 b 不应小于 $0.8d$。

3) 钢筋搭接焊。

(1) 搭接焊宜采用双面焊[图 2-32(a)]，当不能进行双面焊时，方可采用单面焊[图 2-32(b)]。

(2) 焊接时，搭接长度 l 应与帮条长度要求相同。

(3) 焊接时，用两点固定，定位焊缝与搭接端部的距离应大于或等于 20 mm。引弧应在搭接钢筋的一端开始，收弧应在搭接钢筋端头上，弧坑应填满。第一层焊缝应有足够的熔深，主焊缝与定位焊缝，特别是在定位焊缝的始端与终端，应熔合良好。

(4) 搭接焊时，焊接端钢筋应预弯，并应使两钢筋的轴线在一直线上。

(5) 钢筋搭接焊接头的焊缝厚度 h 不应小于 $0.3d$，焊缝宽度 b 不应小于 $0.8d$，如图 2-33 所示。焊接时，应在搭接焊形成焊缝中引弧；在端头收弧前应填满弧坑，并应使主焊缝与定位焊缝的始端和终端熔合。

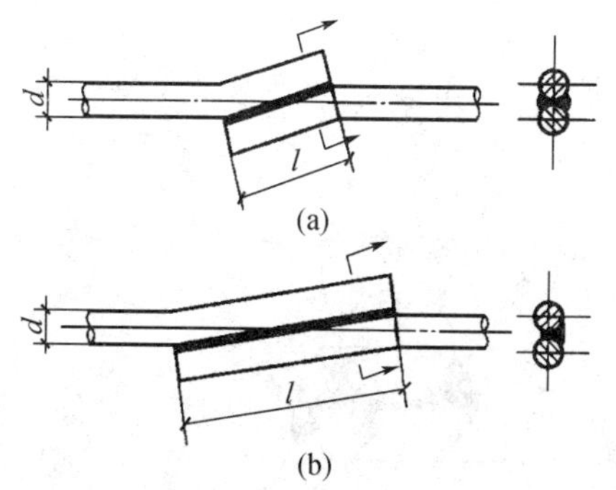

图 2-32　钢筋搭接焊接头

(a)双面焊；(b)单面焊

d—钢筋直径；l—搭接长度

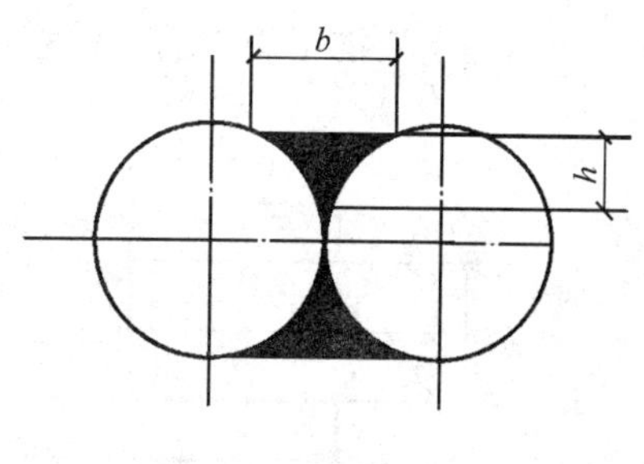

图 2-33　焊缝尺寸示意图

b—焊缝宽度；h—焊缝厚度

4）预埋件 T 形接头电弧焊。

(1) 预埋件 T 形接头电弧焊的接头形式分角焊和穿孔塞焊两种(图 2-34)，锚固钢筋直径在 6～25 mm 以内，可采用角焊；锚固钢筋直径为 20～32 mm 时，宜采用穿孔塞焊。

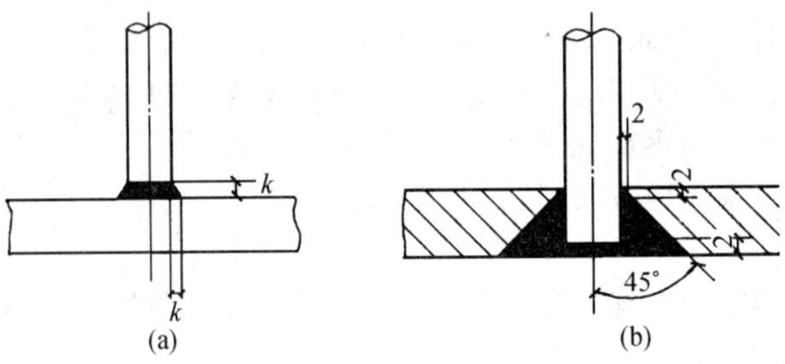

图 2-34　预埋件 T 形接头

(a)角焊；(b)穿孔塞焊

k—焊脚

(2) 装配和焊接时，应符合下列要求：

① 钢板厚度 δ 不宜小于钢筋直径的 0.6 倍，且不应小于 6 mm。

② 钢筋应采用 HPB 235、HRB 335 级；受力锚固钢筋直径不宜小于 8 mm，构造锚固钢筋直径不宜小于 6 mm。

③ 采用 HPB 235 钢筋时，角焊缝焊脚 k 不小于钢筋直径的 0.5 倍；采用 HRB 335、HRB 400 钢筋时，焊缝焊脚 k 不小于钢筋直径的 0.6 倍。

④ 采用穿孔塞焊时，钢板的孔洞应做成喇叭口，其内口直径应比钢筋直径 d 大 4 mm，倾斜角度为 45°，钢筋缩进 2 mm。

(3) 施焊中，不得使钢筋咬边和烧伤。

5）钢筋与钢板搭接焊钢筋与钢板搭接焊时，焊接接头(图 2-35)应符合下列要求：

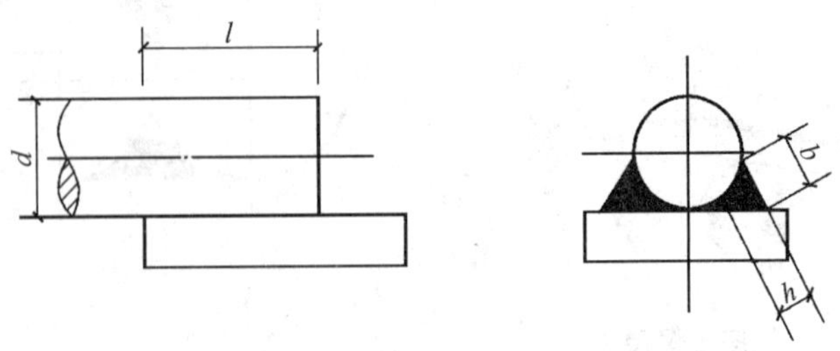

图 2-35　钢筋与钢板搭接接头

d—钢筋直径；l—搭接长度；b—焊缝宽度；h—焊缝厚度

(1) HPB 235 级钢筋的搭接长度 l 不得小于 4 倍钢筋直径。HRB 335 和 HRB 400 钢筋的搭接长度 l 不得小于 5 倍钢筋直径。

(2) 焊接宽度 b 不得小于钢筋直径的 0.6 倍，焊缝厚度 h 不得小于钢筋直径的 0.35 倍。

6) 坡口焊。

坡口焊的准备工作和焊接工艺应符合下列要求：

(1) 坡口面应平顺，切口边缘不得有裂纹、钝边、缺棱。

(2) 坡口平焊时，V 形坡口角度宜为 55°～65°。坡口立焊时，坡口角度宜为 40°～55°，其中，下钢筋宜为 0°～10°，上钢筋宜为 35°～45°(图 2-36)。

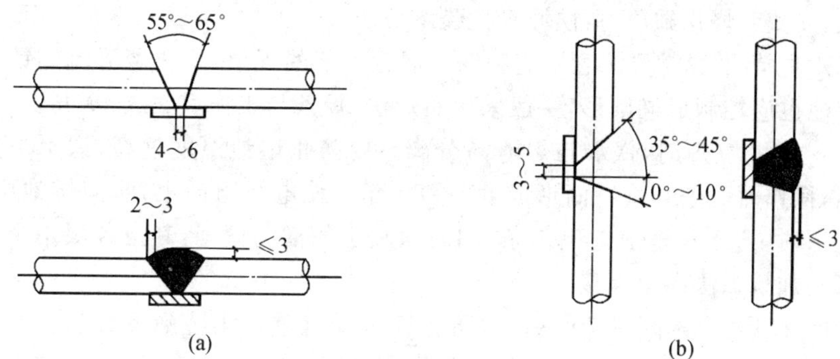

图 2-36　钢筋坡口焊接头

(a)平焊；(b)立焊

(3) 钢垫板厚度宜为 4～6 mm，长度宜为 40～60 mm。坡口平焊时，垫板宽度应为钢筋直径加 10 mm；立焊时，垫板宽度宜等于钢筋直径。

(4) 钢筋根部间隙，坡口平焊时宜为 4～6 mm；立焊时，宜为 3～5 mm。其最大间隔均不宜超过 10 mm。

(5) 焊缝根部、坡口端面以及钢筋与钢板之间均应熔合。焊接过程中应经常清渣。钢筋与钢垫板之间，应加焊 2～3 层侧面焊缝。

(6) 宜采用两个接头轮流进行施焊。

(7) 焊缝的宽度应大于 V 形坡口的边缘 2～3 mm，焊缝余高不得大于 3 mm，并宜平缓过渡至钢筋表面。

(8) 当发现接头中有弧坑、气孔及咬边等缺陷时，应立即补焊。HRB 400 级钢筋接头冷却后补焊时，应采用氧乙炔焰预热。

7) 钢筋电弧焊施焊中应注意的事项。

(1) 焊接时，焊接地线与钢筋应接触紧密，焊接过程中应及时清渣，焊缝表面应光滑，焊缝余高应平缓过渡，弧坑应填满。

(2) 引弧：带有垫板或帮条的接头，引弧应在钢板或帮条上进行。无钢筋垫板或无帮条的接头，引弧应在形成焊缝的部位，防止烧伤主筋。

(3) 定位：焊接时应先焊定位点再施焊。

(4) 运条：运条时的直线前进、横向摆动和送进焊条三个动作要协调平稳。

(5) 收弧：收弧时，应将熔池填满，注意不要在工作表面造成电弧擦伤。

(6) 多层焊：如钢筋直径较大，需要进行多层施焊时，应分层间断施焊，每焊一层后，应清渣再焊接下一层，并应保证焊缝的高度和长度。

(7) 熔合：焊接过程中应有足够的熔深。主焊缝与定位焊缝应结合良好，避免气孔、夹渣和烧伤缺陷，并防止产生裂缝。

(8) 平焊：平焊时要注意熔渣和铁水混合不清的现象，防止熔渣流到铁水前面。熔池也应控制成椭圆形，一般采用右焊法，焊条与工作表面成70°角。

(9) 立焊：立焊时，铁水与熔渣易分离。要防止熔池温度过高，铁水下坠形成焊瘤，操作时焊条与垂直面形成60°～80°角。使电弧略向上，吹向熔池中心。焊第一道时，应压住电弧向上运条，同时做较小的横向摆动，其余各层用半圆形横向摆动加挑弧法向上焊接。

(10) 横焊：焊条倾斜70°～80°，防止铁水受自重作用坠到下坡口上。运条到上坡口处不做运弧停顿，迅速带到下坡口根部做微小横拉稳弧动作，依次匀速进行焊接。

(11) 仰焊：仰焊时宜用小电流短弧焊接，熔池宜薄，且应确保与线材熔合良好。第一层焊缝用短电弧做前后推拉动作，焊条与焊接方向成80°～90°角。其余各层焊条横摆，并在坡口侧略停顿稳弧，保证两侧熔合。

3.钢筋电渣压力焊

1) 钢筋电渣压力焊接工艺要点。

钢筋电渣压力焊是将两根钢筋安放成竖向对接形式，利用焊接电流通过两钢筋端面间隙，在焊剂层下形成电弧过程和电渣过程，产生电弧热和电阻热，熔化钢筋，再加压完成钢筋连接的一种压焊方法。钢筋电渣压力焊具有电弧焊、电渣焊和压力焊的特点。焊接过程包括4个阶段，如图2-37所示。

(1)引弧过程：采用钢丝圈引弧法，也可采用直接引弧法。

① 钢丝圈引弧法是将钢丝圈放在上、下钢筋端头之间，高约10 mm，电流通过钢丝圈与上、下钢筋端面的接触点形成短路引弧。

② 直接引弧法是在通电后迅速将上钢筋提起，使两端头之间的距离为2～4 mm引弧。当钢筋端头夹杂不导电物质或过于平滑造成引弧困难时，可以多次把上钢筋移下与下钢筋短接后再提起，达到引弧目的。

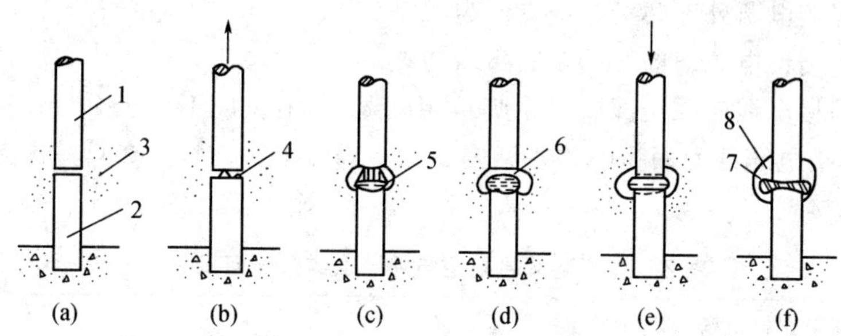

图 2-37　钢筋电渣压力焊焊接过程示意图

(a)引弧前;(b)引弧过程;(c)电弧过程;(d)电渣过程;(e)顶压过程;(f)凝固后

1—上钢筋;2—下钢筋;3—焊剂;4—电弧;5—熔池;6—熔渣(渣池);7—焊包;8—渣壳

(2) 电弧过程:靠电弧的高温作用,将钢筋端头的凸出部分不断烧化;同时将接口周围的焊剂充分熔化,形成一定深度的渣池。

(3) 电渣过程:渣池形成一定深度后,将上钢筋缓缓插入渣池中,此时电弧熄灭,进入电渣过程。由于电流直接通过渣池,产生大量的电阻热,使渣池温度升到近 2000℃,将钢筋端头迅速而均匀地熔化。

(4) 顶压过程:当钢筋端头达到全截面熔化时,迅速将上钢筋向下顶压,将熔化的金属、熔渣及氧化物等杂质全部挤出结合面,同时切断电源,焊接即告结束。

接头焊毕,应停歇后,方可回收焊剂和卸下焊接夹具,并敲去渣壳,露出带金属光泽的焊包;四周焊包应均匀,凸出钢筋表面的高度应大于或等于 4 mm。

2) 钢筋电渣压力焊接电源及工艺参数。

(1) 焊接电源。

为焊接提供电源并具有适合钢筋电渣压力焊焊接工艺所要求的一种装置。电源输出可为交流或直流。

① 焊接电源宜专门设计制造,在额定电流状态下,负载持续率不低于 60%,空载电压为 $80_{-20}^{\ 0}$ V。

② 若采用标准弧焊变压器作为焊接电源应有较高的空载电压,宜为75～80 V。

③ 焊接电源采用可动绕组调节焊接电流,即动圈式弧焊变压器时,其他带电元件的安装部位至少与可动绕组间隔 15 mm。

④ 当额定电流为 1000 A 时,应采用强迫通风冷却系统,并能保证在运行过程中正常工作。

⑤ 焊接电源的输入、输出连接线,必须安装牢固可靠,即使发生松脱,也能避免相互之间发生短路。

⑥ 焊接电源外壳防护等级最低为 IP21。

⑦ 应装设电源通断开关及其指示装置。

⑧ 焊接电缆应采用 YH 型电焊机用电缆，单根长度不大于 25 m，额定焊接电流与焊接电缆截面面积的关系见表 2-24。焊接电源与焊接夹具的连接宜采用电缆快速接头。

表 2-24 额定焊接电流与焊接电缆截面面积关系

额定焊接电流/A	500	630	1000
焊接电缆截面面积/mm^2	≥50	≥70	≥95

⑨ 若采用直流弧焊电源，可用 ZX5-630 型晶闸管弧焊整流器或硅弧焊整流器，焊接过程更加稳定。

⑩ 在焊机正面板上，应有焊接电流指示或焊接钢筋直径指示。有些交流电弧焊机，将转换开关Ⅰ档改写为手工电弧焊，将Ⅱ档改写为电渣压力焊，操作者更感方便。

(2) 焊接工艺参数。

电渣压力焊的参数主要包括渣池电压、焊接电流和通电时间等，见表 2-25。

表 2-25 电渣压力焊焊接参数

钢筋直径/mm	焊接电流/A	焊接电压/V		焊接通电时间/s	
		电弧过程 $u_{2.1}$	电渣过程 $u_{2.2}$	电弧过程 t_1	电渣过程 t_2
14	200～220	35～45	22～27	12	3
16	200～150			14	4
18	150～300			15	5
20	300～350			17	5
22	350～400			18	6
25	400～450			21	6
28	500～550			24	6
32	600～650			27	7

3）电渣压力焊接技术要点。

(1) 安装焊接夹具和钢筋。

① 夹具的下钳口应夹紧于下钢筋端部的适当位置，一般为 1/2 焊剂罐高度偏下 5～10 mm，以确保焊接处的焊剂有足够的淹埋深度。

② 上钢筋放入夹具钳口后，调准动夹头的起始点，使上下钢筋的焊接部位位于同轴状态，方可夹紧钢筋。注意常规应钢筋棱对棱，同时要考虑顶层钢筋拐尺的方向也能满足要求。不要到顶层时顾了拐尺，顾不了对棱。

③ 钢筋一经夹紧，严防晃动，以免上下钢筋错位和夹具变形。

(2) 闭合电路、引弧：通过操作杆或操纵盒上的开关，先后接通焊机的焊接电流回路和电源的输入回路，在钢筋端面之间引燃电弧，开始焊接。

(3) 电弧过程：引燃电弧后，应控制电压值。借助操纵杆使上下钢筋端面之间保持一定的间距，进行电弧过程的延时，使焊剂不断熔化而形成必要深度的渣池。

(4) 电渣过程：随后逐渐下送钢筋，使钢筋全断面加速熔化。

(5) 挤压断电：电渣过程结束，迅速送上钢筋，使其断面与下钢筋端面相互接触，趁热排出熔渣和熔化金属，同时切断焊接电源。

4）钢筋电渣压力焊接接头缺陷及其消除措施。

在钢筋电渣压力焊的焊接过程中，如发现轴线偏移、接头弯折、结合不良、烧伤、夹渣等缺陷，可参照表 2-26 查明原因，采取措施及时消除缺陷。

表 2-26　电渣压力焊接头缺陷和防治措施

序号	缺陷	外形	原因	防治措施
1	偏心	>0.1*d* >2 mm	1. 钢筋端部不直； 2. 钢筋安放不正； 3. 钢筋端面不平	1. 钢筋端部要直； 2. 钢筋安装正直； 3. 钢筋端面要平
2	倾斜	74°	1. 钢筋端部歪斜； 2. 钢筋安放不正； 3. 夹具放松过早	1. 钢筋端部要直； 2. 钢筋安放正直； 3. 焊毕稍冷后（约 2 min）要卸机头
3	咬肉	≥0.5 mm	1. 焊接电流太大； 2. 通电时间过长； 3. 停机太晚	1. 适当减小焊接电流； 2. 适当缩短焊接通电时间； 3. 及时停机

续表

序号	缺陷	外形	原因	防治措施
4	氧化膜		1. 焊接电流太小； 2. 焊接电流断电过早	1. 适当加大焊接电流； 2. 检查微动开关，调整小凸轮位置
5	未焊透		1. 焊接过程中断弧； 2. 焊接电流断电过早	1. 提高凸轮转速； 2. 检查微动开关，调整小凸轮位置
6	焊疱倾斜	 <2 mm	1. 钢筋端部不平； 2. 铅丝圈安放不当	1. 钢筋端部要平； 2. 铅丝圈安放在中心
7	气孔		焊剂受潮未烘干	按照规定及时焙烘焊剂
8	成型不好（焊疱上翻）		凸轮转动不灵活	拆洗凸轮

4. 钢筋气压焊

1）钢筋气压焊接工艺要点。

钢筋气压焊接是采用氧乙炔火焰或氧液化石油气火焰，（或其他火焰）对两钢筋对接处加热，使其达到热塑性状态（固态）或熔化状态（熔态）后，加压完成的一种压焊方法。

钢筋气压焊有熔态气压焊（开式）和固态气压焊（闭式）两种：熔态气压焊是将两钢筋端面稍微离开（约 3 mm），使钢筋端面加热到 1540℃以上的熔化温度，再加压完成的一种方法；固态气压焊是将两钢筋端紧密闭合，加热到 1150～1250℃，再加压完成的一种方法。

钢筋气压焊接设备轻便，有氧气瓶、乙炔瓶（液化石油气瓶）、加热器、加压器和钢筋卡具等。钢筋气压焊可进行钢筋在垂直位置、水平位置或倾斜位置等的全位置对接焊接，其工艺原理见图 2-38 所示。

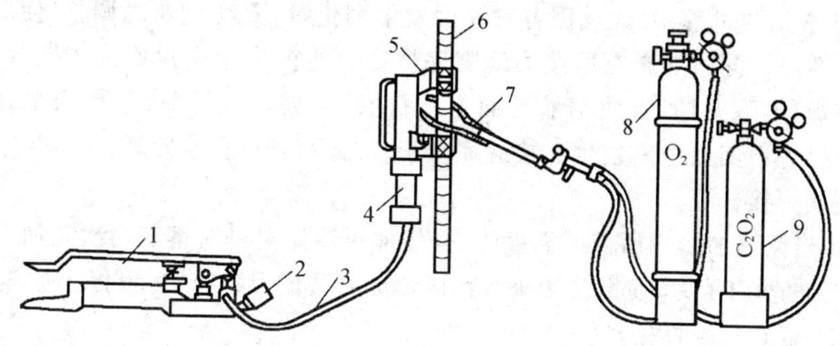

图 2-38　钢筋气压焊接工艺示意图

1—脚踏液压泵；2—压力表；3—液压胶管；4—活动油缸；5—钢筋卡具；
6—被焊接钢筋；7—多火口烤枪；8—氧气瓶；9—乙炔瓶

钢筋气压焊可用于同直径钢筋或不同直径钢筋间的焊接。当两钢筋直径不同时，其径差不得大于 7 mm。若差异过大，容易造成小钢筋过烧，大钢筋温度不足而产生未焊透现象。

钢筋气压焊适用于 ϕ14～ϕ40 热轧 HPB 235、HRB 335、HRB 400 钢筋。

2）气压焊接工艺参数

(1) 加热温度宜在熔点下 100～200℃；对于低碳钢，加热温度可取 1300～1350℃。

(2) 火焰功率与性质。

① 火焰功率只要接头不过烧、表面不熔化、火焰稳定，就可采用大功率火焰焊接。氧气的工作压力不大于 0.7 MPa，乙炔工作压力为 0.05～0.1 MPa；

② 焊缝闭合前用强碳化焰，闭合后用中性焰。

(3) 只要加热温度适宜，对于钢筋单位挤压力宜取 30 MPa。

3）钢筋气压焊接技术要点。

(1) 固态气压焊接。

① 焊前钢筋端面应切平、打磨，使其露出金属光泽，钢筋安装夹牢，预压顶紧后，两钢筋端面局部间隙不得大于 3 mm。

② 焊接的开始阶段，采用碳化焰，对准两根钢筋接缝处集中加热。此时须使内焰包围着钢筋缝隙，以防钢筋端面氧化。同时，须增大对钢筋的轴向压力至 30～40 MPa。

③ 当两根钢筋端面的缝隙完全闭合后，须将火焰调整为中性焰 (O_2/C_2H_2=1～1.1)以加快加热速度。此时操作焊炬，使火焰在以压焊面为中心两侧各一倍钢筋直径范围内均匀往复加热。钢筋端面的合适加热温度为

1150～1250℃。

④ 在加热过程中，火焰因各种原因发生变化时，要注意及时调整，使之始终保持中性焰。同时如果在压接面缝隙完全密合之前发生焊炬回火中断现象，应停止施焊，拆除夹具，将两钢筋端面重新打磨、安装，然后再次点燃火焰进行焊接。如果焊炬回火中断发生在接缝完全密合之后，则可再次点燃火焰继续加热、加压完成焊接作业。

⑤ 当钢筋加热到所需的温度时，操作加压器使夹具对钢筋再次施加至 30～40 MPa 的轴向压力，使钢筋接头墩粗区形成合适的形状，然后可停止加热。

(2) 熔态气压焊接。

① 安装前，两钢筋端面之间应预留 3～5 mm 间隙；气压焊开始时，首先使用中性焰加热，待钢筋端头至熔化状态，附着物随熔滴流走，端部呈凸状时，即加压，挤出熔化金属，并密合牢固；使用氧液化石油气火焰进行熔态气压焊时，应适当增大氧气用量。

② 当钢筋接头处温度降低，即接头处红色大致消失后，可卸除压力，然后拆下夹具。

③ 在加热过程中，当在钢筋端面缝隙完全密合之前发生灭火中断现象时，应将钢筋取下重新打磨、安装，然后点燃火焰进行焊接。当发生在钢筋端面缝隙完全密合之后，可继续加热加压。

④ 在焊接生产中，焊工应自检，当发现焊接缺陷时，应查找原因和采取措施，及时消除。

4) 钢筋气压焊接接头缺陷及消除措施。

钢筋气压焊接缺陷及消除措施见表 2-27。

表 2-27　气压焊接接头缺陷及消除措施

焊接缺陷	产生原因	消除措施
轴线偏移(偏心)	1. 焊接夹具变形，两夹头不同心，或夹具刚度不够； 2. 两钢筋安装不正； 3. 钢筋接合端面倾斜； 4. 钢筋未夹紧进行焊接	1. 检查夹具，及时修理或更换； 2. 重新安装夹紧； 3. 切平钢筋端面； 4. 夹紧钢筋再焊
弯折	1. 焊接夹具变形，两夹头不同心； 2. 平焊时，钢筋自由端过长； 3. 焊接夹具拆卸过早	1. 检验夹具，及时修理或更换； 2. 缩短钢筋自由端长度； 3. 熄火后半分钟再拆夹具

续表

焊接缺陷	产生原因	消除措施
镦粗直径不够	1. 焊接夹具动夹头有效行程不够； 2. 顶压油缸有效行程不够； 3. 加热温度不够； 4. 压力不够	1. 检查夹具和顶压油缸，及时更换； 2. 采用适宜的加热温度及压力
镦粗长度不够	1. 加热幅度不够宽； 2. 顶压力过大过急	1. 增大加热幅度； 2. 加压时应平稳
钢筋表面严重烧伤	1. 火焰功率过大； 2. 加热时间过长； 3. 加热器摆动不匀	调整加热火焰，正确掌握操作方法
未焊合	1. 加热温度不够或热量分布不均； 2. 顶压力过小； 3. 接合端面不洁； 4. 端面氧化； 5. 中途灭火或火焰不当	合理选择焊接参数，正确掌握操作方法

5. 钢筋电阻点焊

1）钢筋电阻点焊焊接工艺要点。

(1) 钢筋电阻点焊是将两钢筋安放成交叉叠接形式，压紧于两电极之间，利用电阻热熔化母材金属，加压形成焊点的一种压焊工艺。

(2) 电阻点焊适用于 $\phi8\sim\phi16$HPB 235 热轧光圆钢筋、$\phi6\sim\phi16$HRB 335、HRB 400 热轧带肋钢筋、$\phi4\sim\phi12$CRB 500 冷轧带肋钢筋和 $\phi3\sim\phi5$ 冷拔低碳钢丝的焊接。

若不同直径钢筋(丝)焊接时，当两钢筋直径差异过大，会给焊接带来困难，即在一定工艺参数条件下，对较小直径钢筋易发生过热造成塌陷，对较大直径钢筋易发生加热不足造成未熔合现象。因此，当其中较小钢筋直径等于、小于10 mm时，大小钢筋直径比不宜大于 3；若较小钢筋直径为 12～16 mm 时，大小钢筋直径之比不宜大于 2。

(3) 混凝土结构中的钢筋焊接骨架和焊接网等，宜采用电阻点焊制作。以电阻点焊代替绑扎，不仅可以提高劳动生产率，提高骨架和网架结构的刚度，而且还可以提高钢筋(丝)的设计计算强度。

钢筋点焊机主要由加压机构、焊接回路和电极组成，如图 2-39 所示。当钢筋交叉点焊时，接触点小，接触处的电阻很大，接触瞬间产生的巨大热量使金属熔化，在电极压力下使焊点的金属得到焊合。

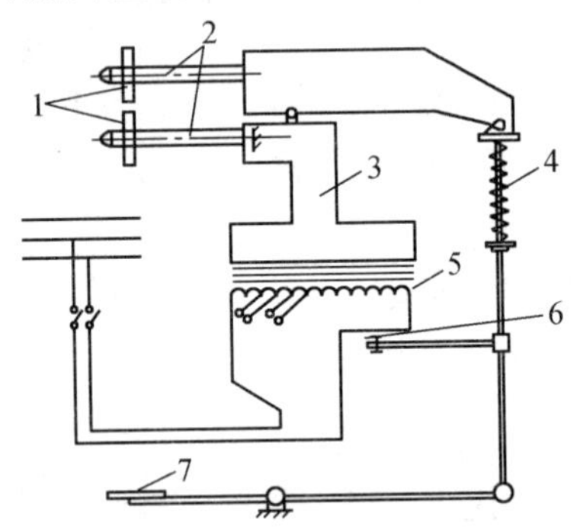

图 2-39 点焊机

1—电极；2—电极臂；3—变压器的次级线圈；4—加压机构；
5—变压器的初级线圈；6—断路器；7—踏板

2）钢筋电阻点焊工艺过程。

(1)钢筋电阻点焊工艺过程可分为预压、通电、锻压三个阶段，见图 2-40。在通电开始一段时间内，接触点扩大，固态金属因加热膨胀，在焊接压力作用下，焊接处金属产生塑性变形，并挤向工件间隙缝中；继续加热后，开始出现熔化点，并逐渐扩大成所要求的核心尺寸时切断电流。

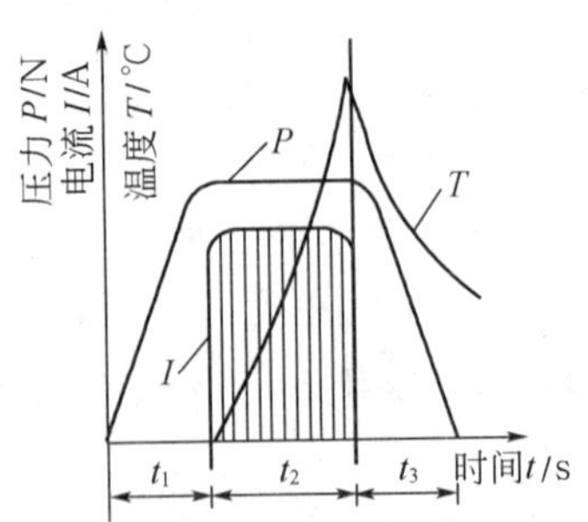

图 2-40 点焊过程示意图

t_1—预压时间；t_2—通电时间；t_3—锻压时间

(2) 点焊的压入深度，见图 2-41。

① 热轧钢筋点焊时，压入深度为较小钢筋直径的 25%～45%；

② 冷拔光圆钢丝、冷轧带肋钢筋点焊时，压入深度应为较小钢筋直径的 25%～40%。

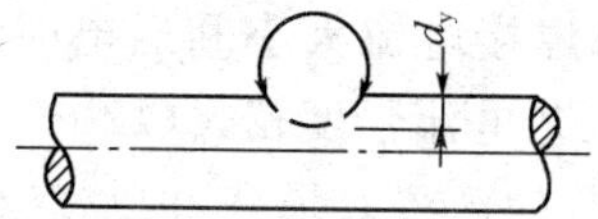

图 2-41　压入深度 d_y

3）钢筋电阻点焊工艺参数

电阻点焊应根据钢筋级别、直径及焊机性能等，合理选择变压器级数、焊接通电时间和电极压力。在焊接过程中应保持一定的预压时间和锻压时间。

（1）当焊接不同直径的钢筋时，焊接网的纵向与横向钢筋的直径应符合下式要求：

$$d_{\min} \geqslant 0.6 d_{\max} \tag{2-2}$$

（2）采用 DN_3-75 型点焊机焊接 HPB 300 钢筋和冷拔光圆钢丝时，焊接通电时间应符合表 2-28 的规定，电极压力应符合表 2-29 的规定。

表 2-28　焊接通电时间　（单位：s）

变压器级数	较小钢筋直径/mm						
	4	5	6	8	10	12	14
1	1.10	0.12	—	—	—	—	—
2	0.08	0.07	—	—	—	—	—
3	—	—	0.22	0.70	1.50	—	—
4	—	—	0.20	0.60	1.25	2.50	4.00
5	—	—	—	0.50	1.00	2.00	3.50
6	—	—	—	0.40	0.75	1.50	3.00
7	—	—	—	—	0.50	1.20	2.50

注：点焊 HRB 335、HRB 335F、HRB 400、HRBF 400、HRB 500 或 CRB 550 钢筋时，焊接通电时间可延长 20%～25%。

表 2-29　电极压力　（单位：N）

较小钢筋直径/mm	HPB 300	HRB 335、HRB 400、HRB 500、CRB 550
4	980～1470	1470～1960
5	1470～1960	1960～2450
6	1960～2450	2450～2940
8	2450～2940	2940～3430
10	2940～3920	3430～3920
12	3430～4410	4410～4900
14	3920～4900	4900～5880

(3) 钢筋点焊工艺根据焊接电流大小和通电时间长短，可分为强参数工艺和弱参数工艺。强参数工艺电流强度较大(120～360 A/mm^2)，而通电时间很短(0.1～0.5 s)，这种工艺的经济效果好，但点焊机的功率要大。弱参数工艺的电流强度较小(80～160 A/mm^2)，而通电时间较长(>0.5 s)。点焊热轧钢筋时，除因钢筋直径较大而焊机功率不足需采用弱参数外，一般都可采用强参数，以提高点焊效率。点焊冷处理钢筋时，为了保证点焊质量，必须采用强参数。

4) 钢筋电阻点技术要点

(1) 点焊操作前应选择好焊接参数，调整变压器级数、电极行程、焊接时间、电极压力等，然后开放冷却水，合上电闸，进行点焊前试验。

(2) 安装电极时，上下两电极的轴线应在一条直线上，不能偏移，取换电极时应用管子钳操作，不得用锤子敲打。

(3) 进行点焊之前，应注意钢筋的除锈工作，保证钢筋与钢筋之间以及钢筋与电极之间接触表面的清洁平整，以保证焊点获得优良而稳定的质量。

(4) 采用脚踏式或自动点焊机进行焊接时，应注意经常消除电极表面的污垢物，避免电极漏水或堵塞冷却水通道。对于某些易磨损的零件应及时进行修配。注意调节水平弹簧的压紧程度，以获得合适的电极压力，调节接触开关，以保证在焊接过程中有一定预压和锻压时间。

(5) 电焊时，应保证冷却水的连续供应，冷却水应采用洁净的饮用水，应经常检查每一支路冷却水是否畅通。在冬季无取暖设备的车间或工棚中，当点焊机停止操作时应将冷却水排空，以防止冷却水冻结而损坏设备。

(6) 注意随时检查气缸及活塞部分，以及杠杆轴承和铰链等处，保证其具有足够的润滑条件。还应检查压缩空气管道是否畅通和压缩空气系统工作是否正常。还要保持焊机的各活动部件如弹簧、脚踏板等的有效性，发现异常现象要及时进行修复。

(7) 焊接不同直径的钢筋时，当较小钢筋的直径小于 10 mm 时，大小钢筋直径之比不宜大于 3；若较小钢筋的直径为 12 mm、14 mm 时，大小钢筋直径之比不得大于 2。

(8) 钢筋多头点焊宜用于冷拔低碳钢丝、冷轧带肋钢筋同规格焊接网的成批生产。当点焊生产时，除符合上述规定外，尚应准确地调整好各电极之间的距离，还应经常检查各焊点的焊接电流和焊接通电时间是否均匀一致，以保证合适的压力深度和钢筋网片的尺寸。

(9) 钢筋点焊时，电极直径应根据较小钢筋的直径选用，并应符合表 2-30 的规定。

表 2-30　钢筋直径与电极直径的关系　（单位:mm）

较小钢筋直径	电极直径
3～10	30
12～14	40

5）钢筋电阻点焊接头缺陷及消除措施

钢筋电阻点焊制品焊接缺陷及消除措施，见表 2-31。

表 2-31　点焊制品焊接缺陷及消除措施

缺陷	产生原因	消除措施
焊点过烧	1.变压器级数过高； 2.通电时间太长； 3.上下电极不对中心； 4.继电器接触失灵	1.降低变压器级数； 2.缩短通电时间； 3.切断电源，校正电极； 4.清理触点，调节间隙
焊点脱落	1.电流过小； 2.压力不够； 3.压入深度不足； 4.通电时间太短	1.提高变压器级数； 2.加大弹簧压力或调大气压； 3.调整两电极间距离符合压入深度要求； 4.延长通电时间
钢筋表面烧伤	1.钢筋和电极接触表面太脏； 2.焊接时没有预压过程或预压力过小； 3.电流过大； 4.电极变形	1.清刷电极与钢筋表面的铁锈和油污； 2.保证预压过程和适当的预压力； 3.降低变压器级数； 4.修理或更换电极

四、钢筋机械连接技术要点

1.带肋钢筋套筒挤压连接

带肋钢筋径向挤压连接头如图 2-42 所示。挤压接头按静力单向拉伸性能以及高应力和大变形条件下反复拉压性能划分为Ⅰ、Ⅱ两个性能等级。

1）带肋钢筋径向挤压工艺流程。

（1）钢筋半接头连接工艺：装好高压油管和钢筋配用限位器、套管压模→插入钢筋、顶到限位器上扶正、挤压→退回柱塞、取下压模和半套管接头。

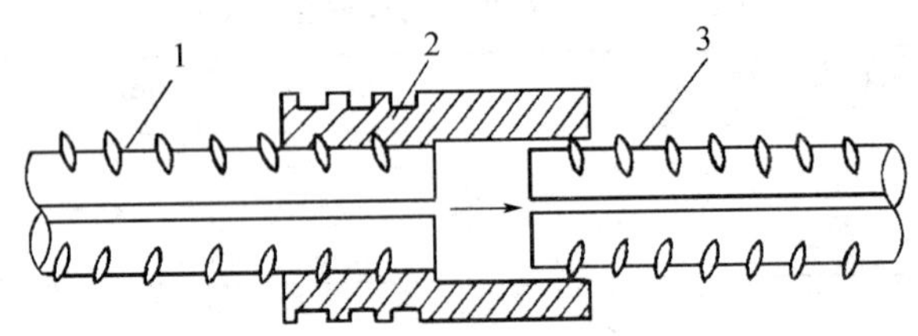

图 2-42 套筒挤压连接

1—已挤压的钢筋；2—钢套筒；3—未挤压的钢筋

(2) 连接钢筋挤压工艺：半套管插入结构待连接的钢筋上→放置与钢筋配用的压模和垫块、挤压→退回柱塞及导向板，装上垫块、挤压→退回柱塞再加垫块、挤压→退回柱塞，取下垫块、压模，卸下挤压机。

2) 带肋钢筋径向挤压施工要点。

(1) 施工前在选择合适材质和规格的钢套筒以及压接设备、压模后，接头性能主要取决于挤压变形量这一关键的工艺参数。挤压变形量包括压痕最小直径和压痕总宽度。连接时的参数选择见表 2-32 及表 2-33。

表 2-32 不同规格钢筋连接时的参数选择 (单位：mm)

连接钢筋规格	钢套筒型号	压模型号	压痕最小直径允许范围	压痕最小总宽度
ϕ40～ϕ36	G40	ϕ40 端 M40	60～63	≥80
		ϕ36 端 M36	57～60	≥80
ϕ36～ϕ32	G36	ϕ36 端 M36	54～57	≥70
		ϕ32 端 M32	51～54	≥70
ϕ32～ϕ28	G32	ϕ32 端 M32	48～51	≥60
		ϕ28 端 M28	45～48	≥60
ϕ28～ϕ25	G28	ϕ28 端 M28	41～44	≥55
		ϕ25 端 M25	38～41	≥55
ϕ25～ϕ22	G25	ϕ25 端 M25	37～39	≥50
		ϕ22 端 M22	35～37	≥50
ϕ25～ϕ20	G25	ϕ25 端 M25	37～39	≥50
		ϕ20 端 M20	33～35	≥50
ϕ22～ϕ20	G22	ϕ22 端 M40	32～34	≥45
		ϕ20 端 M20	31～33	≥45

续表

连接钢筋规格	钢套筒型号	压模型号	压痕最小直径允许范围	压痕最小总宽度
φ22～φ18	G22	φ22 端 M22	32～34	≥45
		φ18 端 M18	29～31	≥45
φ20～φ18	G20	φ20 端 M20	29～31	≥45
		φ18 端 M18	28～30	≥45

表 2-33 同规格钢筋连接时的参数选择 (单位:mm)

连接钢筋规格	钢套筒型号	压模型号	压痕最小直径允许范围	压痕最小总宽度
φ40～φ40	G40	M40	60～63	≥80
φ36～φ36	G36	M36	54～57	≥70
φ32～φ32	G32	M32	48～51	≥60
φ28～φ28	G28	M28	41～44	≥55
φ25～φ25	G25	M25	37～39	≥50
φ22～φ22	G22	M22	32～34	≥45
φ20～φ20	G20	M20	29～31	≥45
φ18～φ18	G18	M18	27～29	≥40

(2) 挤压前应做好如下工作：

① 钢筋端部要平直，如有弯折，必须予以矫直；钢筋的连接端和套管内壁严禁有油污、铁锈、泥砂混入，套管接头外边不得有油脂。连接带肋钢筋不得砸平花纹。

② 钢套筒的几何尺寸及钢筋接头位置必须符合设计要求，套筒表面不得有裂缝、折叠、结疤等缺陷，以免影响压接质量。钢筋与套筒应进行试套，如钢筋有马蹄、弯折或纵肋尺寸过大者，应预先矫正或用砂轮打磨，对不同直径钢筋的套筒不得串用。

③ 钢筋端部应划出明显定位标记与检查标记，定位标记与钢筋端头的距离为钢套筒长度的 1/2，检查标记与定位标记的距离一般为 20 mm。确保在挤压时和挤压后可按定位标记检查钢筋伸入套筒内的长度。

④ 检查挤压设备情况，并进行试压，符合要求后方可作业。

(3) 挤压作业时应注意如下要点：

① 应按挤压标记检查钢筋插入套筒内深度，钢筋端头离套筒长度中点不宜

超过 10 mm。

② 挤压时挤压机与钢筋轴线应保持垂直。

③ 压接钳施压顺序由钢套筒中部顺次向端部进行。

④ 钢筋挤压连接宜先在地面上挤压一端套筒，在施工作业区插入待接钢筋后再挤压另端套筒。

⑤ 柱子钢筋接头要高出混凝土面 1 m，以利钢筋挤压连接有一定的操作空间。

3）带肋钢筋径向挤压接头质量检验。

接头质量检验要求见表 2-34。在现场连续检验 10 个验收批，其全部单向拉伸试件一次抽样均合格时，验收批接头数量可扩大 1 倍。

表 2-34 钢筋径向冷挤压接头质量检验要求

检查项目		要　求
验收批		同一施工条件下采用同一批材料的同等级、同型式、同规格接头，以 500 个为一个验收批进行检验与验收，不足 500 个也作为一个验收批
外观检验	检查数量	每一验收批中应随机抽取 10%的挤压接头做外观质量检验
	质量标准	(1)挤压后套筒长度应为原套筒长度的 1.10～1.15 倍；或压痕处套筒的外径波动范围为原套筒外径的 0.80～0.90 倍；挤压接头的压痕道数应符合型式检验确定的道数；接头处弯折不得大于 3°；挤压后的套筒不得有肉眼可见裂缝。 (2)如外观质量不合格数少于抽检数的 10%，则该批挤压接头外观质量评为合格。当不合格数超过抽检数的 10%时，应对该批挤压接头逐个进行复检，对外观不合格的挤压接头采取补救措施；不能补救的挤压接头应做标记。 (3)在外观不合格的接头中抽取 6 个试件做抗拉强度试验，若有 1 个试件的抗拉强度低于规定值，则对于该批外观不合格的挤压接头，应会同设计单位商定处理，并记录存档
力学性能	取样数量	对接头的每一验收批，必须在工程结构中随机抽 3 个试件做单向拉伸试验
	单向拉伸试验	(1)当 3 个试件检验结果均符合《钢筋机械连接技术规程》(JGJ 107—2010)规定的强度要求时，该验收批评为合格。 (2)如有 1 个试件的强度不符合要求，应再取 6 个试件进行复检。复检中如仍有 1 个试件检验结果不符合要求，则该验收批为不合格

2.钢筋锥螺纹套筒连接

1）施工工艺过程详解。

（1）钢筋下料。

可用钢筋切断机或砂轮锯，不得用气割下料，钢筋下料时，要求钢筋端面与钢筋轴线垂直，端头不得弯曲，不得出现马蹄形。

（2）钢筋端头镦粗和预压。

① 钢筋端头镦粗。

a. 钢筋端部镦粗：钢筋端部镦粗采用镦粗机进行。镦粗后的钢筋端头，经检验合格后，方可在套丝机上加工锥形螺纹。

b. 丝头的加工利用专用套丝机进行。其加工和质量检验方法同普通锥螺纹连接技术。

② 钢筋端头预压。

将钢筋端头插入预压机（GK40 型）的上、下压模之间，在预压机的高压下，上、下两压模沿钢筋端径向合拢，使钢筋端头产生塑性变形（图 2-43）。

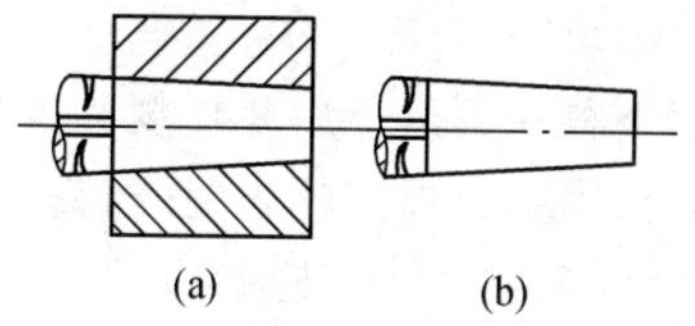

图 2-43　钢筋端头预压示意图

（a）钢筋端头插入压模；（b）变形后的钢筋端头

当压力达到设计规定值后，上、下两压模分离，这时钢筋端头受压区部位的所有纵、横肋均被压平，使钢筋端头成为一个圆锥体。

a. 预压操作人员必须持证上岗。操作时采用的压力值、油压值应符合产品供应单位通过型式检验确定的技术参数要求。压力值及油压值应按表 2-35 执行。

表 2-35　预压操作时压力值及油压值范围

钢筋规格/mm	压力值范围/kN	GK 型机油压值范围/MPa
$\phi16$	620～730	24～28
$\phi18$	680～780	26～30
$\phi20$	680～780	26～30
$\phi22$	680～780	26～30
$\phi25$	990～1090	38～42
$\phi28$	1140～1250	44～48
$\phi32$	1400～1510	54～58
$\phi36$	1610～1710	62～66
$\phi40$	1710～1820	66～70

注：若改变预压机机型，该表中压力值范围不变，但油压值范围要相应改变，具体数值由生产厂家提供。

b. 预压操作时，钢筋端部完全插入预压机，直至前挡板处；钢筋摆放位置要求是：对于一次预压成形，钢筋纵肋沿竖向顺时针或逆时针旋转 20°～40°；对于两次预压成形，第一次预压钢筋纵肋向上，第二次预压钢筋顺时针或逆时针旋转 90°。每次按规定的压力值进行预压，预压成形次数按表 2-36 执行。

表 2-36　预压成形次数

预压成形次数	钢筋直径/mm	预压成形次数	钢筋直径/mm
1 次预压成形	ϕ16～ϕ20	2 次预压成形	ϕ22～ϕ40

(3) 钢筋套丝。

① 钢筋下料。

钢筋应先调直再下料。钢筋下料可用钢筋切断机或砂轮锯，但不得用气割下料。下料时，要求切口端面与钢筋轴线垂直，端头不得挠曲或出现马蹄形。

② 加工工艺。

下料→套丝→用牙形规和卡规(或环规)逐个检查钢筋套丝质量→质量合格的丝头用塑料保护帽盖封→待查或待用。

③ 锥螺纹丝头检验。

加工好的钢筋锥螺纹丝头的锥度、牙形、螺距等必须与连接套的锥度、牙形、螺距一致，并应进行质量检验。检验内容包括：

a. 锥螺纹丝头牙形检验；

b. 锥螺纹丝头锥度与小端直径检验；

c. 锥螺纹的完整牙数，不得小于表 2-37 的规定值。

表 2-37　钢筋锥螺纹完整牙数表

钢筋直径/mm	16～18	20～22	25～28	32	36	40
完整牙数	5	7	8	10	11	12

④ 钢筋经检验合格后，方可在套丝机上加工锥螺纹。为确保钢筋的套丝质量，操作人员必须坚持上岗证制度。操作前应先调整好定位尺，并按钢筋规格配置相对应的加工导向套。对于大直径钢筋要分次加工到规定的尺寸，以保证螺纹的精度和避免损坏梳刀。

⑤ 钢筋套丝时，必须采用水溶性切削冷却润滑液，当气温低于 0℃时，应掺入 15%～20%亚硝酸钠，不得采用机油作冷却润滑液。

(4) 接头工艺检验。

钢筋连接工程开始前及施工过程中，应对每批进场钢筋进行接头工艺检验，工艺检验应符合下列要求。

① 每种规格钢筋的接头试件不应少于 3 根。

② 对接头试件的钢筋母材应进行抗拉强度试验。

③ 三根接头试件的抗拉强度均应满足《钢筋机械连接技术规程》(JGJ 107—2010)的规定。

④ 试件制作：施工作业前，从施工现场截取工程用的钢筋(长 300 mm)若干根，将其一头套锥螺纹，经外观检验合格后，用同规格的连接套筒连接两根钢筋，并按规定的力矩值将套筒拧紧，接头试件长度 600 mm 左右。

⑤ 每种规格 3 根试件的拉伸试验结果必须符合规范要求。如有 1 根试件达不到上述要求值，应再取双倍试件试验。当全部试件合格后，方可进行连接施工。如仍有 1 根试件不合格，则判定该批连接件不合格，不准使用。

⑥填写接头拉伸试验报告。

(5) 钢筋连接。

① 连接钢筋之前，先回收钢筋待连接端的保护帽和连接套上的密封盖，并检查钢筋规格是否与连接套规格相同，检查锥螺纹丝头是否完好无损、有无杂质。

② 连接钢筋时，应先把已拧好连接套的一端钢筋对正轴线拧到被连接的钢筋上，然后用力矩扳手按规定的力矩值把钢筋接头拧紧，不得超拧，以防止损坏接头螺纹。拧紧后的接头应画上油漆标记，以防有的钢筋接头漏拧。锥螺纹钢筋连接方法，如图 2-44 所示。

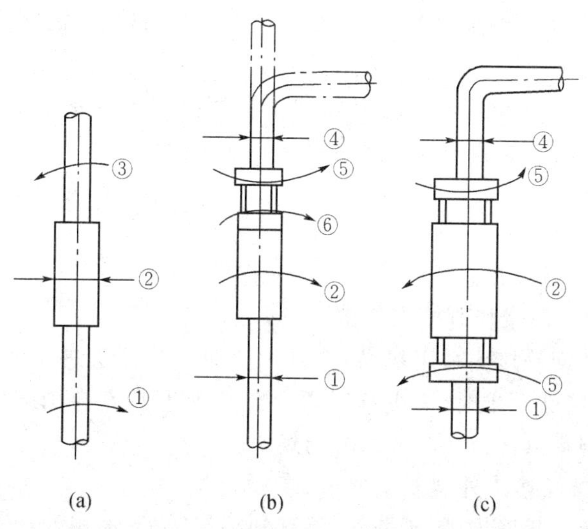

图 2-44　锥螺纹钢筋连接方法

(a)同径或异径钢筋连接；(b)单向可调接头连接；(c)双向可调接头连接

①、③、④—钢筋；②—连接套筒；⑤—可调连接器；⑥—锁母

a. 同径或异径钢筋连接。分别用力矩扳手将①与②、②与③拧到规定的力矩值。

b. 单向可调接头。分别用力矩扳手将①与②、③与④拧到规定的力矩值，再把⑤与②拧紧。

c. 双向可调接头。分别用力矩扳手将①与②、③与④拧到规定的力矩值，且保持②、③的外露螺纹数相等，然后分别夹住②与③，把⑤拧紧。

③拧紧时要拧到规定扭矩值，待测力扳手发出指示响声时，才认为达到了规定的扭矩值。锥螺纹接头拧紧力矩值见表 2-38，但不得加长扳手杆来拧紧。质量检验与施工安装使用的力矩扳手应分开使用，不得混用。

表 2-38　连接钢筋拧紧力矩值

钢筋直径/mm	16	18	20	22	25～28	32	36～40
扭紧力矩/(N·m)	118	147	177	216	275	314	343

④ 在构件受拉区段内，同一截面连接接头数量不宜超过钢筋总数的 50%；受压区不受限制。连接头的错开间距大于 500 mm，保护层不得小于 15 mm，钢筋间净距应大于 50 mm。

⑤ 在正式安装前要做三个试件，进行基本性能试验。当有一个试件不合格，应取双倍试件进行试验，如仍有一个不合格，则该批加工的接头为不合格，严禁在工程中使用。

⑥ 对连接套应有出厂合格证及质保书。每批接头的基本试验应有试验报告。连接套与钢筋应配套一致。连接套应有钢印标记。

⑦ 安装完毕后，质量检测员应用自用的专用测力扳手对拧紧的扭矩值加以抽检。

2) 质量控制要点详解。

(1) 施工过程质量控制要点详解。

当施工现场钢筋接头采用机械连接时，应对钢筋接头进行外观检查及接头工艺检验，当有特殊要求时，应进行型式检验，其质量应符合国家现行标准《钢筋机械连接技术规程》(JGJ 107－2010)的规定。

① 钢筋锥螺纹接头外观质量要求。

a. 锥螺纹丝头牙形饱满，无断牙、秃牙缺陷，且与牙形规的牙形吻合，牙形表面光洁。

b. 锥螺纹丝头锥度与卡规或环规吻合，小端直径在卡规或环规的允许误差之内。

c. 锥螺纹塞规拧入连接套后，连接套的大端边缘在锥螺纹塞规大端的缺口范围内。

② 对直接承受动力荷载的结构构件，接头应满足设计要求的抗疲劳性能。当无专门要求时，对连接 HRB 335 级钢筋的接头，其疲劳性能应能经受应力幅为 100 MPa，最大应力为 180 MPa 的 200 万次循环加载。对连接 HRB 400 级钢筋的接头，其疲劳性能应能经受应力幅为 100 MPa，最大应力为190 MPa的 200 万次循环加载。

(2) 应注意的质量问题。

① 连接钢筋时，应检查连接套筒出厂合格证、钢筋锥螺纹加工检验记录。

② 钢筋连接工程开始前及施工过程中，应对每批进场钢筋和接头进行工艺检验，要求如下：

a. 每种规格钢筋母材进行抗拉强度试验；

b. 每种规格钢筋接头的试件数量不应少于 3 个；

c. 接头试件应达到《钢筋机械连接技术规程》(JGJ 107－2010)中相应的等级强度要求。

③ 随机抽取同规格接头数的 10％进行外观检查。应满足钢筋与连接套的规格一致，接头螺纹无完整螺纹外露。

如发现有一个完整螺纹外露，即为连接不合格，必须查明原因，责令工人重新拧紧或进行加固处理。

④ 用质检的力矩扳手，按表 2-38 规定的接头拧紧值抽检接头的连接质量。抽验数量：梁、柱构件按接头数的 15％，且每个构件的接头抽验数不得少于 1 个接头；基础、墙、板构件按各自接头数。每 100 个接头作为一个验收批。不足 100 个也作为一个验收批，每批抽检 3 个接头。抽检的接头应全部合格，如有 1 个接头不合格，则该验收批接头应逐个检查。对查出的不合格接头应采用电弧贴角焊缝方法补强，焊缝高度不得小于 5 mm。

⑤ 接头的现场检验按验收批进行。同一施工条件下的同一批材料的同等级、同规格接头，以 500 个为一个验收批进行检验与验收，不足 500 个也作为一个验收批。

⑥ 对接头的每一验收批，应在工程结构中随机抽取 3 个试件做单向拉伸试验，按设计要求的接头性能等级进行检验与评定。

⑦ 在现场连续检验 10 个验收批，全部单向拉伸试件一次抽样均合格时，验收批接头数量可扩大一倍。

⑧ 当质检部门对钢筋接头的连接质量产生怀疑时，可以用非破损张拉设备做接头的非破损拉伸试验。

⑨ 关于 GK 型等强钢筋锥螺纹接头单向拉伸强度指标的特殊规定。

GK 接头首先要达到国家行业标准《钢筋机械连接技术规程》(JGJ 107－

2010)中A级接头的要求,在此基础上要做到试件在破坏时断在钢筋母材上,接头部位不破坏。当钢筋母材超强10%(不含10%)以上时,允许GK接头在接头部位破坏,但破断强度实测值要大于等于钢筋母材标准极限强度的1.05倍。

3) 质量检查与验收。

(1) 型式检验。

工程中应用钢筋锥螺纹接头时,该技术的提供单位应提供有效的型式检验报告。型式检验应按《钢筋机械连接技术规程》(JGJ 107－2010)中有关规定执行。

(2) 锥螺纹与连接套筒质量检验。

① 丝头牙形质量检验。

牙形饱满,无断牙、秃牙缺陷,表面光洁,且与牙形规吻合的为合格(图2-45)。

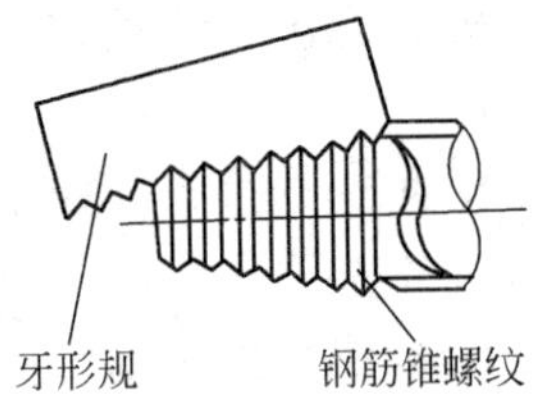

图2-45　牙形规示意图

② 丝头锥度与小端直径质量检验。

丝头锥度与卡规或环规吻合,小端直径在卡规或环规的允许偏差之内为合格(图2-46)。

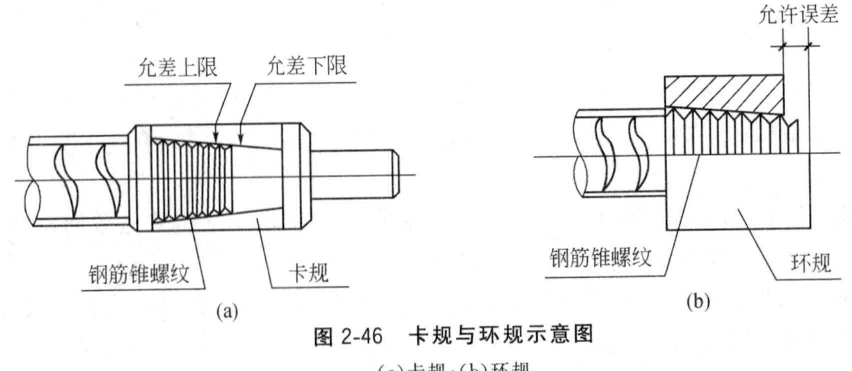

图2-46　卡规与环规示意图

(a)卡规;(b)环规

③ 连接套筒质量检验。

将锥螺纹塞规拧入连接套筒后,套筒的大端边缘在塞规大端的缺口范围之内的为合格(图2-47)。

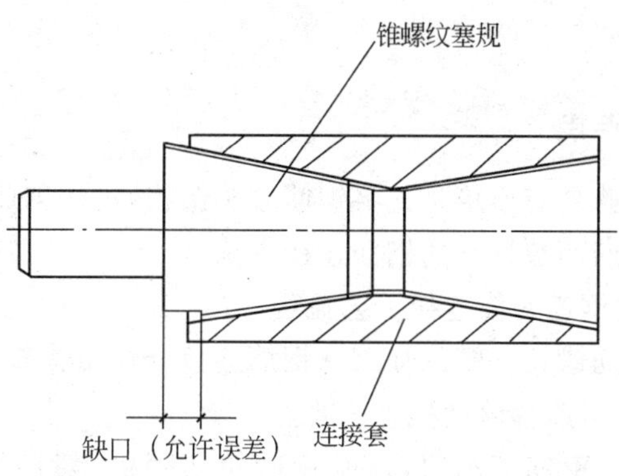

图 2-47　锥螺纹塞规示意图

(3) 接头工艺检验。

钢筋连接工程开始前及施工过程中,应对每批进场的钢筋和接头进行工艺检验,要求如下:

① 每种规格钢筋母材进行抗拉强度试验;

② 每种规格钢筋接头的试件数量不应少于 3 根:

③ 接头试件应达到《钢筋机械连接技术规程》(JGJ 107－2010)相应等级的强度要求。

(4)接头外观抽检。

随机抽取同规格接头数的 10%进行外观检查,应满足:钢筋与连接套筒规格一致、接头无完整丝扣外露等外观要求。

(5) 接头拧紧力矩抽检。

采用质量检查专用力矩扳手,按表 2-38 规定的拧紧力矩值抽检接头的连接质量。不同结构部位的抽检数量要求如下:

① 梁、柱构件:按接头数的 15%,且每个构件的接头抽检数不得少于 1 个接头。

② 基础、墙、板构件:按各自接头数以每 100 个接头为一个验收批,不足 100 个也作为一个验收批,每批抽检 3 个接头。

抽检的接头应全部合格,如有 1 个接头不合格,则该验收批接头应逐个检查,对查出的不合格接头应进行补强,并填写接头质量检查记录。

(6) 接头的现场检验。

接头的现场检验按验收批进行。同一施工条件下的同一批材料的同等级、同规格的接头,以 500 个为一验收批进行检查与验收,不足 500 个也作为一个验收批。

对接头的每一个验收批,应在工程结构中随机截取 3 个试件做单向拉伸试验,按设计要求的接头性能等级进行检验和评定,并填写接头拉伸试验报告。

在现场连续检验 10 个检验批,全部单向拉伸试件一次抽样均匀合格时,验收批接头数量可扩大一倍。

3. 钢筋镦粗直螺纹连接

镦粗直螺纹钢筋套筒连接是先将钢筋端头镦粗，再切削成直螺纹，然后用带直螺纹的套筒将钢筋两端拧紧的钢筋连接方法。

1）镦粗直螺纹钢筋套筒连接工艺流程。

钢筋下料→钢筋镦粗→螺纹加工→钢筋连接→质量检查。

2）镦粗直螺纹钢筋套筒连接施工要点。

(1) 钢筋下料。钢筋下料时，应采用砂轮切割机，切口的端面应与轴线垂直，不得有马蹄形或挠曲。

(2) 端头镦粗。钢筋下料后，在液压冷镦机上将钢筋端头镦粗。不同规格钢筋冷镦后的尺寸见表 2-39。根据钢筋直径、冷镦机性能及镦粗后的外形效果，通过试验确定适当的镦粗压力。操作中要保证镦粗头与钢筋轴线倾斜不得大于 3°，不得出现与钢筋轴线相垂直的横向裂缝。发现外观质量不符合要求时，应及时割除，重新镦粗。

表 2-39　镦粗头外形尺寸　（单位：mm）

钢筋规格 ϕ	22	25	28	32	36	40
镦粗直径 ϕ	26	29	32	36	40	44
镦粗部分长度	30	33	35	40	44	50

(3) 螺纹加工。钢筋冷镦后，经检查符合要求，在钢筋套丝机上切削加工螺纹。钢筋端头螺纹应与连接套筒的型号匹配。钢筋螺纹加工质量：牙形饱满，无断牙、秃牙等缺陷。

(4) 钢筋螺纹加工后，随即用配套的量规逐根检测。合格后再由专职质检员按一个工作班 10% 的比例抽样校验。如发现有不合格的螺纹，应逐个检查，并切除所有不合格的螺纹，重新镦粗和加工螺纹。

(5) 现场连接。

① 对连接钢筋可自由转动的，先将套筒预先部分或全部拧入一个被连接钢筋的端头螺纹上，而后转动另一根被连接钢筋或反拧套筒到预定位置，最后用扳手转动连接钢筋，使其相互对面锁定连接套筒。

② 对于钢筋完全不能转动的部位，如弯折钢筋或施工缝、后浇带等部位，可将锁定螺母和连接套筒预先拧入加长的螺纹内，再反拧入另一根钢筋端头螺纹上，最后用锁定螺母锁定连接套筒；或配套应用带有正反螺纹的套筒，以便从一个方向上能松开或拧紧两根钢筋。

③ 直螺纹钢筋连接时，应采用扭力扳手按表2-40规定的力矩把钢筋接头拧紧。

表2-40　直螺纹钢筋连接接头拧紧力矩值

钢筋直径/mm	16～18	20～22	25	28	32	36～40
拧紧力矩/(N·m)	100	200	250	280	320	350

3）镦粗直螺纹钢筋套筒连接接头质量检验。

(1) 套筒出厂检验。

① 以500个为一个检验批，每批按10%抽检。

② 镦粗直螺纹接头套筒检验结果应符合表2-41的技术要求。

表2-41　镦粗直螺纹连接套筒的质量检验要求

序号	检验项目	量具名称	检验要求
1	外观质量	目测	无裂纹或其他肉眼可见缺陷
2	外形尺寸	游标卡尺或专用量具	长度及外径尺寸符合设计要求
3	螺纹小径	光面塞规	通端量规应能通过螺纹的小径，而止端量规不应通过螺纹小径
4	螺纹的中径及大径	通端螺纹塞规	能顺利旋入连接套筒两端并达到旋合长度
		止端螺纹塞规	塞规不能通过套筒内螺纹，但允许从套筒两端部分旋合，旋入量不应超过3P（P为螺距）

③ 抽检合格率应大于等于95%；当抽检合格率小于95%时，应另取双倍数量重做检验，当加倍抽检后的合格率大于95%时，应判该批合格；若仍小于95%时，则该批应逐个检验，合格后方可使用。

(2) 丝头现场加工检验。

① 加工工人应逐个目测检查丝头的加工质量，每加工10个丝头应用环规（剥肋滚压直螺纹接头丝头用通、止规）检查一次，并剔除不合格丝头。

② 自检合格的丝头，应由质检员随机抽样进行检验，以一个工作班内生产的丝头作为一个验收批，随机抽10%丝头，且不得少于10个；当合格率小于95%时，应加双倍抽检，复检中合格率仍小于95%时，则对全部丝头逐个进行检验，并切去不合格丝头，查明原因后重新加工，合格后方可使用。

③ 镦粗直螺纹接头丝头质量检验方法及要求见表2-42。

表 2-42　镦粗直螺纹接头钢筋丝头的质量检验要求

序号	检验项目	量器名称	合格条件
1	外观质量	目测	牙顶饱满，牙顶宽超过 1.6 mm，秃牙部分累计不超过一个螺纹周长
2	外形尺寸	卡尺或专用量具	丝头长度应满足设计要求，标准型接头的丝头长度公差为＋P（P 为螺距）
3	螺纹大径	光面轴用量规	通端量规应能通过螺纹的大径，而止端量规不应通过螺纹大径
4	螺纹中径及小径	通端螺纹环规	能顺利旋入螺纹并达到旋合长度
		止端螺纹环规	允许环规与端部螺纹部分旋合，旋合量不应超过 3P（P 为螺距）

（3）施工现场质量检验要求。

① 机械连接接头的现场检验按验收批进行，现场检验应进行外观质量检查和单向拉伸试验。力学性能及施工要求见表 2-43，接头拧紧力矩值见表 2-40。

表 2-43　钢筋机械连接接头的质量检验要求

<table>
<tr><th colspan="3">检查项目</th><th>标准要求</th></tr>
<tr><td colspan="3">验收批</td><td>同一施工条件下采用同一批材料的同等级、同型式、同规格接头，以 500 个为一个验收批进行检验与验收，不足 500 个也作为一个验收批</td></tr>
<tr><td colspan="2" rowspan="2">力学性能</td><td>取样数量</td><td>对接头的每一验收批，必须在工程结构中随机抽 3 个试件做单向拉伸试验</td></tr>
<tr><td>单向拉伸试验</td><td>（1）当 3 个试件检验结果均符合《钢筋机械连接技术规程》（JGJ 107－2010）规定的强度要求时，该验收批为合格；
（2）如有 1 个试件的强度不符合要求，应再取 6 个试件进行复检。复检中如仍有 1 个试件检验结果不符合要求，则该验收批为不合格</td></tr>
<tr><td rowspan="2">外观检验</td><td rowspan="2">镦粗直螺纹接头</td><td>检查数量</td><td>（1）梁、柱构件按接头数的 15%，且每个构件的接头抽检数不得少于一个接头；
（2）基础、墙、板构件，每 100 个接头为一个验收批，不足 100 个也作为一个验收批，每批抽检 3 个接头</td></tr>
<tr><td>质量标准</td><td>（1）抽检的 3 个接头应全部合格，如有一个接头不合格，则该验收批应逐个检查并拧紧；
（2）用力矩扳手按表 2-40 检查接头拧紧力矩值抽检接头的施工质量</td></tr>
</table>

② 对接头有特殊要求的结构，应按设计图纸中另行注明相应的检验项目。钢筋接头应根据接头的性能等级和应用场合，对静力单向拉伸性能、高应力反复拉压、大变形反复拉压、抗疲劳、耐低温等各项性能确定相应的检验项目。

③ 对现场连续检验 10 个验收批，其全部单向拉伸试件一次抽样均合格时，验收批接头数量可扩大 1 倍。

4. 钢筋滚轧直螺纹连接

钢筋滚轧直螺纹套筒连接是利用金属材料塑性变形后冷作硬化增强金属强度的特性，使接头母材等强的连接方法。根据滚轧直螺纹成形方式，又可分为直接滚轧螺纹、挤压肋滚轧螺纹、剥肋滚轧螺纹三种类型。

1) 钢筋滚轧直螺纹套筒连接工艺流程。

钢筋下料→(钢筋端头挤压或剥肋)→滚压螺纹加工→接头单体试件试验→钢筋连接→质量检查。

2) 钢筋滚轧直螺纹套筒连接要点。

(1) 钢筋下料。同本节“3. 钢筋镦粗直螺纹连接”相关内容。

(2) 钢筋端头加工(直接滚压螺纹无此工序)。钢筋端头挤压采用专用挤压机，挤压力根据钢筋直径和挤压机的性能确定，挤压部分的长度为套筒长度的 $1/2+2P$(P 为螺距)。

(3) 滚轧螺纹加工。将待加工的钢筋夹持在夹钳上，开动滚丝机或剥肋滚丝机，扳动给进装置，使动力头向前移动，开始滚丝或剥肋滚丝，待滚压到调整位置后，设备自动停机并反转，将钢筋退出滚压装置，扳动给进装置将动力头复位停机，螺纹即加工完成。

(4) 剥肋滚丝头加工尺寸应符合表 2-44 的规定。丝头加工长度为标准型套筒长度的 1/2，其公差为 $+2P$(P 为螺距)；直接滚轧螺纹和挤压滚轧螺纹的加工尺寸按相应标准执行。

表 2-44　剥肋滚丝头加工尺寸　(单位：mm)

钢筋规格	剥肋直径	螺纹尺寸	丝头长度	完整螺纹圈数
16	15.1±0.2	M16.5×2	22.5	≥8
18	16.9±0.2	M19×2.5	27.5	≥7
20	18.8±0.2	M21×2.5	30	≥8
22	20.8±0.2	M23×2.5	32.5	≥9
25	23.7±0.2	M26×3	35	≥9
28	26.6±0.2	M29×3	40	≥10
32	30.5±0.2	M33×3	45	≥11
36	34.5±0.2	M37×3.5	49	≥9
40	38.1±0.2	M41×3.5	52.5	≥10

(5) 现场连接施工。

① 连接钢筋时,钢筋规格和套筒规格必须一致,钢筋和套筒的螺纹应干净、完好无损。

② 采用预埋接头时,连接套筒的位置、规格和数量应符合设计要求。带连接套筒的钢筋应固定牢,连接套筒的外露端应有保护盖。

③ 直螺纹接头的连接应使用管钳和力矩扳手进行;连接时,将待安装的钢筋端部塑料保护帽拧下来露出丝口,并将丝口上的水泥浆等污物清理干净。将两个钢筋丝头在套筒中间位置相互顶紧,接头拧紧力矩符合规定,力矩扳手的允许误差为±5%。

④ 检查连接丝头定位标色并用管钳旋合顶紧,外露螺纹牙数满足规定,并在套筒上做出拧紧标记,以便检查。

⑤ 连接水平钢筋时,必须将钢筋托平。

⑥ 钢筋接头处的混凝土保护层厚度应满足受力钢筋保护层最小厚度的要求,且不得小于 15 mm。

⑦ 钢筋的弯折点与接头套筒端部距离不宜小于 200 mm,且带长套丝接应设置在弯起钢筋平直段上。

3) 接头质量检验。

(1) 工程中采用滚轧直螺纹接头时,技术提供单位应提交有效的型式检验报告。

(2) 套筒出厂检验。

① 以 500 个为一个检验批,每批按 10%抽检。

② 剥肋滚轧直螺纹连接套筒的质量应符合表 2-45 的技术要求,否则为不合格。

表 2-45　剥肋滚轧直螺纹连接套筒的质量检验要求

序号	检验项目	量具名称	检验要求
1	外观质量	目测	表面无裂纹和影响接头质量的其他缺陷
2	外形尺寸	卡尺或专用量具	长度及外径尺寸符合设计要求
3	螺纹尺寸	通端螺纹塞规	能顺利旋入连接套筒两端并达到旋合长度
		止端螺纹塞规	塞规允许从套筒两端部分旋合,旋入量不应超过 3P(P 为螺距)

③ 抽检合格率大于等于 95%,该批合格;当抽检合格率小于 95%时,应另取双倍数量重做检验,当加倍抽检后的合格率大于 95%时,应判该批合格,若仍小于 95%时,则该批应逐个检验,合格后方可使用。

(3) 丝头现场加工检验。

① 加工工人应逐个目测检查丝头的加工质量,每加工 10 个丝头应用环规

(剥肋滚轧直螺纹接头丝头用通、止规)检查一次,并剔除不合格丝头。

② 自检合格的丝头,应由质检员随机抽样进行检验,以一个工作班内生产的丝头作为一个验收批,随机抽 10%丝头,且不得少于 10 个;当合格率小于 95%时,应加双倍抽检,复检中合格率仍小于 95%时,则对全部丝头逐个进行检验,并切去不合格丝头,查明原因后重新加工,合格后方可使用。

③ 滚轧直螺纹接头丝头质量检验的方法及要求见表 2-46。

表 2-46　剥肋滚轧直螺纹接头钢筋丝头的质量检验要求

序号	检验项目	量器名称	合格条件
1	螺纹牙型	目测、卡尺	牙型完整,螺纹大径低于中径的不完整螺纹,累计长度不得超过两个螺纹周长
2	丝头长度	卡尺或专用量具	丝头加工长度为标准型套筒长度的 1/2,其公差为 $+2P$(P 为螺距)
3	螺纹直径	通端螺纹环规	能顺利旋入螺纹
		止端螺纹环规	允许环规与端部螺纹部分旋合,旋入量不应超过 $3P$(P 为螺距)

(4) 施工现场质量检验要求。

① 机械连接接头的现场检验按验收批进行,现场检验应进行外观质量检查和单向拉伸试验。力学性能检验要求见表 2-47,接头拧紧力矩值见表 2-40。

表 2-47　钢筋机械连接接头的质量检验要求

检查项目			标准要求
验收批			同一施工条件下采用同一批材料的同等级、同型式、同规格接头,以 500 个为一个验收批进行检验与验收,不足 500 个也作为一个验收批
力学性能		取样数量	对接头的每一验收批,必须在工程结构中随机抽 3 个试件做单向拉伸试验
		单向拉伸试验	(1)当 3 个试件检验结果均符合《钢筋机械连接技术规程》(JGJ 107—2010)规定的强度要求时,该验收批为合格; (2)如有一个试件的强度不符合要求,应再取 6 个试件进行复检。复检中如仍有一个试件检验结果不符合要求,则该验收批为不合格
外观检验	剥肋等强直螺纹接头	检查数量	(1)梁、柱构件按接头数的 15%,且每个构件的接头抽检数不得少于一个; (2)基础、墙、板构件,每 100 个接头为一个验收批,不足 100 个也作为一个验收批,每批抽检 3 个接头
		质量标准	(1)抽检的 3 个接头应全部合格,如有一个接头不合格,则该验收批应逐个检查并拧紧; (2)用力矩扳手按表 2-40 检查接头拧紧力矩值抽检接头的施工质量

② 对接头有特殊要求的结构，应在设计图纸中另行注明相应的检验项目。钢筋接头应根据接头的性能等级和应用场合，对静力单向拉伸性能、高应力反复拉压、大变形反复拉压、抗疲劳、耐低温等各项性能确定相应的检验项目。

③ 在现场连续检验 10 个验收批，其全部单向拉伸试件一次抽样均合格时，验收批接头数量可扩大 1 倍。

五、钢筋安装技术要点

1. 基础钢筋安装

1）工艺流程。

（1）基础底板为单层钢筋绑扎工艺流程。

弹插筋位置线 → 运钢筋到使用部位 → 绑底板下部及地梁钢筋 → 水电工序插入 → 设置垫块 → 放置马凳、插筋定距框 → 插墙、柱预埋钢筋 → 基础底板钢筋验收

（2）基础底板为双层钢筋绑扎工艺流程。

弹插筋位置线 → 运钢筋到使用部位 → 绑底板下部及地梁钢筋 → 水电工序插入 → 设置垫块 → 放置马凳 → 绑底板上部钢筋 → 设置定位框 → 插墙、柱预埋钢筋 → 基础底板钢筋验收

2）操作工艺。

基础底板及基础梁钢筋绑扎。

（1）按图纸标明的钢筋间距，算出底板实际需用的钢筋根数，一般让靠近底板模板边的那根钢筋离模板边为 50 mm，在底板上用石笔和墨斗弹出钢筋位置线（包括基础梁钢筋位置线）和墙、柱插筋位置线。

（2）利用塔吊将钢筋运送到指定位置。

（3）先铺底板下层钢筋。根据设计和规范要求，决定下层钢筋哪个方向钢筋在下面，设计无指定时，一般情况下先铺短向钢筋，再铺长向钢筋（如果底板有集水坑、设备基坑，在铺底板下层钢筋前，先铺集水坑、设备基坑的下层钢筋）。

（4）根据“七不准绑”的原则对钢筋进行检验，钢筋绑扎时，若单向板靠近外围两行的相交点每点都绑牢，则中间部分的相交点可相隔交错绑牢但必须保证受力钢筋不产生位移；双向受力的钢筋必须将钢筋交叉点全部绑扎。如采用一面顺扣应交错变换方向，也可采用八字扣，但必须保证钢筋不产生位移。禁止跳扣，避免网片歪斜变形。

（5）检查底板下层钢筋施工合格后，放置底板混凝土保护层用砂浆垫块，垫

块厚度等于保护层厚度，有防水要求的底板保护层厚度不应小于 50 mm 垫块。按每 1 m 左右距离呈梅花型摆放。如基础底板较厚或基础梁及底板用钢量较大，摆放距离可缩小。

(6) 底板中若有基础梁，可事先预制或现场就地绑扎，对于较短的基础梁、门洞口下地梁，可采用事先预制，施工时吊装就位即可，对于长的、大的基础梁采用现场绑扎。如基础梁高大于 1000 mm 时，应搭设钢管绑扎架进行绑扎。

(7) 将基础梁的架立筋两端放在绑扎架上，画出箍筋间距，套上箍筋，按已画好的位置与底板梁上层钢筋绑扎牢固。穿基础梁下层纵向钢筋，与箍筋绑牢。当纵向钢筋为双排时，可用短钢筋(直径不小于 25 mm 并不小于梁主筋直径)垫在两层钢筋之间。抽出绑扎架，将已绑扎好的梁筋骨架落地。

(8) 基础底板采用双层钢筋时，绑完下层钢筋后，搭设钢管支撑架(绑基础梁)，摆放钢筋马凳(间距以 1 m 左右一个为宜)，以保证钢筋位置正确，钢筋马凳下铁应垫在下片钢筋网上。在马凳上摆放纵横两个方向定位钢筋，钢筋上下摆放次序及绑扣方法同底板下层钢筋。

(9) 底板钢筋的连接：板的受力钢筋直径大于或等于 18 mm 时，宜采用机械连接或焊接，小于 18 mm 时，可采用绑扎连接，搭接长度及接头位置应符合设计及规范要求。当采用绑扎接头时，在规定搭接长度的任一区段内有接头的受力钢筋截面面积占受力钢筋总截面面积百分率，不宜大于 25%，可不考虑接头位置，钢筋搭接长度及搭接位置错开要求在施工现场应按本工程所列接头一览表施工。钢筋搭接处应用铁丝在搭接处的中心及两端分别绑扎。当采用机械连接或焊接时，接头应错开，其错开间距不小于 $35d$(d 为受力钢筋的较大直径)，且不小于 500 mm。任一区段内有接头的受力钢筋截面面积占受力钢筋总截面面积百分率，不宜大于 50%，接头位置下铁宜设在跨中 1/3 区域、上铁宜设在支座 1/3 区域。

(10) 由于基础底板及基础梁受力的特殊性，上下层钢筋断筋位置应符合设计和规范要求。

(11) 根据在防水保护层上弹好的墙、柱插筋位置线和底板上层网上固定的定位框，将墙、柱伸入基础的插筋绑扎牢固，并在主筋上(底板上约 500 mm)绑一道固定筋，墙插筋两边距暗柱 50 mm，插入基础深度要符合设计和规范锚固长度要求，甩出长度和甩头错开百分比及错开长度应按本工程所列一览表施工，其上端应采取措施保证甩筋垂直，不歪斜、倾倒、变位。同时要考虑搭接长度、相邻钢筋错开距离。

(12) 钢筋基础板网的弯钩应朝上，不要倒向一边；双层钢筋网的上层钢筋弯钩应朝下。

(13) 独立柱基础为双向弯曲时，钢筋网的长向钢筋应放在短向钢筋的下面。

(14) 现浇柱与基础连接用的插筋下端，用 90°弯钩与基础钢筋进行绑扎，其箍筋应比柱的箍筋小一个柱筋直径，以便于连接。插筋的位置可采用钢筋架成井字形固定牢固，以免造成柱轴线偏移。

(15) 对厚片筏上部钢筋网片，可采用钢管临时支撑体系。在上部钢筋网片绑扎完毕后，需置换出水平钢管，为此可另取一些垂直钢管通过直角扣件与上部钢筋网片的下层钢筋连接起来(该处需另用短钢筋段加强)，替换了原支撑体系。在混凝土浇筑过程中，逐步抽出垂直钢管。此时，上部荷载可由附近的钢管及上、下端均与钢筋网焊接的多个拉结筋来承受。由于混凝土不断浇筑与凝固，拉结筋细长比减小，提高了承载力。

2.柱钢筋安装

1) 施工工艺流程。

调整下层柱预留筋→套柱箍筋→绑扎竖向受力筋→画箍筋间距线→绑箍筋→检查验收

2) 施工要点。

(1) 根据弹好的外皮尺寸线，检查预留钢筋的位置、数量、长度。绑扎前先整理调直预留筋，并将其上的水泥砂浆等清除干净。

(2) 套柱箍筋。按图纸要求的间距，计算好每根柱箍筋的数量，将箍筋套在下层伸出的预留筋上。

(3) 绑扎竖向受力筋。柱子主筋直径大于 16 mm 时宜采用焊接或机械连接，纵向受力钢筋机械连接及焊接接头连接区段的长度为 $35d$(d 为受力钢筋的较大直径)，且不小于 500 mm，该区段内有接头钢筋面积占钢筋总面积百分率不宜超过 50%。

(4) 画箍筋位置线。在立好的柱子竖向钢筋上，用粉笔画箍筋位置线，并加钢筋定距框。

(5) 柱箍筋绑扎。

① 按已画好的箍筋位置线，将已套好的箍筋往上移动，由上往下绑扎。

② 箍筋转角处与柱主筋交点应采用兜扣绑扎，其余部位可采用八字扣绑扎。

③ 方柱箍筋的弯钩叠合处应沿柱子竖筋交错布置并绑扎牢固。圆柱宜采用螺旋箍筋。柱的第一道箍筋距地 50 mm，上下两端箍筋均按规定加密(柱净高 1/6 范围、柱长边宽度和不小于 500 mm，取三者中的最大尺寸)。

④ 有抗震要求的地区，柱箍筋端头应弯成 135°，平直部分长度不小于 $10d$ (d 为箍筋直径)。如设计要求为焊接箍筋，单面焊缝长度不小于 $10d$。

(6) 柱筋保护层厚度应符合设计及规范要求，垫块应绑在柱主筋外皮上，间距宜为 1000 mm(或用塑料卡卡在主筋上),以保证主筋保护层厚度准确。

3.墙体钢筋安装

1）墙体钢筋安装施工工艺流程。

修整预留筋→绑竖向钢筋→绑水平钢筋→绑拉筋及定位筋→检查验收

2）墙体钢筋安装施工要点。

(1) 修整预留筋:将墙预留钢筋调整顺直,用钢丝刷将钢筋表面砂浆清理干净。

(2) 钢筋绑扎。

① 先立墙梯子筋,梯子筋间距不宜大于 4 m,然后在梯子筋下部 1.5 m 处绑两根水平钢筋,并在水平钢筋上画好分格线,最后绑竖向钢筋及其余水平钢筋,梯子筋如图 2-48 所示。

② 双排钢筋之间应设双“F”形定位筋,定位筋间距不宜大于 1.5 m。墙拉筋应按设计要求绑扎,间距一般不大于 600 mm。墙拉筋应拉在竖向钢筋与水平钢筋的交叉点上。双“F”形定位筋如图 2-49 所示。

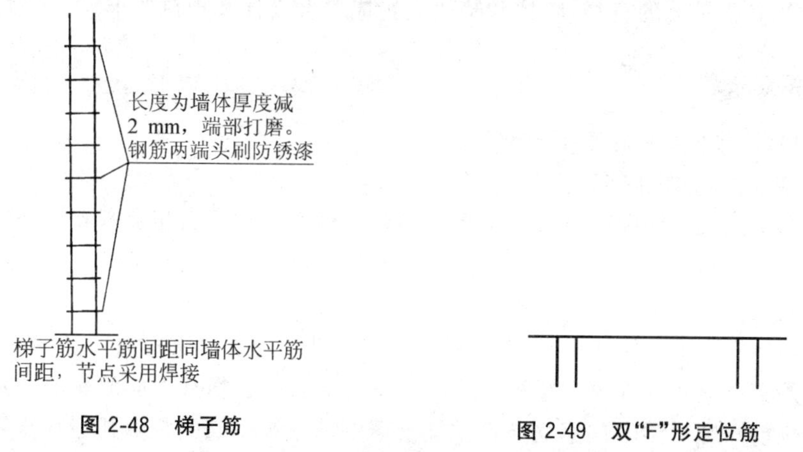

图 2-48　梯子筋

图 2-49　双“F”形定位筋

③ 绑扎墙筋时一般用顺扣或八字扣,钢筋交叉点应全部绑扎。

④ 墙筋保护层厚度应符合设计及规范要求,垫块或塑料卡应绑在墙外排筋上,呈梅花形布置,间距不宜大于 1000 mm,以使钢筋的保护层厚度准确。

⑤ 墙体合模之后,对伸出的墙体钢筋进行修整,并绑一道水平梯子筋固定预留筋的间距。

(3) 墙钢筋的连接。

① 墙水平钢筋:墙水平钢筋一般采用搭接,接头位置应错开。接头的位置、搭接长度及接头错开的比例应符合规范要求。搭接长度末端与钢筋弯折处的距

离不得小于 $10d$，搭接处应在中心和两端绑扎牢固。

② 墙竖向钢筋：直径大于或等于 16 mm 时，宜采用焊接（电渣压力焊），小于 16 mm 时，宜采用绑扎搭接，搭接长度应符合设计及规范要求。

(4) 剪力墙的暗柱和扶壁柱。剪力墙的端部、相交处、弯折处、连梁两侧、上下贯通的门窗洞口两侧一般设有暗柱或扶壁柱。暗柱或扶壁柱钢筋应先于墙筋绑扎施工，其施工方法与框架柱的施工方法相近。直径大于 16 mm 的暗柱或扶壁柱钢筋，应采用焊接（电渣压力焊）或机械连接（滚压直螺纹）。

(5) 剪力墙连梁。连梁的第一道箍筋距墙（暗柱）50 mm，顶（末）层连梁箍筋应伸入墙（暗柱）内，并在连梁主筋锚固长度范围内满布。连梁的锚固长度、箍筋及拉筋的间距应符合设计及规范要求。

(6) 剪力墙的洞口补强。

① 当设计无要求时，应符合的规定有：矩形洞宽和洞高均不大于 800 mm 的洞口及直径不大于 300 mm 圆形洞口四边应各加 2 根加强筋；直径大于 300 mm的圆形洞口应按六边形补强，每边各加 2 根加强筋；矩形洞宽和洞高大于 800 mm 的洞口四边应设暗柱和暗梁补强。

② 补强钢筋的直径、暗柱和暗梁设置应符合设计及规范要求。

4. 梁钢筋安装

1) 梁钢筋安装施工工艺流程。

(1) 梁钢筋模内绑扎。

画主次梁箍筋间距→放主梁次梁箍筋→穿主梁底层纵筋及弯起筋→穿次梁底层纵筋并与箍筋固定→穿主梁上层纵向架立筋→按箍筋间距绑扎→穿次梁上层纵向钢筋→按箍筋间距绑扎。

(2) 梁钢筋模外绑扎（先在梁模板上口绑扎成形后再入模内）。

画箍筋间距→在主次梁模板上口铺横杆数根→在横杆上面放箍筋→穿主梁下层纵筋→穿次梁下层钢筋→穿主梁上层钢筋→按箍筋间距绑扎→穿次梁上层纵筋→按箍筋间距绑扎→抽出横杆落骨架于模板内。

2) 梁钢筋安装施工要点。

(1) 在梁侧模板上画出箍筋间距，摆放箍筋。

(2) 先穿主梁的下部纵向受力钢筋及弯起钢筋，将箍筋按已画好的间距逐个分开；穿次梁的下部纵向受力钢筋及弯起钢筋，并套好箍筋；放主次梁的架立筋；隔一定间距将架立筋与箍筋绑扎牢固；调整箍筋间距使间距符合设计要求，绑架立筋，再绑主筋，主次梁同时配合进行。

(3) 框架梁上部纵向钢筋应贯穿中间节点，梁下部纵向钢筋伸入中间节点，锚固长度及伸过中心线的长度要符合设计要求。框架梁纵向钢筋在端节点内的锚固长度也要符合设计要求。

(4) 绑梁上部纵向筋的箍筋，宜用套扣法绑扎，如图 2-50 所示。箍筋的接头(弯钩叠合处)应交错布置在两根架立钢筋上，其余同柱。

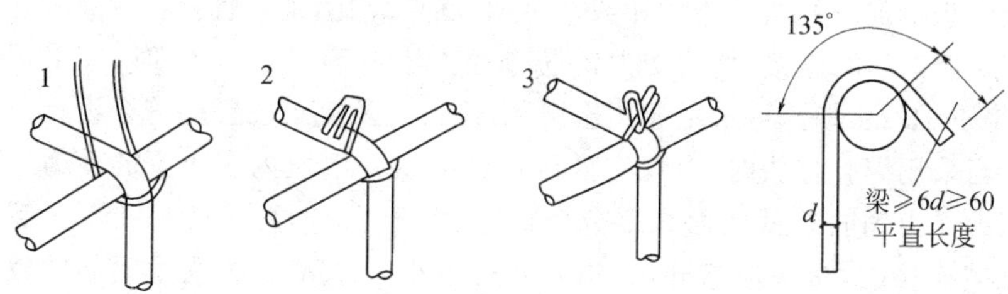

图 2-50　套扣绑扎示意图

(5) 箍筋在叠合处的弯钩，在梁中应交错绑扎，箍筋弯钩为 135°，平直部分长度为 $10d$，如做成封闭箍时，单面焊缝长度为 $5d$。

(6) 梁端第一个箍筋应设置在距离柱节点边缘 50 mm 处。梁端与柱交接处箍筋应加密，其间距与加密区长度均要符合设计要求。

(7) 板、次梁与主梁交叉处，板的钢筋在上，次梁的钢筋居中，主梁的钢筋在下；当有圈梁或垫梁时，主梁的钢筋在上。在主、次梁受力筋下均应垫垫块(或塑料卡)，保证保护层的厚度。纵向受力钢筋采用双层排列时，两排钢筋之间应垫以直径 25 mm 的短钢筋，以保持其设计距离。梁筋的搭接长度末端与钢筋弯折处的距离，不得小于钢筋直径的 10 倍。

(8) 框架节点处钢筋穿插十分稠密时，应特别注意梁顶面主筋间的净距要有 30 mm，以利浇筑混凝土。梁板钢筋绑扎时应防止水电管线将钢筋抬起或压下。

(9) 梁钢筋的绑扎与模板安装之间的配合关系：梁的高度较小时，梁的钢筋架空在梁顶上绑扎，然后再落位；梁的高度较大(≥1.2 m)时，梁的钢筋宜在梁底模上绑扎，其两侧模或一侧模后装。

5. 板钢筋安装

1) 底板钢筋安装。

(1) 底板钢筋安装施工工艺流程。

弹出钢筋位置线→绑扎底板下铁钢筋→绑扎基础梁钢筋→绑扎底板上铁钢筋→绑扎墙、柱插筋→隐检验收。

(2) 底板钢筋安装施工要点。

① 弹出钢筋位置线。根据设计图纸要求的钢筋间距弹出底板钢筋位置线和墙、柱、基础梁钢筋位置线。

② 基础底板下铁钢筋绑扎。

a. 按底板钢筋受力情况，确定主受力筋方向（设计无指定时，一般为短跨方向）。施工时先铺主受力筋，再铺另一方向钢筋。

b. 底板钢筋绑扎可采用顺扣或八字扣，逐点绑扎，禁止跳扣。

c. 底板钢筋的连接：板的受力钢筋直径大于或等于 18 mm 时，宜采用机械连接，小于 18 mm 时，可采用绑扎连接，搭接长度及接头位置应符合设计及规范要求。当采用绑扎接头时，在规定搭接长度的任一区段内有接头的受力钢筋截面面积占受力钢筋总截面面积百分率，不宜大于 25%，可不考虑接头位置。当采用机械连接时，接头应错开，其错开间距不小于 $35d$（d 为受力钢筋的较大直径），且不小于 500 mm。任一区段内有接头的受力钢筋截面面积占受力钢筋总截面面积百分率，不宜大于 50%，接头位置下铁宜设在跨中 1/3 区域、上铁宜设在支座 1/3 区域。

d. 钢筋绑扎后应随即垫好垫块，间距不宜大于 1000 mm，垫块厚度应确保主筋保护层厚度符合规范及设计要求。有防水要求的底板及外墙迎水面保护层厚度不应小于 50 mm。

③ 基础梁钢筋绑扎。

a. 基础梁一般采用就地绑扎成形方式施工，基础梁高大于 1000 mm 时，应搭设钢管绑扎架。

b. 将基础梁的架立筋两端放在绑扎架上，画出箍筋间距，套上箍筋，按已画好的位置与底板梁上层钢筋绑扎牢固。穿基础梁下层纵向钢筋，与箍筋绑牢。当纵向钢筋为双排时，可用短钢筋（直径不小于 25 mm 并不小于梁主筋直径）垫在两层钢筋之间。抽出绑扎架，将已绑扎好的梁筋骨架落地。

④ 基础底板上铁钢筋绑扎。

a. 摆放钢筋马凳，间距不宜大于 2000 mm，并与底板下铁钢筋绑牢。马凳架设在板下铁的上层筋上、上铁的下层筋下。马凳一般加工成“A”字形或“工”字形，如图 2-51、图 2-52 所示，并有足够大的刚度。

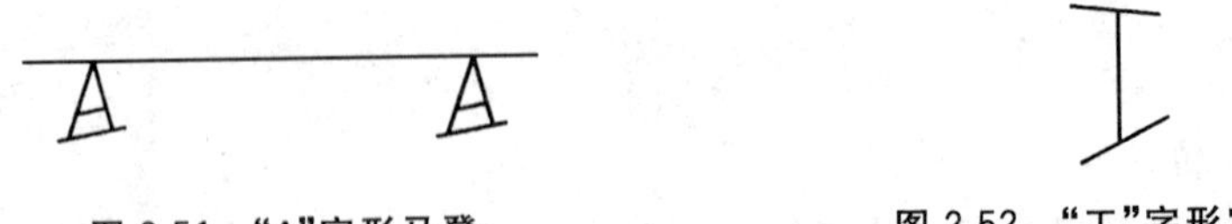

图 2-51 “A”字形马凳　　图 2-52 “工”字形定位筋

b. 在马凳上绑扎上层定位钢筋，并在其上画出钢筋间距，然后绑扎纵、横方向钢筋。

⑤ 墙、柱插筋绑扎。根据弹好的墙、柱位置线，将墙、柱伸入基础底板的插筋绑扎牢固。插筋锚入基础深度应符合设计要求，插筋甩出长度应考虑接头位

置,且不宜过长。其上部绑扎两道以上水平筋、箍筋及定位筋;其下部伸入基础底板部分也应绑扎两道以上水平筋或箍筋,以确保墙体插筋垂直,不产生位移。

⑥ 底板钢筋和墙、柱插筋绑扎完毕,经检查验收并办理隐检手续后,方可进行下道工序施工。

2）楼板钢筋安装。

(1) 楼板钢筋安装施工工艺流程。

放钢筋位置线→绑板下铁筋→绑板上铁筋及负弯矩钢筋→检查验收。

(2) 楼板钢筋安装施工要点。

① 在板面上画好主筋、分布筋的间距线。按画好的间距,先摆放下铁主受力筋,后放下铁分布筋,然后做水、电专业的管线预埋,最后摆放上铁主分布筋、上铁受力筋并绑扎。预埋件、预留洞等及时配合施工。

② 绑扎板筋时一般用顺扣或八字扣,钢筋相交点全部绑扎。如板为双层钢筋时,两层钢筋间需加钢筋马凳,以确保上铁的位置。马凳架设在板下铁的上层筋上,上铁的下层筋下,马凳间距不宜大于1500 mm。负弯矩筋每个相交点均要绑扎。

③ 在钢筋的下面应垫好砂浆垫块或“H”形塑料垫块,间距宜为1000 mm。

④ 对于悬挑板,应在固定端1/4跨,且不大于300 mm的位置设“A”字形通长马凳。

6.楼梯钢筋安装

1）楼梯钢筋安装施工工艺流程。

预留预埋件及检查→放位置线→绑板主筋→绑分布筋→检查验收。

2）楼梯钢筋安装施工要点。

(1) 施工楼梯间墙体时,要做好预留预埋工作。休息平台板预埋钢筋于墙体内,做贴模钢筋,当设计为螺纹钢筋时,钢筋应伸出墙外,模板应穿孔或做成分体形式。

(2) 在楼梯段底模上用墨线分别弹出主筋和分布筋的位置线。

(3) 绑扎钢筋(先绑梁筋后绑板筋)。

① 梁钢筋绑扎应按设计要求将主筋与箍筋分别绑扎。

② 板筋绑扎时,应根据设计图纸主筋、分布筋的方向,先绑扎主筋后绑扎分布筋,每个点均应绑扎,一般采用八字扣,然后,放马凳筋,绑上铁负弯矩钢筋及分布筋。马凳筋一般采用“几”字形,间距1000 mm。

③ 楼梯的中间休息平台钢筋应同楼梯段一起施工。

第三部分　混凝土工程

一、混凝土原材料质量控制要点

1. 水泥

1）通用硅酸盐水泥种类及组分。

通用硅酸盐水泥种类及组分见表 3-1。

表 3-1　通用硅酸盐水泥组分

品种	代号	组分（质量分数）				
		熟料＋石膏	粒化高炉矿渣	火山灰质混合材料	粉煤灰	石灰石
硅酸盐水泥	P·Ⅰ	100	—	—	—	—
	P·Ⅱ	≥95	≤5	—	—	—
		≥95	—	—	—	≤5
普通硅酸盐水泥	P·O	≥80 且＜95	＞5 且≤20①			
矿渣硅酸盐水泥	P·S·A	≥50 且＜80	＞20 且≤50②	—	—	—
	P·S·B	≥30 且＜50	＞50 且≤70②	—	—	—
火山灰质硅酸盐水泥	P·P	≥60 且＜80	—	＞20 且≤40	—	—
粉煤灰硅酸盐水泥	P·F	≥60 且＜80	—	—	＞20 且≤40	—
复合硅酸盐水泥	P·C	≥50 且＜80	＞20 且≤50③			

注：①本组分复合材料为粒化高炉矿渣、粒化高炉矿渣粉、粉煤灰、火山灰质混合材料等活性混合材料，其中允许用不超过水泥质量 8%的非活性混合材料或不超过水泥质量 5%的窑灰代替。

②本组分复合材料为粒化高炉矿渣、粒化高炉矿渣粉等活性混合材料，其中允许用不超过水泥质量 8%的活性混合材料、非活性混合材料或窑灰中的任一种材料代替。

③本组分材料为由两种（含）以上的活性混合材料和（或）非活性混合材料组成，其中允许用不超过水泥质量 8%的窑灰代替。掺矿渣时混合材料掺量不得与矿渣硅酸盐水泥重复。

2）常用水泥的性能和适用范围。

常用水泥的性能和适用范围，见表 3-2。

表 3-2　常用水泥的性能和适用范围

水泥品种	主要性能	适用范围
硅酸盐水泥	1.快硬早强； 2.水化热高； 3.抗冻耐磨性好； 4.耐腐蚀性差； 5.耐水性差； 6.耐热性较差	1.适用快硬早强工程，配制高强度等级混凝土； 2.不宜用于大体积混凝土工程及受化学侵蚀和压力水作用的结构
普通硅酸盐水泥	1.早强； 2.水化热较高； 3.抗冻耐磨性较好； 4.耐腐蚀性较差； 5.耐水性较差； 6.耐热性较差	1.适于地上、地下及水中的混凝土，钢筋混凝土和预应力混凝土，包括受冻融循环及早期强度不求较高的工程； 2.不宜用于大体积及受化学侵蚀和压力水作用的结构
矿渣硅酸盐水泥	1.早期强度低，但后期强度增长较快； 2.水化热较低； 3.耐热性、耐水性较好； 4.抗硫酸盐侵蚀性强； 5.抗冻性、耐磨性较差； 6.干缩性较大，常有泌水现象	1.适于地上、地下及水中的混凝土，钢筋混凝土和预应力混凝土结构及抗硫酸盐侵蚀的结构，大体积混凝土，蒸养构件，配制耐热混凝土； 2.不适于对早期强度要求较高的工程，经常受冻融交替作用的工程；在低温环境中硬化的工程
火山灰质硅酸盐水泥	1.抗掺性较好； 2.蒸养强度增长较快； 3.耐热性较差； 4.其他和矿渣水泥相同	1.适于地下和水中的混凝土和钢筋混凝土结构，大体积混凝土和蒸养混凝土，有抗渗要求的混凝土； 2.不适于受反复冻融及干湿变化作用的结构，处于干燥环境中的结构，对早期要求强度较高结构
粉煤灰硅酸盐水泥	1.干缩性较小； 2.和易性较好； 3.抗炭化能力较差； 4.其他和矿渣水泥相同	1.适于地上、地下和水中的混凝土，钢筋混凝土结构，抗硫酸盐侵蚀和大体积混凝土结构； 2.不适于对早期要求强度较高的结构

3）水泥进场验收、储存及抽样。

（1）水泥验收检验的基本内容。

①核对包装及标志是否相符。

水泥的包装及标志，必须符合标准规定。通用水泥一般为袋装，也可以散装。袋装水泥规定每袋净重 50 kg，且不得少于标志质量的 98%；随机抽取 20 袋，水泥总质量不得少于 1000 kg。水泥包装袋应符合标准规定，袋上应清楚标明：产品名称，代号，净含量，强度等级，生产许可证编号，生产者名称和地址，出厂编号，执行标准号，包装年、月、日。掺火山灰质混合材料的普通水泥或矿渣水泥，还应标上“掺火山灰”字样。复合水泥应标明主要混合材料名称。包装袋两侧，应印有水泥名称和强度等级，硅酸盐水泥和普通水泥的印刷采用红色，矿渣水泥采用绿色，火山灰水泥、粉煤灰水泥及复合水泥采用黑色。散装供应的水泥，应提交与袋装标志相同内容的卡片。

通过对水泥包装和标志的核对，不仅可以发现包装的完好程度，盘点和检验数量是否给足，还能核对所购水泥与到货的产品是否完全一致，及时发现和纠正可能出现的产品混杂现象。

②校对出厂检验的试验报告。

水泥出厂前，由水泥厂按批号进行出厂检验，填写试验报告。试验报告应包括标准规定的各项技术要求及试验结果，助磨剂，工业副产品石膏，混合材料名称和掺加量，属旋窑或立窑生产。当用户需要时，水泥厂应在水泥发出日起 7 d 内，寄发除 28 d 强度以外的各项试验结果。28 d 强度数值，应在水泥发出日起 32 d 内补报。

施工部门购进的水泥，必须取得同一编号水泥的出厂检验报告，并认真校核。要校对试验报告的编号与实收水泥的编号是否一致，试验项目是否遗漏，试验测值是否达标。

水泥出厂检验的试验报告，不仅是验收水泥的技术保证依据，也是施工单位长期保留的技术资料，直至工程验收时作为用料的技术凭证。

水泥试验报告的主要内容包括：

a. 水泥各龄期抗压、抗折强度指标均应达到规定要求。

b. 每张试验报告单中的各项目必须填写齐全、准确、真实，无未了项。试验结论明确，编号必须填写，签字盖章齐全。

c. 检查报告单上的试验数据是否达到规范标准值。

d. 若发现问题应及时报有关部门处理，并将处理结论一并存档。

e. 核实试验报告单是否齐全，核实复试报告日期和实际使用日期是否有超期漏检的，不允许先施工后试验。

f. 单位工程的水泥复试批量和实际用量应基本一致。

g. 若有降级使用的水泥,必须经项目技术负责人审批,并注明使用工程项目及部位。

h. 检查水泥的有效期,过期必须做复试。

i. 要与其他施工资料对应一致,交圈吻合,如以试验编号为线索将出厂质量证明资料、水泥试验报告、砂浆及混凝土配合比申请单、通知单、砂浆及混凝土抗压强度试验报告等资料贯穿起来,水泥厂别、品种、强度等级一致,进出厂日期应吻合。

③交货验收检验。

水泥交货时的质量验收依据,标准中规定了两种:一种是以抽取实物试样的检验结果为依据,另一种是以水泥厂同编号水泥的检验报告为依据。采用哪种,由买卖双方商定,并在合同协议中注明。

以抽取实物试样的检验结果为依据时,买卖双方应在发货前或交货地共同取样和签封。按取样方法标准抽取 20 kg 水泥试样,缩分为两等份,一份由卖方保存,另一份由买方按规定的项目和方法进行检验。在 40 d 以内,对产品质量有异议时,将卖方封存的一份进行仲裁检验。

以水泥厂同编号水泥的检验报告为依据时,在发货前或交货时,由买方抽取该编号试样,双方共同签封保存;或委托卖方抽取该编号试样,签封后保存。3 个月内,买方对水泥质量有疑问时,双方将签封试样进行仲裁检验。

仲裁检验,应送省级或省级以上国家认可的水泥质量监督检验机构。

(2) 水泥质量检验。

水泥进入现场后应进行复检。

①检验内容和检验批确定。

水泥应按批进行质量检验。检验批可按如下规定确定:

a. 同一水泥厂生产的同品种、同强度等级、同一出厂编号的水泥为一批。但散装水泥一批的总量不得超过 500 t,袋装水泥一批的总量不得超过 200 t。

b. 当采用同一厂家生产的、质量长期稳定的、生产间隔时间不超过 10 d 的散装水泥,可以 500 t 作为一批检验批。

c. 取样时应随机从不少于 3 个车罐中各采取等量水泥,经混拌均匀后,再从中称取不少于 12 kg 的水泥作为检验样。

水泥进场时应对其品种、级别、包装或散装仓号、出厂日期进行检查,并对其强度、安定性及其他必要的性能指标进行复验,其质量指标必须符合《通用硅酸盐水泥》国家标准第 1 号修改单(GB 175—2007/XG 1—2009)的规定。

当在使用中对水泥质量有怀疑或水泥出厂超过 3 个月(快硬硅酸盐水泥超

过1个月)时,应进行复验,并按复验结果使用。

钢筋混凝土结构、预应力混凝土结构中,严禁使用含氯化物的水泥。

②复验项目。

水泥的复验项目主要有:细度或比表面积、凝结时间、安定性、标准稠度用水量、抗折强度和抗压强度。

③不合格品及废品处理。

a.不合格品水泥。

凡细度、终凝时间、不溶物和烧失量中有一项不符合《通用硅酸盐水泥》国家标准第1号修改单(GB 175－2007/XG 1－2009)规定或混合材料掺加量超过最大限量和强度低于相应强度等级的指标时为不合格品。水泥包装标志中水泥品种、强度等级、生产单位名称和出厂编号不全的也属于不合格品。不合格品水泥应降级或按复验结果使用。

b.废品水泥。

当氧化镁、三氧化硫、初凝时间、安定性中任一项不符合国家标准规定时,该批水泥为废品。废品水泥严禁用于建设工程。

(3)水泥的保管。

①防止受潮。

水泥为吸湿性强的粉状材料,遇有水湿后,即发生水化反应。在运输过程中,要采取防雨、雪措施,在保管中要严防受潮。

在现场短期存放袋装水泥时,应选择地势高、平坦坚实、不积水的地点,先垫高垛底,铺上油毡或钢板后,将水泥码放规整,垛顶用苫布盖好盖牢。如专供现场搅拌站用料,且时间较长,应搭设简易棚库,同样做好上苫、下垫。入库水泥应按品种、强度等级、出厂日期等分别堆放,并树立标志,防止混掺使用。

较永久性集中供应水泥的料站,应设有库房。库房应不漏雨,应有坚实平整的地面,库内应保持干燥通风。码放水泥要有垫高的垛底,垛底距地面应在30 cm以上,垛边离开墙壁应在20 cm以上。

散装水泥应有专门运输车,直接卸入现场的特制贮仓。贮仓一般邻近现场搅拌站设置,贮仓的容量要适当,要便于装入和取出。

②防止水泥过期。

水泥即使在良好条件下存放,也会因吸湿而逐渐失效。因此,水泥的贮存期不能过长。一般品种的水泥,贮存期不得超过3个月,特种水泥还要短些。过期的水泥,不仅强度下降,凝结时间等技术性能也将会改变,必须经过复检才能使用。

因此,从水泥收进时起,要按出厂日期不同分别放置和管理,在安排存放位置时，就要预见，以便于做到早出厂的早发。要有周密的进、发料计划，预防水泥压库。

③避免水泥品种混乱。

严防水泥品种、强度等级、出厂日期等，在保管中发生混乱，特别是不同成分系列的水泥混乱。水泥的混乱，必然发生错用水泥的工程事故。

为避免混乱现象的发生，放置要有条理，分门别类地做好标志。特别是散装水泥，必须做到物、卡、贮仓号相符。袋装水泥不能串袋，如收起落地灰改用了包装，过期水泥经复检已低于袋上的强度标志等，都是发错的原因。

④加强水泥应用中的管理。

加强检查，坚持限额领料，杜绝使用中的各种浪费现象。

一般情况下，设计单位不指定水泥品种，要发挥施工部门合理选用水泥品种的自主性。要弄清不同水泥的特性和适用范围，做到物尽其用，最大限度地提高技术经济效益。要有强度等级的概念，选用水泥的强度等级要与构筑物的强度要求相适应，用高强度等级的水泥配制低等级的混凝土或砂浆，是水泥应用中的最大浪费。

要努力创造条件，推广使用散装水泥和预拌混凝土。

(4)水泥的抽样及处置。

①检验批。

使用单位在水泥进场后，应按批对水泥进行检验。根据国家标准《混凝土结构工程施工质量验收规范》(GB 50204－2002)(2011 年版)规定，按同一生产厂家、同一等级、同一品种、同一批号且连续进场的水泥，袋装不超过 200 t 为一批，散装不超过 500 t 为一批，每批抽样不少于一次。

②水泥的取样。

a. 取样单位：即按每一检验批作为一个取样单位，每检验批抽样不少于一次。

b. 取样数量与方法：为了使试样具有代表性，可在散装水泥卸料处或输送水泥运输机具上 20 个不同部位取等量样品，总量至少 12 kg。然后采用缩分法将样品缩分到标准要求的规定量。

③试样制备。

试验前应将试样通过 0.9 mm 方孔筛，并在(110±1)℃烘干箱内烘干，备用。

④试验条件。

试验室的温度为(20±2)℃，相对湿度不低于 50%；水泥试样、拌和水、标准砂、仪器和用具的温度应与试验室一致：水泥标准养护箱的温度为(20±1)℃，相对湿度不低于 90%。

2. 骨料

骨料又称集料，是混凝土的主要组成材料之一。粒径在 5 mm 以上者称粗骨料，5 mm 以下者称细骨料。普通混凝土用粗骨料为碎石和卵石(统称石子)，细骨料为砂。粗骨料在混凝土中堆聚成紧密的构架，细骨料与水泥混合成砂浆填充构架的空隙。粗细骨料在混凝土中起骨架作用。

1) 细骨料技术要求。

细骨料(砂)的技术要求，应符合表 3-3 的要求。

表 3-3 混凝土用砂的技术要求

项目			指标		
			Ⅰ类	Ⅱ类	Ⅲ类
天然砂的含泥量和泥块含量	含泥量(按质量计，%)		<1.0	<3.0	<5.0
	泥块含量(按质量计，%)		0	<1.0	<2.0
人工砂的石粉和泥块含量(亚甲蓝试验)	MB 值<1.40 或合格	石粉含量(按质量计，%)	<3.0	<5.0	<7.0
		泥块含量(按质量计，%)	0	<1.0	<2.0
	MB 值<1.40 或不合格	石粉含量(按质量计，%)	<1.0	<3.0	<5.0
		泥块含量(按质量计，%)	0	<1.0	<2.0
有害物质	云母(按质量计，%)		<1.0	<2.0	<2.0
	轻物质(按质量计，%)		<1.0	<1.0	<1.0
	有机物(比色法)		合格	合格	合格
	硫化物及硫酸盐(按 SO_2 质量计，%)		<0.5	<0.5	<0.5
	氧化物(以氯离子质量计，%)		<0.01	<0.02	<0.06
坚固性指标	质量损失(%)		<8	<8	<10
	单级最大压碎指标(%)		<20	<25	<30
表观密度			>2500 kg/m³		
堆积密度			>1350 kg/m³		
空隙率			<47%		
碱骨料反应			在规定的试验龄期膨胀率应小于 0.10%		

2) 粗骨料技术要求。

粗骨料(卵石、碎石)的技术要求，应符合表 3-4 的要求。

表 3-4　混凝土用卵石、碎石的技术要求

项目		指标		
		Ⅰ类	Ⅱ类	Ⅲ类
含泥量(按质量计,%)		<0.5	<1.0	<1.5
泥块含量(按质量计,%)		0	<0.5	<0.7
针片状颗粒含量(按质量计,%)		<5	<10	<15
有害物	有机物	合格	合格	合格
	硫化物及硫酸盐(按 SO_2 质量计,%)	<0.5	<1.0	<1.0
质量损失(%)		<5	<8	<12
压碎指标	碎石压碎指标	<10	<20	<30
	卵石压碎指标	<12	<14	<16
表观密度		>2500 kg/m³		
堆积密度		>1350 kg/m³		
空隙率		<47%		

3)骨料进场验收与保管。

(1)进场验收。

①生产厂家和供货单位应提供产品合格证及质量检验报告。

a. 检查试验报告单上各项目是否齐全、准确、真实、无未了项,试验室签字盖章是否齐全;检查试验编号是否填写;试验数据是否达到规范规定标准值。若发现问题应及时取双倍试样做复试,并将复试合格单或处理结论附于此单后一并存档。同时核查试验结论。核对使用日期,严禁先使用后试验。

b. 检查试验报告单产品的种类、产地、公称粒径、筛分析、含泥量、试验编号等是否和混凝土(砂浆)配合比申请单、通知单相应项目一致。

②使用单位在收货时应按同产地同规格分批验收。用大型工具(如火车、货船或汽车)运输的,以 400 m^3 或 600 t 为一验收批,用小型工具(如马车、拖拉机等)运输的以 200 m^3 或 300 t 为一验收批,不足上述者以一验收批论处。

③每验收批至少应进行颗粒级配、含泥量、泥块含量及针、片状颗粒含量检验。对重要工程或特殊工程应根据工程要求增加检测项目。对其他指标的合格性有互利的应予检验。当质量比较稳定、进料量又较大时,可定期检验。

④当使用新产源的石子时,应由生产厂家或供货单位按质量要求进行全面检验。

⑤石子的使用单位的质量检测报告内容应包括:委托单位、样品编号、工程名称、样品产地、类别、代表数量、检测依据、检测条件、检测项目、检测结果和结论等。

⑥碎石或卵石的数量验收，可按质量计算，也可按体积计算。

(2)运输和堆放。

①碎石或卵石在运输、装卸和堆放过程中，应按产地、种类和规格分别堆放，应防止颗粒离析和混入杂质。

②堆料高度不宜超过 5 m，但对单料级或最大料径不超过 20 mm 的连续料级，堆料高度可以增加到 10 m。

(3)抽样及处置。

①砂(石)的取样，应按批进行。购料单位取样，应比一列火车、一批货船或一批汽车所运的产地和规格均相同的砂(或石)为一批，但总数不宜超过 400 m^3 或 600 t。

②在料堆上取样时，一般也以 400 m^3 或 600 t 为一批。

③以人工生产或用小型工具(如拖拉机等)运输的砂，以产地和规格均相同的 200 m^3 或 300 t 为一批。

④在料堆上取样时，取样部位应均匀分布。取样前先将取样部位表层铲除，然后由各部位抽取大致相等的试份共8 份，石子为 16 份，组成各自一组试样。

⑤从皮带运输机上取样时，应在皮带运输机机尾的出料处，用接料器定时抽取砂 4 份、石 8 份组成各自一组试样。

⑥从火车、汽车、货船上取样时，应从不同部位和深度抽取大致相等的砂 8 份，石 16 份组成各自一组试样。

⑦每组试样的取样数量，对每一单项试验，应不小于最少取样的质量。须做几项试验时，如确能保证试样经一项试验后不致影响另一项试验的结果，可用同一组试样进行几项不同的试验。

⑧试样的缩分：将所取每组试样的试份置于平板上，若为砂样，应在潮湿状态下搅拌均匀，并堆成厚度约为 2 cm 的“圆饼”，然后沿互相垂直的两条直径，把“圆饼”分成大致相等的四份，取其对角的两份重新拌匀，再堆成“圆饼”。重复上述过程，直至缩分后的材料质量，略多于进行试验所必需的质量为止。若为石子试样，在自由状态下拌混均匀，并堆成锥体，然后沿相互垂直的两条直径，把锥体分成大致相等的 4 份。取其对角的两份重新拌匀，再堆成锥体。重复上述过程，直至缩分后材料的质量，略多于进行试验所必需的质量为止。

有条件时，也可以用分料器对试样进行缩分。

碎石或卵石的含水率及堆积密度检验，所用的试样不经缩分，拌匀后直接进行试验。

⑨试样的包装：每组试样应采用能避免细料散失及防止污染的容器包装，并附卡片标明试样编号、产地、规格、质量、要求检验项目及取样方法等。

3. 水

1）混凝土拌和用水质量要求。

混凝土拌和用水的质量应符合表3-5的要求。

表3-5　混凝土拌和用水的质量要求

项目	预应力混凝土	钢筋混凝土	素混凝土
pH值	≥5.0	≥4.5	≥4.5
不溶物/(mg/L)	≤2000	≤2000	≤5000
可溶物/(mg/L)	≤2000	≤5000	≤10 000
Cl^-/(mg/L)	≤500	≤1000	≤3500
SO_4^{2-}/(mg/L)	≤600	≤2000	≤2700
碱含量	≤1500	≤1500	≤1500

注：使用钢丝或热处理钢筋的预应力混凝土，氯离子含量不得超过350 mg/L。

2）混凝土拌和用水选择。

（1）混凝土拌和用水不应有漂浮明显的油脂和泡沫，不应有明显的颜色和异味。

（2）混凝土企业设备洗刷水不宜用于预应力混凝土、装饰混凝土、加气混凝土和暴露于腐蚀环境的混凝土；不得用于使用碱活性或潜在碱活性骨料的混凝土。

（3）未经处理的海水严禁用于钢筋混凝土和预应力混凝土。

（4）在无法获得水源的情况下，海水可用于素混凝土，但不宜用于装饰混凝土。

4. 外加剂

外加剂又称附加剂，即在混凝土、砂浆或水泥浆搅拌之前或搅拌时加入的，能按要求改善混凝土、砂浆或水泥浆性能的材料。掺入量一般不大于水泥质量的5%。

1）外加剂的作用。

（1）可改善混凝土的和易性：如使用减水剂、引气剂等，可使混凝土在配合比和强度都不变的情况下，大大提高其流动性，以利于机械化施工，提高工程质量，减轻劳动强度。

（2）调节混凝土凝结硬化的速度：如加入早强剂，可缩短混凝土养护的时间，以便提前拆除模板和预应力钢筋的放张，缩短工期；而加入缓凝剂则可延缓混凝土的凝结时间，可使在高温下施工的混凝土保持良好的和易性；在大体积混凝土中使用缓凝剂可延长水化热的释出时间,以避免其产生表面裂缝等。

(3) 调节混凝土内的空气含量:如使用引气剂可使混凝土增加适当的含气量,使用消泡剂可减少混凝土内的含气量,使用加气剂可制得轻质多孔的混凝土等。

(4) 改善混凝土的物理力学性能:如使用引气剂可提高混凝土的抗冻性、抗渗性、抗裂性,使用抗冻剂可保证混凝土在0℃以下的低温环境中正常凝结硬化,防水剂可使混凝土在一定压力水作用下具有不透水的性能等。

(5) 提高混凝土内钢筋的耐蚀性:如使用阻锈剂可使钢筋在有氯盐的情况下免于锈蚀。

2) 常用外加剂的种类及适用范围。

(1) 普通减水剂及高效减水剂。

① 普通减水剂及高效减水剂可用于素混凝土、钢筋混凝土、预应力混凝土,并可制备高强高性能混凝土。

② 普通减水剂宜用于日最低气温5℃以上施工的混凝土,不宜单独用于蒸养混凝土;高效减水剂宜用于日最低气温0℃以上施工的混凝土。

③ 当掺用含有木质素磺酸盐类物质的外加剂时应先做水泥适应性试验,合格后方可使用。

(2) 引气剂及引气减水剂。

① 引气剂及引气减水剂可用于抗冻混凝土、抗渗混凝土、抗硫酸盐混凝土、泌水严重的混凝土、贫混凝土、轻骨料混凝土、人工骨料配制的普通混凝土、高性能混凝土以及有饰面要求的混凝土。

② 引气剂、引气减水剂不宜用于蒸养混凝土及预应力混凝土,必要时,应经试验确定。

③ 掺引气剂及引气减水剂混凝土的含气量,不宜超过表3-6规定的含气量;对抗冻性要求高的混凝土,宜采用表3-6规定的含气量数值。

表3-6 掺引气剂及引气减水剂混凝土的含气量

粗骨料最大粒径/mm	20(19)	25(22.4)	40(37.5)	50(45)	80(75)
混凝土含气量(%)	5.5	5.0	4.5	4.0	3.5

注:括号内数值为《建筑用卵石、碎石》(GB/T 14685—2011)中标准筛的尺寸。

(3) 缓凝剂、缓凝减水剂及缓凝高效减水剂。

① 缓凝剂、缓凝减水剂及缓凝高效减水剂可用于大体积混凝土、碾压混凝土、炎热气候条件下施工的混凝土、大面积浇筑的混凝土、避免冷缝产生的混凝土、需较长时间停放或长距离运输的混凝土、自流平免振混凝土、滑模施工或拉

模施工的混凝土及其他需要延缓凝结时间的混凝土；缓凝高效减水剂可制备高强高性能混凝土。

② 缓凝剂、缓凝减水剂及缓凝高效减水剂宜用于日最低气温5℃以上施工的混凝土，不宜单独用于有早强要求的混凝土及蒸养混凝土。

③ 柠檬酸及酒石酸钾钠等缓凝剂不宜单独用于水泥用量较低、水灰比较大的贫混凝土。

④ 当掺用含有糖类及木质素磺酸盐类物质的外加剂时应先做水泥适应性试验，合格后方可使用。

⑤ 使用缓凝剂、缓凝减水剂及缓凝高效减水剂施工时，宜根据温度选择品种并调整掺量，满足工程要求方可使用。

(4) 早强剂及早强减水剂。

① 早强剂及早强减水剂适用于蒸养混凝土及常温、低温和最低温度不低于－5℃环境中施工的有早强要求的混凝土工程。炎热环境条件下不宜使用早强剂、早强减水剂。

② 掺入混凝土后对人体产生危害或对环境产生污染的化学物质严禁用作早强剂。含有六价铬盐、亚硝酸盐等有害成分的早强剂严禁用于饮水工程及与食品相接触的工程。硝铵类严禁用于办公、居住等建筑工程。

③ 下列结构中严禁采用含有氯盐配制的早强剂及早强减水剂：

a. 预应力混凝土结构；

b. 相对湿度大于80%环境中使用的结构，处于水位变化部位的结构，露天结构及经常受水淋、受水流冲刷的结构；

c. 大体积混凝土；

d. 直接接触酸、碱或其他侵蚀性介质的结构；

e. 经常处于温度为60℃以上的结构，需经蒸养的钢筋混凝土预制构件；

f. 有装饰要求的混凝土，特别是要求色彩一致的或是表面有金属装饰的混凝土；

g. 薄壁混凝土结构，中级和重级工作制吊车的梁、屋架、落锤及锻锤混凝土基础等结构；

h. 使用冷拉钢筋或冷拔低碳钢丝的结构；

i. 骨料具有碱活性的混凝土结构。

④在下列混凝土结构中严禁采用含有强电解质无机盐类的早强剂及早强减水剂：

a. 与镀锌钢材或铝铁相接触部位的结构，以及有外露钢筋预埋铁件而无防护措施的结构；

b. 使用直流电源的结构以及距高压直流电源100 m以内的结构。

⑤ 含钾、钠离子的早强剂用于骨料具有碱活性的混凝土结构时，早强剂的碱含量（以当量氧化钠计）不宜超过1 kg/m³ 混凝土，混凝土总碱含量还应符合有关标准的规定。

⑥ 常用早强剂掺量应符合表 3-7 的规定。

表 3-7 常用早强剂掺量限值

混凝土种类	使用环境	早强剂名称	掺量限值(按水泥重量计,%) ≤
预应力混凝土	干燥环境	三乙醇胺	0.05
		硫酸钠	1.0
钢筋混凝土	干燥环境	氯离子[Cl⁻]	0.6
		硫酸钠	2.0
钢筋混凝土	干燥环境	与缓凝减水剂复合的硫酸钠	3.0
		三乙醇胺	0.05
	潮湿环境	硫酸钠	1.5
		三乙醇胺	0.05
有饰面要求的混凝土		硫酸钠	0.8
素混凝土		氯离子[Cl⁻]	1.8

注：预应力混凝土及潮湿环境中使用的钢筋混凝土中不得掺氯盐早强剂。

（5）防冻剂。

① 含强电解质无机盐的防冻剂用于混凝土中，必须符合第（4）项的相关规定。

② 含亚硝酸盐、碳酸盐的防冻剂严禁用于预应力混凝土结构。

③ 含有六价铬盐、亚硝酸盐等有害成分的防冻剂，严禁用于饮水工程及与食品相接触的工程，严禁食用。

④ 含有硝铵、尿素等产生刺激性气味的防冻剂，严禁用于办公、居住等建筑工程。

⑤ 强电解质无机盐防冻剂带入混凝土的碱含量（以当量氧化钠计）不得超过 1 kg/m³，其掺量应符合表 3-7 的规定。

⑥ 有机化合物类防冻剂可用于素混凝土、钢筋混凝土及预应力混凝土工程。

⑦ 有机化合物与无机盐复合防冻剂及复合型防冻剂可用于素混凝土、钢筋混凝土及预应力混凝土工程。

⑧ 对水工、桥梁及有特殊抗冻融性要求的混凝土工程，应通过试验确定防冻剂品种及掺量。

(6) 膨胀剂。

① 膨胀剂的适用范围应符合表3-8的规定。

表3-8　膨胀剂的适用范围

用途	适用范围
补偿收缩混凝土	地下、水中、海水中、隧道等构筑物，大体积混凝土(除大坝外)，配筋路面和板，屋面与厕浴间防水，构件补强，渗漏修补，预应力混凝土，回填槽等
填充用膨胀混凝土	结构后浇带、隧洞堵头、钢管与隧道之间的填充等
灌浆用膨胀砂浆	机械设备的底座灌浆、地脚螺栓的固定、梁柱接头、构件补强和加固等
自应力混凝土	仅用于常温下使用的自应力钢筋混凝土压力管

② 含硫铝酸钙类、硫铝酸钙-氧化钙类膨胀剂的混凝土(砂浆)不得用于长期环境温度为80℃以上的工程。

③ 含氧化钙类膨胀剂配制的混凝土(砂浆)不得用于海水或有侵蚀性水的工程。

④ 掺膨胀剂的混凝土适用于钢筋混凝土工程和填充性混凝土工程。

⑤ 掺膨胀剂的大体积混凝土，其内部最高温度应符合有关标准的规定，混凝土内外温差宜小于25℃。

⑥ 掺膨胀剂的补偿收缩混凝土刚性屋面宜用于南方地区，其设计、施工应按《屋面工程质量验收规范》(GB 50207－2002)执行。

⑦ 掺膨胀剂的混凝土的配合比设计应符合下列规定：

a. 胶凝材料最少用量(水泥、膨胀剂和掺和料的总量)应符合表3-9的规定：

表3-9　胶凝材料最少用量

膨胀混凝土种类	胶凝材料最少用量/(kg/m^3)
补偿收缩混凝土	300
填充用膨胀混凝土	350
自应力混凝土	500

b. 水胶比不宜大于0.5；

c. 用于有抗渗要求的补偿收缩混凝土的水泥用量应不小于320 kg/m^3，当掺入掺和料时，其水泥用量不应小于280 kg/m^3；

d. 补偿收缩混凝土的膨胀剂掺量不宜大于 12%，不宜小于 6%，填充用膨胀混凝土的膨胀剂掺量不宜大于 15%，不宜小于 10%；

e. 以水泥和膨胀剂为胶凝材料的混凝土，设基准混凝土配合比中水泥用量为 m_{C0}、膨胀剂取代水泥率为 K，膨胀剂用量$m_E = m_{C0}K$，水泥用量 $m_c = m_{C0} - m_E$；

f. 以水泥、掺和料和膨胀剂为胶凝材料的混凝土。设膨胀剂取代胶凝材料率为 K、设基准混凝土配合比中水泥用量为 $m_{C'}$ 和掺和料用量为 $m_{F'}$，膨胀剂用量 $m_E = (m_{C'} + m_{F'})K$，掺和料用量 $m_F = m_{F'}(1-K)$，水泥用量 $m_C = m_{C'}(1-K)$。

(7) 泵送剂。

混凝土原材料中掺入泵送剂，可以配制出不离析泌水、黏聚性好、和易性和可泵性好，具有一定含气量和缓凝性能的大坍落度混凝土，硬化后混凝土有足够的强度，满足多项物理力学性能要求。泵送剂可用于高层建筑、市政工程、工业民用建筑及其他构筑物混凝土的泵送施工。由于泵送混凝土具有缓凝性能，亦可用于大体积混凝土、滑模施工混凝土。

水下灌注桩混凝土要求坍落度在 180～220 mm，亦可用泵送剂配制。

泵送剂亦可用于现场搅拌混凝土，用于非泵送的混凝土。

目前，我国的泵送剂中氯离子含量大都不大于 0.5%或不大于 1.0%，由泵送剂带入混凝土中的氯化物含量是极微的，因此泵送剂适用于钢筋混凝土和预应力混凝土。混凝土中氯化物(以 Cl^- 计)总含量的最高限值应执行《预拌混凝土》(GB/T 14902—2003)的规定。

(8) 防水剂。

① 防水剂可用于工业与民用建筑的屋面、地下室、隧道、巷道、给排水池、水泵站等有防水抗渗要求的混凝土工程。

② 含氯盐的防水剂可用于素混凝土、钢筋混凝土工程，严禁用于预应力混凝土工程。

(9) 速凝剂。

① 速凝剂主要用于地下工程支护，还广泛用于建筑薄壳屋顶、水池、预应力油罐、边坡加固、深基坑护壁及热工窑炉的内衬、修复加固等的喷射混凝土，也可用于需要速凝的如堵漏用混凝土。

② 速凝剂掺量一般为 2%～8%，掺量可随速凝剂品种、施工温度和工程要求适当增减。

3)掺入外加剂的特殊规定。

(1)碱含量的限制规定。

①为了预防混凝土碱骨料反应发生所造成的危害，掺入混凝土的外加剂的碱总量($Na_2O + 0.658K_2O$)规定：由化学外加剂带入每立方米混凝土工程中的碱总量防水类应不大于 0.7 kg，非防水类应不大于 1.0 kg。

化学外加剂带入混凝土的碱总量计算方法：按照每立方米混凝土 400 kg 水泥计算化学外加剂的用量 M(kg)，外加剂碱含量为 $R\%$，则每立方米混凝土的碱总量即为 $M \times R\% \times 100$。

②按照《预防混凝土碱骨料反应技术规范》(GB/T 50733－2011)规定，矿物外掺料带入混凝土的碱总量以有效含碱量计算。

(2)氯离子含量限定。

由于含氯外加剂掺入混凝土中会对混凝土中钢筋锈蚀产生不良影响，所以应对外加剂的氯离子含量进行严格控制，预应力混凝土限制在 0.02 kg/m^3 以下，钢筋混凝土限制在 0.02～0.2 kg/m^3，无筋混凝土限制在 0.2～0.6 kg/m^3。

(3)环保要求。

①含尿素、氨类等有刺激性气味成分的外加剂，不得用于房屋建筑工程中。

②混凝土外加剂中含有游离甲醉醛、游离萘等有害身体健康的成分含量应符合国家有关标准的规定；用于饮水工程及与食品相接触的部位时，混凝土外加剂应进行毒性检测；混凝土外加剂掺入后，不应对周围环境及大气产生污染，应符合环保要求。

③混凝土外加剂的包装应标明其在使用中的注意事项以及必要的安全措施，即是否含有苛性碱、毒性或腐蚀性。

4)外加剂进场检验。

(1) 产品质量合格证。

检查其内容是否齐全，包括：厂别、品种型号、包装、重量、出厂日期、主要性能及成分、适用范围及适宜掺量、性能检验合格证、储存条件及有效期、适用方法及注意事项等应清晰、准确、完整。

(2)混凝土外加剂试验报告。

① 试验报告应由相应资质等级的建筑企业试验室签发。

② 检查试验报告单上各项目是否齐全、准确、真实、无未了项，试验室签字盖章是否齐全；检查试验编号是否填写；试验数据是否达到规范规定标准值。若发现问题应及时取双倍试样做复试，并将复试合格单或处理结论附于此单后一并存档。同时核查试验结论。

③ 核对使用日期，与混凝土(砂浆)试配单比较是否合理，不允许先使用后试验。

④ 核对各试验报告单批量总和是否与单位工程总需求量相符。

⑤ 外加剂资料应与其他施工资料对应一致，交圈吻合。

(3) 外加剂进场质量检验项目。

外加剂进场质量检验项目,见表 3-10。

表 3-10 外加剂进场检验项目

外加剂品种	检验项目
普通减水剂、高效减水剂	pH 值、密度(或细度)、混凝土减水率
引气剂、引气减水剂	pH 值、密度(或细度)、含气量、引气减水剂应增测减水率
缓凝剂、缓凝减水剂、缓凝高效减水剂	pH 值、密度(或细度)、混凝土凝结时间、缓凝减水剂、缓凝高效减水剂应增测减水率
早强剂、早强减水剂	密度(或细度),1 d、3 d 抗压强度,对钢筋的锈蚀作用
防冻剂	密度(或细度),R_{-7}、R_{+28} 抗压强度比,钢筋锈蚀试验
膨胀剂	限制膨胀率
泵送剂	pH 值、密度(或细度)、坍落度增加值、坍落度损失
防水剂	pH 值、密度(或细度)、钢筋锈蚀
速凝剂	密度(或细度)、凝结时间、1 d 抗压强度

外加剂应符合环保要求,满足《混凝土外加剂中释放氨的限量》(GB 18588—2001)的规定,即混凝土外加剂中释放氨的量不超过 0.10%。

5. 掺和料

掺和料是指用量多、影响混凝土配合比设计的材料,一般掺量为水泥质量的 5%以上。掺和料分为活性掺和料和非活性掺和料。

1) 活性掺和料。

活性掺和料是指含活性的二氧化硅和三氧化二铝的掺和料,它参与水泥的水化反应。

(1) 作用。

① 利用活性掺和料的特性,改善混凝土的性能。

② 提高混凝土的塑性。

③ 调节混凝土的强度。

④ 可使高强度等级水泥配制低等级混凝土(如掺粉煤灰),或提高混凝土强度、配制高等级混凝土(如掺硅灰)、节约水泥等。

(2) 种类。

① 粒化高炉矿渣:为高炉冶炼铸铁时所得的以硅酸钙和硅酸铝为主要成分

的熔融物，经淬冷而成的多孔性粒状物质。

② 粉煤灰：从燃烧煤粉的烟道收集的灰色粉末。

③ 火山灰质材料：以氧化硅、氧化铝为主要成分的矿物质或人造物质；天然的有火山灰、凝灰岩、浮石、沸石岩等。人工的有经煅烧的烧页岩、烧黏土、煤灰渣等。

④ 硅灰(又称硅粉)：是生产硅铁或硅钢时产生的烟尘，主要成分为二氧化硅。

(3) 适用范围。

掺和料的适用范围见表 3-11。

表 3-11 掺和料的适用范围

工程项目	适用的掺和料
大体积混凝土工程	火山灰质材料、粉煤灰
抗渗工程	火山灰质材料
抗软水、硫酸盐介质腐蚀的工程	粒化高炉渣、火山灰质材料、粉煤灰
经常处于高温环境的工程	粒化高炉矿渣
高强混凝土	硅灰

(4) 粉煤灰。

① 粉煤灰的技术条件，见表 3-12。

表 3-12 粉煤灰的技术条件

序号	项目	级别、指标(%)≤		
		Ⅰ	Ⅱ	Ⅲ
1	细度(0.08 mm 筛孔、筛余)	5	8	25
2	烧失量	5	8	15
3	需水比	95	105	115
4	二氧化硅	3	3	3
5	含水率	1	1	1

注：①烧失量：粉煤灰中未燃烧的煤粉的量；

②需水比：掺 30%粉煤灰的硅酸盐水泥胶砂与硅酸盐水泥胶砂需水量之比。

② 粉煤灰在混凝土中的作用。

a. 强度等级：影响水泥强度的因素很多，除水泥的活性外，主要与粉煤灰的质量及掺量有关，其中又以粉煤灰的细度最为重要。经过试验得出的结论是：掺粉煤灰的混凝土早期强度低，后期强度高，当掺入30%不同细度的粉煤灰时，其细度越细，标准稠度需水量越少，强度等级越高。

b. 和易性好：掺粉煤灰的混凝土，和易性比普通混凝土好，具有较大的坍落度和良好的工作性能。

c. 抗渗性好：掺入粉煤灰后，混凝土在硬化过程中，能生成难溶于水的水化硅酸钙和水化铝酸钙。因此，掺入适量合格的粉煤灰混凝土具有较好的抗渗性能。

d. 耐久性能好：掺入粉煤灰的混凝土，由于水泥水化生成的氢氧化钙为不溶性化合物，因而增大了抗硫酸盐侵蚀的能力。

e. 水化热低：由于用粉煤灰置换了一部分的水泥，混凝土在硬化过程中产生水化热的速度将得以缓和，单位时间内的发热量减少了。

③ 使用粉煤灰混凝土的注意事项。

a. 掺粉煤灰的混凝土必须进行试配，不可随意套用配合比，粉煤灰的掺入量为水泥量的15%～25%。

b. 粉煤灰与水泥密度相差悬殊，所以应用强制式搅拌机进行搅拌，并延长搅拌时间。

c. 掺粉煤灰的混凝土早期强度低，后期强度高，抗碳化能力差，因此需适当降低水灰比，可掺减水剂、早强剂，以提高混凝土的密实度和早期强度。

e. 将构件多放一些时间，使粉煤灰的活性充分发挥，以利提高构件的强度。

f. 由于掺粉煤灰的混凝土后期强度将提高，构件如能在厂里存放较长的时间，如存放6个月，粉煤灰的活性得到充分发挥，检验强度增加20%，那么就可在设计混凝土配合比时适当降低混凝土的等级，使之硬化6个月后的强度与设计等级相等，以节省水泥。

g. 因掺粉煤灰的混凝土泌水性较大，所以初期必须加强养护，防止产生表面裂缝，影响构件的强度，也可用适当的温度蒸养。

h. 因在低温下强度增长缓慢，所以冬季施工不宜采用。

2）非活性材料。

常用作填充性混合材料，主要作用是调节水泥强度等级和混凝土的流动性，或节约水泥，且不改变水泥的主要性质。

通常采用石英砂、石灰岩等不显著提高需水性的材料磨细而成。使用时应检验硫酸和硫化物含量，折算成三氧化硫不得超过3%。

混凝土等级高于C30时，不宜掺用混合材料，使用时可将混合材料与水泥同时加入搅拌，并延长搅拌时间60 s。

3)掺和料进场检验。

(1) 产品质量合格证。

检查内容包括:厂别、品种、出厂日期、主要性能及成分、适用范围及适宜掺量、适用方法及注意事项等应清晰、准确、完整。

(2)混凝土掺和料试验报告。

① 试验报告应由相应资质等级的建筑企业试验室签发。

② 检查报告单上各项目是否齐全、准确、真实、无未了项,试验室签字盖章是否齐全;检查试验编号是否填写;试验数据是否达到规范规定标准值。若发现问题应及时取双倍试样做复试,并将复试合格单或处理结论附于此单后一并存档,同时核查试验结论。

③ 核对使用日期,与混凝土(砂浆)试配单比较是否合理,不允许先使用后试验。

④ 核对各试验报告单批量总和是否与单位工程总需求量相符。

⑤ 检查混凝土(砂浆)试配单的掺和料与混凝土(砂浆)强度试验报告的掺和料名称、种类、产地和使用说明是否一致。

二、混凝土配合比设计要点

1.设计步骤

混凝土配合比的设计步骤可分三个阶段:

1) 第一阶段是了解原始条件。

2) 第二阶段是决定主要参数。

3) 第三阶段是计算、试配、调整。

其具体步骤,如图 3-1 所示。

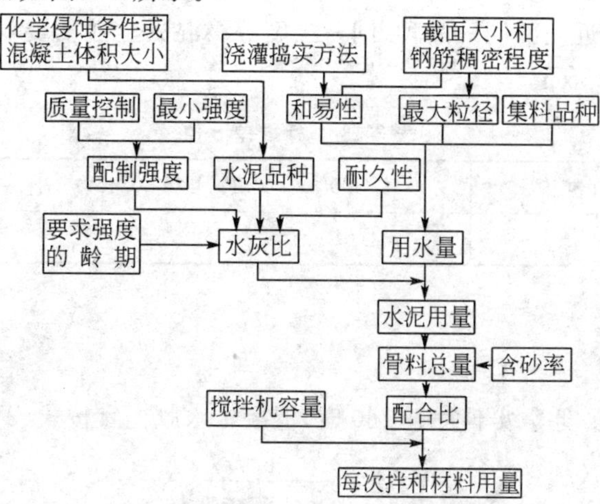

图 3-1　普通混凝土配合设计步骤图解

2.计算试配强度

1）混凝土配制强度应按下列规定确定：

（1）当混凝土的设计强度等级小于 C60 时，配制强度应按式(3-1)计算：

$$f_{cu,0} \geqslant f_{cu,k} + 1.645\sigma \tag{3-1}$$

式中 $f_{cu,o}$——混凝土配制强度(MPa)；

$f_{cu,k}$——混凝土立方体抗压强度标准值，这里取设计混凝土强度等级值(MPa)；

σ——混凝土强度标准差(MPa)。

（2）当设计强度等级大于或等于 C60 时，配制强度应按式(3-2)计算：

$$f_{cu,0} \geqslant 1.15 f_{cu,k} \tag{3-2}$$

2）σ 的取值按下列规定确定：

（1）当具有近 1 个月～3 个月的同一品种、同一强度等级混凝土的强度资料时，其混凝土强度标准差 σ 应按式(3-3)计算：

$$\sigma = \sqrt{\frac{\sum_{i=1}^{n} f_{cu,i}^2 - nm_{fcu}^2}{n-1}} \tag{3-3}$$

式中 $f_{cu,i}$——第 i 组的试件强度(MPa)；

m_{fcu}——n 组试件的强度平均值(MPa)；

n——试件组数，n 值应大于或者等于 30。

对于强度等级不大于 C30 的混凝土：当 σ 计算值不小于 3.0 MPa 时，应按式(3-3)计算结果取值；当 σ 计算值小于 3.0 MPa 时，σ 应取 3.0 MPa。对于强度等级大于 C30 且不大于 C60 的混凝土：当 σ 计算值不小于 4.0 MPa 时，应按式(3-3)结果取值；当 σ 计算值小于 4.0 MPa 时，σ 应取 4.0 MPa。

（2）当没有近期的同一品种、同一强度等级混凝土强度资料时，其强度标准差 σ 可按表 3-13 取值。

表 3-13 标准差 σ 值 （单位：MPa）

混凝土强度标准值	≤C20	C25～C45	C50～ C60
σ	4.0	5.0	6.0

3.计算水胶比

1）混凝土强度等级不大于 C60 时，混凝土水胶比宜按式(3-4)计算：

$$W/B = \frac{\alpha_a f_b}{f_{cu,0} + \alpha_a \alpha_b f_b} \tag{3-4}$$

式中　α_a、α_b——回归系数；

f_b——胶凝材料(水泥与矿物掺和料按使用比例混合)28 d胶砂抗压强度(MPa)，可实测，且试验方法应按《水泥胶砂强度检验方法(ISO法)》(GB/T 17671－1999)执行；当无实测值时，可按下列规定确定：

(1) 根据3d胶砂强度或快测强度推定28 d胶砂强度关系式推定 f_b 值；

(2) 当矿物掺和料为粉煤灰和粒化高炉矿渣粉时，可按式(3-5)推算 f_b 值：

$$f_b = \gamma_f \gamma_s f_{ce} \tag{3-5}$$

式中　γ_f、γ_s——粉煤灰影响系数和粒化高炉矿渣粉影响系数，可按表3-14选用；

f_{ce}——水泥28d胶砂抗压强度(MPa)，可实测，也可按式(3-6)计算确定。

表3-14　粉煤灰影响系数 γ_f 和粒化高炉矿渣粉影响系数 γ_s

种类 掺量(%)	粉煤灰影响系数 γ_f	粒化高炉矿渣粉影响系数 γ_s
0	1.00	1.00
10	0.85～0.95	1.00
20	0.75～0.85	0.95～1.00
30	0.65～0.75	0.90～1.00
40	0.55～0.65	0.80～0.90
50	—	0.70～0.85

注：①采用Ⅰ级或Ⅱ级粉煤灰宜取上限值。

②采用S75级粒化高炉矿渣粉宜取下限值，采用S95级粒化高炉矿渣粉宜取上限值，采用S105级粒化高炉矿渣粉可取上限值加0.05。

③当超出表中的掺量时，粉煤灰和粒化高炉矿渣粉影响系数应经试验确定。

2) 当水泥28 d胶砂抗压强度(f_{ce})无实测值时，可按下式计算：

$$f_{ce} = \gamma_c f_{ce,g} \tag{3-6}$$

式中　γ_c——水泥强度等级值的富余系数，可按实际统计资料确定，当缺乏实际统计资料时，也可按表3-15选用；

$f_{ce,g}$——水泥强度等级值(MPa)。

表3-15　水泥强度等级值的富余系数 γ_c

水泥强度等级值	32.5	42.5	52.5
富余系数 γ_c	1.12	1.16	1.10

3）回归系数 α_a 和 α_b 宜按下列规定确定：

（1）根据工程所使用的原材料，通过试验建立的水胶比与混凝土强度关系式来确定；

（2）当不具备上述试验统计资料时，可按表 3-16 采用。

表 3-16 回归系数 α_a、α_b 选用表

系数 \ 粗骨料品种	碎石	卵石
α_a	0.53	0.49
α_b	0.20	0.13

4.选取混凝土的单位用水量和外加剂用量

1）每立方米干硬性或塑性混凝土的用水量（m_{w0}）应符合下列规定：

（1）混凝土水胶比在 0.40～0.80 范围时，可按表 3-17 和表 3-18 选取；

（2）混凝土水胶比小于 0.40 时，可通过试验确定。

表 3-17 干硬性混凝土的用水量 （单位 kg/m³）

拌和物稠度		卵石最大公称粒径/mm			碎石最大公称粒径/mm		
项目	指标	10.0	20.0	40.0	16.0	20.0	40.0
维勃稠度/s	16～20	175	160	145	180	170	155
	11～15	180	165	150	185	175	160
	5～10	185	170	155	190	180	165

表 3-18 塑性混凝土的用水量 （单位 kg/m³）

拌和物稠度		卵石最大公称粒径/mm				碎石最大公称粒径/mm			
项目	指标	10.0	20.0	31.5	40.0	16.0	20.0	31.5	40.0
坍落度/mm	10～30	190	170	160	150	200	185	175	165
	35～50	200	180	170	160	210	195	185	175
	55～70	210	190	180	170	220	105	195	185
	75～90	215	195	185	175	230	215	205	195

注：①本表用水量系采用中砂时的取值。采用细砂时，每立方米混凝土用水量可增加 5～10 kg；采用粗砂时，可减少 5～10 kg。

②掺用矿物掺和料和外加剂时，用水量应相应调整。

2）掺外加剂时，每立方米流动性或大流动性混凝土的用水量（m_{w0}）可按式(3-7)计算：

$$m_{w0}=m'_{w0}(1-\beta) \tag{3-7}$$

式中　m_{w0}——计算配合比每立方米混凝土的用水量(kg/m³)；

m'_{w0}——未掺外加剂时推定的满足实际坍落度要求的每立方米混凝土用水量(kg/m³)，以表3-18中90 mm坍落度的用水量为基础，按每增大20 mm坍落度相应增加5 kg用水量来计算；当坍落度增大到180 mm以上时，随坍落度相应增加的用水量可减少；

β——外加剂的减水率(%)，应经混凝土试验确定。

3）每立方米混凝土中外加剂用量（m_{a0}）应按式(3-8)计算：

$$m_{a0} = m_{b0}\beta_a \tag{3-8}$$

式中　m_{a0}——每立方米混凝土中外加剂用量(kg)；

m_{b0}——每立方米混凝土中胶凝材料用量(kg)；

β_a——外加剂掺量(%)，应经混凝土试验确定。

5.计算胶凝材料用量、矿物掺和料用量和水泥用量

1）胶凝材料用量。

(1) 每立方米混凝土的胶凝材料用量（m_{b0}）应按式(3-9)计算，并应进行试拌调整，在拌和物性能满足的情况下，取得经济的胶凝材料用量：

$$m_{b0} = \frac{m_{w0}}{W/B} \tag{3-9}$$

式中　m_{b0}——计算配合比每立方米混凝土中胶凝材料用量(kg/m²)；

m_{w0}——计算配合比每立方米混凝土的用水量(kg/m³)；

W/B——混凝土水胶比。

(2) 混凝土的最小胶凝材料用量应符合表3-18的规定，配制C15及其以下强度等级的混凝土，可不受表3-19的限制。

表3-19　混凝土的最小胶凝材料用量

最大水胶比	最小胶凝材料用量/(kg/m³)		
	素混凝土	钢筋混凝土	预应力混凝土
0.60	250	280	300
0.55	280	300	300
0.50	320		
≤0.45	330		

(3) 对于同一强度等级混凝土，矿物掺和料掺量增加会使水胶比相应减小，如果取用水量不变，按式(3-9)计算的胶凝材料用量也会增加，并可能不是最节约的胶凝材料的用量，因此，实际还需进行试配调整，经过试拌选取一个满足拌和物性能要求的、较节约的胶凝材料用量。

2) 矿物掺和料用量。

(1) 每立方米混凝土的矿物掺和料用量(m_{f0})应按式(3-10)计算：

$$m_{f0} = m_{b0}\beta_f \tag{3-10}$$

式中 m_{f0}——计算配合比每立方米混凝土中矿物掺和料用量(kg/m^3)；

β_f——矿物掺和料掺量(%)，可按表 3-20、表 3-21 以及水胶比的计算确定符合强度要求的矿物掺和料掺量 β_f。

(2) 矿物掺和料在混凝土中的掺量应通过试验确定。钢筋混凝土中矿物掺和料最大掺量宜符合表 3-20 的规定；预应力钢筋混凝土中矿物掺和料最大掺量宜符合表 3-21 的规定。

表 3-20 钢筋混凝土中矿物掺和料最大掺量

矿物掺和料种类	水胶比	最大掺量(%)	
		硅酸盐水泥	普通硅酸盐水泥
粉煤灰	≤0.40	≤45	≤35
	>0.40	≤40	≤30
粒化高炉矿渣粉	≤0.40	≤65	≤55
	>0.40	≤55	≤45
钢渣粉	—	≤30	≤20
磷渣粉	—	≤30	≤20
硅灰	—	≤10	≤10
复合掺和料	≤0.40	≤60	≤50
	>0.40	≤50	≤40

注：①采用硅酸盐水泥和普通硅酸盐水泥之外的通用硅酸盐水泥时，混凝土中水泥混合材和矿物掺和料用量之和应不大于按普通硅酸盐水泥用量 20%计算混合材和矿物掺和料用量之和；

②对基础大体积混凝土，粉煤灰、粒化高炉矿渣粉和复合掺和料的最大掺量可增加 5%；

③复合掺和料中各组分的掺量不宜超过任一组分单掺时的最大掺量。

表 3-21　预应力钢筋混凝土中矿物掺和料最大掺量

矿物掺和料种类	水胶比	最大掺量(%)	
		硅酸盐水泥	普通硅酸盐水泥
粉煤灰	≤0.40	≤35	≤30
	>0.40	≤25	≤20
粒化高炉矿渣粉	≤0.40	≤55	≤45
	>0.40	≤45	≤35
钢渣粉	—	≤20	≤10
磷渣粉	—	≤20	≤10
硅灰	—	≤10	≤10
复合掺和料	≤0.40	≤50	≤40
	>0.40	≤40	≤30

注:①粉煤灰应为Ⅰ级或Ⅱ级F类粉煤灰;

②在复合掺和料中,各组分的掺量不宜超过单掺时的最大掺量。

3）水泥用量。

每立方米混凝土的水泥用量(m_{c0})应按式(3-11)计算:

$$m_{c0} = m_{b0} - m_{f0} \tag{3-11}$$

式中　m_{c0}——计算配合比每立方米混凝土中水泥用量(kg/m^3)。

计算矿物掺和料用量所采用的矿物掺和料掺量是在计算水胶比过程中选用不同掺量经过比较后确定的。计算得出的胶凝材料、矿物掺和料和水泥的用量还要在试配过程中调整验证。

6.选取砂率

砂率(β_s)应根据骨料的技术指标、混凝土拌和物性能和施工要求,参考既有历史资料确定。

当缺乏砂率的历史资料时,混凝土砂率的确定应符合下列规定:

1）坍落度小于 10 mm 的混凝土,其砂率应经试验确定。

2）坍落度为 10～60 mm 的混凝土,其砂率可根据粗骨料品种、最大公称粒径及水胶比按表 3-21 选取。

3）坍落度大于 60 mm 的混凝土砂率,其砂率可经试验确定,也可在表 3-22 的基础上,按坍落度每增大 20 mm、砂率增大 1%的幅度予以调整。

表 3-22　混凝土的砂率(%)

水胶比	卵石最大公称粒径/mm			碎石最大公称粒径/mm		
	10.0	20.0	40.0	16.0	20.0	40.0
0.40	26～32	25～31	24～30	30～35	29～34	27～32
0.50	30～35	29～34	28～33	33～38	32～37	30～35
0.60	33～38	32～37	31～36	36～41	35～40	33～38
0.70	36～41	35～40	34～39	39～44	38～43	36～41

注:①本表数值系中砂的选用砂率,对细砂或粗砂,可相应地减少或增大砂率;

②采用人工砂配制混凝土时,砂率可适当增大;

③只用一个单粒级粗骨料配制混凝土时,砂率应适当增大。

砂率对混凝土拌和物性能影响较大,可调整范围略宽,也关系到材料成本,因此,按上述规定选取砂率仅是初步的,需要在试配过程中确定合理的砂率。

7.计算粗、细骨料用量

在已知混凝土用水量、外加剂用量、胶凝材料用量、矿物掺和料用量、水泥用量和砂率的情况下,可用质量法和体积法求出粗细骨料的用量。

1) 当采用质量法计算混凝土配合比时,粗、细骨料用量应按式(3-12)计算;砂率应按式(3-13)计算:

$$m_{f0} + m_{c0} + m_{g0} + m_{s0} + m_{w0} = m_{cp} \tag{3-12}$$

$$\beta_s = \frac{m_{s0}}{m_{g0} + m_{s0}} \times 100\% \tag{3-13}$$

式中　m_{g0}——计算配合比每立方米混凝土的粗骨料用量(kg/m³);

m_{s0}——计算配合比每立方米混凝土的细骨料用量(kg/m³);

m_{w0}——计算配合比每立方米混凝土的用水量(kg);

β_s——砂率(%);

m_{cp}——每立方米混凝土拌和物的假定质量(kg),可取 2350～2450 kg/m³。

2)采用体积法计算混凝土配合比时,砂率应按式 (3-13)计算,粗、细骨料用量应按公式(3-14)计算:

$$\frac{m_{c0}}{\rho_c} + \frac{m_{f0}}{\rho_f} + \frac{m_{g0}}{\rho_g} + \frac{m_{s0}}{\rho_s} + \frac{m_{w0}}{\rho_w} + 0.01\alpha = 1 \tag{3-14}$$

式中　ρ_c——水泥密度(kg/m³),可按《水泥密度测定方法》(GB/T 208－1994)测定,也可取 2900～3100kg/m³;

ρ_f——矿物掺和料密度(kg/m³),可按《水泥密度测定方法》(GB/T 208－1994)测定;

ρ_g——粗骨料的表观密度（kg/m³），应按《普通混凝土用砂、石质量及检验方法标准》（JGJ 52－2006）测定；

ρ_s——细骨料的表观密度（kg/m³），应按《普通混凝土用砂、石质量及检验方法标准》（JGJ 52－2006）测定；

ρ_w——水的密度（kg/m³），可取 1000 kg/m³；

α——混凝土的含气量百分数，在不使用引气剂或引气型外加剂时，α 可取为 1。

与质量法比较，体积法需要测定水泥和矿物掺和料的密度以及骨料的表观密度等，对技术条件要求较高。

8.混凝土配合比的试配、调整与确定

1）试配。

(1) 混凝土试配应采用强制式搅拌机进行搅拌，并应符合《混凝土试验用搅拌机》(JG 244－2009)的规定，搅拌方法宜与施工采用的方法相同。

(2) 试验室成型条件应符合《普通混凝土拌和物性能试验方法标准》(GB/T 50080－2002)的规定。

(3) 如果搅拌量太小，由于混凝土拌和物浆体粘锅因素影响和体量不足等原因，使得拌和物的代表性不足。因此，每盘混凝土试配的最小搅拌量应符合表 3-23的规定，并不应小于搅拌机公称容量的 1/4 且不应大于搅拌机公称容量。

表 3-23　混凝土试配的最小搅拌量

粗骨料最大公称粒径/mm	最小搅拌的拌和物量/L
≤31.5	20
40.0	25

(4)在试配过程中，首先是试拌，调整混凝土拌和物。试拌调整过程中，在计算配合比的基础上，保持水胶比不变，尽量采用较少的胶凝材料用量，以节约胶凝材料为原则，通过调整外加剂用量和砂率，使混凝土拌和物坍落度及和易性等性能满足施工要求，提出试拌配合比。

(5) 在试拌配合比的基础上应进行混凝土强度试验，并应符合下列规定：

①应至少采用三个不同的配合比。其中一个应为上一条确定的试拌配合比，另外两个配合比的水胶比宜较试拌配合比分别增加和减少 0.05，用水量应与试拌配合比相同，砂率可分别增加和减少 1%。

②进行混凝土强度试验时，拌和物性能应符合设计和施工要求；

③进行混凝土强度试验时，每个配合比应至少制作一组试件，并应标准养护到 28 d 或设计规定龄期时试压。

在没有特殊规定的情况下，混凝土强度试件在 28 d 龄期进行抗压试验；当规定采用 60 d 或 90 d 等其他龄期的设计强度时，混凝土强度试件在相应的龄期进行抗压试验。

2）配合比的调整与确定。

(1) 配合比调整应符合下述规定：

①根据混凝土强度试验结果，宜绘制强度和水胶比的线性关系图或插值法确定略大于配制强度对应的水胶比；

②在试拌配合比的基础上，用水量（m_w）和外加剂用量（m_a）应根据确定的水胶比作调整；

③胶凝材料用量（m_b）应以用水量乘以确定的水胶比计算得出；

④粗骨料和细骨料用量（m_g 和 m_s）应根据用水量和胶凝材料用量进行调整。

(2) 混凝土拌和物表观密度和配合比校正系数的计算应符合下列规定：

①根据上述规定，配合比调整后的混凝土拌和物的表观密度应按式(3-15)计算：

$$\rho_{c,c} = m_c + m_f + m_g + m_s + m_w \tag{3-15}$$

式中 $\rho_{c,c}$——混凝土拌和物的表观密度计算值（kg/m^3）；

m_c——每立方米混凝土的水泥用量（kg/m^3）；

m_f——每立方米混凝土的矿物掺和料用量（kg/m^3）；

m_g——每立方米混凝土的粗骨料用量（kg/m^3）；

m_s——每立方米混凝土的细骨料用量（kg/m^3）；

m_w——每立方米混凝土的用水量（kg/m^3）。

②混凝土配合比校正系数应按式(3-16)计算：

$$\delta = \frac{\rho_{c,t}}{\rho_{c,c}} \tag{3-16}$$

式中 δ——混凝土配合比校正系数；

$\rho_{c,t}$——混凝土拌和物表观密度实测值（kg/m^3）。

③当混凝土拌和物表观密度实测值与计算值之差的绝对值不超过计算值的2%时，按规定调整的配合比可维持不变；当二者之差超过 2%时，应将配合比中每项材料用量均乘以校正系数（δ）。

(3) 配合比调整后，应测定拌和物水溶性氯离子含量，试验结果应符合表 3-24的要求。

表 3-24　混凝土拌和物中水溶性氯离子最大含量

<table>
<tr><th rowspan="2">环境条件</th><th colspan="3">水溶性氯离子最大含量(水泥用量的质量百分比,%)</th></tr>
<tr><th>钢筋混凝土</th><th>预应力混凝土</th><th>素混凝土</th></tr>
<tr><td>干燥环境</td><td>0.3</td><td rowspan="4">0.06</td><td rowspan="4">1.0</td></tr>
<tr><td>潮湿但不含氯离子的环境</td><td>0.2</td></tr>
<tr><td>潮湿而含有氯离子的环境、盐渍土环境</td><td>0.1</td></tr>
<tr><td>除冰盐等侵蚀性物质的腐蚀环境</td><td>0.06</td></tr>
</table>

(4) 在确定设计配合比前,应对设计规定的混凝土耐久性能进行试验验证,例如设计规定的抗水渗透、抗氯离子渗透、抗冻、抗碳化和抗硫酸盐侵蚀等耐久性能要求,以保证混凝土质量满足设计的规定性要求。

(5) 生产单位可根据常用材料设计出常用的混凝土配合比备用,并应在启用过程中予以验证或调整。遇有下列情况之一时,应重新进行配合比设计:

①对混凝土性能有特殊要求时;

②水泥外加剂或矿物掺和料等原材料品种、质量有显著变化时。

三、现浇混凝土现场搅拌和运输技术要点

1.混凝土现场拌制

1) 施工要点。

(1) 原材料计量。各种计量用器具应定期校验,每次使用前应进行零点校核,保持计量准确。当遇雨天或含水率有显著变化时,应增加含水率检测次数,并及时调整混凝土中所用的砂、石、水用量。混凝土原材料每盘计量的允许偏差应符合规定。

① 砂石计量。用手推车上料,磅秤计量时,必须车车过磅;有贮料斗及配套的计量设备,采用自动或半自动上料时,需调整好斗门关闭的提前量,以保证计量准确。

② 水泥计量。采用袋装水泥时,应对每批进场水泥进行抽检 10 袋的质量,取实际质量的平均值,少于标定质量的要开袋补足;采用散装水泥时,应每盘精确计量。

③ 外加剂及掺和料计量。对于粉状的外加剂和掺和料,应按施工配合比每盘的用料,预先在外加剂和掺和料存放的仓库中进行计量,并以小包装运到搅拌地点备用;液态外加剂要随用随搅拌,并用比重计检查其浓度,用量筒计量。

④ 水计量。水必须每盘计量。

(2) 施工现场配合比调整。

① 在施工现场,取一定质量的有代表性的湿砂、湿石(石子干燥时可不测),测其含水率,则施工配合比中,每方混凝土的材料用量如下:

a. 湿砂质量=理论配合比中的干砂质量×(1+砂子含水率)。

b. 湿石子质量=理论配合比中的干石子质量×(1+石子含水率)。

c. 水的质量=理论配合比中水的质量-干砂质量×砂含水率-干石质量×石子含水率。

d. 水泥、掺和料(粉煤灰、膨胀剂)、外加剂质量同于理论配合比中的质量。

② 结合现场混凝土搅拌机的容量,计算出每盘混凝土材料用量,供施工时执行。

(3) 上料。

① 当采用粉状外加剂时,将计量好的砂、石、水泥、掺和料及粉状外加剂汇集在搅拌机的上料斗中,经上料斗进入搅拌筒。水直接进入搅拌筒。

② 当采用液态外加剂时,水及液态外加剂经计量后,直接进入搅拌筒。

(4) 混凝土搅拌。

① 第一盘混凝土拌制的操作。每次拌制第一盘混凝土时,先加水使搅拌筒空转数分钟,搅拌筒被充分湿润后,将剩余积水倒净。搅拌第一盘时,由于砂浆粘筒壁而损失。因此,石子的用量应按配合比减10%。

② 从第二盘开始,按给定的混凝土配合比投料。

③ 搅拌时间。混凝土搅拌的最短时间应从搅拌机型、出料量、坍落度、混凝土强度、气温等多方面考虑控制。混凝土搅拌的最短时间应符合表3-25的要求。

表3-25 混凝土搅拌的最短时间 (单位:s)

混凝土的坍落度/mm	搅拌机机型	搅拌机容积/L		
		<250	250~650	>650
≤30	自落式	135	180	225
	强制式	90	135	180
>30	自落式	185	135	180
	强制式	90	90	135

注:表中搅拌机容积为出料容积。

(5) 出料。出料时,先少许出料,目测拌和物的外观质量,如目测合格方可出料。每盘混凝土拌和物必须出尽。

(6) 现场质量检查。

① 检查拌制混凝土所用原材料的品种、规格和用量,每一工作班至少两次。

② 检查混凝土的坍落度及和易性,每一工作班至少两次。混凝土拌和物应搅拌均匀,颜色一致,具有良好的流动性、聚性、保水性,不泌水,不离析。不符合要求时,应检查原因,及时调整。

③ 混凝土强度等级、取样与试件留置。

④ 混凝土的搅拌时间应随时检查。

(7) 运输:现场拌制的混凝土应及时运输至浇筑地点进行混凝土浇筑施工。混凝土运输、浇筑及间歇的全部时间不应超过混凝土的初凝时间。

2) 季节性施工要点。

(1) 炎热暑期、雨期施工。

① 混凝土拌和物出机温度不宜高于30℃,运至浇筑地点时的温度最高不宜超过35℃。

② 炎热暑期,现场搅拌混凝土用的粗细骨料堆放处应遮阳覆盖。水泥、外加剂、掺和料等均应入库存放,避免烈日直晒或雨淋。拌和用水宜采取措施降低水温。

③ 雨期期间,应做好防雨、防潮、防雷电等措施,及时排除搅拌地点的积水。

(2) 冬期施工。

① 混凝土所用骨料必须清洁,不得含有冰、雪等冻结物及易冻裂的矿物质。

② 冬期拌制混凝土应优先采用加热水的方法,水及骨料的加热温度应根据热工计算确定,但不得超过表3-26的规定。

表3-26 拌和水和骨料最高温度

(单位:℃)

项 目	拌和水	骨料
强度等级<42.5级的普通硅酸盐水泥、矿渣硅酸盐水泥	80	60
强度等级≥42.5级的普通硅酸盐水泥、矿渣硅酸盐水泥	60	40

a. 水泥不得直接加热,宜存放在暖棚内。

b. 当骨料不加热时,水可加热到100℃,但水泥不应与80℃以上的水直接接触,投料顺序为先投入骨料和加热的水,然后再投入水泥。

③ 混凝土拌制前,应用热水或蒸汽冲洗搅拌机,拌制时间应取常温的1.5倍。混凝土拌和物的出机温度应符合混凝土浇筑方案的要求,不宜低于10℃,入模温度不得低于5℃。

④ 冬期混凝土拌制的质量除遵守上述“现场质量检查”的规定外,尚应进行

以下检查：

a. 检查外加剂的掺量。

b. 测量水和外加剂溶液以及骨料的温度。

c. 测量混凝土自搅拌机中卸出时的温度和浇筑时的温度。

以上检查每一工作班至少应测量检查 4 次。

d. 冬期混凝土试块的留置除应符合质量验收要求的规定外，尚应增设不少于两组与结构同条件养护的试件，分别用于检验受冻前的混凝土强度和转入常温养护 28 d 的混凝土强度。

3)成品保护。

(1)现场拌制的混凝土运输到浇筑地点后应及时浇筑，不得在已拌制的混凝土中加水，以确保混凝土质量。

(2)混凝土浇筑地点应备有专用的盛装混凝土容器。外溢被污染的混凝土不得使用。

4)混凝土现场搅拌应注意的质量问题。

(1)在混凝土拌制阶段应注意控制各种原材料的质量，严格按配合比拌制混凝土，确保原材料计量准确，以防止混凝土强度达不到设计要求。

(2)为防止混凝土裂缝，应根据混凝土应用范围和特点，合理选择原材料，严格控制粗细骨料的含泥量；对炎热季节要采取措施，降低混凝土的浇筑温度；冬期应按冬期施工要求拌制混凝土。

(3)为保证拌和物的和易性和坍落度，现场拌制混凝土时，应严格控制水灰比；石子和砂应级配良好，注意控制石子的针、片状颗粒的含量；按有关规定和试配要求控制拌和物的搅拌时间和外加剂的掺量。

(4)为防止冬期施工混凝土发生冻害，应严格执行冬施的有关规定，在混凝土拌制阶段应对骨料和水进行加热，保证混凝土的出机温度和入模温度。

2. 混凝土运输

1) 混凝土运输到浇筑地点，应符合混凝土浇筑时规定的坍落度。在混凝土运输中应控制混凝土运至浇筑地点后不离析、不分层、组成成分不发生变化，并保证混凝土施工所需要的工作性能。运送混凝土的容器和管道，要不吸水、不漏浆，并保证卸料及输送通畅。容器和管道在冬、夏季都要有保温或隔热措施。

2) 混凝土应以最少的转运次数和最短时间，从搅拌地点运到浇筑地点。采用搅拌车运输时，混凝土从搅拌机中卸出到浇筑完毕的延续时间不宜超过表 3-27的规定。

表 3-27　混凝土从搅拌机中卸出到浇筑完毕的延续时间　（单位：min）

混凝土强度等级	气温	
	≤25℃	>25℃
≤C30	120	90
>C30	90	60

注：对掺加外加剂或快硬水泥拌制的混凝土，其延续时间应按试验确定。

3）当采用机动翻斗车运输时，场内道路应平坦，临时坡道和支架应牢固，接头须平顺，以减少混凝土在运输过程中因振荡、颠簸造成分层离析或遗撒。

四、现浇混凝土浇筑技术要点

1. 浇筑前准备工作

1）混凝土强度检验。

（1）混凝土取样与试件留置。

为保证混凝土的质量，做到有效控制，要对混凝土强度进行强制检验，结构混凝土的强度检测试件，应在混凝土浇筑地点随机抽取。取样及试件留置应符合下列规定：

①每拌制 100 盘，且不超过 100 m^3 的同配合比的混凝土，取样不得少于 1 次。

②每工作班拌制的同一配合比的混凝土不足 100 盘时，取样不得少于 1 次。

③当一次连续浇筑超过 100 m^3 时，同一配合比的混凝土，每 200 m^3 取样不得少于 1 次。

④每一楼层、同一配合比的混凝土，取样不得少于 1 次。

⑤每次取样应至少留置一组标准养护试件。同条件养护试件的留置组数，应根据实际需要确定。

（2）强度试件的制作尺寸和强度换算

混凝土强度检验试件的制作，干硬性混凝土应采用振动台制作；非干硬性混凝土可采用人工制作。人工插捣成形的方法如下。

①其所用的试模尺寸及强度换算见表 3-28。

表 3-28　混凝土试件尺寸及强度的尺寸换算系数

骨料最大粒径/mm	试件尺寸/mm	强度的尺寸换算系数
≤31.5	100×100×100	0.95
≤40	150×150×150	100
≤63	200×200×200	1.05

注：对强度等级为 C60 及以上的混凝土试件，其强度的尺寸换算系数可通过试验确定。

②混凝土分 2 层投入试模，用 ϕ16 mm 钢棒插捣。

③插捣时呈螺旋形，从边缘至中心移动。

④插捣棒应垂直插捣，并深入下层。

⑤插捣次数：100 mm 立方模为 12 次；150 mm 立方模为 25 次；200 mm 立方模为 50 次。

⑥用抹刀沿试模内壁插动数次，再将表面抹平。

⑦覆盖、静置 1～2 d 后脱模，再在静水中养护 28 d 后试压。

2)地基的检查与清理。

(1)在地基上直接浇筑混凝土时(如基础、地面)，应对其轴线位置、标高和各部位尺寸进行严格的复核和检查，如发现不符，应立即予以修正。

(2)清除地基底面上的杂物和淤泥浮土。地基面上凹凸不平处，应加以修理整平或夯平。

(3)对于干燥的非黏土地基，应洒水润湿，对于岩石地基或混凝土基础垫层，应用清水清洗并润湿，且不得留有积水。

(4)对于有地下水涌出、地表水流入或雨大积水的地基，应考虑排水，并应考虑混凝土浇筑后及硬化过程中的排水措施，以防冲刷新浇筑的混凝土。

(5)检查基槽和基坑的支护及边坡的安全措施，以避免运输车辆行驶而造成塌方事故。

3)模板的检查。

(1)检查模板的轴线位置、标高、截面尺寸以及预留孔洞和预埋件的位置，应与设计相一致，并符合表 3-29 和表 3-30 的要求。

表 3-29　预埋件和预留洞的允许偏差

项　目		允许偏差/mm
预埋钢板中心线位置		3
预埋管、预留孔中心线位置		3
插筋	中心线位置	5
	外露长度	+10,0
预埋螺栓	中心线位置	2
	外露长度	+10,0
预留洞	中心线位置	10
	尺寸	+10,0

注：检查中心线位置时，应沿纵、横两个方向量测，并取其中的较大值。

表 3-30 现浇结构模板安装的允许偏差及检验方法

项目		允许偏差/mm	检验方法
轴线位置		5	金属直尺检查
底模上表面标高		±5	水准仪或拉线、金属直尺检查
截面内部尺寸	基础	±10	金属直尺检查
	柱、墙、梁	+4,−5	金属直尺检查
层高垂直度	不大于 5 m	6	经纬仪或吊线、金属直尺检查
	小于 5 m	8	经纬仪或吊线、金属直尺检查
相邻两板表面高低差		2	金属直尺检查
表面平整度		5	2 m 靠尺和塞尺检查

注:检查轴线位置时,应沿纵、横两个方向量测,并取其中的较大值。

(2)检查模板的支撑是否牢固,对于妨碍浇筑的支撑应加以调整,以免在浇筑过程中产生变形、位移和影响浇筑。

(3)模板安装时应认真涂刷隔离剂,以利于脱模。模板内的泥土、木屑等杂物应清除。

(4)木模应浇水充分润湿,尚未胀密的缝隙应用纸筋灰或水泥袋纸嵌塞。对于缝隙较大处应用木片等填塞,以防漏浆。

(5)检查模板接缝的密合情况,缝隙和孔洞也应堵塞。

(6)模板和隐蔽项目就分别进行检查和隐检验收,符合要求时,方可进行浇筑。

4)钢筋检查。

(1)钢筋及预埋件的规格、数量安装位置应与设计相一致,绑扎与安装应牢固,见表 3-31。

表 3-31 钢筋安装位置的允许偏差和检验方法

项目			允许偏差/mm	检验方法
绑扎钢筋	长、宽		±10	钢尺检查
	网眼尺寸		±20	钢尺量连续三档,取最大值
绑扎钢筋骨架	长		±10	钢尺检查
	宽、高		±5	钢尺检查
受力钢筋	间距		±10	钢尺量两端、中间各一点取最大值
	排距		±5	
	保护层	基础	±10	金属直尺检查
		柱、梁	±5	金属直尺检查
		板、墙、壳	±3	金属直尺检查

续表

项　目		允许偏差/mm	检 验 方 法
绑扎箍筋、横向钢筋间距		±20	钢尺量连续三档，取最大值
钢筋弯起点位置		20	钢尺检查
预埋件	中心线位置	5	钢尺检查
	水平高差	+3 0	钢尺和塞尺检查

注：①检查预埋件中心线位置时，应沿纵、横两个方向量测，并取其中的较大值。

②表中梁类、板类构件上部纵向受力钢筋保护层厚度的合格点率应达到90%及以上，且不得有超过表中数值1.5倍的尺寸偏差。

(2)清除钢筋上的油污、砂浆等，并按规定加垫好钢筋的混凝土保护层，见表3-32。

表3-32　受力钢筋混凝土保护层最小厚度　(单位：mm)

序号	环境条件	构件类别	混凝土强度等级		
			≤C20	C25及C30	≥C35
1	室内正常环境	板、墙、壳	15		
		梁和柱	25		
2	露天或室内高湿度环境	板、墙、壳	35	25	15
		梁和柱	45	35	25
3	有垫层	基础	35		
	无垫层		70		

注：①处于室内正常环境中，由工厂生产的预制构件，当混凝土强度等级不低于C20时，其保护层厚度可按表中规定减小5 mm，但预制构件中的预应力钢筋(包括冷拔低碳钢丝)的保护层厚度不应小于15 mm；处于露天或室内高湿度环境的预制构件，当表面另做水泥砂浆抹面层且有质量保证措施时，保护层厚度可按表中室内正常环境中构件的数值采用。

②钢筋混凝土受弯构件、钢筋端头的保护层厚度宜为10 mm。梁、柱中箍筋和构造筋的保护层厚度不应小于15 mm。

(3)做好钢筋等隐蔽项目的检查与验收，符合要求时，方可进行浇筑。混凝土振捣器是施工现场用途最广泛最主要的浇筑机械。混凝土振捣器是一种利用小振幅、高频率的振动，使混凝土密实的机具。它有使混凝土内部砂、石料颗粒达到合适的位置，并使混凝土内的空气排出，使拌和料组织致密的作用。

5)供水、供电及原材料的保证。

(1)浇筑期间应保证水、电及照明不中断，应考虑临时停水断电的应急措施。

(2)浇筑地点应贮备一定数量的水泥、砂、石等原材料，并满足配合比要求，以保证浇筑的连续性。

6)机具的检查及准备。

(1)搅拌机、运输车辆、振捣器及串筒、溜槽、料斗应按需准备充足，并保证完好。

(2)准备急需的必备品、配件等，以备修理用。

7)道路及脚手架的检查。

(1)运输道路应平整通畅，无障碍物，应考虑空载和重载车辆的分流，以免发生碰撞。

(2)脚手架的搭设应安全牢固，脚手板的铺设应合理适用，并能满足浇筑的要求。

8)安全与技术交底。

(1)安全设施检查以及安全技术的交底工作，以消除事故隐患。

(2)对班组的计划工作量、劳动力组合与分工、施工顺序及方法、施工缝的留置位置及处理、操作要点及要求，进行技术交底。

9)其他及管理措施。

(1)做好浇筑期间的防雨、防冻、防曝晒的设施准备工作，以及浇筑完毕后的养护准备工作。混凝土施工的管理，关系到施工的安全、质量的进度。

(2)注意现场交通路桥的安全，如施工中有变异，应及时纠正。

(3)行走时不准踩踏钢筋，不得用竖向模板或模型支架支承桥板。

(4)桥板应有独立的马凳或支座作支承，更不得用钢筋骨架支承桥板。

(5)钢筋的保护层垫块如有位移、松动或丢失，应及时恢复原状和补充。

(6)模板内的垃圾、废纸、竹木片等应清理干净。

(7)模板拼缝应密合，如有缝隙应在浇筑前妥善封堵。

(8)浇筑过程中应有专人巡视检查模板支撑系统是否稳定，有无变动或下沉等。若有问题应及时上报技术主管，组织人力加固。

(9)模板如有漏浆，应及时填缝补救；如严重漏浆，应按上述(7)处理。

(10)浇筑进行中，应随时抽查新进场混凝土的工作性及强度的试件留样。如工作性有变异，应及时提出，由技术主管通知供应部门纠正。

(11)建议在现场设立挂牌制度。将各工序的进度、质量、安全、应注意的问题等公布，包括：工程进度计划、模板、钢筋、预埋件等验收质量表。混凝土浇筑后，应在醒目位置标示初凝期、终凝期、养护期等具体日期，避免人为的质量事故。

2.混凝土振捣施工要点

1)振捣器的分类。

按振动力传动方式可分为内部振捣器、外部振捣器和表面振捣器三种。

(1)内部振捣器:内部振捣器俗称插入式振捣器(图 3-2),它的传动部分有硬轴和软轴两种形式,以软轴式使用最为广泛。内部振捣器的振动部分又分外向锤式、片式和插式几种,并有不同振动频率的多种型号。

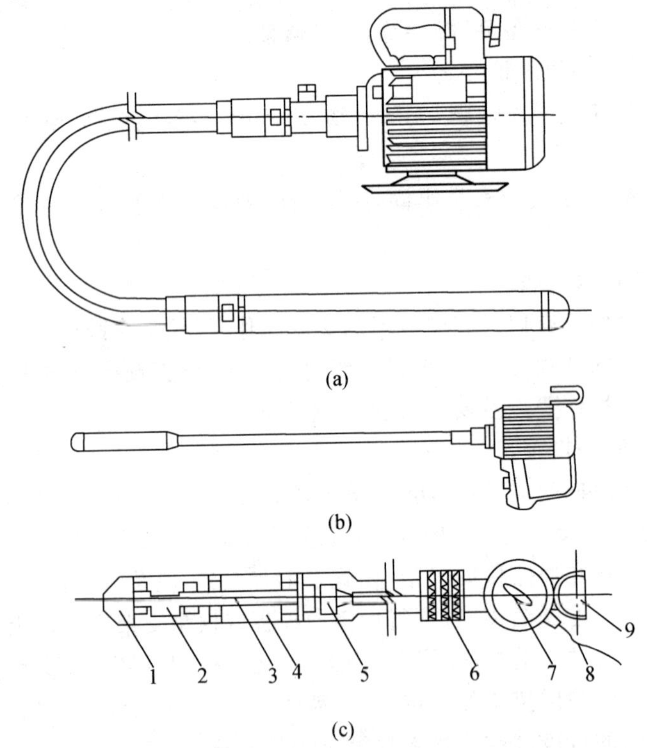

图 3-2 插入式振捣器

(a)电动软轴插入式振捣器;(b)电动便携式插入式振捣器;(c)电动直联插入振捣器

1—端盖;2—偏心块;3—电动机转子;4—电动机定子

5—电源盒;6—减振器;7—开关;8—电源线;9—手柄

内部振捣器适用于捣固各种梁、柱、基础及截面尺寸较大的混凝土墙、板等,但对于钢筋较稠密或截面尺寸较小、较薄的构件的捣固,使用时受到一定的限制。

(2)外部振捣器:外部振捣器又称附着式振捣器,这种振捣器通常利用螺栓或夹具将其固定在模板外侧,并通过模板将振动力传递给混凝土,使之捣实。它适用于钢筋稠密的垂直薄壁结构的振捣。

附着式振捣器的振动深度一般为 25 cm，如构件尺寸较厚时，应在较构件模板两侧同时安装振捣器进行振捣。

(3)表面振捣器：表面振捣器又称平板振捣器(图 3-3)，它是在块钢制或木制平板上安装一个带偏心块的电动振捣器。使用时，振动通过平板传递给混凝土。

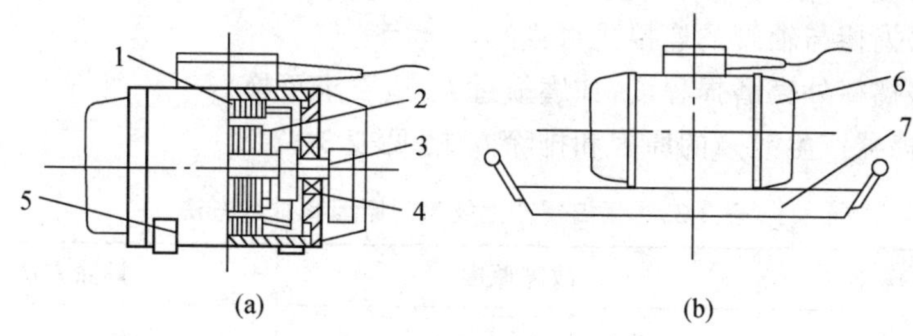

图 3-3　表面振捣器

(a)振捣器电动机构造；(b)平板振捣器；

1—定子；2—转子；3—可调偏心块；4—定量偏心块

5—联结座；6—振动电动机；7—平板底盘

平板振捣器的有效作用深度很小，在双筋平板中约为 12 mm，在无筋或单筋平板中约为 20 mm，因此，表面振捣器适用于振捣空心板、平板及楼地面等。

2)振捣器的维护与保养。

(1)插入式振捣器的维护与保养主要要做到以下几点：

①插入式振捣器使用完毕后，应清理各个部分的表面。软轴与振动棒连接处及各连接件，不应粘有水泥浆，以免螺纹被胶结，影响拆卸和使用，清理后放干燥处保管。

②定期维修，应每年不少于一次，维修时，要清洗轴承，更换润滑油脂。

③未使用的软轴、软管备件，应呈直线平放，不可弯折乱放。如发现钢丝软轴有弯折、断丝、断股时应换新轴。也可将损坏处锯去，重新用锡焊上。

④振捣棒一般使用 100～150 h 后，应拆卸棒内所有零件，并逐件进行清洗。重新组装时，除轴承外所有零件必须清除油污，油封以下部分应保证无油，否则将影响棒头振动。

⑤重机安装的振捣棒，两端螺纹连接处必须旋紧，以防止灰浆进入棒内，而造成振捣棒不动，或在振捣中棒头顶盖落入混凝土内。

(2)附着式振捣器和平板振捣器的维护和保养一般应注意以下四点。

①振捣器不应在干硬的土地上或其硬物上运转，以免振捣器因振跳过甚而损坏。

②振捣器一般使用 300 h 后应拆开清洗轴承、更换润滑油脂。若轴承磨损过甚，须及时更换，避免因转子与定子摩擦而损坏振捣器。

③振捣器应经常保持外壳清洁，以利于电动机散热。

④振捣器所使用的电线必须完好无损，电动机接地应正确。

3)振捣器使用前的检查。

(1)绝缘是否良好。

(2)漏电开关有无安装。

(3)振捣棒与轴管的连接是否良好。

(4)振捣棒外壳磨损程度，如磨损过大，应要求更换。

4)振捣器产生故障的原因和排除方法，见表3-33。

表3-33 振捣器产生故障的原因和排除方法

故障现象	故障原因	排除方法
电动机定子过热，机体温度过高(超过额定温升)	1.工作时间过久 2.定子受潮，绝缘程度降低 3.负荷过大 4.电源电压过大，过低，时常变动及三相不平衡 5.导线绝缘不良，电流流入地中 6.线头接头不紧	1.停止作业，让其冷却 2.应立即干燥 3.检查原因，调整负荷 4.用电压表测定，并进行调整 5.用绝缘布缠好损坏处 6.重新接紧线头
电动机有强烈的钝音，同时发生转速降低，振动力减小	1.定子磁铁松动 2.一相熔丝断开或内部断裂	1.应拆除检修 2.更换熔丝和修理断线处
电动机线圈烧坏	1.定子过热 2.绝缘严重受潮 3.相间短路，内部混线或接线错误	必须部分或全部重绕定子线圈
电动机或把手有电	1.导线绝缘不良漏电，尤其在开关盒接头处 2.定子的一相绝缘破坏	1.用绝缘胶布包好破裂处 2.应检修绕圈
开关冒火花，开关熔丝易断	1.线路短路或漏电 2.绝缘受潮，绝缘强度降低 3.负荷过大	1.检查修理 2.进行干燥 3.调整负荷
电动机滚动轴承损坏，转子、定子相互摩擦	1.轴承缺油或油质不好 2.轴承磨损而致损坏	1.更换润滑油 2.更换滚动轴承

续表

故障现象	故障原因	排除方法
振捣棒不振	1.电动机转向反了 2.单向离合器部分机体损坏 3.软轴和机体振动子之间接头处没有接合好 4.钢丝软轴断裂 5.行星式振动子柔性铰损坏或滚子与滚子间有油污	1.需改变接线(交换任意两相) 2.检查单向离合器,必要时加以修理或更换零件 3.将接头连接好 4.重新用焊锡焊接或更换软轴 5.检修柔性铰和清除滚子与滚道间的油污,必要时更换橡胶油封
振捣棒振捣有困难	1.电动机的电压与电源电压不符 2.振捣棒顶盖未拧紧或磨损而漏入灰浆,使滚动轴承损坏 3.振捣棒外壳磨坏,漏入灰浆 4.行星式振动子起振困难 5.滚子与滚道间有油污 6.软管衬簧和钢丝软轴之间摩擦太大	1.调整电源电压 2.清洗或更换滚动轴承,更换或拧紧顶盖 3.更换振捣棒外壳,清洗滚动轴承和加注润滑油 4.摇晃棒头或将捧头尖对地轻轻一碰 5.清洗油污必要时更换油封 6.修理钢丝软轴并使软轴与软轴衬簧的长短相适应
胶皮套管破裂	1.弯曲半径过小 2.用力斜推振捣棒或使用时间过久	割去一段,重新连接或更换新的软管
附着式振捣器机体内有金属撞击声	振动子锁紧,螺栓松脱,振动子产生轴向位移	关机重新锁紧振动子,必要时更换锁紧螺栓
平板式振捣器的底板振动有困难	1.振动子的滚动轴承损坏 2.V带松弛	1.更换滚动轴承 2.调整或更换电动机机座的橡胶垫,调整或更换减振弹簧

5)振捣器的操作方法和要点。

(1)使用插入式振捣器振捣混凝土时的方法和要求。

①启动前应检查电动机接线是否正确,电动机运转方向应与机壳上箭头方向一致。电动机运转方向正确时,振捣棒应发出“呜——”的叫声,振动稳定有力。如振捣棒有“哗——”声而不振动,可摇晃棒头或将棒头对地轻嗑两下,待振捣器发出“呜——”的叫声,振捣正常后,方可投入使用。

②使用时,前后应紧握在振捣棒上端约 50 cm 处,以控制插点,后手扶正软轴,前后手相距 40～50 cm,使振捣棒自然沉入混凝土内。切忌用力硬插或斜推。振捣器振捣方向有直插和斜插两种,见图 3-4。

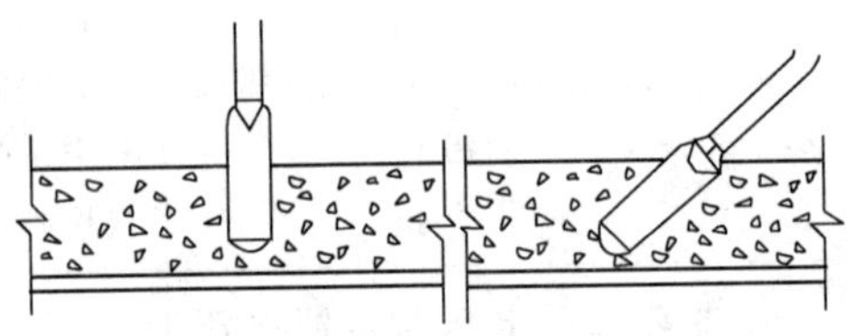

图 3-4　振捣器捱动方向有直插和斜插两种

③插入式振捣器操作时,应做到“快插慢拔”。快插是为了防止表面混凝土先振实而下面混凝土发生分层、离析现象。慢拔是为了使混凝土能填满振捣棒抽出时造成的空洞。振捣器插入混凝土后应上下抽动,抽动幅度为 5～10 cm,以保证混凝土振捣密实。

④混凝土分层灌注时,每层的厚度不应超过振动深度的 1.25 倍,在振动上一层混凝土时,要将振捣棒插入下一层混凝土中约 5 cm,使上下层混凝土接合成一整体。振动上层混凝土要在下层混凝土初凝前进行。

⑤振捣器插点排列要均匀,可按“行列式”或“交错式”的次序移动(图 3-5),两种排列形式不宜混用,以防漏振。普通混凝土的移动间距不宜大于振捣器作用半径的 1.5 倍;轻骨料混凝土的移动间距不宜大于振捣器作用半径的 1 倍;振捣器距离模板不应大于作用半径的 1/2,并应避免碰撞钢筋、模板、芯管、预埋件等。

⑥准确掌握好每个插点的振动时间。时间过长、过短都会引起混凝土离析、分层。每一插点的振动延续时间,一般以混凝土表面呈水平,混凝土拌和物不显著下沉,表面泛浆和不出现气泡为准。

(2)平板振捣器的使用应注意的几个问题。

①平板振捣器因设计时不考虑轴承承受轴向力,故在使用时,电动机轴承应呈水平状。

②平板振捣器在每一位置上连续振动的时间,正常情况下约为 25～40 s,以混凝土表面均匀出现泛浆为准。移动时应成排依次振捣前进,前后位置和排与

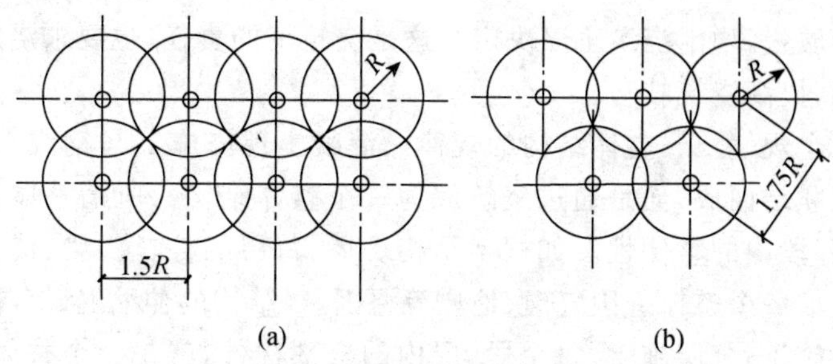

图 3-5　振捣器插点可按“行列式”或“交错式”

(a)行列式排列;(b)交错式排列

排之间,应保证振捣器的平板覆盖已振实部分的边缘,一般重叠 3～5 cm 为宜,以防漏振。移动方向应与电动机转动方向一致。

③平板振捣器的有效作用深度,在无筋和单筋平板中为 20 cm,在双筋平板中约为 12 cm。因此,混凝土厚度一般不超过振捣器的有效作用深度。

④大面积的混凝土楼地面,可采用两台振捣器以同一方向安装在两条木杠上,通过木杠的振动,使混凝土密实,但两台振捣器的频率应保持一致。

⑤振动带斜面的混凝土时,振捣器应由低处逐渐向高处移动,以保证混凝土密实。

(3)附着式振捣器的操作和使用

①附着式振捣器的有效作用深度约为 25 cm,如构件较厚时,可在构件对应两侧安装振捣器同时进行振动。

②在同一模板上同时使用多台附着式振捣器时,各振捣器的频率须保持一致,两面的振捣器应错开位置排列。其位置和间距视结构形状,模板坚固程度,混凝土坍落度及振捣器功率大小,经试验确定。一般每隔 1～1.5 m 设置一台振捣器。

当结构构件断面较深、较窄时,可采用边浇筑、边振动的方法。但对其他垂直构件须在混凝土浇灌高度超过振捣器的高度时,方可开动振捣器进行振动。振动的延续时间以混凝土面成一水平,且无气泡出现时,可停止振动。

3.浇筑工艺的三个规律

混凝土的浇筑是混凝土工程施工的关键工序,它对混凝土的质量,结构的整体性、密实性都有着直接的影响。因此,要求浇筑成形的混凝土应密实、能充满模板,保证钢筋和预埋件位置的正确,新旧混凝土结合良好和拆模后混凝土表面平整、光洁、尺寸准确等。

混凝土的施工,有不同的混凝土输送的方法,有各式各样的模板,但混凝土最后的成形质量，均由浇筑工序决定。这是浇筑工的责任，也要求浇筑工充分掌握浇筑技能，提高浇筑技巧。

1)第 1 个规律——整体结构的规律。混凝土现浇施工与钢或木结构有别，它不是装配联结而成，而是通过浇筑成为一个整体结构。所谓整体结构是指混凝土施工层、段内的整体性。如框架结构房屋，每层的柱、墙、梁、楼盖、楼梯、阳台等共同组成一个整体。因气温、地质等原因，以结构的伸缩缝、沉降缝、抗震缝等进行分段施工；分层施工；每个段、层内的全部构件，就是一个整体。一个段、层内混凝土的浇筑，应一次完成，不留施工缝。

2)第 2 个规律——先外后内、先远后近的规律。先外后内，是柱、墙、梁的浇筑程序的规律。浇筑时，应先浇筑外部角位的柱和墙，再浇筑外部其他部位的柱和墙，最后才浇筑内部的柱、墙和梁。其作用是使角柱和角墙的模板正确定位，确保建筑物的外形。例如先浇角柱、外柱的顺序见图 3-6。

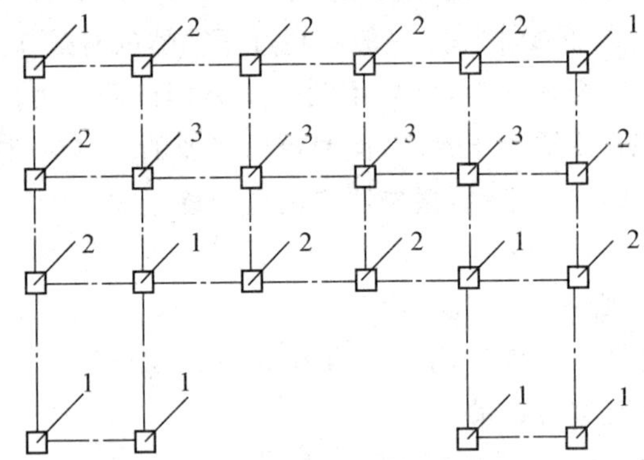

图 3-6 先浇角柱、外柱的规律(数字表示浇筑先后的次序)

先远后近，是楼盖、地坪或基础板块的混凝土浇筑程序的规律，见图 3-7，是按照混凝土来料的方向，先供远，后供近。一是便于铺设运输桥板，方便送料；二是便于捣固；三是供料过多时，也便于回运。

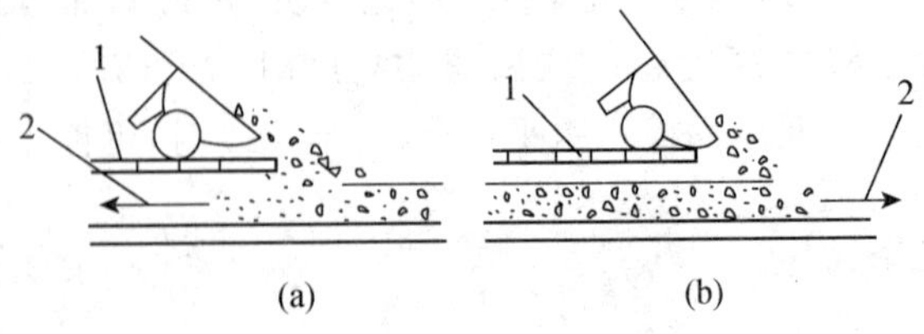

图 3-7 先远后近的浇筑规律

(a)由远而近，正确；(b)由近而远，不正确

1—运输桥板；2—混凝土浇筑的方向

3)第 3 个规律——砂浆先行的规律。砂浆先行是指在布料入模前，先在模内铺一层与混凝土同强度同品质的砂浆，使底部有足够或富余的砂浆，以保证底

部混凝土饱满、棱角方正、外表平顺。不论是人工操作或机械振捣，都应砂浆先行。砂浆先行操作技巧有二：

(1)带浆捣固法：主要是用于楼盖或地坪的浇筑。开始时，在模板侧板旁薄铺一层厚约 15 mm、外延约 600 mm、宽度同工作面的砂浆，再将混凝土布料下模。目的是使混凝土在拍打或振动时，砂浆能保持走在混凝土的前方。反复进行，可保证楼盖底部饱满，无蜂窝、露筋等缺陷。

(2)赶浆捣固法：这个方法主要用于混凝土梁。开始前，先在梁底铺上厚约 15 mm，长约 600 mm 的砂浆作底浆。捣固人员站在梁的两侧，两人站位为一前一后。布料员布料时先布在梁的两侧，使梁的底部和角部饱满，然后再浇在梁的中部；站在前方的捣固员负责混凝土中部的振捣，边振捣边防止松散的石子策前滚动，保证砂浆先行；站在后方的捣固员，负责梁两侧的捣固，同时注意梁两侧砂浆的饱满。

4.混凝土布料的基本准则

1)时效。

新拌混凝土中水泥与水拌和后，开始水化反应，有 4 个阶段：初始反应期、休止期、凝结期和硬化期。各期所需时间的长短，因水泥的品种而异。初始反应期约 30 min，休止期约 120 min，此段时间内混凝土具有弹性、塑性和黏性的流变性。随后，水泥粒子继续水化，约在水与水泥拌和后 6～10 h，是为凝结期；再后为硬化期。一般水泥初凝期不得早于 45 min；终凝期：除 P·Ⅰ型硅酸水泥不得迟于 6.5 h 外，一般水泥不得迟于 10 h。在浇筑混凝土时应控制混凝土从出搅拌机到浇筑完毕的时间，不得超过表 3-34 的规定。

表 3-34　混凝土凝结时间(从出搅拌机起计)　(单位：min)

混凝土强度等级	气温/℃	
	低于 25	高于 25
≤C30	210	180
＞C30	180	150

注：①当混凝土中掺有促凝或缓凝型外加剂外时，其允许时间应根据试验结果确定。

②降雨、雪时，不宜在露天浇筑混凝土。如需浇筑时，应采取有效措施，确保混凝土的质量。

③对模板及其支架、钢筋和预埋件必须进行检查，并做好记录，符合设计要求后方能浇筑混凝土。

④在浇筑混凝土前，对模板内的杂物和钢筋上的油污等应清理干净；对模板的缝隙和孔洞应予堵严；对木模板应浇水湿润，但不得有积水。

2)分层厚度。

为保证混凝土的整体性，浇筑工作原则上要求一次完成。但对较大体积的结构、较长的柱、较深的梁，或因钢筋或预埋件的影响，或因振捣工具的性能、混凝土内部温度的原因等，必须分层浇筑时，其分层厚度应按表 3-35 的规定。

浇筑次层混凝土时，应在前层混凝土出机未超过表 3-34 规定的时间内进行；捣固时应深入前层 20～50 mm。如已超过表 3-34 的时限，则应按施工缝处理。

表 3-35　混凝土浇筑前的厚度

序号	捣实混凝土的方法		浇筑层厚度/mm
1	插入式振捣器		振捣器作用部分长度的 1.25 倍①
2	表面振捣器		200
3	人工捣固	在基础、无筋混凝土或配筋稀疏的混凝土结构中	250
		墙、板、梁、柱结构	200
		配筋密列的结构	150
4	轻骨料混凝土	插入式振捣器	300
		表面振动，同时加荷	200

①为了不致损坏振捣棒及其连接器，实际使用时振捣棒执行者主深度宜不大于棒长的 3/4。

3)工艺要点。

(1)浇筑顺序一般从最远一端开始，逆向进行，以逐渐缩短混凝土的运距，避免捣实后的混凝土受扰动，浇筑时应先低处后高处，逐层进行，尽可能使混凝土顶面保持水平。

(2)采用人工投料时，应全部采用反铲下料(图 3-8)。采用串筒下料时，串筒的牵强绳应系在距串筒底端上二至三节处，并使最下端二至三节串筒保持垂直(图 3-9)。对于浇灌厚度尺寸较大的竖向构件，而采用手推小车下料时，应在模板上口装料斗缓冲(图 3-10)。以上所采用的方法，目的是避免混凝土产生离析和分层，影响混凝土的质量。

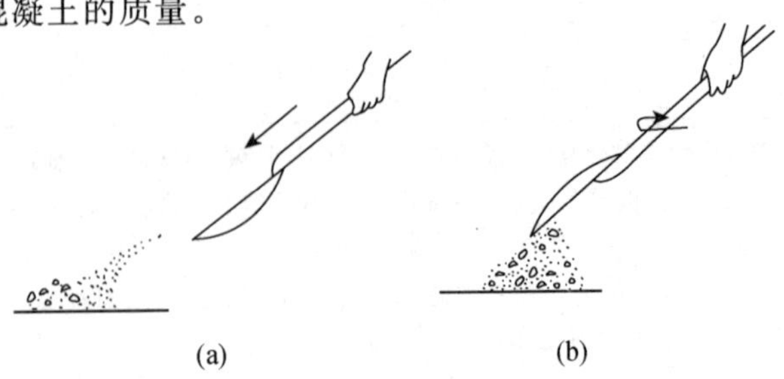

图 3-8　人工投料时，应全部采用反铲下料

(a)错误；(b)正确

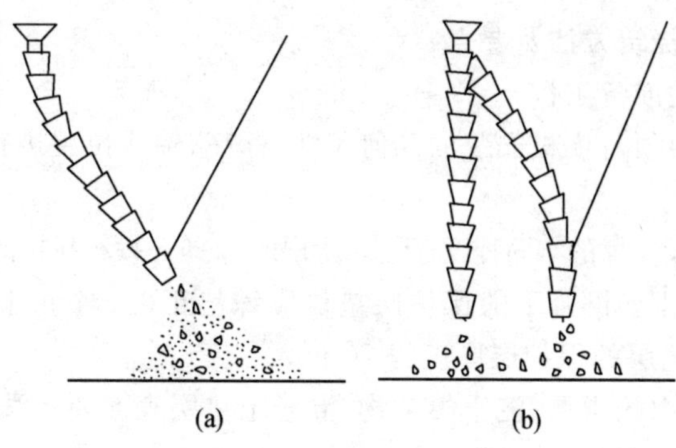

图 3-9　二至三节串筒保持垂直

(a)错误;(b)正确

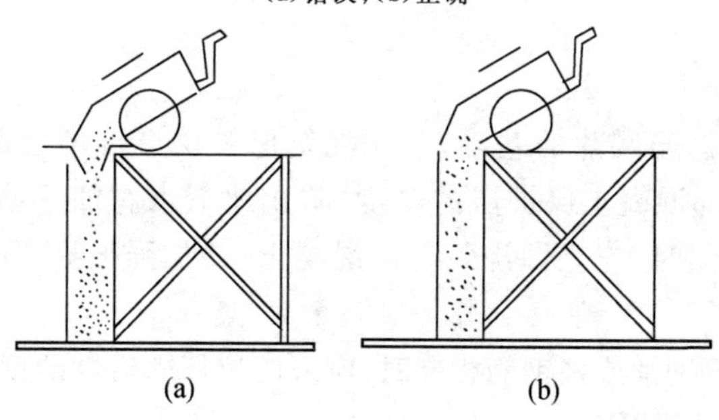

图 3-10　在模板上口装料斗缓冲

(a)正确;(b)错误

(3)混凝土自高处向下倾落时,其自由倾落高度不应超过 2 m,应采用串筒或溜槽,使混凝土沿串筒或溜槽下落,以避免混凝土离析。

(4)竖向结构浇筑前,底部应先填以 50～100 mm 厚与混凝土内成分相同的水泥砂浆。

(5)在混凝土浇筑过程中,应经常观察模板、支架、钢筋、预埋件和预留孔洞的情况,当发现有变形、移位时,应及时采取措施进行处理。

5.基础的浇筑

基础按构造形式不同,分为独立基础、条形基础、杯形基础、桩基础以及整板基础等。基础浇筑时,一般要求连续浇筑完成,不允许留置施工缝。因此,在浇筑前必须做好准备工作,保证浇筑的顺利进行。

1)独立基础的浇筑。

独立基础通常有柱基础、桩基承台、小型设备基础等。按形状分台阶式基础和杯形基础。其浇筑工艺基本相同,独立基础浇筑的操作工艺顺序:浇筑前的准备工作→混凝土的灌注→振捣→基础表面的修整→混凝土的养护→模板的拆除。独立基础的浇筑方法及要点：

(1)浇筑前的准备工作。

①浇筑前，必须对模板安装的几何尺寸、标高、轴线位置进行检查，是否与设计相一致。

②检查模板及支撑的牢固程度，严禁边加固边浇筑。模板拼接的缝隙是否漏浆。

③基础底部钢筋网片下的保护层垫块应铺垫正确，对于有垫层的钢筋保护层为 35 mm，无垫层的保护层厚度为 70 mm。

④清除模板内的木屑、泥土等杂物，混凝土垫层表面要清洗干净，不留积水。木模板应浇水充分湿润。

⑤基础周围做好排水准备工作，防止施工水、雨水流入基坑或冲刷新浇筑的混凝土。

(2)操作技巧。

①对只配置钢筋网片的基础，可先浇筑保护层厚度的混凝土，再铺钢筋网片。这样保证底部混凝土保护层的厚度，防止地下水腐蚀钢筋网，提高耐久性。在铺完钢筋网的同时，应立即浇筑上层混凝土，并加强振捣，保证上下层混凝土紧密结合。

②当基础钢筋网片或柱钢筋相连时，应采用拉杆固定性的钢筋，避免位移和倾斜，保证柱筋的保护层厚度。

③浇筑次序：先浇钢筋网片底部，再浇边角；每层厚度视振捣工具而定，可参照表 3-34。同时应注意各种预埋件或设备基础预埋螺栓模板底的标高，以便于安装模板或预埋件。

④继续浇筑时应先浇筑模板或预埋件周边的混凝土，使它们定位后再浇筑其他。

⑤如为台阶式基础，浇筑时注意阴角的饱满，如图 3-11 所示，先在分级模板两侧将混凝土浇筑成坡状，然后再振捣至平整。

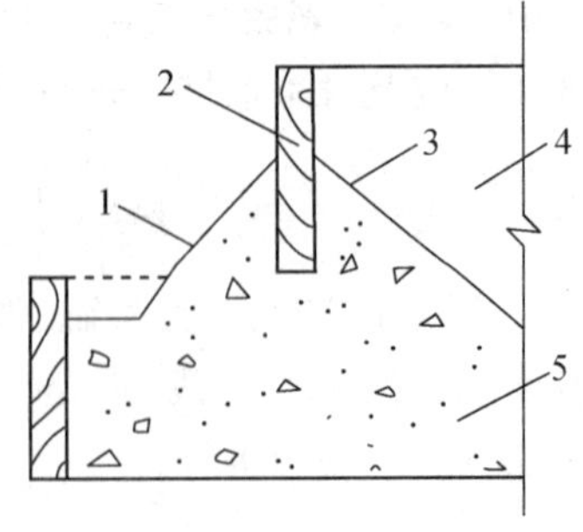

图 3-11 台阶式基础浇筑方法

1—外坡；2—模板；3—内坡；
4—后浇混凝土；5—已浇混凝土

⑥如为杯形基础或有预埋螺栓模板的设备基础，为防止杯底或螺栓模板底出现空鼓，可在杯底或螺栓模板氏预钻出排气孔，如图 3-12 所示。

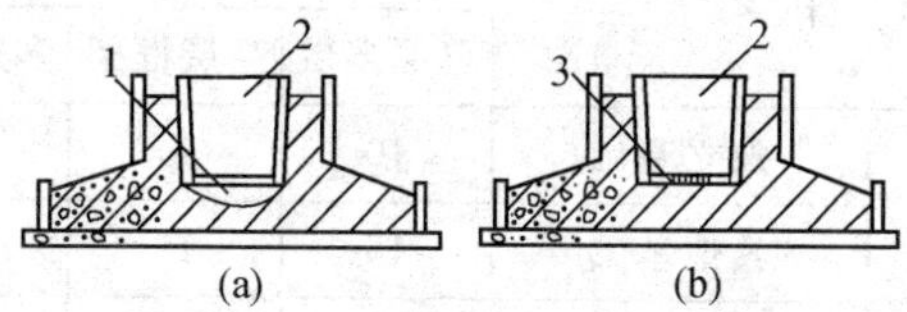

图 3-12　杯形基础的内模装置

(a)内模无排气孔；(b)内模有排气孔

1—杯底有空鼓；2—内模；3—排气孔

⑦前条所述预留模板安装固定好后，布料时应先在模板外对称布料，把模板位检查一次，方可继续在其他部位浇筑。为防止预留模板被位移、挤斜、浮起，振捣时应小心操作，见好就收，避免过振。

⑧杯口及预留孔模板在初凝后可稍为抽松，但仍应保留在原位，避免意外坍落，待至混凝土达到拆模强度时，全部拆除。

⑨整个布料和捣固过程，应防止离析。

(3)混凝土的灌注。

①深度在 2 m 以内的基坑，在基坑上铺脚手板并放置铁皮拌盘，运输来的混凝土料先卸在拌盘上，用铁锹向模板内灌注，铁锹下料时，应采用“带浆法”操作，当灌注至基础表面时则应反锹下料。

②深度在 2 m 以上的基坑，采用串筒或溜槽下料，从边角开始向中间灌注混凝土，按基础台阶分层灌注，分层厚度为 25～30 cm。每层混凝土要一次卸足，振捣完毕后，再进行第二层混凝土的灌注。

(4)混凝土的振捣。

①基础的振捣应采用插入式振捣器振捣，以行列式布置插点。每个插点振捣时间控制在 20～30 s，以混凝土表面泛浆，无气泡为准。边角等不易振捣密实处，可用插扦配合捣实。

②对于锥式杯形基础，浇筑到斜坡处时，一般在混凝土平下阶模板上口后，再继续浇捣上一台阶混凝土；以下阶模板的上口和上阶模板的下口为准，用大铲收成斜坡状，不足部分可随时补加混凝土并拍实、抹平，使之符合设计要求。

③在浇筑台阶式杯形基础时，应防止台阶交角处发生“吊脚”(上层台阶与下层台阶混凝土脱空)现象。

现浇混凝土基础的检验方法和允许偏差见表 3-36。

表 3-36 现浇混凝土基础的允许偏差和检验方法

序号	项目		允许偏差/mm				检验方法
			单层多层	高层框架	多层大模	高层	
1	轴线位移	独立基础	10	10	10	10	尺量检查
		其他基础	15	15	15	15	
2	截面尺寸	基础	+15 −10	+15 −10	+15 −10	+15 −10	
3	预埋钢板中心线位置偏移		10	10	10	10	
4	预埋管、预留孔中心线位置偏移		5	5	5	5	
5	预埋螺栓中心线位置偏移		5	5	5	5	
6	预留洞中心线位置偏移		15	15	15	15	

(5)基础表面的修整。

①浇筑完毕后，要对混凝土表面进行铲填、拍平等修整工作，使之符合设计要求。

②铲填工作由低处向高处进行，铲高填低。对于低洼和不足模板尺寸部分应补加混凝土填平、拍实，斜坡坡面不平处应加以修整。

③基础表面压光时随拍随抹，局部砂浆不足时应补浆收光。斜坡面收光，应从高处向低处进行。

④杯芯模板内多余的混凝土在初凝后至终凝前，及时清理铲除、修整。

⑤杯形基础模板拆除后，对其外观出现的蜂窝、麻面、孔洞和露筋等缺陷，应根据其修补方案及时进行修补。

2)条形基础的浇筑。

条形基础一般为墙壁等围护结构的基础，四周连通或与内部横墙相连，通常利用地槽土壁作用两侧模板。条形基础的混凝土，分支模浇筑和原槽浇筑两种施工方法，以原槽浇筑为多见。但对于土质较差，不支模难以满足基础外形和尺寸的，应采用支模浇筑。条形基础操作工艺顺序与独立基础基本相同，即：浇筑前的准备工作→混凝土的浇筑→混凝土的振捣→基础表面的修整→混凝土的养护。

(1)条形基础操作程序。

①浇筑前核对条形基础的轴线、标高等。

②浇水湿润，但不应有积水。

③如是原土地槽，操作人员应站在未浇筑的地槽底部或已浇筑的混凝土面上操作，而不应站在土槽两侧，以防地槽泥块跌入混凝土中。

④混凝土上表面标高可用插竹木扦或画线标志。达到标高后将扦子拔出。

⑤混凝土截面边长超过 1 m 时,可一次浇筑完成。如宽度高度均超过 1 m 时,应分层浇筑。

⑥混凝土中有配筋时,确保钢筋的保护层厚度。

⑦有预埋管道的,应在浇筑至其底部标高后,再安装在混凝土上。

⑧如用小车送料,应先搭设木桥,防止泥土跌入混凝土内。

(2)浇筑时的操作方法和要点。

①浇筑前的准备工作。

a. 浇筑前,经测设并在两侧土壁上交错打入水平桩。桩面高度为基础顶而后设计标高。水平桩长约 10 cm,间距为 3 m 左右,水平桩外露 2～3 cm。如采用支模浇筑,其浇筑高度则以模板上口高度或高度线为准。

b. 清除干净基底表面的浮土、木屑等杂物。对于无垫层的基底表面应修整铲平;干燥的非黏性地基土应适量洒水润湿;有混凝土垫层的,应用清水清扫干净并排除积水。

c. 有钢筋网片的,绑扎牢固、保证间距,按规定加垫好混凝土保护层垫块。

d. 模板缝隙,应用泥袋纸堵塞。模板支撑合理、牢固,满足浇筑要求。木模板在浇筑前应浇水润湿。

e. 做好通道、拌料铁盘的设置,施工水的排除等其他准备工作。

②混凝土的灌注。

a. 从基槽最远一端开始浇筑,逐渐缩短混凝土的运输距离。

b. 条形基础灌筑时,按基础高度分段、分层连续浇筑,每段浇灌长度宜控制在 3 m 左右。第一层灌注并集中振捣后再进行第二层的灌注和振捣。

c. 基槽深度在 2 m 以内,且混凝土工程量不大的条形基础,就将混凝土卸在拌盘上,用铁锹集中投料。混凝土工程量较大,且施工场地通道条件不太好的,可在基槽上铺设通道桥板,用手推车直接向基槽投料。基槽深度大于 2 m 的,为防止混凝土离析,必须用溜槽下料。投料时都采用先边角、后中间的方法,以保证混凝土的浇筑质量。

③混凝土的振捣:条形基础的振捣宜选用插入式振捣器,插点布置以“交错式”为宜。掌握好“快插慢拔”的操作要领,并控制好每个插点的振捣时间,一般以混凝土表面泛浆,无气泡为准。同时应注意分段、分层结合处,基础四角及纵模基础交接处的振捣,以保证混凝土的密实。

④基础表面的修整:混凝土分段浇筑完毕后,应随即用大铲将混凝土表面拍平、压实。也可用铁锹背反复搓平,坑凹处用混凝土补平。

3)大体积基础的浇筑。

大体积基础类型主要有大型设备基础、大面积满堂基础、大型构筑物基础等。大体积基础要求整体性高，混凝土必须连续浇筑，不留施工缝。因此，除应分层浇灌，分层捣实外，同时要保证上下层混凝土在初凝前结合好。大体积混凝土基础浇筑工作量大，同时又要防止水泥水化热过大而产生温度裂缝。所以要认真做好施工方案，确保基础的浇筑质量。

(1)混凝土的灌注。

①混凝土灌注时，除用吊车等起重机械直接向基础模板内下料外，凡自高处自由倾落高度超过 2 m 时，须采用串筒、溜槽下料，以防止混凝土离析现象。

②串筒布置应适应浇筑面积、速度和混凝土摊平的能力。串筒间距不应大于 3 m。用交错式更有利于混凝土的摊平。

③每个串筒卸料点，成堆的混凝土应用插入式振捣器迅速摊平，插入的速度应小于混凝土的流动速度，否则就变成振捣。

(2)混凝土的浇筑方法。

大体积基础的浇筑应根据整体性要求、结构大小、钢筋疏密、混凝土供应等情况，采用以下三种方法浇筑。

①全面分层：在整个混凝土内部全面分层浇筑混凝土[图 3-13(a)]，第一层全面浇筑完毕后，在混凝土初凝前，立即浇筑第二层，如此逐层进行，直至浇筑完。全面分层法适用于平面尺寸不大的结构。施工时应从短边开始，沿长边进行浇筑。如果长度较长也可分为两段，从中间开始向两端或从两端向中间同时进行。

②分段分层：适用于厚度不大而面积或长度较大的结构[图 3-13(b)]。混凝土从底层开始浇筑，进行到一定距离后回来浇筑第二层。如此依次向前浇筑以上各分层。

③斜面分层：振捣工作从浇筑层的下端开始，逐渐上移[图 3-13(c)]，以保证混凝土浇筑质量。适用于结构长度超过厚度三倍的基础。

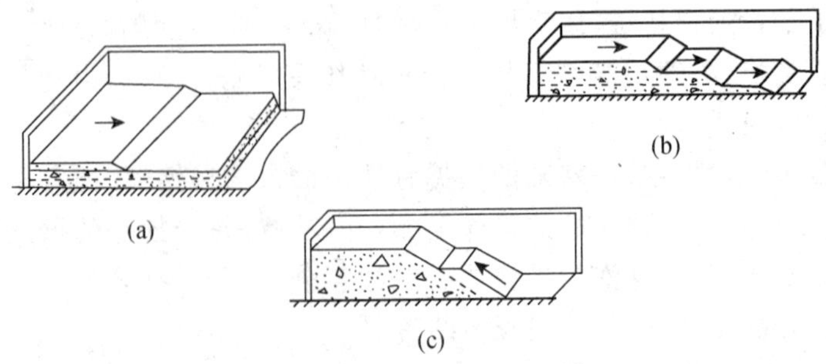

图 3-13 混凝土的浇筑方法

人工振捣应与浇灌同时进行，边布料，边插捣。不宜用力过猛，防止将钢筋、预埋件及保护层垫块等移位，防止将模板拼缝扩大，引致漏浆。必须保证混凝土在浇筑时不发生离析现象。同时,分层的厚度以及混凝土供应的厚度均取决于振捣棒的长度和振动力的大小,混凝土供应量的大小和可能灌注量,一般为20～30 cm。同时浇筑应在室外气温较低时进行,混凝土浇筑温度不宜超过28℃。

混凝土设备基础尺寸允许偏差和检验方法见表3-37。

表3-37　混凝土设备基础尺寸允许偏差和检验方法

项　目		允许偏差/mm	检验方法
坐标位置		20	金属直尺检查
不同平面的标高		0,－20	水准仪或拉线、金属直尺检查
平面外形尺寸		±20	金属直尺检查
凸台上平面外形尺寸		0,－20	金属直尺检查
凹穴尺寸		＋20,0	金属直尺检查
平面水平度	每米	5	水平尺、塞尺检查
	全长	10	水准仪或拉线、金属直尺检查
垂直度	每米	5	经纬仪或吊线、金属直尺检查
	全高	10	
预埋地脚螺栓	标高(顶部)	＋20,0	水准仪或拉线、金属直尺检查
	中心距	±2	金属直尺检查
预埋地脚螺栓孔	中心线位置	10	金属直尺检查
	深度	＋20.0	金属直尺检查
	孔垂直度	10	吊线、金属直尺检查
预埋活动地脚螺栓锚板	标高	＋20.0	水准仪或拉线、金属直尺检查
	中心线位置	5	金属直尺检查
	带槽锚板平整度	5	塞尺检查
	带螺纹孔锚板平整度	2	塞尺检查

注:检查坐标、中心线位置时,应沿纵、横两个方向量测,并取其中的较大值。

6.柱、墙的浇筑

混凝土柱和墙属垂直结构(竖向结构),框架结构浇筑属于整体结构浇筑,结构构件的高度与截面的厚度之比相差甚大,每一层段的每一个构件的每一个部位都代表整个结构的质量。因而不允许有差错,有了差错也很难补救,甚至无法补救。因此,浇筑时必须严格按工艺要求操作,才能保证浇筑质量。

竖向构件主要指柱、墙等(包括贮罐、池槽、烟囱等的墙壁)。其特点是截面面积小,工作面窄,高度深。浇筑混凝土时拌和物自由降落距离长,模板密封,观察困难,拌和物容易离析,捣固后的密实情况难于掌握,所以操作时务求要耐心,不能急于求成。

混凝土柱墙在浇筑时的操作工艺顺序为:

浇筑前的准备工作→混凝土的灌注→混凝土的振捣→混凝土的养护→拆模。

1)混凝土柱的浇筑。

(1)准备工作。

①混凝土坍落度的要求,可参考表 3-38 的规定。

表 3-38 竖向结构混凝土的坍落度表 (单位:mm)

序号	截面尺寸	插入式振捣器	人工捣固
1	≤300	50~70	70~90
2	>300	30~50	50~70

注:在浇筑过程中,要分批做坍落度试验,如坍落度与原规定不符,应及时调整施工配合比。

②工具或机具的准备。

a. 人工捣固可采用 ϕ15~ϕ20 mm 的空心钢管,但不得采用有引气作用的铝质管。

b. 使用插入式振捣器捣固时,如构件截面最小边长≤300 mm,振捣棒直径宜小于 35 mm;构件截面较大时,振捣棒也不宜较大。

c. 当竖向构件高度大于 3 m 时,因拌和物布料高度不宜高于 2 m,在浇筑下部时,可在柱中模板开洞,用转向溜槽浇灌(图 3-14)。应该注意,转向溜槽的下口,必须垂直向下,以保证拌和物入模时避免离析。

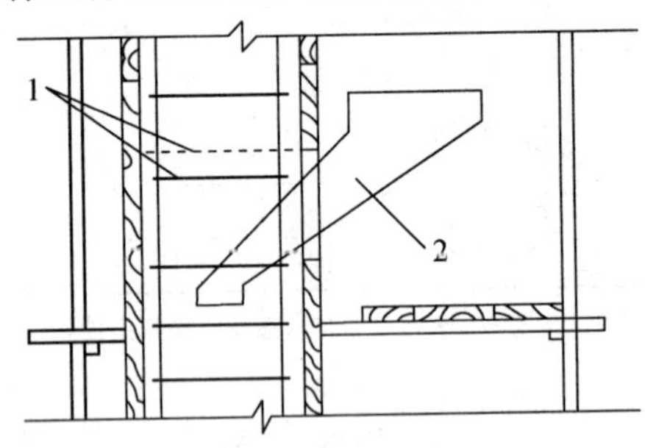

图 3-14 转向溜槽浇灌

1—钢箍,虚线表示钢箍暂时上移,浇贡到位后再复位;2—转向溜槽

③现场准备。

a. 检查柱模板在配置和安装上是否合理,支撑是否牢固,保证柱模的垂直度和轴线位置的正确性。

b. 钢筋的品种、数量、规格及箍筋的间距应符合设计要求,绑扎牢固,混凝土保护层的水泥垫块应绑扎在主筋上。预埋件应与模板固定,以保证其位置的正确性和浇筑时不发生位移。

c. 浇筑前打开清理孔,清理残留在柱模底的泥块、木屑、废弃绑扎丝等杂物。将柱基表面冲洗干净并不留积水。木模浇水湿润,模板拼缝的缝隙应用水泥袋或纸筋灰填塞，特别是模板四个角的拼缝应严密，以避免浇筑时边角漏浆或产生炸模现象。

(2)浇筑工作。

①先在底部铺上 50～100 mm 厚的，与构件混凝土同强度、同品质的水泥砂浆层。

②用泵送或料斗投送或人工布料时，为避免混乱，每个工作点只能由一人专职布料。

③如泵送或吊斗布料的出口尺寸较大，而柱的短边长度较小时，不可直接布料入模，避免拌和物散落在模外或冲击模具变形，可在柱上口旁设置布料平台，先将拌和物卸在平台的拌板上，再用人工布料。

④如有条件直接由布料杆或吊斗卸料入模时，应注意两点：一是拌和物不可直接冲击模型，避免模型变形；二是卸料时不可集中一点，造成离析，应移动式布料，见图 3-15。

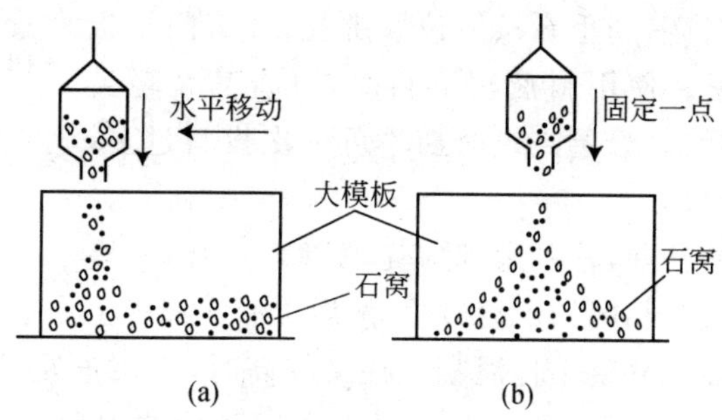

图 3-15 料斗移动对混凝土浇筑质量的影响

(a)正确，料斗沿模板移动均匀；

(b)错误，固定一点浇筑，产生离析和石窝

⑤布料时每层浇灌厚度可参照表 3-37 的要求。必须说明的是，插入式振捣器振动棒长度一般为 300 mm 左右，但其实际工作部分不超过 250 mm；另外，由于保护振捣棒与软轴接合处的耐用性，在使用时插入混凝土的长度不应超过振捣棒长度的 3/4。对用软轴式振捣器的混凝土浇灌厚度，每层可定为 300 mm。

⑥捣固工作由 2 人负责，1 人用振捣器或用手工具对中心部位进行捣固，另 1 人则用刀式插棒(图 3-16)对构件外周进行捣固，以保证周边的饱满平正。

⑦使用软轴式振捣器宜选用软轴较长的。操作时应在振捣棒就位后方可通电。避免振捣棒打乱钢筋或预埋件。

⑧振捣棒宜由上口垂直伸入，易于控制。

⑨在浇筑大截面柱时，如模板安装较为牢固，可在模板外悬挂轻型外部振捣器振捣。

⑩在浇筑竖向构件时，在模板外面应派专人观察模板的稳定性，也可用木槌轻轻敲打模板，使外表砂浆饱满。

⑪竖向构件混凝土浇筑成型后，粗骨料下沉，有浮浆缓性上浮，在柱、墙上表面将出现浮浆层，待其静停 2 h 后，应派人将浮浆清出，方可继续浇筑新混凝土。

(3)混凝土的灌注。

①柱高小于等于 3 m，柱断面大于 40 cm×40 cm、且又无交叉箍筋时，混凝土可由柱模顶部直接倒入。当柱高大于 3 m 时，必须分段灌注，每段的灌注高度不大于 3 m。

②柱断面在 40 cm×40 cm 以内或有交叉箍筋的分段灌注混凝土，每段的高度不大于 2 m。如果柱箍筋妨碍斜溜槽的装置，可将箍筋一端解开向上提起，混凝土浇筑后，门子板封闭前将箍筋重新按原位置绑扎，并将门子板封上，用柱箍箍紧。使用斜溜槽下料时，可将其轻轻晃动，使下料速度加快。分层浇筑时切不可一次投料过多，以免影响浇筑质量。

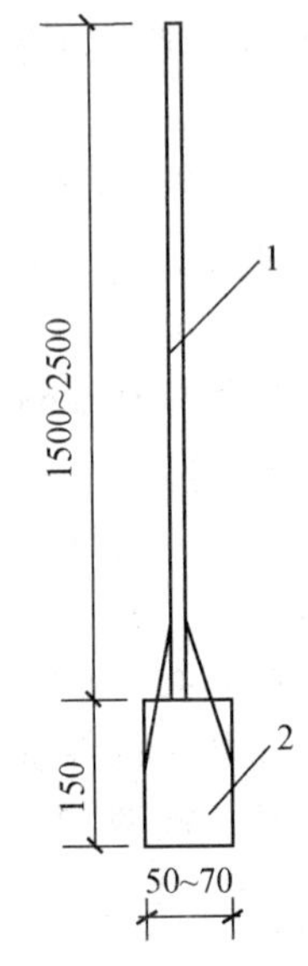

图 3-16　刀式插棒

1—ϕ16 mm 空心钢管；2—δ=1.5～2.5 mm薄钢板

③柱混凝土灌柱前，柱基表面应先填以 5～10 cm 厚与混凝土内砂浆成分相同的水泥砂浆，然后再灌注混凝土。

④在灌注断面尺寸狭小且混凝土柱又较高时，为防止混凝土灌至一定高度后，柱内聚积大量浆水而可能造成混凝土强度不均的现象，在灌注至一定高度后，应适量减少混凝土配合比的用水量。

⑤采用竖向串筒、溜管导送混凝土时，柱子的灌注高度可不受限制。

⑥浇筑一排柱子的顺序应从两端同时开始向中间推进，不可从一端开始向另一端推进。

(4)混凝土柱的振捣。

①柱混凝土多应用插入式振捣器。当振捣器的软轴比柱长 0.5～1 m 时，待下料达到分层厚度后，即可将振捣器从柱顶伸人混凝土层内进行振捣。注意插入深度，振捣器软轴不要晃动过大，以避免碰撞钢筋。

②振捣器找好振捣位置时，再合闸振捣。

③混凝土的浇捣，需 3～4 人协同操作，2 人负责卸料，1 人负责振捣，另 1 人负责开关振捣器。

④当插入式振捣器的软轴短于柱高时，则应从柱模板侧面的门子洞将振捣器插入。

⑤振捣时，每个插点的振捣时间不宜过长。在分层浇筑时，振捣器的棒头应

伸入到下层混凝土内 5～10 cm，以保证上下层混凝土接合处的密实性。操作时应掌握“快插慢拔”的要领，以保证混凝土振捣密实。

⑥当柱断面较小，钢筋较密时，可将柱模一侧全部配成横向模板，从下至上，每浇筑一节模板封闭一节。

(5)柱模板应以后装先拆、先装后拆的顺序拆除 拆模时不可用力过猛过急，以免造成柱边角缺棱掉角，影响混凝土的外观质量。

(6)模板的拆除时间应以混凝土强度能保证其表面及棱角不因拆除模板而受损坏时，方可拆模。

(7)柱、墙的允许偏差和检验方法见表 3-39 的规定。

表 3-39　现浇混凝土柱、墙的允许偏差和检验方法

项次	项目		允许偏差/mm				检验方法
			单层多层	高层框架	多层大模	高层大模	
1	轴线位移	柱、墙	8	5	8	5	尺量检查
2	标高	层高	±10	±5	±10	±10	用水准仪或尺量检查
		全高	±30	±30	±30	±30	
3	截尺面寸	柱、墙	+8 −5	±5	+5 −2	+5 −2	尺量检查
4	柱墙垂直度	每层	5	5	5	5	用 2 m 托线板检查
		全高	H/1000 且不大于 20	H/1000 且不大于 30	H/1000 且不大于 20	H/1000 且不大于 30	用经纬仪或吊线和尺量检查
5	表面平整度		8	8	4	4	用 2 m 靠尺和楔形塞尺检查

(8)混凝土捣实的观察用肉眼观察振捣过的混凝土，具有下列情况者，可认为已达到沉实饱满的要求：

①模型内混凝土不再下沉；

②表面基本形成水平面；

③边角无空隙；

④表面泛浆；

⑤不再冒出气泡；

⑥模板的拼缝外，在外部可见有水迹。

2)混凝土墙的浇筑。

混凝土墙体的模板可采用定型模板(图 3-17)，也可采用拼装式模板，其墙体混凝土浇筑的操作工艺顺序及操作方法与混凝土柱基本相同。

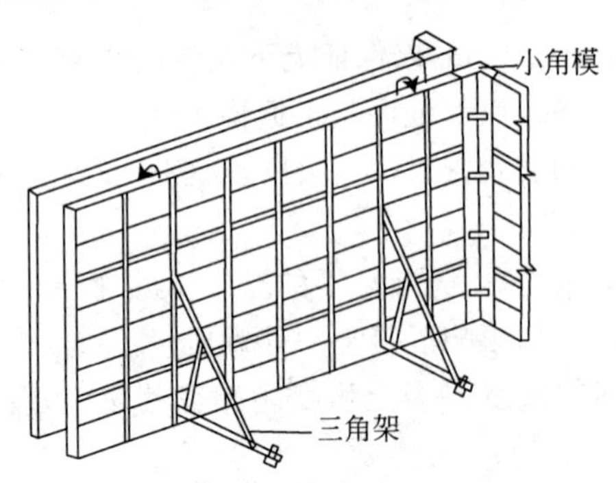

图 3-17　混凝土墙体大模板

(1)浇筑前的准备工作。

浇筑前的准备工作也和混凝土柱基本相同。

①确定搅拌时的施工配合比,确认混凝土的质量。

②依照表 3-37 的要求确定混凝土的坍落度,在浇筑过程中应随时检查,如发现坍落度与原规定不符,应及时调整施工配合比。

③模板及支撑应牢固,凡墙体高度超过 3 m 的,须沿模板高度每 2 m 开设门子洞,木模在浇筑前应浇水充分湿润。

④钢筋绑扎牢固,钢筋的品种、规格及绑扎间距应与设计要求相符,混凝土保护层厚度应符合要求,水泥垫块的间距及铺垫合理。

(2)混凝土的灌注。

①墙体混凝土灌注时应遵循先边角后中部,先外部后内部的顺序,以保证外部墙体的垂直度。

②高度在 3 m 以内,且截面尺寸较大的外墙与隔墙,可从墙顶向模板内卸料。卸料时须安装料斗缓冲,以防混凝土离析。对于截面尺寸狭小且钢筋较密集的墙体,以及高度大于 3 m 的任何截面墙体混凝土的灌注,均应沿墙高度每 2 m开设门子洞、装上斜溜槽(见图 3-14)卸料。

③如泵送或吊斗布料的出口尺寸较大,而墙较厚时,不可直接布料入模,避免拌和物散落在模外或冲击模具变形,可在墙体的上口旁设置布料平台,先将拌和物卸在平台的拌板上,再用人工布料。

④灌注截面较狭且深的墙体混凝土时,为避免混凝土浇筑至一定高度后,由于积聚大量的浆水,而可能造成混凝土强度不匀的现象,宜在灌至适当高度时,适量减少混凝土用水量。

⑤墙壁上有门、窗及工艺孔洞时,应在其两侧同时对称下料,以确保孔洞位置。

⑥墙模灌注混凝土时,应先在模底铺一层厚度约 50～80 mm 的、与混凝土

内成分相同的水泥砂浆，再分层灌注混凝土，分层的厚度应符合表 3-35 规定的要求。

(3)混凝土的振捣。

①对于截面尺寸大的混凝土墙，可使用插入式振捣器振捣。而一般钢筋较密集的墙体，可采用附着式振捣器振捣，其振捣深度为 25 cm 左右。

②墙体混凝土应分层灌注，分层振捣。下层混凝土初凝前，应进行上层混凝土的浇捣，同一层段的混凝土应连续浇筑。

③在墙角、墙垛、悬臂构件支座、柱帽等结构节点的钢筋密集处，可用小口径振动棒振捣或人工捣固，保证密实。

④在浇筑较厚墙体时，如模板安装较为牢固，可在模板外悬挂轻型外部振捣器振捣。

⑤使用插入式振捣器，如遇门、窗洞口时，应两侧对称振捣，避免将门、窗洞口挤偏。

⑥对于设计有方形孔洞的墙体，为防止孔洞底模下出现空鼓，通常浇至孔洞底标高后，再安装模板，继续向上浇筑混凝土。

⑦墙体混凝土使用插入式振捣器振捣时，如振捣器软轴较墙高长，待下料达到分层厚度后，即可将振捣器从墙顶伸入墙内振捣。如振捣器软轴较墙高短时，应从门子洞伸入墙内振捣。先找到振捣位置后，再合闸振捣，以避免振捣器撞击钢筋。使用附着式振捣器振捣时，可分层灌注、分层振捣，也可边灌注边振捣等。

⑧当顶板与墙体整体现浇时，顶板端部分的墙体混凝土应单独浇捣，以保证墙体的整体性和抗震能力。同一层的剪力墙、筒体墙、与柱连接的墙体，均属一个层段的整体结构，其浇筑方法与进度应同步进行。

⑨竖向构件混凝土浇筑成形后，粗骨料下沉，有浮浆缓慢上浮，在墙上表面将出现浮浆层，待其静停 2 h 后，应将浮浆清出，方可继续浇筑新混凝土。

⑩对柱、墙、梁捣插时，宜轻插、密插，插捣点应螺旋式均匀分布，由外围向中心先靠拢。边角部位宜多插，上下抽动幅度在 100～200 mm。应与布料深度同步。截面较大的构件，应 2 人或 3 人同时插捣，亦可同时在模板外面轻轻敲打，以免蜂窝等缺陷出现。

(4)拆模。

当混凝土强度达到 1 MPa 以上时(以试块强度确定)，即可拆模。如拆模过早，容易使墙体混凝土下坠，产生裂缝和混凝土与模板表面的黏结。

现浇结构尺寸允许偏差和检验方法见表 3-40。

表 3-40 现浇结构尺寸允许偏差和检验方法

项目			允许偏差/mm	检验方法
轴线位置	基础		15	金属直尺检查
	独立基础		10	
	墙、柱、梁		8	
	剪力墙		5	
垂直度	层高	≤5 m	8	经纬仪或吊线、金属直尺检查
		>5 m	10	经纬仪或吊线、金属直尺检查
	全高/H		H/1000 且≤30	经纬仪、金属直尺检查
标高	层高		±10	水准仪及拉线，金属直尺检查
	全高		±30	
截面尺寸			+8，−5	金属直尺检查
电梯井	井筒长、宽对定位中心线		+25，0	金属直尺检查
	井筒全高(H)垂直度		H/1000 且≤30	经纬仪、金属直尺检查
表面平整度			8	2 m 靠尺和塞尺检查
预埋设施中心线位置	预埋件		10	金属直尺检查
	预埋螺栓		5	
	预埋管		5	
预留洞中心线位置			15	金属直尺检查

注：检查轴线、中心线位置时，应沿纵、横两个方向量测，并取其中的较大值。

3）现浇结构外观质量。

现浇结构的外观质量，分为严重缺陷和一般缺陷，见表 3-41。其中，不允许出现严重缺陷；如出现严重缺陷，应由施工单位提出技术处理方案，经监理（建设）单位认可后，由施工单位按照认可的方案进行处理。处理后应重新验收。

表 3-41　现浇外观质量验收

名称	现　象	严重缺陷	一般缺陷
露筋	构件内钢筋未被混凝土包裹而外露	纵向钢筋有露筋	其他钢筋有少量露筋
蜂窝	混凝土表面缺少水泥砂浆而形成石子外露	构件主要受力部位有蜂窝	其他部位有少量蜂窝
孔洞	混凝土中孔穴深度和长度均超过保护层厚度	构件主要受力部位有孔洞	其他部位有少量孔洞
夹渣	混凝土中夹有杂物且深度超过混凝土保护层厚度	构件主要受力部位有夹渣	其他部位有少量夹渣
疏松	混凝土中局部不密实	构件主要受力部位有疏松	其他部位有少量疏松
裂缝	缝隙从混凝土表面延伸至混凝土内部	构件主要受力部位有影响结构性能或使用功能的裂缝	其他部位有少量不影响结构性能或使用功能的裂缝
连接部位缺陷	构件连接处混凝土缺陷及连接钢筋、连接件松动	连接部位有影响结构传力性能的缺陷	连接部位有基本影响结构传力性能的缺陷
外形缺陷	缺棱掉角、棱角不直、翘曲不平、飞边凸肋等	清水混凝土构件有影响使用功能或装饰效果的外形缺陷	其他混凝土构件有不影响使用功能的外形缺陷
外表缺陷	构件表面麻面、掉皮、起砂、脏污等	具有重要装饰效果的清水混凝土构件有外表缺陷	其他混凝土构件有不影响使用功能的外表缺陷

对于具有重要装饰作用的清水混凝土，考虑到其装饰效果属于主要使用功能，故将其外形缺陷、外表缺陷确定为严重缺陷。

(1)少量露筋。

梁、柱非纵向受力钢筋的露筋长度一处不大于 10 cm，累计不大于 20 cm；基础、墙、板非纵向受力钢筋的露筋长度一处不大于 20 cm，累计不大于 40 cm。

(2)少量蜂窝。

梁、柱上的蜂窝面积一处不大于 500 cm^2，累计不大于 1000 cm^2；基础、墙、板上蜂窝面积一处不大于 1000 cm^2，累计不大于 2000 cm^2。

(3)少量孔洞。

梁、柱上的孔洞面积一处不大于 10 cm^2，累计不大于 80 cm^2；基础、墙、板上的孔洞面积一处不大于 100 cm²，累计不大于 200 cm²。

(4)少量夹渣。

夹渣层的深度不大于 5 cm；梁、柱上的夹渣层长度一处不大于 5 cm，不多于二处；基础、墙、板上的夹渣层长度一处不大于 20 cm，不多于二处。

(5)少量疏松。

梁、柱上的疏松面积一处不大于 500 cm²，累计不大于 1000 cm²；基础、墙、板上的疏松面积一处不大于 1000 cm²，累计不大于 2000 cm²。

7.梁的浇筑

梁是水平构件，主要是受弯结构，浇筑工艺要求较高。其架构形式如图 3-18所示。各种荷载先由楼板 1 传递至次梁 2，再传递至主梁 3，再传递至柱 4，是由上而下传递的。但混凝土浇筑程序则由下而上，同时要在下部结构浇筑后体积有一定的稳定后才可逐步向上浇筑。

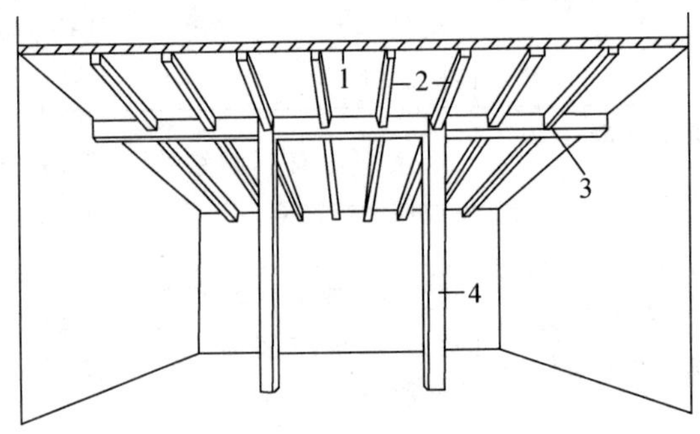

图 3-18　柱、梁、楼板结构组合图

1—楼板；2—次梁；3—主梁；4—柱子

1)准备工作。

(1)先做好浇筑面标高的标志。有侧模板的梁可在侧板上用红色油漆做标记。

(2)浇筑工作不应在柱、墙浇筑后立即进行，应有一个间隙时间(约 2 h)，待柱墙混凝土沉实，将面上的浮浆清除完毕，方可继续浇筑梁。或将其茬口做施工缝处理。

(3)按先远后近、先边后内、砂浆先行的规律安排交通运输或泵送方案，做到往返不同路、机具不碰撞的要求。

(4)在适中地点设置机具停放台、电源开关和工作台，便于指挥和监督。

(5)将钢筋上的垃圾油污清理干净，模板涂好隔离剂。

(6)检查模板支架是否安全，有缝隙的，应及时做好填缝工作。

2)浇筑工艺。

(1)安装好路桥和工作平台后,即可开始工作。工作中严禁踩踏钢筋。

(2)为保证工程的整体性,主梁和次梁应同时浇筑(如有现浇楼板的也应同时浇筑)。

(3)应保证钢筋骨架保护层垫块的数量和完好性。禁止采用先布料后提钢筋网的办法代替留置保护层的做法。

(4)布料时,混凝土应卸在主梁或少筋的楼板上,不应卸在边角或有负筋的楼板上。避免因卸料或摊平料堆而致使钢筋位移。

(5)布料时,因在运输途中振动,拌和物可能骨料下沉、砂浆上浮;或搅拌运输车卸料不均,均可能使拌和物造成"这车浆多,那车浆少"的现象。施工时注意卸料时不应叠高,而是用一车压半车,或一斗压半斗,如图 3-19 所示,做到卸料均匀。

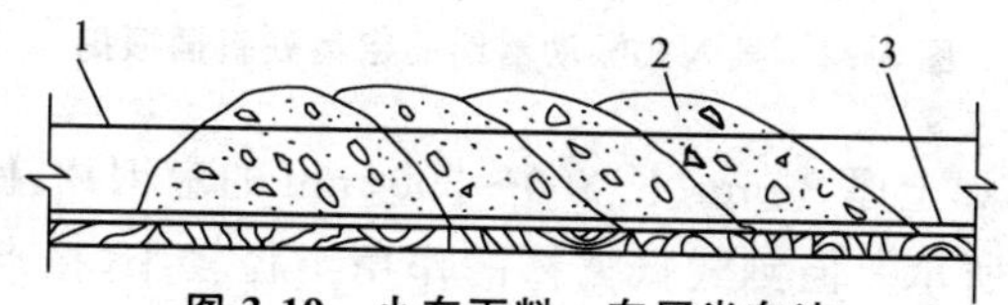

图 3-19　小车下料一车压半车法

1—楼板厚度线;2—混凝土;3—钢筋网

(6)当用人工布料和捣固时,可先用赶浆捣固法浇筑梁。应分层浇筑,第一层浇至一定距离后再回头浇筑第二层,成阶梯状前进,如图 3-20 所示。

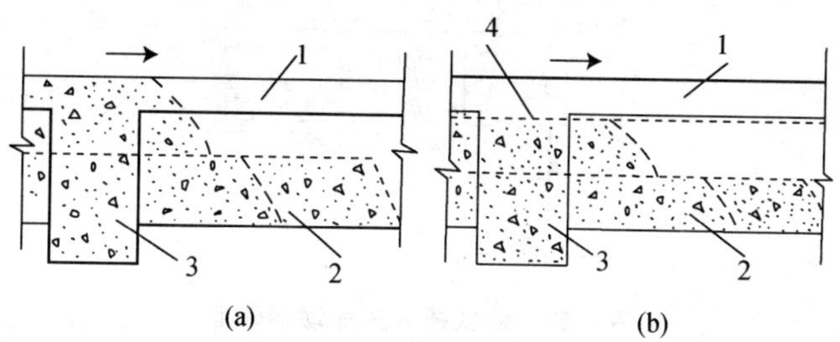

图 3-20　梁的分层浇筑

(a)主梁高小于 1 的梁;(b)主梁高大于 1 的梁

1—楼板;2—次梁;3—主梁;4—施工缝

(7)堆放的拌和物,可先用插入式振捣器按图 3-21 摊平混凝土的方法将之摊平,再用平板振捣器或人工进行捣固。

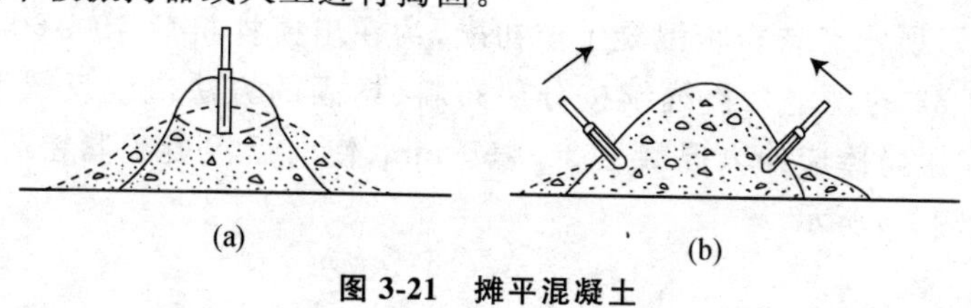

图 3-21　摊平混凝土

(a)正确;(b)错误

(8)主次梁交接部位或梁的端部是钢筋密集区，浇筑操作较困难，通常采用下列技巧。

在钢筋稀疏的部位，用振动棒斜插振捣，如图 3-22 所示。

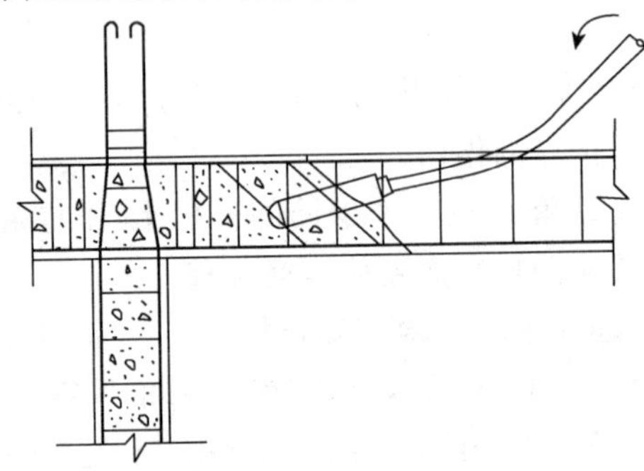

图 3-22　插入式振动器钢筋密集处斜插振捣

在振捣棒端部焊上厚 8 mm、长 200～300 mm 的扁钢片，做成剑式振捣棒进行振捣，如图 3-23 所示。但剑式振捣棒的作用半径较小，振点应加密。在模板外部用木槌轻轻敲打。

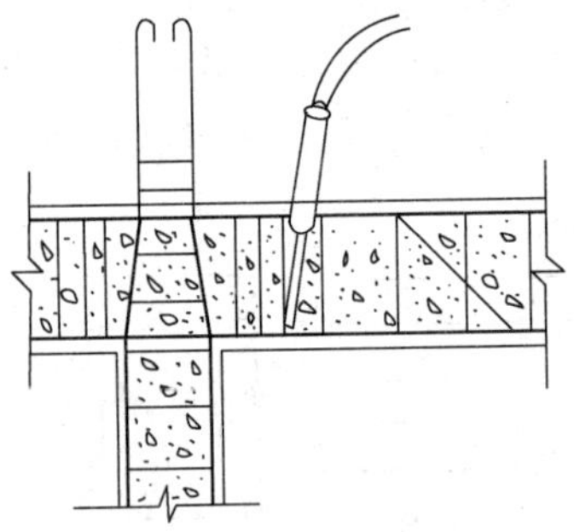

图 3-23　剑式插入式振动器作业

(9)反梁的浇筑：反梁的模板通常是采用悬空支撑，用钢筋将反梁的侧模板支离在楼板面上。如浇筑混凝土时将反梁与楼板同时浇筑，因反梁的混凝土仍处在塑性状态，将向下流淌，形成断脖子现象，如图 3-24(a)所示。正确的方法是浇筑楼板时，先浇筑反梁下的混凝土楼板，并将其表面保留凹凸不平，如图 3-24(b)所示。待楼板混凝土至初凝，约在出搅拌机后 40～60 min(但不得超过表 3-33 的规定)，再继续按分层布料、捣固的方法浇筑反梁混凝土，捣固时插入式振捣棒应伸入混凝土 30～50 mm，使前后混凝土紧密凝结成为一体，如图 3-24(c)所示。

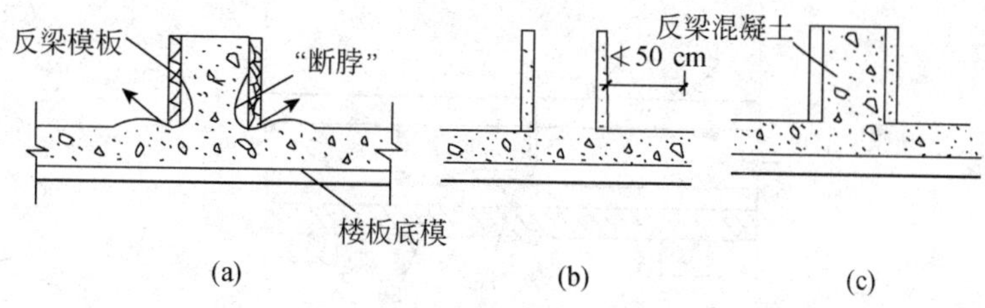

图 3-24　反梁浇筑次序

(a)板梁同时浇筑,形成"断脖子";(b)先浇筑楼板;(c)后浇筑反梁

8.肋形楼板的浇筑

楼板和梁同时是水平构件,主要是受弯结构。肋形楼板是由主梁、次梁和板组成的典型的梁板结构。主梁设置在柱和墙之间、断面尺寸较大,次梁设置在主梁之间,断面较主梁小,平板设置在主梁和次梁上(见图 3-20)。其模板一般为木模或定型组合钢模。

肋形楼板的浇筑工艺顺序:浇筑前的准备工作→梁、板混凝土的灌注→混凝土的振捣→混凝土表面的修整→养护→拆模。

1)浇筑前准备工作。

楼面的设计标高和楼板的厚度,用水准仪将其测设到楼板四周的侧模上,可用油漆做标高的标志。在楼板的中部可用移动式木橛头[图 3-25(a)]或用角钢制作标高尺[图 3-25(b)];比较理想的是按图 3-26 所示用预焊钢筋做标高控制。

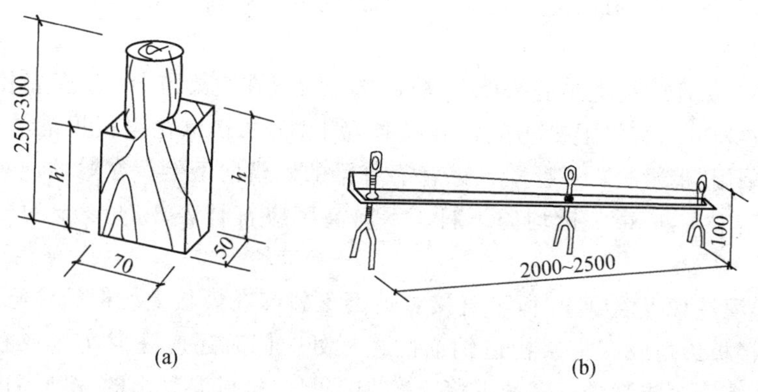

图 3-25　楼板标高尺

(a)木橛头;(b)角钢平尺

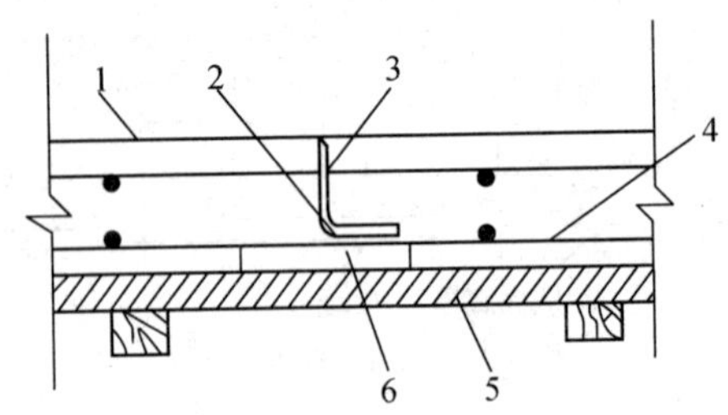

图 3-26 楼板水平高控制图

1—混凝土面；2—单面烧焊(焊缝长 $5d$)；3—ϕ10 mm 钢筋
4—楼板主筋；5—模板；6—垫块

(1)对板的主筋、分布筋及板上层的构造筋的数量、规格、间距以及钢筋的平直高等做仔细检查(包括梁钢筋的检查)，按规定加垫好混凝土保护层垫块。

(2)模板的安装应合理、楼板模板的拼钉应平整，支撑系统应牢固、不得有下沉。对模板拼钉时的透光缝隙应用水泥袋纸或纸筋灰填塞。木模板在浇筑前应浇水，使其充分湿润。

(3)施工缝的留置位置，应按技术交底的要求做到心中有数，施工缝处的墙板应准备好。

(4)浇筑用的桥板、马道用马凳架设好，其高度一般高出楼板厚度的15～20 cm。

(5)将模板及钢筋上的垃圾油污清理干净，将模板涂隔离剂。

2)混凝土的灌注。

(1)有主次梁的肋形楼板，混凝土的浇筑方向应顺次梁方向，主次梁和板同时分层浇筑。

(2)在保证主梁浇筑的前提下，将施工缝留置在次梁跨中 1/3 的范围内。

(3)布料时，宜将混凝土先卸在铁拌盘上，再加铁锹往梁板里灌注混凝土。灌注时采用“带浆法”下料，即铁锹背靠着梁的侧模向下倒。在梁的同一位置的两侧各站 1 人，一边一锹均匀下料。下料高度应符合表 3-34 规定的分层厚度要求。

(4)灌注楼板混凝土时，可直接将混凝土料卸在模板上。但须注意，不可集中卸在楼板边角或有上层构造钢筋的楼板处。同时还应注意小车或料斗的浆料，将浆多石少或浆少石多的混凝土均匀搭配。楼板混凝土的虚铺高度可比楼板厚度高出 20～25 mm。

3)混凝土的振捣。

(1)对楼板构件，多采用平底锤、平底木桩或用铲背拍打。人工捣固用“带浆法”操作。操作时由板边开始，铺上一层厚约 10 mm、宽约 300～400 mm 的与混凝土成分相同的水泥砂浆。与浇筑前进方向一致，用铁锹采用反锹下料浇筑的面积达到 2 m^2 时，用锹背将混凝土拍平拍实，并前后往复轻揉，将表面原浆拉平。若个别部位石子集中拍不出浆来时，可从混凝土料中剔出石子，取水泥浆补上，再拍平，直至全部浇筑完毕。

(2)当梁高度大于 1 m 时，可先浇筑主次梁混凝土，后浇筑楼板混凝土，其水平施工缝留置在板底以下 20～30 mm 处。当梁高度大于 0.4 m 小于 1 m 时，应先分层浇筑梁混凝土，待梁混凝土浇筑至楼板底时，梁与板再同时浇筑。

(3)梁混凝土的捣固应采用插入式振捣器振捣。浇筑时，由梁的一端开始向另一端推进，并根据梁的高度分层浇捣成阶梯形。当浇筑至板底位置时，再与板一起浇筑，并向前进，直至梁混凝土全部浇筑完毕。

(4)浇筑楼板混凝土时也可采用平板振捣器振捣。

4)混凝土表面的修整。

板面如需抹光时，先用大铲将表面拍平，局部石多浆少的，另需补浆拍平，再用木抹子打搓，最后用铁抹子压光。对因木橛子取出后而留下的洞眼，应用混凝土补平拍实后再收光。

现浇混凝土梁、板构件的允许偏差和检验方法，见表 3-42。

表 3-42　现浇混凝土梁、板构件的允许偏差和检验方法

<table>
<tr><th rowspan="2">序号</th><th rowspan="2" colspan="2">项　目</th><th colspan="4">允许偏差/mm</th><th rowspan="2">检验方法</th></tr>
<tr><th>单层多层</th><th>高层框架</th><th>多层大模</th><th>高层大模</th></tr>
<tr><td>1</td><td>轴位线移</td><td>梁</td><td>8</td><td>5</td><td>8</td><td>5</td><td>尺量检查</td></tr>
<tr><td rowspan="2">2</td><td rowspan="2">标高</td><td>层高</td><td>±10</td><td>±5</td><td>±10</td><td>±10</td><td rowspan="2">用水准仪或
尺量检查</td></tr>
<tr><td>全高</td><td>±30</td><td>±30</td><td>±30</td><td>±30</td></tr>
<tr><td>3</td><td>截面尺寸</td><td>梁</td><td>+8
−5</td><td>±5</td><td>+5
−2</td><td>+5
−2</td><td>尺量检查</td></tr>
<tr><td>4</td><td colspan="2">表面平整度</td><td>8</td><td>8</td><td>4</td><td>4</td><td>用 2m 靠尺和
楔形塞尺检查</td></tr>
<tr><td>5</td><td colspan="2">预埋钢板中心线位置偏移</td><td>10</td><td>10</td><td>10</td><td>10</td><td rowspan="4">尺量检查</td></tr>
<tr><td>6</td><td colspan="2">预埋管、预留孔中心线位置偏移</td><td>5</td><td>5</td><td>5</td><td>5</td></tr>
<tr><td>7</td><td colspan="2">预埋螺栓中心线位置偏移</td><td>5</td><td>5</td><td>5</td><td>5</td></tr>
<tr><td>8</td><td colspan="2">预留洞中心线位置偏移</td><td>15</td><td>15</td><td>15</td><td>15</td></tr>
</table>

9.楼梯的浇筑

楼梯是由上、下两个楼层的梯梁支承的斜向构件。其特征是外形复杂、模板多样、预埋件多、操作位置狭窄，是一项耗工量多而工作量小的结构项目。浇筑混凝土时应多加注意如下几个方面：

1)浇筑要点。

(1)工作场地狭窄，一般为手工操作。

(2)踏板面标高要求准确，表面要平。

(3)预埋件位置准确，宜与钢筋焊接定位。

2)浇筑工艺。

(1)浇筑方向是由下向上。上层梁和板完成后开始，混凝土也是由上层传来。

(2)由吊机料斗或由小车送料，再转入灰桶等下送，忌抛料。

(3)捣固也多用手工插捣，如用小型插入式振捣器，只能斜插短振，避免流淌。注意踢板与踏板间的阴阳角必须饱满，不可有缺损。

(4)振捣时应注意预埋件的位置。

(5)楼梯浇筑工作量不多，不宜留施工缝。

3)拆模。

混凝土强度达到设计强度的75%以上方可拆模。拆模后仍保留麻袋片覆盖，避免损伤踏板。

10.其他现浇混凝土构件的浇筑

悬挑构件的浇筑工艺：悬挑构件是指悬挑出墙、柱、圈梁及楼板以外的构件，如阳台、雨篷、天沟、层檐、牛腿、挑梁等。根据构件截面尺寸大小和作用分为悬臂梁和悬臂板。悬臂构件的受力特征与简支梁正好相反，其构件上部承受拉力，下部承受压力。悬臂构件靠支承点(砖墙、柱等)与后部的构件平衡。

1)浇筑前的准备工作。

(1)悬挑构件悬挑部分的模板靠顶撑支撑在楼地面上，因此顶撑应稳固并不得下沉。以避免浇筑后的悬挑构件出现开裂。支撑在砖墙上的悬挑构件后的平衡构件的模板，除应稳固外，模板与砖墙的缝隙应用水泥袋纸堵塞，以防浇筑时漏浆。

(2)悬挑构件的侧面模板的上口应用水准仪抄平，并以墨线或钉子作其浇筑高度控制线。

(3)悬挑构件的主筋布置在构件的上部，浇筑前应重点检查主筋的数量、规格和伸入平衡构件内的搭接长度以及平衡构件的钢筋锚固长度，并按要求，加垫好混凝土保护层垫块。

(4)浇筑悬挑构件的脚手架应满足混凝土浇筑要求，脚手架外应设置护栏。

2)混凝土的灌注与捣固。

悬挑构件的浇筑顺序：悬挑构件的悬挑部分与后面的平衡构件的浇筑必须同时进行，以保证悬挑构件的整体性；浇筑时，应先内后外，先梁后板一次连续浇筑，不允许留置施工缝。

(1)对于悬臂梁，因工程量不太大，宜将混凝土料卸在铁皮拌盘上，再用铁锹或小铁桶传递下料。由于悬挑构件的截面不太高，因此可一次将混凝土料下足后，集中用插入式振捣器振捣。对于支点外的悬挑部分，如因钢筋较密，可采用带刀片的插入式振捣器振捣或配合人工捣固的方法使混凝土密实。对于条件不具备的，也可用工人“赶浆法”捣固。

(2)对于悬臂板，应顺支承梁的方向，先浇筑梁，待混凝土平板底后，梁板同时浇筑，切不可待梁混凝土浇筑完后，再回过去来浇筑板。对于支承梁，可用插入式振捣器振捣，也可用人工“赶浆法”捣固。对于悬挑板部分，因板厚较小，宜采用人工“带浆法”捣固，板的表面用锹背拍平、拍实，光反复揉搓至表面出浆为准。

3)混凝土的养护混凝土初凝后，表面即可用草帘等覆盖物覆盖，终凝后即浇水养护。硅酸盐水泥、普通水泥、矿渣水泥拌制的混凝土，在常温下养护时间不得少于 7 d，其他品种水泥拌制的混凝土的养护时间视水泥性质决定。

4)拆模悬挑构件的侧板，以混凝土强度能保证其表面及棱角不因拆模而破坏时，方可拆除。而对悬挑部分的底模则按规定的要求拆除。

11. 混凝土施工缝的设置与处理

1)施工缝的设置。

施工缝的位置应符合设计要求和施工技术方案。施工缝的位置宜留在结构受剪力较小且便于施工的部位，并应符合下列规定。

(1)柱，宜设置在基础的顶面、梁或吊车梁牛腿的下面、吊车梁的上面、无梁板柱帽的下面。

(2)与板连成整体的大截面梁，设置在板底面以下 20～30 mm 处。当板下有梁托时，设置在梁托下部。

(3)单向板，设置在平等于板的短边和任何位置。

(4)有主次梁的楼板宜顺着次梁方向浇筑，施工缝应设置在次梁跨度的中间 1/3 范围内。

(5)墙，设置在门洞口过梁跨中 1/3 范围内，也可设置在纵横墙的交接处。

(6)双向受力楼板、大体积混凝土结构、拱、穹拱、薄壳、蓄水池、斗仓、多层钢架及其他结构复杂的工程，施工缝的设置应按设计要求留置。

2)施工缝的处理。

施工缝处继续浇筑混凝土应按施工技术方案执行。施工缝的处理应予以高度重视，如留置不当或处理不好，可能会引起质量事故。因此必须按下列要求进行处理：

(1)混凝土在初凝后，不能立即在上面继续浇筑新的混凝土，否则在振捣新浇筑的混凝土时，就会破坏原已凝结的混凝土内部结构，影响新、旧混凝土之间的结合。要在已浇筑的混凝土的抗压强度达到 1.2 MPa 以后，才允许继续浇筑混凝土。

(2)在继续浇筑混凝土之前，应将施工缝处的水泥薄膜、垃圾杂物、松动的石子、软弱混凝土层以及钢筋上的油污、浮锈、水泥浆清理干净并凿毛，用清水冲洗干净，使其充分湿润，且不得积水。

(3)在浇筑混凝土前，宜先在施工缝处铺一层水泥浆或与混凝土内成分相同的水泥砂浆，厚度约 10～15 mm。先将砂浆与原混凝土捣实，然后再浇灌混凝土。应避免直接在施工缝处下料。用机械振捣时，应逐渐推进。

(4)施工缝处的捣实要细致，应使新旧混凝土成为整体并加强保湿养护。

(5)承受动力的设备基础，不应留置施工缝，当必须留置时，应征得设计单位的同意，且符合下列要求：

①标高不同的两个水平施工缝，其高低接合处应留成台阶形，台阶的高宽比不得大于 1.0。

②在水平施工缝上继续浇筑混凝土前，应对地脚螺栓进行一次观测校准。

③垂直施工缝处应加插钢筋，其直径为 12～16 mm，长度为 500～600 mm，间距为 500 mm，在台阶式施工缝的垂直面上应补插钢筋。

④施工缝的混凝土表面应凿毛，在继续浇筑混凝土前，应用水冲洗干净，湿润后在表面上抹 10～15 mm 厚与混凝土内成分相同的一层水泥砂浆。

(6)在设备基础的地脚螺栓范围内施工缝的留置位置，应符合下列要求：

①水平施工缝，必须低于地脚螺栓底端，与地脚螺栓底端的距离应大于 150 mm；当地脚螺栓直径小于 30 mm 时，水平施工缝在不小于地脚螺栓埋入混凝土部分总长度的 3/4 处。

②垂直施工缝，与地脚螺栓中心线间的距离不得小于 250 mm，且不得小于螺栓直径的 5 倍。

五、混凝土泵送施工技术要点

1. 混凝土泵、布料设备选择

1）混凝土泵的选型，应根据混凝土工程特点、要求的最大输送距离、最大输出量及浇筑计划确定。重要工程宜有备用混凝土泵。

2）当高层建筑采用接力泵泵送混凝土时，接力泵的设置位置应使上、下泵的输送能力匹配。设置接力泵的楼面应验算其结构所能承受的荷载，必要时应采取加固措施。

3）布料设备应根据工程结构特点、施工工艺、布料要求和配管情况等选择。

2. 混凝土泵、布料设备就位固定

1）混凝土泵车、拖式混凝土泵应符合方案要求，设置在平坦的场地上，场地土质应坚硬密实，道路通畅，距离浇筑点近，便于配管，接近排水设施和供水、供电方便。在混凝土泵作业范围内，不得有高压线等障碍物。泵车（拖式混凝土泵）支腿下部应垫垫木。泵车（拖式混凝土泵）安置稳固并经过检查验收。

2）应根据结构平面尺寸、配管情况和布料杆长度，布置布料设备；布料设备应安装牢固和稳定，并能覆盖整个结构平面，均匀、迅速地进行布料。

3）布料设备不得碰撞或直接搁置在模板上，手动布料杆应设立钢支架架空，支架应加固。

3. 泵管铺设

1）混凝土输送管应根据工程特点及混凝土浇筑方案配管，宜尽量缩短管线长度，少用弯管和软管。输送管的铺设应保证安全施工，便于清洗管道、排除故障和装拆维修。在同一条管线中应采用相同管径的输送管，管线宜布置得横平竖直，管道接头应严密，有足够强度，并能快速装拆。

2）垂直向上配管时，地面水平管道长度不宜小于垂直管长度的1/4，且不宜小于15 m。在混凝土泵机Y形管出口3～6 m处的输送管根部应设置截止阀，以防止拌和物反流。

3）泵送施工地下结构物时，地上水平管应与Y形管出料口轴线垂直。倾斜向下配管时，应在斜管上端设排气阀；当高差大于20 m时，应在斜管下端设5倍高差长度的水平管。

4）管道固定。混凝土垂直运输管道宜用钢管井架加固，钢管井架顶紧楼

板，泵管穿楼板部位用木楔塞紧；水平管宜每隔一定距离（一般为 3 m）使用三脚架固定，三脚架固定在楼地面上。固定杆件与管道间宜加塞木楔并垫硬橡胶抱紧泵管。管道由水平转为竖直向上转弯处加三角墩缓冲水平力。运输管道不宜利用外墙防护脚手架进行加固。

4.设备调试

混凝土泵与输送管连通后，按使用说明书规定全面检查，符合要求后方能开机空转。泵启动后，应先泵送适量水，以润湿泵的料斗、活塞和管道的内壁等直接与混凝土接触的部位，确认管道中无异物。

5.管道润滑

混凝土浇筑前用与混凝土同配比的减石子水泥砂浆润滑管道，砂浆应先用容器集中回收，然后按需要分散使用。

6.混凝土泵送施工

1）混凝土入场检验。混凝土运送至浇筑地点，应逐车检测其坍落度，所测坍落度值应符合设计和施工要求，其允许偏差值应符合有关标准规定。若混凝土坍落度不适宜、拌和物出现离析现象，应禁止使用；混凝土入场后严禁随意加水。

2）开始泵送时，混凝土泵应处于慢速、匀速并随时可反泵状态。泵送速度应先慢后快，逐步加速。同时，应观察混凝土泵的压力和各系统的工作情况，待各系统运转顺利后，方可以正常速度进行泵送。

3）泵送应连续作业，如必须中断时，间断时间不得超过混凝土从搅拌到浇筑完毕所允许的延续时间（初凝时间），且应采取以下措施：

（1）固定式混凝土泵可利用混凝土搅拌车内的混凝土，进行慢速间歇泵送或利用料斗内的混凝土进行间歇反泵和正泵。料斗内应始终留有不少于其容量 1/3 的混凝土。

（2）慢速间歇泵送时，应每隔 4～5 min 进行四个行程的正、反泵。

4）泵送混凝土时，泵的活塞尽可能保持在最大行程运转。泵内水箱经常保持充满水。泵送混凝土时，如管道中吸入空气，应立即反泵将混凝土吸出至料斗中重新搅拌，排除空气后再泵送。泵送过程中，需要加设配管时，需润湿管道内壁。不得将已拆卸的管道中混凝土散落在未浇筑部位。

5）当输送管被堵塞时应采取下列方法排除：

（1）重复进行反泵和正泵，逐步吸出混凝土至料斗中，重新搅拌后泵送。

(2) 敲击泵管查明堵塞部位,将混凝土击松后重复进行正、反泵排除堵塞。

(3) 在混凝土卸压后,拆除堵塞部位的输送管,排除混凝土堵塞物后再接管。重新泵送前,应先排除管内空气后方可拧紧接头。

6) 当混凝土泵送出现非堵塞性中断时,应采取下列措施:

(1) 混凝土泵车卸料清洗后重新泵送;或利用臂架将混凝土泵入料斗,进行慢速间歇循环泵送;有配管输送混凝土时,可进行慢速间歇泵送。

(2) 固定泵利用混凝土搅拌车内的料进行慢速间歇泵送或利用料斗内的料进行间歇反泵和正泵。

(3) 慢速间歇泵送时,应每隔 4～5 min 进行四个行程的正、反泵。

7) 泵送即将完成前,正确计算尚需的混凝土数量,及时告知混凝土搅拌处。

8) 当多台混凝土泵同时施工或其他输送方法组合输送混凝土时,应统一指挥、相互配合,按照规定的浇筑区域、浇筑顺序执行。多台泵车连续作业宜使每台泵承担的混凝土浇筑量接近,做到同步浇筑,避免留置施工缝。

9) 当超高层建筑采用多台泵接力的施工方式时,位于楼层上的混凝土泵处应设备用料斗,用以收集下层混凝土泵输送的混凝土。

7. 混凝土布料

1) 浇筑竖向结构混凝土时,布料设备的出口离模板内侧面不应小于 50 mm,且不得向模板内侧面直冲布料,也不得直冲钢筋骨架。

2) 浇筑水平结构混凝土,不得在同一处连续布料,应在 2～3 m 范围内水平移动布料,且宜垂直模板布料。

3) 对于有预留洞、预埋件和钢筋太密的部位,应先制定技术措施,确保顺利布料。

六、大模板混凝土工程施工技术要点

1. 施工工艺流程

1) 内浇外板工程施工流程(图 3-27)。

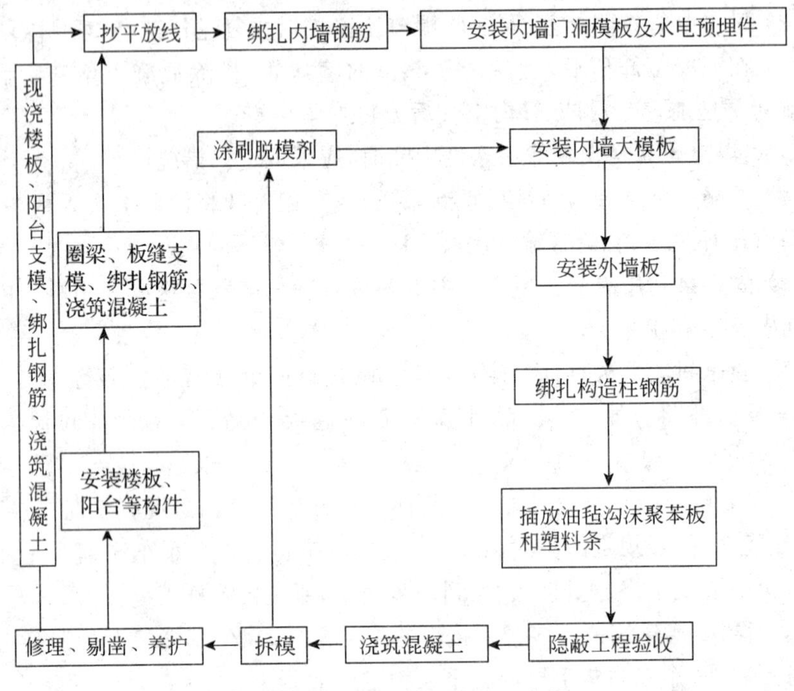

图 3-27 内浇外板工程施工流程

2）全现浇混凝土工程施工流程(图 3-28)。

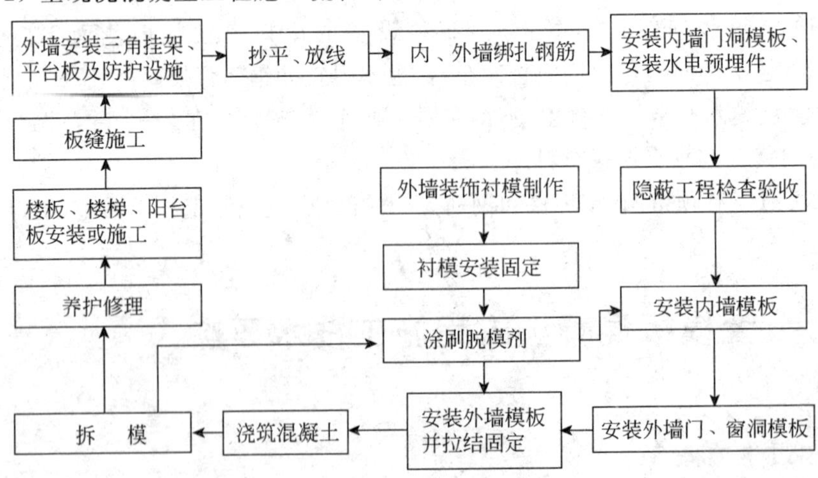

图 3-28 全现浇工程施工流程图

3）内浇外砌工程施工流程(图 3-29)。

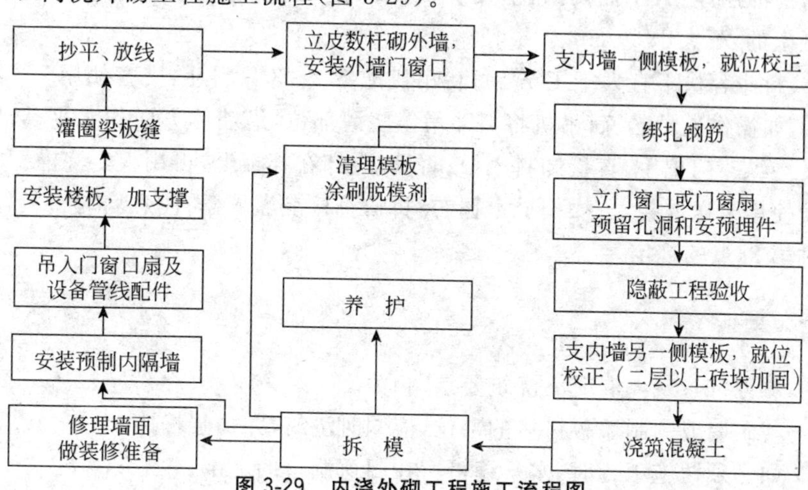

图 3-29　内浇外砌工程施工流程图

2. 模板安装

1）放线时应同时注明模板编号,便于对号入座。

2）应在安装前涂好脱模剂。

3）应配齐上口卡子、穿墙螺栓、拼缝封条、水电气打管线等预埋件。

4）安装好后应进行常规清理。

3. 钢筋敷设

1）用点焊钢筋网较好。

2）搭接长度、位置要准确,理顺扎牢。

4. 板间连接

1）板与板之间的连接,应按搭接缝要求,加筋处理。

2）连接方法如采用绑扎或焊接,应保证牢靠,如采用套环,套环应重叠并插入竖向筋。

5. 混凝土坍落度

1）采用料斗浇灌时,4～6 cm。

2）采用泵送时,10～14 cm。

6. 混凝土浇筑

1)先浇灌与混凝土同性质的水泥砂浆垫底,厚度约 50 mm。

2)浇灌层厚：人工插捣的，不大于 35 cm；振捣棒捣固的，不大于 50 cm；轻骨料混凝土的，不大于 30 cm。

3) 料斗容量不宜大于 1 m^3，每台吊机配备 2～3 只料斗，交替使用。

4) 如操作人员熟练，吊机将料斗吊至浇灌部位，沿墙体方向作水平移动，操作人员操纵斗门把手，直接卸料入模；否则，应卸在拌板上，再用人工浇灌。

5)使用泵送混凝土，操作员掌握布料口，直接浇灌入模；注意均匀布料，层厚不超过第 2)点的规定。

7. 混凝土振捣

1) 参见“四、现浇混凝土浇筑要点”相关。

2) 与砖墙或预制墙板搭接的部位，应同时浇筑，并加强捣固。

3) 如必须留施工缝时，水平缝可留在门窗洞口的上部。

4) 浇筑至门窗洞口以上，如发现浆多石少，是由于垫底砂浆上浮，可将浮浆排除，以保证强度。

5) 墙顶应按标高稍低 10 mm 找平，以利于楼板坐浆安装。

8. 拆模

1) 先拆附件(花篮螺栓、上口卡子、穿墙螺栓、压杆、角模螺栓)并有专人复验认为附件完全拆除；最后，同步放松地脚螺栓，使模板能自上而下地脱离混凝土。

2) 折模板时严禁在混凝土上端用力横推或撬动。

3) 脱角模、门窗模只能在楼板与钢模下端之间撬模，避免冲击力。

4) 模板吊往下一流水段时，应垂直起吊，不得斜牵强拉。

9. 大模板安装质量要点

1) 基本要求。

(1) 大楼板安装必须垂直，角模方正，位置标高正确，两端水平标高一致。

(2) 模板之间的拼缝及模板与结构之间的接缝必须严密，不得漏浆。

(3) 门窗洞口必须垂直方正，位置准确。如采用先立口的做法，门窗框必须固定牢固，连接紧密，在浇筑混凝土时不得位移和变形；如采用后立口的做法，位置要准确，模框要牢固，并便于拆除。

(4) 脱模剂必须涂刷均匀。

(5) 拆除大楼板时严禁碰撞墙体。对拆下的模板要及时进行清理和保养，如发现变形、开焊，应及时进行修理。

(6) 装饰模板及门窗洞口模板必须牢固、不变形，对大于 1 m 的门窗洞口拆模后应加以支护。

(7) 全现浇外墙、电梯井筒及楼梯间墙支模时，必须保证上下层接槎顺直，不错台，不漏浆。

2) 大模板安装质量标准，见表 3-43。

表 3-43　大模板安装的质量标准

序号	检查项目	允许偏差/mm	检查方法
1	模板垂直	3	2 m 靠尺
2	模板位置	2	金属直尺量测、验线
3	上口宽度	+2	金属直尺量测、验线
4	模板标高	±10	水平仪量测、验线
5	先立口垂直	±5	2 m 靠尺
6	先立口对角线偏差	7	尺验
7	后立口洞口上平高度	+20;−5	尺验
8	后立口垂直及洞口宽度	±10	2 m 靠尺及尺验

10. 大模板施工安全技术

1) 基本要求。

(1) 在编制施工组织设计时，必须针对大模板施工的特点制定行之有效的安全措施，并层层进行安全技术交底，经常进行检查，加强安全施工的宣传教育工作。

(2) 大模板和预制构件的堆放场地，必须坚实平整。

(3) 吊装大模板和预制构件，必须采用自锁卡环，防止脱钩。

(4) 吊装作业要建立统一的指挥信号、吊装工要经过培训，当大模板等吊件就位或落地时，要防止摇晃碰人或碰坏墙体。

(5) 要按规定支搭好安全网，在建筑物的出入口，必须把设安全防护棚。

(6) 电梯井内和楼板洞口要设置防护板，电梯井口及楼梯处要设置护身栏，电梯井内每层都要设立一道安全网。

2) 大模板的堆放、安装和拆除安全措施。

(1) 大模板的存放应满足自稳角的要求，并进行面对面堆放，长期堆放时，应用杉篙通过吊环把各块大模板连在一起。

没有支架或自稳角不足的大模板，要存放在专用的插放架上，不得靠在其他物体上，防止滑移倾倒。

(2) 在楼层上放置大模板时，必须采取可靠的防倾倒措施，防止碰撞造成坠落，遇有大风天气，应将大模板与建筑物固定。

(3) 在拼装式大模板进行组装时，场地要坚实平整，骨架要组装牢固，然后由下而上逐块组装，组装一块立即用连接螺栓固定一块，防止滑脱。整块模板组装以后，应转运至专用堆放场地放置。

(4) 大模板上必须有操作平台、上人梯道、护身栏杆等附属设施，如有损坏应及时修补。

(5) 在大模板上固定衬模时，必须将模板卧放在支架上，下部留出可供操作用的空间。

(6) 起吊大模板前，应将吊装机械位置调整适当稳起稳落，就位准确，严禁大幅度摆动。

(7) 外板内浇工程大模板安装就位后，应及时用穿墙螺栓将模板连成整体，并用花篮螺栓与外墙板固定，以防倾斜。

(8) 全现浇大模板工程安装外侧大模板时，必须确保三角挂架、平台板的安装牢固，及时绑好护身栏和安全网。大模板安装后。应立即拧紧穿墙螺栓。安装三角挂架和外侧大楼板的操作人员必须系好安全带。

(9) 大模板安装就位后，要采取防止触电保护措施，将大模板加以串联并同避雷网接通，防止漏电伤人。

(10) 安装或拆除大模板时，操作人员和指挥必须站在安全可靠的地方，防止意外伤人。

(11) 拆模后起吊模板时，应检查所有穿墙螺栓和连接件是否全都拆除，在确无遗漏、模板与墙体完全脱离后，方准起吊、待起吊高度超过障碍物后，方准转臂行车。

(12) 在楼层或地面临时堆放的大模板，都应面对面放置，中间留出 60 cm 宽的人行道，以便清理和涂刷脱模剂。

(13) 筒形模可用拖车整车运输，也可拆成平模重叠放置用拖车运输，其他形式的模板，在运输前都应拆除支架，卧放于运输车上运送，卧放的垫木必须上下对齐，并封绑牢固。

(14) 在电梯间进行模板施工作业，必须逐层搭好安全防护平台，并检查平台支腿伸入墙内的尺寸是否符合安全规定。拆除平台时，先挂好吊钩，操作人员退到安全地带后，方可起吊。

(15) 采用自升式提模时，应经常检查倒链是否挂牢，立柱支架及筒模托架是否伸入墙内。拆模时，要待支架及托架分别离开墙体后再行起吊提升。

七、底板大体积混凝土施工技术要点

1.混凝土搅拌

1）混凝土搅拌必须在设施完善、管理严格、具备相应资质的预拌混凝土搅拌站进行。施工单位项目经理部在混凝土供应期间应设专人驻站监督。检查复核混凝土中各项材料掺量。

2）混凝土出机应测定坍落度、出机温度，若不符合要求时应由专业技术人员及时调整。

2. 混凝土运输

1）混凝土出机后应及时组织混凝土搅拌车运至施工现场，且应保证连续供应。

2）混凝土搅拌车运送过程中保持筒体慢速转动；卸料时，筒体应加快运转20～30 s后方可卸料。

3）混凝土的场内运输与布料。

(1) 混凝土泵、布料设备选择。

① 混凝土泵的选型，应根据混凝土工程特点、要求的最大输送距离、最大输出量及浇筑计划确定。重要工程宜有备用混凝土泵。

② 当高层建筑采用接力泵泵送混凝土时，接力泵的设置位置应使上、下泵的输送能力匹配。设置接力泵的楼面应验算其结构所能承受的荷载，必要时应采取加固措施。

③ 布料设备应根据工程结构特点、施工工艺、布料要求和配管情况等选择。

(2)混凝土泵、布料设备就位固定。

① 混凝土泵车、拖式混凝土泵应符合方案要求，设置在平坦的场地上，场地土质应坚硬密实，道路通畅，距离浇筑点近，便于配管，接近排水设施和供水、供电方便。在混凝土泵作业范围内，不得有高压线等障碍物。泵车(拖式混凝土泵)支腿下部应垫垫木。泵车(拖式混凝土泵)安置稳固并经过检查验收。

② 应根据结构平面尺寸、配管情况和布料杆长度，布置布料设备；布料设备应安装牢固和稳定，并能覆盖整个结构平面，均匀、迅速地进行布料。

③ 布料设备不得碰撞或直接搁置在模板上，手动布料杆应设立钢支架架空，支架应加固。

(3) 泵管铺设。

① 混凝土输送管应根据工程特点及混凝土浇筑方案配管，宜尽量缩短管线长度，少用弯管和软管。输送管的铺设应保证安全施工，便于清洗管道、排除故障和装拆维修。在同一条管线中应采用相同管径的输送管，管线宜布置得横平竖直，管道接头应严密，有足够强度，并能快速装拆。

② 垂直向上配管时，地面水平管道长度不宜小于垂直管长度的 1/4，且不宜小于 15 m。在混凝土泵机 Y 形管出口 3～6 m 处的输送管根部应设置截止阀，以防止拌和物反流。

③ 泵送施工地下结构物时，地上水平管应与 Y 形管出料口轴线垂直。倾斜向下配管时，应在斜管上端设排气阀；当高差大于 20 m 时，应在斜管下端设 5 倍高差长度的水平管。

④ 管道固定。混凝土垂直运输管道宜用钢管井架加固，钢管井架顶紧楼板，泵管穿楼板部位用木楔塞紧；水平管宜每隔一定距离（一般为 3 m）使用三脚架固定，三脚架固定在楼地面上。固定杆件与管道间宜加塞木楔并垫硬橡胶抱紧泵管。管道由水平转为竖直向上转弯处加三角墩缓冲水平力。运输管道不宜利用外墙防护脚手架进行加固。

(4) 设备调试：混凝土泵与输送管连通后，按使用说明书规定全面检查，符合要求后方能开机空转。泵启动后，应先泵送适量水，以润湿泵的料斗、活塞和管道的内壁等直接与混凝土接触的部位，确认管道中无异物。

(5) 管道润滑：混凝土浇筑前用与混凝土同配比的减石子水泥砂浆润滑管道，砂浆应先用容器集中回收，然后按需要分散使用。

3. 混凝土浇筑与振捣

1) 混凝土入场后应及时检测其坍落度，不符合要求时应退回或由搅拌站进行二次搅拌。现场对每车混凝土的出站时间、入场时间、开始浇筑及持续时间等各时间段进行登记。超出要求时间的混凝土不得使用。

2) 混凝土应分层分块连续浇筑，不留施工缝。分层方法可采用斜向分层或阶梯状分层两种方式，分块大小及分层厚度以供灰速度以及混凝土各浇筑块、浇筑层均不出现施工冷缝为原则。但最大分层厚度不应超过振捣棒有效作用部分长度的 1.25 倍（一般不大于 500 mm）。

3) 混凝土浇筑时自由下落高度不超过 2 m，若超过 2 m 时，应采取加长软管和串筒方法。在泵送过程中料斗内应有足够的混凝土，以免吸入空气产生堵塞。

4) 混凝土振捣宜采用 50 型振捣棒，操作时要做到快插慢拔。在振捣上层混凝土时应插入下层混凝土中 50 mm 左右，混凝土应振捣密实，每一插点振捣时间宜为 20～30 s，视其混凝土表面呈水平不再显著下沉、不再出气泡、表面泛浆为准。振捣棒插点要均匀排列，移动间距不大于振捣棒作用半径的 1.5 倍（一般为 400～500 mm）。振捣棒与模板的距离不应大于其作用半径的 0.5 倍，且应避免碰撞钢筋、模板、预埋管件。

5）混凝土浇筑后表面用刮杠刮平，泌水应及时排除。

6）混凝土浇筑应避开雨天施工，若突遇降雨应用塑料薄膜及时覆盖进行保护。

7）当采用玻璃温度计测温时，混凝土浇筑后应及时将测温薄壁钢管埋在指定位置（也可在浇筑前将测温管绑在钢筋上提前埋设）作为预留测温孔，测温孔根据测温平面布置图埋设，并进行编号。每个测温孔根据大体积混凝土厚度埋设不少于 3 根、间距各为 100 mm、呈三角形布置的一组测温管，分别用于测量结构表面、内部核心区以及底部温度。测温孔上端堵实，测温孔布置严格按照施工方案执行，其数量以平面布局间距 6 m 为宜。应优先选用电子测温仪测温，测温点布置与玻璃温度计测温相同，并提前埋设测温导线，施工中应注意保护。

4. 混凝土表面压实

混凝土浇筑完毕、表面泌水已处理，经刮杠刮平后用木抹搓平，二次振捣用平板振捣器或振捣棒滚动振捣，表面用木抹压实。当混凝土表面用手按有明显印痕但下沉量不大时即可进行二次搓毛压实。二次抹压时不可在混凝土表面洒水进行，而应将混凝土内部浆液挤压出来，用于表面混凝土湿润抹压。

5. 施工缝、后浇带施工

1）大体积混凝土施工除预留后浇带外，尽可能不设施工缝，遇有特殊情况必须设施工缝时应按后浇缝处理。

2）施工缝、后浇带均宜用钢板网或钢丝网支挡，支模时，对先浇混凝土凿毛清洗。后浇带、施工缝在混凝土浇筑前应清除杂物并进行湿润，并应刷与混凝土成分相同的水泥砂浆。

3）施工缝、后浇带、新旧混凝土接槎部位宜采用设置企口的防水措施。

4）后浇带部位混凝土的膨胀率依据《混凝土外加剂应用技术规范》（GB 50119－2003）的规定，宜限制膨胀率为 0.035％～0.045％，应高于底板混凝土膨胀率 0.02％以上或依据设计或产品说明书确定。

6. 大体积混凝土养护

1）大体积混凝土养护在混凝土表面二次压实后进行。大体积混凝土养护可采用混凝土表面蓄水或覆盖塑料薄膜后再覆盖阻燃草帘的保湿保温养护方法，或内部用循环水降温的办法。塑料薄膜内应保持有凝结水。草帘的厚度以及保温时间根据热工计算以及现场测温记录确定。大体积混凝土养护时间一般不少于 14 d。

2）大体积混凝土在养护期应加强测温。前 3 天每 2 h 测一次，第 4～7 天每 4 h 测一次，后一周每 6 h 测一次，每次测温均应做好记录。测温指标包括：混凝土入模温度、大气温度、混凝土表面温度、混凝土内部温度等。混凝土降温速度根据工程情况控制在 1～3℃/d 范围内。

3）撤除保温层时混凝土表面与大气温差不应大于 20℃。

7. 试块制作

底板大体积混凝土除按不超过 100 m^3 同配比混凝土取标准养护试块不少于一组外，还应留置一定组数抗渗试块及同条件养护试块。现场混凝土试块留置应在浇筑地点随机取样制作。

八、清水混凝土施工技术要点

1. 表面类型与做法要求

清水混凝土表面类型和做法要求见表 3-44。

表 3-44　清水混凝土表面类型和做法要求

清水混凝土类型	清水混凝土表面做法要求	混凝土表面质量相当于抹灰等级	备　注
普通清水混凝土	以混凝土表面自然质感为饰面	普通抹灰	—
饰面清水混凝土	以混凝土表面自然质感为饰面	高级抹灰	蝉缝、明缝清晰，孔眼整齐
	混凝土表面上直接做保护透明涂料	高级抹灰	孔眼按需设置
	将混凝土表面砂磨平整为饰面	高级抹灰	蝉缝、明缝、孔眼按需设置
装饰清水混凝土	混凝土本身自然质感以及表面形成装饰图案或预留预埋装饰物	高级抹灰	蝉缝、明缝，孔眼按需设置

2.清水混凝土模板

为能确保混凝土表面质量和外观效果能达到清水混凝土质量要求和设计效果的模板,可选择多种材质制作。模板必须做到表面平整光洁,模板分块、面板分割和穿墙螺栓孔眼排列规律整齐,几何尺寸准确,拼缝严密,周转使用次数多等要求。

3.清水混凝土的蝉缝与明缝

1）蝉缝。

模板拼缝或面板拼缝在混凝土表面上留下的隐约可见、犹如蝉衣一样的印迹。整齐匀称的蝉缝是混凝土表面的一种装饰效果。当建筑施工图中有明确的尺寸时,按建筑施工图配模施工,如没有图示要求,则配模设计时应按照设缝合理、均匀对称、长宽比例协调的原则,确定模板分块、面板分割尺寸。

2）明缝。

明缝是凹入混凝土墙内的分格线或装饰线,明缝位置也可作为模板上下连接和分段、分块连接的施工缝,可设在模板周边,也可设在面板中间。明缝是清水混凝土表面质量的主要检查项目之一,也是清水混凝土的一种装饰效果,与蝉缝可同时出现在混凝土表面上。

4.清水混凝土施工工艺要点

1）混凝土搅拌。

(1）混凝土配合比。可按常规配合比进行设计。但应考虑下述几方面：

① 为保证混凝土外表颜色一致,所用水泥应全过程使用同一厂生产的同一品种、同一强度、同一批号的水泥；

② 不得掺用粉煤灰,以免造成外表颜色不一致；

③ 为了保证外表砂浆饱满,砂率可超过 40％,通常为42％～45％。

(2）混凝土搅拌。可按混凝土搅拌常规进行,但搅拌时间应延长1～2 min。

如采用商品混凝土,应在供应合同上注明清水混凝土要求的四个统一和不得掺用粉煤灰的要求,强调供应商的责任。

2）保护层设置。

清水混凝土钢筋保护层的设置,为杜绝锈色,不应采用焊接短钢筋作垫块。如用塑胶垫块,也难避免斑斑点点的胶痕颜色;如用传统的方形水泥垫块,露出的痕迹较大;可改用半圆形垫块(图 3-30)。

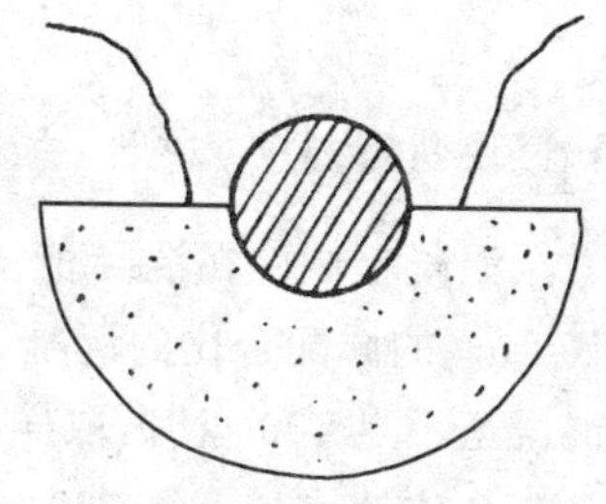

图 3-30　半圆形水泥垫块

因其为圆形，混凝土容易将垫块垫离模板，则其外露痕迹较小，且因用水泥砂浆制作，其颜色较接近，可以推广。

3）混凝土的浇筑。

混凝土的浇筑除按常规操作外，应着重注意下列技巧。

(1) 浇筑前检查模板的边、缝有无透光缝隙，有无混凝土旧浆未清，并加以纠正。

(2) 施工缝接槎作业应按下列程序：清理旧槎→冲洗→湿润→清积水→清除浮松石子或杂物→浇筑(先浇砂浆、后浇混凝土)。

(3) 观察来料是否离析，如粗骨料过多，浆料不足时，应退回更换符合要求的浆料。

(4) 布料每层不宜太厚，一般为 300～400 mm 便可，避免振捣不均匀。

(5) 保证振捣密实，外侧面应由专人用振捣器振捣至泛浆为合格。

(6) 如因故停歇，不宜太久，须符合表 3-45 的时间要求，也应对新旧槎口多作振捣，避免出现接缝痕迹。

(7) 各种预埋件、电器开关插座等应预先埋置，后浇筑。

(8) 柱、墙的施工缝可参照第四部分第四节的相关要求，模板装置可参考图 3-31 处理。

表 3-45　混凝土运输、浇筑和间隙的时间

（单位：min）

混凝土强度等级	气温/℃	
	≤25	＞25
≤C30	210	180
＞C30	180	150

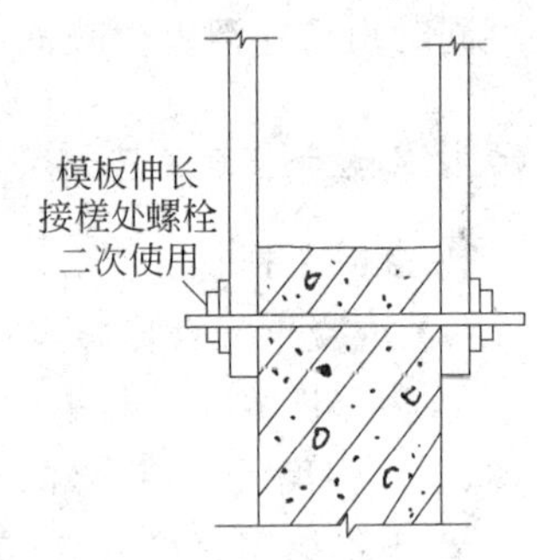

图 3-31　施工缝模板的装置

九、混凝土试块制作要点

1.试块留置要求

混凝土试件在混凝土浇筑地点随机抽取，每 100 盘(每盘 1 m^3)且不超过 100 m^3 的同配合比的混凝土，取样不得少于一次；每工作班拌制的同配合比的混凝土不足 100 盘时，取样不得少于一次。当一次连续浇筑超过 1000 m^3 的同一配合比的混凝土每 200 m^3 取样不得少于一次。

对现浇混凝土结构，其试件留置尚应符合下列规定：每一现浇楼层同配合比

的混凝土，其取样不得少于一次；同一单位工程每一验收项目中同配合比的混凝土，其取样不得少于一次。每次取样至少留置一组标准试件，同条件养护试件的留置组数可根据结构构件的拆模、吊装及施工期间临时负荷、大梁负荷时的混凝土强度实际需要确定。除了按规范要求留置混凝土 28 d 和 56 d 标准养护试块、同条件试块外，还应适当留置 7 d 标准养护试块，以便检查混凝土早期强度是否满足强度设计要求。另需留置控制拆模用同条件养护试件。

同一工程、同一配合比防水混凝土连续浇筑混凝土每 500 m^3 应留置一组抗渗试件。如使用的原材料、配合比或施工方法有变化时，现场应另行留置试块。

冬期施工时，在常温混凝土试块的基础上增设三组同条件试块：用于临界强度判定一组；用于试块解冻后测定混凝土是否受冻一组；备用一组。养护条件与现场混凝土养护条件相同。

2.混凝土试块制作

1)混凝土试块标养在出罐处进行取样，同条件混凝土试块要在作业面取样，不得从罐车中直接取样。试件的成型方法应视混凝土设备条件、现场施工方法和混凝土稠度而定，可采用振动台、振动棒或人工插捣。混凝土试块上应注明部位、试件编号、制模日期、强度等级、用途。

2)试块养护。

(1)标准试件的养护环境为：温度(20±1)℃，相对湿度 95%以上，养护至 28 d和 56 d 龄期。同条件试块的养护要求为与混凝土结构实体同等自然养护条件下不应少于 14 d，不宜大于 60 d，逐日累计温度达到 600℃。

(2)试块成型后，用已准备好的塑料薄膜覆盖、保温。及时登记混凝土施工及试块制作记录，第二天依取样顺序在试块上编号、拆模，标养试块应及时送试验室养护。

(3)混凝土试块标准养护(简称标养)。

混凝土试块标养采用标养室或者恒湿恒温箱，箱内放温度计，双控。要有湿温度记录，每天至少 2 次，温度(20±2)℃，湿度大于 95%；混凝土试块制作间的温度为(20±5)℃，湿度要求大于 90%。

(4)同条件试块养护。

同条件混凝土试块应放置在靠近相应结构构件或结构部位的适当位置(放在加锁的钢筋笼内)，采取相同的养护方法。

十、混凝土养护要点

1.自然养护

1）自然养护工艺。

（1）覆盖浇水养护。利用平均气温高于5℃的自然条件，用适当的材料对混凝土表面加以覆盖并浇水，使混凝土在一定的时间内保持水泥水化作用所需要的适当温度和温度条件。

覆盖浇水养护应符合下列规定。

① 覆盖浇水养护应在混凝土浇筑完毕后的12 h内进行。

② 混凝土的浇水养护时间，对采用硅酸盐水泥、普通硅酸盐水泥或矿渣硅酸盐水泥拌制的混凝土，不得少于7 d，对掺用缓凝型外加剂、矿物掺和料或有抗渗性要求的混凝土，不得少于14 d。当采用其他品种水泥时，混凝土的养护应根据所采用水泥的技术性能确定。

③ 浇水次数应根据能保持混凝土处于湿润的状态来决定。

④ 混凝土的养护用水宜与拌和用水相同。

⑤ 当日平均气温低于5℃时，不得浇水。

大面积结构如地坪、楼板、屋面等可采用蓄水养护。贮水池一类工程可于拆除内模混凝土达到一定强度后注水养护。

（2）薄膜布养护。在有条件的情况下，可采用不透水、气的薄膜布（如塑料薄膜布）养护。用薄膜布把混凝土表面敞露的部分全部严密地覆盖起来，保证混凝土在不失水的情况下得到充足的养护。这种养护方法的优点是不必浇水，操作方便，能重复使用，能提高混凝土的早期强度，加速模具的周转，但应该保持薄膜布内有凝结水。

2）薄膜养生液养护。

混凝土的表面不便浇水或使用塑料薄膜布养护时，可采用涂刷薄膜养生液以防止混凝土内部水分蒸发的方法进行养护。

薄膜养生液养护是将可成膜的溶液喷洒在混凝土表面上，溶液挥发后在混凝土表面凝结成一层薄膜，使混凝土表面与空气隔绝，封闭混凝土中的水分不再被蒸发，而完成水化作用。这种养护方法一般适用于表面积大的混凝土施工和缺水地区，但应注意薄膜的保护。

3）养护条件。

在自然气温条件下（高于5℃），对一般塑性混凝土应在浇筑后10～12 h内

(炎夏时可缩短至 2～3 h),对高强混凝土应在浇筑后1～2 h内,即用麻袋、草帘、锯末或砂进行覆盖,并及时浇水养护,以保持混凝土具有足够润湿状态。混凝土浇水养护日期可参照表 3-46。

表 3-46　混凝土浇水养护时间参考表

分类		浇水养护时间/d
拌和混凝土的水泥品种	硅酸盐水泥、普通硅酸盐水泥、矿渣硅酸盐水泥	≥7
	火山灰质硅酸盐水泥、粉煤灰硅酸盐水泥	≥14
	矾土水泥	≥3
抗渗混凝土、混凝土中掺缓凝型外加剂		≥14

注:①如平均气温低于 5℃时不得浇水;

②采用其他品种水泥时,混凝土的养护应根据水泥技术性能确定。

混凝土在养护过程中,如发现遮盖不好,浇水不足,以致表面泛白或出现干缩细小裂缝时,要立即仔细加以遮盖,加强养护工作,充分浇水,并延长浇水日期,加以补救。

在已浇筑的混凝土强度达到 1.2 MPa 以后,方允许在其上来往行人和安装模板及支架等。荷重超过时应通过计算,并采取相宜的措施。

2.加热养护

1)蒸汽养护。

蒸汽养护是缩短养护时间的方法之一,一般宜用 65℃左右的温度蒸养。混凝土在较高湿度和温度条件下,可迅速达到要求的强度。施工现场由于条件限制,现浇预制构件一般可采用临时性地面或地下的养护坑,上盖养护罩或用简易的帆布、油布覆盖。

蒸汽养护分四个阶段。

(1) 静停阶段:就是指混凝土浇筑完毕至升温前在室温下先放置一段时间。这主要是为了增强混凝土对升温阶段结构破坏作用的抵抗能力,一般需 2～6 h。

(2) 升温阶段:就是混凝土原始温度上升到恒温阶段。温度急速上升,会使混凝土表面因体积膨胀太快而产生裂缝,因而必须控制升温速度,一般为 10～25℃/h。

(3) 恒温阶段:是混凝土强度增长最快的阶段。恒温的温度应随水泥品种不同而异,普通水泥的养护温度不得超过 80℃。矿渣水泥、火山灰水泥可提高到 85～90℃。恒温加热阶段应保持 90%～100%的相对湿度。

(4) 降温阶段:在降温阶段内,混凝土已经硬化,如降温过快,混凝土会产生表面裂缝,因此降温速度应加以控制。一般情况下,构件厚度在 10 cm 左右时,降温速度每小时不大于 20～30℃。

为了避免由于蒸汽温度骤然升降而引起混凝土构件产生裂缝变形,必须严格控制升温和降温的速度。出槽的构件温度与室外温度相差不得大于 40℃,当室外温度在零下时,不得大于 20℃。

2) 其他热养护。

(1) 热模养护。将蒸汽通在模板内进行养护,此法用汽少,加热均匀。既可用于预制构件,又可用于现浇墙体,用于现浇框架结构柱的养护方法(图 3-32)。

(2) 棚罩式养护。棚罩式养护是在混凝土构件上加盖养护棚罩。棚罩的材料有玻璃、透明玻璃钢、聚酯薄膜、聚乙烯薄膜等,其中以透明玻璃钢和透明塑料薄膜为佳。棚式的形式有单坡、双坡、拱形等,一般多用单坡或双坡。棚罩内的空腔不宜过大,一般略大于混凝土构件即可。棚罩内的温度夏季可达 60～75℃,春秋季可达 35～45℃,冬季在 20℃左右。

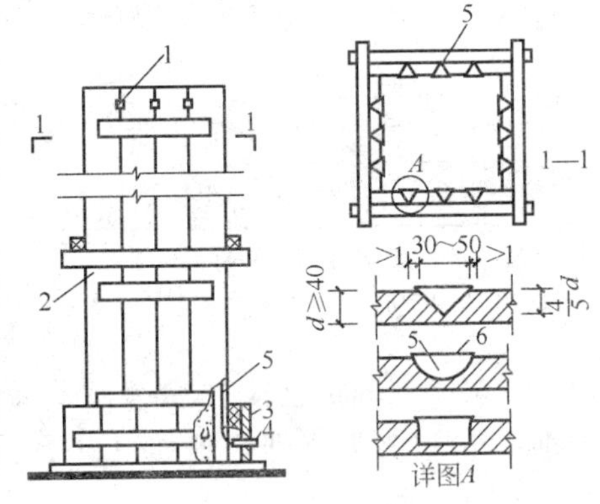

图 3-32　柱子用热模法养护(单位:mm)

1—出汽孔;2—模板;3—分汽箱;4—进气管;5—蒸汽管;6—薄铁皮

(3) 覆盖式养护。在混凝土成型、表面略平后,其上覆盖塑料薄膜进行封闭养护,有两种做法。

① 在构件上覆盖一层黑色塑料薄膜(厚 0.12～0.14 mm),在冬季再盖一层气垫薄膜。

② 在混凝土构件上先覆盖一层透明的或黑色塑料薄膜,再盖一层气垫薄膜(气泡朝下)。

塑料薄膜应采用耐老化的接缝并采用热黏合。覆盖时应紧贴四周,用砂袋或其他重物并紧盖严,防止被风吹开,影响养护效果。塑料薄膜采用搭接时,其搭接长度应大于 30 cm。据试验,气温在 20℃以上,只盖一层塑料薄膜,养护最高温度达 65℃,混凝土构件在 1.5～3 d 内达到设计强度的 70%,缩短养护周期的 40%以上。

第四部分　混凝土工程季节性施工

一、施工作业条件要求

1）对于已浇下层混凝土墙、柱根部，在支设本层墙柱模板前，要清除水泥薄膜和松动石子以及软弱混凝土层，并将墙柱内的渣土用高压空气清理干净。

2）浇筑混凝土层段的模板、钢筋、预埋件及管线等全部安装完毕，检查和控制模板、钢筋、保护层和预埋件等的尺寸、规格、数量和位置，其偏差值应符合《混凝土结构工程施工质量验收规范》(GB 50204—2002)(2011 年版)的规定。检查模板支撑的稳定性以及接缝的密合情况，浇筑前应将模板内的垃圾、泥土等杂物及钢筋上的油污清除干净，并检查钢筋的混凝土垫块是否垫好，柱子模板应在清除杂物及积水后再封闭。并办完隐检、检验手续。

3）依据定位墙、柱控制线和施工平面图校核各楼层墙、柱轴线及边线；门窗洞口位置线是否在规范允许范围内。

4）浇筑混凝土用的架子及马道已支搭完毕，泵管已搭设完毕、固定牢固并经检查合格。

5）水泥、砂、石及外加剂等经检查符合标准要求，试验室已下达混凝土配合比通知单。通知搅拌站运送混凝土，根据浇筑的混凝土工程量、部位、时间的不同，保证混凝土的连续供应，混凝土的连续浇筑。

6）振捣器等机具经检验试运转正常。

7）检查安全设施、劳力配备是否妥当，能否满足浇筑速度要求。

8）混凝土工程责任师（工长）根据施工方案对操作班组进行全面施工技术交底。

9）冬期施工需对混凝土进行热工计算，确定混凝土的使用温度，安排保温、测温细则，进行混凝土成型温度计算。

冬期施工期间，施工单位应与气象部门保持密切联系，随时掌握天气预报和寒潮、大风警报，采取防护措施。

在浇筑前，要清除模板和钢筋上的冰雪和污垢，混凝土罐车、混凝土输送泵管应有保温措施，减少混凝土输送过程中的热量损失。

混凝土拌和物经运输到浇筑时的温度，可按式(4-1)计算：

$$T_2 = T_1 - (\alpha t_t + 0.032n)(T_1 - T_a) \tag{4-1}$$

式中 T_1——混凝土拌和物出机温度(℃);

T_2——混凝土拌和物经运输到浇筑时温度(℃);

t_t——混凝土拌和物自运输到浇筑时的时间(h);

n——混凝土拌和物转运次数;

T_a——混凝土拌和物运输时环境温度(℃);

α——温度损失系数。

当用混凝土搅拌车输送时,$\alpha=0.25$;当用手推车时,$\alpha=0.5$。

考虑模板和钢筋的吸热影响,混凝土浇筑成型完成时间的温度,可按式(4-2)计算:

$$T_3=\frac{c_c m_c T_2+c_f m_f T_f+c_s m_s T_s}{c_c m_c+c_f m_f+c_s m_s} \tag{4-2}$$

式中 T_3——考虑模板和钢筋吸热影响,混凝土成型完成时的温度(℃);

c_c、c_f、c_s——混凝土、模板、钢筋的比热熔[kJ/(kg·K)]:混凝土取1 kJ/(kg·K);钢材取0.48 kJ/(kg·K);

m_c——每立方米混凝土重量(kg);

m_f、m_s——与每立方米混凝土相接触的模板、钢筋重量(kg);

T_f、T_s——模板、钢筋的温度,未预热者可采用当时的环境气温(℃)。

10) 对于施工作业面上的钢筋,一旦有锈蚀和污染的现象,要用铁刷子除锈。

11) 已完成轴线、墙柱边线和墙柱模板控制线的投放和校核。

12) 钢筋立筋已检查完成,偏位调正。

13) 施工缝处浮浆已剔除,露出 1/3 石子粒径。

二、冬期施工技术要点

1.钢筋工程冬期施工

1) 原材料。

(1) 在负温条件下使用的钢筋,加工时应加强检验。钢筋在运输和加工过程中应防止撞击和刻痕。

(2) 在-40～-20℃条件下直接承受中、重级工作制吊车的构件,其主要受力钢筋严格按设计要求选用。

(3) 对在寒冷地区缺乏使用经验的特殊结构构造,或易使预应力钢筋产生刻痕或咬伤的锚夹具,应进行构造、构件和锚夹具的负温性能试验。

2）钢筋负温焊接。

(1) 在工程开工或每批钢筋正式焊接之前，必须进行现场条件下的焊接性能试验。

(2) 雪天或施焊现场风速超过 5.4 m/s（三级风）焊接时，应采取遮蔽措施，焊接后冷却的接头严禁碰到冰雪。

(3) 可采用闪光对焊、电弧焊等焊接方法。当环境温度低于－20℃时，不宜进行施焊。

(4) 热轧钢筋负温闪光对焊，宜采用预热闪光焊或闪光—预热—闪光焊工艺。钢筋端面比较平整时，宜采用预热闪光焊；端面不平整时，宜采用闪光—预热—闪光焊。

(5) 钢筋负温闪光对焊工艺应控制热影响区长度。热影响区长度随钢筋级别、直径的增加而适当的增加。对焊参数应根据当地气温按常温参数调整。

采用较低变压器级数，宜增加调伸长度、预热留量、预热次数、预热间歇时间和预热接触压力；并宜减慢烧化过程的中期速度。

(6) 当钢筋负温电弧焊时，可根据钢筋级别、直径、接头型式和焊接位置，选择焊条和焊接电流。焊接时应采取防止产生过热、烧伤、咬肉和裂纹等措施。在构造上应防止在接头处产生偏心受力状态。

(7) 钢筋负温帮条焊或搭接焊的焊接工艺应符合下列要求。

① 帮条与主筋之间应用四点定位焊固定，搭接焊时应用两点固定。定位焊缝与帮条或搭接端部的距离应等于或大于 20 mm。

② 帮条焊的引弧应在帮条钢筋的一端开始，收弧应在帮条钢筋端头上，弧坑应填满。

③ 焊接时，第一层焊缝应具有足够的熔深，主焊缝或定位焊缝应熔合良好。平焊时，第一层焊缝应先从中间引弧，再向两端运弧；立焊时，应先从中间向上方运弧，再从下端向中间运弧。在以后各层焊缝焊接时，应采用分层控温施焊。

④ 帮条接头或搭接接头的焊缝厚度不应小于钢筋直径的 0.3 倍，焊缝宽度应不小于钢筋直径的 0.7 倍。

(8) 钢筋负温坡口焊的工艺应符合下列要求。

焊缝根部、坡口端面以及钢筋与钢垫板之间应熔合良好，焊接过程中经常除渣；焊接时，宜采用几个接头轮流施焊；加强焊缝的宽度应超过 V 形坡口边缘 2～3 mm，高度应超过 V 形坡口上下边缘2～3 mm，并应平缓过渡至钢筋表面；加强焊缝的焊接，应分两层控温施焊。

(9) HRB 335、HRB 400 级钢筋多层施焊时，焊后可采用回火焊道施焊，其回火焊道的长度应比前一层焊道在两端各缩短 4～6 mm。钢筋负温电弧焊回火焊道如图 4-1 所示。

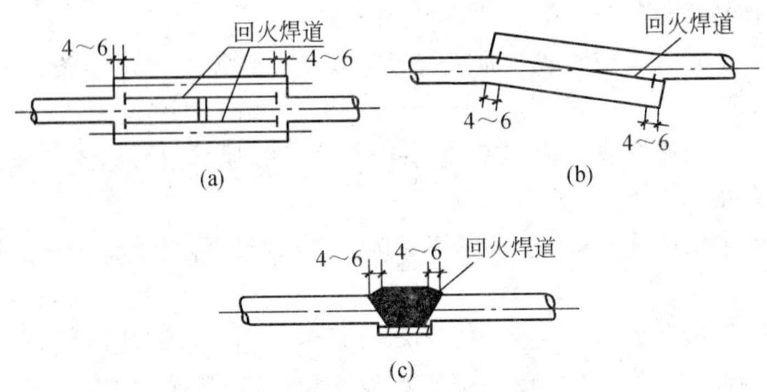

图 4-1 钢筋负温电弧焊回火焊道

(a)帮条焊；(b)搭接焊；(c)坡口焊

3）钢筋负温冷拉和冷弯。

(1) 钢筋冷拉温度不宜低于－20℃。预应力钢筋张拉温度不宜低于－15℃。

(2) 钢筋负温冷拉方法可采用控制应力方法或控制冷拉率方法。用作预应力混凝土结构的预应力筋，宜采用控制应力的方法；不能分炉批的热轧钢筋冷拉，不宜采用控制冷拉率的方法。

(3) 在负温下采用控制冷拉率的方法冷拉钢筋时，其冷拉率的确定与常温相同。

(4) 在负温下冷拉后的钢筋，应逐根进行外观质量检查，其表面不得有裂纹和局部颈缩。

(5) 钢筋冷拉设备、仪表和液压工作系统油液应根据环境温度选用，并应在使用温度条件下进行配套校验。

(6) 当温度低于－20℃时，不得对低合金 HRB 335、HRB 400 级钢筋进行冷弯操作，以避免在钢筋弯点处发生强化，造成钢筋脆断。

4）钢筋冷拉。

(1) 常温冷拉施工。

钢筋冷拉率在常温下由试验确定。测定同炉批钢筋冷拉率的冷拉应力应符合表 4-1 的要求。

表 4-1 测定冷拉率时钢筋的冷拉应力

序号	钢筋级别		冷拉控制应力/MPa
1	HPB 235，$d \leqslant 12$ mm		310
2	HRB 335	$d \leqslant 25$ mm	480
		$d = 28 \sim 40$ mm	460
3	HRB 400、RRB 400		530

钢筋试样不应少于4个，并取其试验结果的算术平均值作为该钢筋实际应用的冷拉率。

冷拉后的钢筋，应逐根进行外观质量检查，其表面不得有裂纹和局部颈缩。

钢筋冷拉设备仪表和液压工作系统油液应根据环境温度选用，并应在使用温度条件下进行配套校验。

(2) 冬期冷拉施工。

① 钢筋冷拉温度不宜低于－20℃，预应力钢筋张拉温度不宜低于－15℃。

② 钢筋负温冷拉方法可采用控制应力方法或控制冷拉率方法。用作预应力混凝土结构的预应力筋，宜采用控制应力方法；不同炉批的热轧钢筋冷拉，不宜采用相同值控制冷拉率。

③ 在负温条件下采用控制应力方法冷拉钢筋时，由于伸长率承受温度降低而减少，如控制应力不变，则伸长率不足，钢筋强度达不到设计要求，因此在负温下冷拉的控制应力应较常温提高。而冷拉率的确定应与常温施工相同。负温条件下冷拉控制应力及最大冷拉率符合表4-2的要求。

表4-2　冷拉控制力及最大冷拉率

序号	钢筋级别		冷拉控制应力/MPa		最大冷拉率(%)
			常温	－20℃	
1	HPB 235，$d \leqslant 12$ mm		280	310	4.0
2	HRB 335	$d \leqslant 25$ mm	250	480	1.0
		$d=28 \sim 40$ mm	430	460	
3	HRB 400、RRB 400		500	530	

④ 在负温下冷拉后的钢筋，要逐根进行外观质量检查，其表面不得有裂纹和局部颈缩。

2.混凝土工程冬期施工

1) 基本要求。

(1) 采用蓄热法、暖棚法、加热法施工的普通混凝土，采用硅酸盐水泥，普通硅酸盐水泥配制时，其受冻临界强度应不小于设计混凝土强度等级值的30%；采用矿渣硅酸盐水泥、粉煤灰硅酸盐水泥、火山灰质硅酸盐水泥、复合硅酸盐水泥时，不应小于设计混凝土强度等级值的40%。

(2) 当室外最低气温不低于－15℃时，采用综合蓄热法、负温养护法施工的混凝土受冻临界强度不应小于4.0 MPa；当室外最低气温不低于－30℃时，采用负温养护法施工的混凝土受冻临界强度不得小于5.0 MPa。

(3)对强度等级等于或高于 C50 的混凝土，不宜小于设计混凝土强度等级值的 30%。

(4)对有抗渗要求的混凝土，不宜小于设计混凝土强度等级值的 50%。

(5)对有抗冻耐久性要求的混凝土，不宜小于设计混凝土强度等级值的 70%。

(6)当采用暖棚法施工的混凝土中掺入早强剂时，可按综合蓄热法受冻临界强度取值。

(7)当施工需要提高混凝土强度等级时，应按提高后的强度等级确定受冻临界强度。

(8) 混凝土冬期施工应按《建筑工程冬期施工规程》(JGJ/T 104—2011)附录 A 的要求进行混凝土热工计算。

(9)混凝土的配制宜选用硅酸盐水泥或普通硅酸盐水泥，并应符合以下条件：

①当采用蒸汽养护时，宜选用矿渣硅酸盐水泥；

②混凝土最小水泥用量不宜低于 280 kg/m^3，水胶比不应大于 0.55；

③大体积混凝土的最小水泥用量，可根据实际情况决定；

④强度等级不大于 C15 的混凝土，其水胶比和最小水泥用量可不受以上限制。

(10) 拌制混凝土所采用的骨料应清洁，不得含有冰、雪、冻块及其他冻裂物质。在掺用含钾、钠离子的防冻剂混凝土中，不得采用活性骨料或在骨料中混有这类物质的材料。

(11) 冬期施工混凝土选用外加剂应符合《混凝土外加剂应用技术规范》(GB 50119－2003)的相关规定。非加热养护法混凝土施工，所选用的外加剂应含有引气组分或掺入引气剂，含气量控制在 3.0%～5.0%。

(12) 模板外和混凝土表面覆盖的保温层，不应采用潮湿状态的材料，也不应将保温材料直接覆盖在潮湿的混凝土表面，新浇混凝土表面应铺一层塑料薄膜。

(13) 采用加热养护的整体结构，浇筑程序和施工缝位置设置应采取能防止产生较大温度应力的措施。当加热温度超过 45℃时，应进行温度应力核算。

2) 混凝土原材料的加热、搅拌、运输和浇筑。

(1) 混凝土原材料加热应优先采用加热水的方法，当加热水不能满足时，再对骨料进行加热。水、骨料加热的最高温度应符合表 4-3 的规定。

表 4-3　拌和水及骨料加热最高温度

（单位：℃）

水泥强度等级	拌和水	骨　料
小于 42.5	80	60
42.5、42.5R 及以上	60	40

当水、骨料达到规定温度仍不能满足热工计算要求时，可提高水温到 100℃，但水泥不得与 80℃以上的水直接接触。

(2) 水泥不得直接加热，袋装水泥使用前宜运入暖棚内存放。

(3) 水加热宜采用蒸汽加热、电加热、汽水热交换罐或其他加热方法。水箱或水池容积及水温应能满足连续施工的要求。

(4) 砂加热应在开盘前进行，并应掌握各处加热均匀。当采用保温加热料斗时，宜配备两个，交替加热使用。每个料斗容积可根据机械可装高度和侧壁厚度等要求进行设计，每一个斗的容量不宜小于 3.5 m^3。

预拌混凝土用砂，应提前备足料，运至有加热设施的保温封闭储料棚（室）或仓内备用。

(5)混凝土搅拌的最短时间见表 4-4。

表 4-4　拌制混凝土的最短时间

混凝土坍落度/mm	搅拌机容积/L	混凝土搅拌最短时间/s
≤80	＜250	90
	250～500	135
	＞500	180
＞80	＜250	90
	250～500	90
	＞500	135

注：采用自落式搅拌机时，应较上表搅拌时间延长 30～60 s；采用预拌混凝土时，应较常温下预拌混凝土搅拌时间延长 15～30 s。

(6) 冬期施工搅拌混凝土的合理投料顺序应与材料加热条件相适应。一般是先投入骨料和加热的水，待搅拌一定时间、水温降低到 40℃左右时，再投入水泥继续搅拌到规定的时间，要绝对避免水泥假凝。

(7) 混凝土在运输、浇筑过程中的温度和覆盖的保温材料，应按《建筑工程冬期施工规程》(JGJ/T 104－2011)附录 A 进行加工计算后确定，且入模温度不应低于 5℃。当不符合要求时，应采取措施进行调整。

(8) 混凝土运输与输送机具应进行保温或具有加热装置。泵送混凝土在浇筑前应对泵管进行保温，并应采用与施工混凝土同配比砂浆进行预热。

(9) 冬期施工不得在强冻胀性地基土上浇筑混凝土。在弱冻胀性地基土上浇筑混凝土时，基土不得遭冻。在非冻胀性土地基上浇筑混凝土时，混凝土受冻临界强度应符合规定。

(10) 混凝土在浇筑前，应清除模板和钢筋上的冰雪和污垢。运输和浇筑混凝土用的容器应有保温措施。

(11) 大体积混凝土分层浇筑时，已浇筑层的混凝土温度在未被上一层混凝土覆盖前，温度不应低于 2℃。采用加热法养护混凝土时，养护前的温度不得低于 2℃。

(12) 混凝土拌和物入模浇筑，必须经过振捣，使其内部密实，并能充分填满模板各个角落，制成符合设计要求的构件，木模板更适合混凝土的冬期施工。模板各棱角部位应注意做加强保温。

(13) 冬期施工振捣混凝土要采用机械振捣，振捣要迅速，浇筑前应做好必要的准备工作，如模板、钢筋和预埋件检查、清除冰雪冻块，浇筑时所用脚手架、马道的搭设和防滑措施检查、振捣机械和工具的准备等。混凝土浇筑前宜采用热风机清除冰雪和对钢筋、模板进行预热。

(14) 浇筑承受内力接头的混凝土(或砂浆)，宜先将结合处的表面加热到正温。浇筑后的接头混凝土(或砂浆)在温度不超过 45℃的条件下，应养护至设计要求强度，当设计无要求时，其强度不得低于设计强度的 70%。

3) 混凝土蓄热法和综合蓄热法养护。

(1) 当室外最低温度不低于 −15℃时，地面以下的工程，或表面系数 M 不大于 5 m^{-1} 的结构，应优先采用蓄热法养护。对结构易受冻的部位，应采取加强保温措施。

(2) 当室外最低温度不低于 −15℃时，对于表面系数为 5～15 m^{-1} 的结构，宜采用综合蓄热法养护，围护层散热系数宜控制在 5～200 kJ/(m^3 · h · K)之间。

(3) 综合蓄热法施工的混凝土中应掺入早强剂或早强型复合外加剂，并应具有减水、引气作用。

(4) 混凝土浇筑后应采用塑料布等防水材料对裸露表面覆盖并保温。对边、棱角部位的保温厚度应增大到面部位的 2～3 倍。混凝土在养护期间应防风防失水。

4) 混凝土蒸汽养护法。

(1) 混凝土蒸汽养护发可采用棚罩法、蒸汽套法、热模法、内部通汽法等方式进行，其适用范围应符合以下条件：

① 棚罩法适用于预制梁、板、地下基础、沟道等；

② 蒸汽套法适用于现浇梁、板、框架结构，墙、柱等；

③ 热模法适用于墙、柱及框架结构；

④ 内部通汽法适用于预制梁、柱、桁架，现浇梁、柱、框架单梁。

(2) 蒸汽养护法应采用低压饱和蒸汽，当工地采用高压蒸汽时，应通过减压阀或过水装置后方可使用。

(3) 蒸汽养护的混凝土，采用普通混凝土硅酸盐水泥时最高养护温度不超过 80℃，采用矿渣硅酸盐水泥时可提高到 85℃。但采用内部通气法时，最高温度不超过 60℃。

(4) 整体浇筑的结构，采用蒸汽加热养护时，升温和降温速度不得超过表 4-5的规定。

表 4-5　蒸汽加热养护混凝土升温和降温速度

结构表面系数/m^{-1}	升温速度/(℃/h)	降温速度/(℃/h)
≥6	15	10
＜6	10	5

(5) 蒸汽养护应包括“升温—恒温—降温”三个阶段，各阶段加热延续时间可根据养护结束时要求的强度确定。

(6) 采用蒸汽养护的混凝土，可掺入早强剂或非引气型减水剂。

(7) 蒸汽养护混凝土时，应排除冷凝水，并防止渗入地基土中。当有蒸汽喷出时，喷嘴与混凝土外露面的距离不得小于 300 mm。

5) 电加热法养护。

(1) 电加热法养护混凝土的温度，应符合表 4-6 规定。

表 4-6　电加热法养护混凝土的温度　(单位:℃)

水泥强度等级	结构表面系数/m^{-1}		
	＜10	10～15	＞15
32.5	70	50	45
42.5	40	40	35

注:采用红外线辐射加热时，其辐射表面温度可采用 70～90℃。

(2) 混凝土电极加热法养护的适用范围宜符合表 4-7 规定。

表 4-7 电极加热法养护混凝土的适用范围

<table>
<tr><th colspan="2">分 类</th><th>常用电极规格</th><th>设置方法</th><th>适用范围</th></tr>
<tr><td rowspan="2">内部电极</td><td>棒形电极</td><td>$\phi6\sim\phi12$ 的钢筋短棒</td><td>混凝土浇筑后,将电极穿过模板或从混凝土表面插入混凝土体内</td><td>梁、柱厚度大于150 mm的板、墙及设备基础</td></tr>
<tr><td>弧形电极</td><td>$\phi6\sim\phi12$ 的钢筋长 2～2.5 m</td><td>在浇筑混凝土前,将电极装入,与结构纵向平行的地方,电极两端弯成直角,由模板孔引出</td><td>含筋较少的墙、柱、梁,大型柱基础以及厚度大于 200 mm 单侧配筋的板</td></tr>
<tr><td colspan="2">表面电极</td><td>$\phi6$ 钢筋或厚 1～2 mm、宽 30～60 mm 的扁钢</td><td>电极固定在模板内侧,或装在混凝土的外表面</td><td>条形基础、墙及保护层大于 50 mm 的大体积结构和地面等</td></tr>
</table>

(3) 混凝土采用电极加热法养护应符合下列要求。

① 电路接好应经检查合格后方可合闸送电。当结构工程量较大,需边浇筑边通电时,应将钢筋接地线。电热场应设安全围栏。

② 棒形和弧形电极应固定牢固,并不得与钢筋直接接触。电极与钢筋之间的距离符合表 4-8 规定。

表 4-8 电极与钢筋之间的距离

工作电压/V	最小距离/mm	工作电压/V	最小距离/mm
65.0	50～70	106	120～150
87.0	80～100	—	—

注:当钢筋密度大而不能保证钢筋与电极之间的上述距离时应采取绝缘措施。

③ 电极加热法应使用交流电。电极的形式、尺寸、数量及配置应能保证混凝土各部位加热均匀,且仅应加热到设计的混凝土强度标准值的 50%。在电极附近的辐射半径方向每隔 10 mm 距离的温度差不得超过 1℃。

④ 电极加热应在混凝土浇筑后立即送电,送电前混凝土表面应保温覆盖。混凝土在加热养护过程中,其表面不应出现干燥脱水,并应随时向混凝土上表面洒水或洒盐水,洒水时应断电。

(4) 混凝土采用电热毯法养护应符合下列要求。

① 电热毯宜由四层玻璃纤维布中间加以电阻丝制成。其几何尺寸应根据混凝土表面或模板外侧与龙骨组成的区格大小确定。电热毯的电压宜为 60～80 V,功率宜为 75～100 W。

② 当布置电热毯时，在模板周边的各区格应连续布毯，中间区格可间隔布毯，并应与对面模板错开。电热毯外侧应设置耐热保温材料（如岩棉板等）。

③ 电热毯养护的通电持续时间应根据气温及养护温度确定，可采取分段、间断或连续通电养护工序。

(5) 混凝土采用工频涡流法养护应符合下列要求。

① 工频涡流法养护的涡流管应采用钢管，其直径宜为 12.5 mm，壁厚 δ 宜为 3 mm。钢管内穿铝芯绝缘导线，其截面宜为 25～35 mm^2，技术参数宜符合表4-9规定。

表 4-9　工频涡流管技术参数

项　次	取　值	项　次	取　值
饱和电压降值/(V/m)	1.05	钢管极限功率/(W/m)	195
饱和电流值/A	200	涡流管间距/mm	150～250

② 各种构件涡流模板的配置应通过热工计算确定，也可以按下列规定配置。

a. 柱：四面配置。

b. 梁：当高宽比大于 2.5 时，侧模宜采用涡流模板，底模宜采用普通模板；当高宽比小于等于 2.5 时，侧模和底模皆宜采用涡流模板。

c. 墙板：距墙板底部 600 mm 范围内，应在两侧对成拼装涡流模板；600 mm 以上部位，应在两侧采用涡流和普通钢模交错拼装，并使涡流模板对应面为普通模板。

d. 梁、柱节点：可将涡流钢管插入节点内，钢管总长度应根据混凝土量按 6.0 kW/m^3 功率计算。节点外围应保温养护。

当采用工频涡流法养护时，各阶段送电功率应使预养与恒温阶段功率相同，升温阶段功率应大于预养阶段功率的 2.2 倍。预养、恒温阶段的变压器一次接线为 Y 形，升温阶段接线应为△形。

(6) 混凝土采用线圈感应加热养护应符合下列要求。

① 线圈感应加热法养护宜用于梁、柱结构，以及各种装配式钢筋混凝土结构的接头混凝土的加热养护，亦可用于型钢混凝土组合结构的钢体、密筋结构的钢筋和模板预热，及受冻混凝土结构构件的解冻。

② 变压器宜选择 50 kV · A 和 100 kV · A 低压加热变压器，电压宜在36～110 V 间调整。当混凝土量较少时，也可采用交流电焊机。变压器的容量宜比计算结果增加 20%～50%。

③ 感应线圈宜选用截面积为 35 mm^2 铝质或铜质电缆，加热主电缆的截面面积宜为 150 mm^2。电流不宜超过 400 A。

④ 当缠绕感应线圈时，宜靠近钢模板。构件两端线圈导线的间距应比中间

加密一倍,加密范围宜由端部开始向内至一个线圈直径的长度为止。端头应密缠 5 圈。

⑤ 最高电压值宜为 80 V,新电缆电压值可采用 100 V,但应使接头绝缘。养护期间电流不得中断,并防止混凝土受冻。

⑥ 通电后应采用钳形电流表和万能表随时检查电流,并应根据具体情况随时调整参数。

(7) 采用电热红外线加热器对混凝土进行辐射加热养护,宜用于薄壁钢筋混凝土结构和装配式钢筋混凝土结构接头处混凝土加热,加热温度应符合要求。

6) 暖棚法施工。

(1) 暖棚法施工适用于地下结构工程和混凝土构件比较集中的工程。

(2) 暖棚法施工应符合下列要求。

① 当采用暖棚法施工时,棚内各测点温度不得低于 5℃,并应设专人检测混凝土及棚内温度。暖棚内测温点应选择具有代表性位置进行布置,在离地面 500 mm 高度处必须设点,每昼夜测温不应少于 4 次。

② 养护期间应监测暖棚内相对湿度,混凝土不得有失水现象。当有失水现象时,应及时采取增湿措施或在混凝土表面洒水养护。

③ 暖棚的出入口应设专人管理,并应采取防止棚内温度下降或引起风口处混凝土受冻的措施。

④ 在混凝土养护期间应将烟或燃烧气体排至棚外,并应采取防止烟气中毒和防火的措施。

7) 负温养护法。

(1) 负温养护法主要是在混凝土内掺加复合防冻剂,并采用原材料加热和浇筑后的混凝土表面做防护性的简单覆盖,使混凝土在负温养护期间硬化,并在规定的时间内达到一定的强度。

(2) 混凝土负温养护法适用于不易加热保温且对强度增长要求不高的一般混凝土结构工程。

(3) 采取负温养护法施工的混凝土,宜使用硅酸盐水泥或普通硅酸盐水泥,混凝土浇筑后的起始养护温度不应低于 5℃,并应以浇筑后 5 d 内预计日最低气温选用防冻剂。

(4) 混凝土浇筑后,裸露表面应采取保温措施;同时,应根据需要采用必要的保温覆盖措施。

(5) 采用负温养护法应加强测温。当混凝土内部温度降到防冻外加剂规定的温度时,混凝土的抗压强度应符合相关规定。

(6) 负温养护法混凝土各龄期的强度可按表 4-10 使用。

表 4-10　掺防冻剂混凝土在负温度下各龄期混凝土强度增长规律

防冻剂及组成	混凝土硬化平均温度/℃	各龄期混凝土强度 $f_{cu,k}$(%)			
		7d	14d	28d	90d
$NaNO_2$(100%)	−5	30	50	70	90
	−10	20	35	55	70
	−15	10	25	35	50
NaCl(100%) NaCl＋$CaCl_2$ 70%＋30% 或 40%＋60%	−5	35	65	80	100
	−10	25	35	45	70
	−15	15	25	35	50
NaCl＋$CaCl_2$ (50%＋50%)	−5	40	60	80	100
	−10	25	40	50	80
	−15	20	35	45	70
	−20	15	30	40	60
K_2CO_3(100%)	−5	50	65	75	100
	−10	30	50	70	90
	−15	25	40	65	80
	−20	25	40	55	70
	−25	20	30	50	60

3. 冬期施工测温管理

1）普通玻璃测温计测温。

混凝土浇筑后，在结构最薄弱和易冻的部位，应加强保温防冻措施，并应在有代表性的部位或易冷却的部位布置测温点。测温测头埋入深度应为 100～150 mm，也可为板厚的 1/2 或墙厚的 1/2。在达到受冻临界强度前应每隔 2 h 测温一次，以后应每隔 6 h 测一次，并应同时测定环境温度。

测量读数时，应使视线和温度计的水银柱顶点保持在同一水平高度上，以避免视差。读数时，要迅速准确，勿使头、手或灯头接近温度计下端。找到温度计水银柱顶点后，先读小数，后读大数，记录后再复验一次，以免误读。

2）建筑电子测温仪测温。

建筑电子测温仪(图 4-2)测温一般为热电偶测温，是一种附着于钢筋上的半导体传感器，但应与钢筋隔离，并保护测温探头的插头不受污染、不受水浸，插入测温仪前应擦拭干净，保持干燥以防短路。也可以事先埋设，管内插入可周转使用的传感器测温。

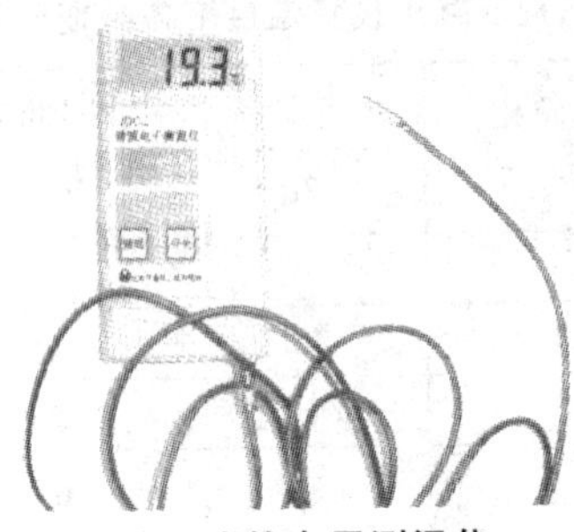

图 4-2 建筑电子测温仪

热电偶的测温读数要持续至少 30 d,并采用电子仪器记录,具体测温读数时间见表 4-11。

表 4-11 混凝土施工测温项目和次数

测温阶段	测温间隔时间
浇筑后连续 3 d 内	每 2 h
以后 10 d	每 4 h
以后 10 d	每 8 h
以后数天	每天当日温差不大于 5℃时,停止测温

3) 测温人员应同时检查覆盖保温情况,并应了解结构物的浇筑日期、要求温度、养护期限等。若发现混凝土温度有过高或过低现象,应立即通知有关人员,及时采取有效措施。

混凝土测温资料必须齐全、真实、可靠,温测应与试压同条件试块结合起来,测温记录要记上何时试块强度超过了要求强度,不是为了测温而测温,如温度可能降到低于防冻剂要求的温度时,应立即试压同条件试块,强度未达到抗冻临界强度,应加强保温措施并记录时间及措施内容。

4) 测温管理。

(1) 每层或每施工段停止测温时,由技术员审阅测温记录,签字后交技术负责人审阅签字。

(2) 分公司或工程处技术科每月对所属各工程测温记录审阅一次签署意见。

(3) 对特殊情况需要延长保温时间采取加温措施者要及时报告分公司或工程处总工程师。

(4) 项目经理部的栋号工长(包工队长)在项目经理的直接领导下,负责本工程的测温、保温、掺外加剂等项领导工作,每天要看测温记录,发现异常及时采取措施并汇报项目经理。

(5) 项目经理部的质量检查人员每天要检查冬期施工栋号的测温、保温、掺外加剂情况,并向分公司或工程处负责人汇报,对发现的问题要及时通知工长和项目经理。

(6) 项目经理部技术员每日要查询测温、保温、供热等情况和存在问题，及时向项目经理部技术负责人汇报并协助栋号工长处理有关冬期施工疑难问题。

(7) 测温组长在每层或每段停止测温时要向技术员交一次测温记录，平时发现问题及时向工长和技术员汇报，以便采取措施。

(8) 测温人员每天 24 h 都应有人上岗，实行严格的交接班制度。测温人员要分栋分项填写测温记录并妥善保管。

(9) 测温人员应经常与供热人员、保温人员取得联系，如发现供热故障、保温措施不当使温度急剧变化或降温过速等情况，应立即汇报栋号工长进行处理。

(10) 测温组长要定期将测温记录交项目经理部技术员归入技术档案，以备存查。

4.冬期施工试块的留置

1) 在混凝土施工过程中，要在浇筑地点随机取样制作一定数量的混凝土试件进行强度试验。其中一组试件应在标准条件下养护，其余放置在工程条件下养护。在达到受冻临界强度时，拆模、拆除支撑前应进行试块的试压。试件不得在冻结状态下试压，边长为 100 mm 立方体试件，应在 15～20℃室内解冻 3～4 h 或应浸入 10～15℃的水中解冻 3 h；边长为 150 mm 立方体试件应在 15～20℃室内解冻 5～6 h 或浸入 10～15℃的水中解冻 6 h，试件擦干后试压。

2) 检验抗冻、抗渗所用试件，应与工程同条件养护累计达到 600℃ · d 后进行抗冻或抗渗试验。

3) 不同施工季节，不同施工部位的混凝土试件留置建议按表 4-12 要求留置。

表 4-12　混凝土试件留置建议表

施工部位	常温季节(组)	冬期施工期间应增加(组)
垫层	$B\geqslant1$	—
底板	$B\geqslant1$	$DT\geqslant2;N\geqslant1$
内墙	$B\geqslant1;ST\geqslant1$	$DT\geqslant2;N\geqslant1$
外墙	$B\geqslant1;T\geqslant2;ST\geqslant1$	$DT\geqslant2;N\geqslant1$
梁	$B\geqslant1;T\geqslant2;ST\geqslant1$	$DT\geqslant2;N\geqslant1$
板	$B\geqslant1;T\geqslant2$	$DT\geqslant2;N\geqslant1$
柱	$B\geqslant1;ST\geqslant1$	$DT\geqslant2;N\geqslant1$

注：B——标准养护 28 d 强度试件；

T——同条件养护试件，供结构构件拆模、出池、吊装及施工期间临时负荷时确定混凝土强度；

ST——600℃ · d 结构实体同条件养护试件。

DN——抗冻临界强度试件，亦为同条件养护试件，仅龄期较短；

N——冬期施工结束后转常温养护 28 d 试件。

4）冬期试块留置特殊要求。

掺防冻剂混凝土的强度试验应满足下列要求[《混凝土外加剂应用技术规范》(GB 50119－2003)第 7.4.2 条]：

(1) 在浇筑地点制作一定数量的混凝土试件进行强度试验。其中一组试件应在标准条件下养护，其余放置在与工程同条件下养护。在达到受冻临界强度时，拆模前，拆除支撑前及与工程同条件养护 28 d，再标准养护 28 d 均应进行试压。试件不得在冻结状态下试压。

(2) 检验抗冻、抗渗所用试件，要与工程同条件养护 28 d，再标准养护28 d 后进行抗冻或抗渗试验。

三、雨期施工技术要点

1.钢筋工程雨期施工

1）根据施工现场的需要和天气情况组织钢筋进场，应避免加工后的钢筋长时间放置；钢筋的进场运输应尽量避免在雨天进行。

2）现场钢筋堆放应垫高，下部地面硬化或铺碎石，以防钢筋泡水锈蚀。有条件的应将钢筋堆放在钢筋骨架上。

3）雨后钢筋视情况进行防锈处理，不得把锈蚀的钢筋用于结构上。

4）若遇到连续时间较长的阴雨天，对钢筋及其半成品等需采用塑料薄膜进行覆盖。

5）大雨时应避免进行钢筋焊接施工。小雨时如有必须施工部位应采取防雨措施以防触电事故发生，可采用雨布或塑料布搭设临时防雨棚，不得让雨水淋在焊点上，待完全冷却后，方可撤掉遮盖，以保证钢筋的焊接质量。如遇大雨、大风天气，应立即停止施工。

6）钢筋焊接不得在雨天进行，防止焊缝或接头脆裂。

2.混凝土工程雨期施工

1）现场搅拌混凝土的工程雨季施工要随时测定雨后砂石的含水率，及时调整配合比，使用预拌混凝土的工程要与搅拌站签订技术合同，要求其雨后及时测定砂石的含水率，调整配合比，并做好记录。大面积、大体积混凝土连续浇灌时预先了解天气情况，遇雨时合理留置施工缝，混凝土浇筑完毕后，进行覆盖，避免被雨水冲刷。拆模后的混凝土表面及时进行养护，以避免产生干缩裂缝。

2）模板保证支撑系统支在牢固坚实的基础上，必要时加通长垫木，并有排水措施，避免支撑下沉。柱及板墙模板留清扫口，以利排除杂物及积水。

3）对各类模板加强防风紧固措施，在临时停放时考虑防止大风失稳。

4）涂刷水溶性隔离剂的模板防止隔离剂被雨水冲刷，保证顺利隔离和混凝土表面质量。

5）垫层上应多留几处集水坑，有利于底板混凝土浇筑前的雨水排除，后浇带内也要留置集水坑。

6）模板隔离层在涂刷前要及时掌握天气预报，以防隔离层被雨水冲掉。

7）遇到大雨应停止浇筑混凝土，已浇部位应加以覆盖。浇筑混凝土时应根据结构情况和可能，多考虑几道施工缝的留设位置。

8）雨期施工时，应加强对混凝土粗细骨料含水量的测定，及时调整混凝土的施工配合比。

9）大面积的混凝土浇筑前，要了解 2～3 d 的天气预报，尽量避开大雨。混凝土浇筑现场要预备大量防雨材料，以备浇筑时突然遇雨进行覆盖。

10）模板支撑下部回填土要夯实，并加好垫板，雨后及时检查有无下沉。

第五部分　装配式结构工程

一、现场预制构件制作技术要点

1. 现场预制构件的平面布置

现场预制构件平面布置的原则，是按照吊装工序的安装，使柱、梁、屋架等均能就地起吊、安装。以单层工业厂房的现场预制平面布置为例，如图 5-1 所示。

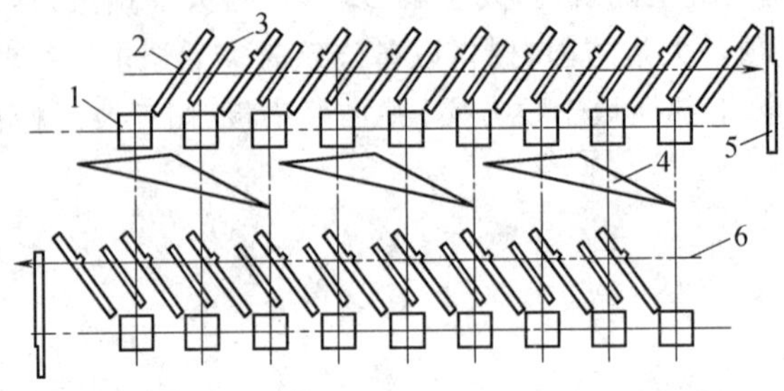

图 5-1　现场预制构件的典型平面布置图

1—杯形基础；2—柱；3—吊车梁；4—屋架；5—抗风柱；6—吊机行走路线

屋架浇筑次序示意如图 5-2 所示。条形构件振捣的振点次序如图 5-3 所示。

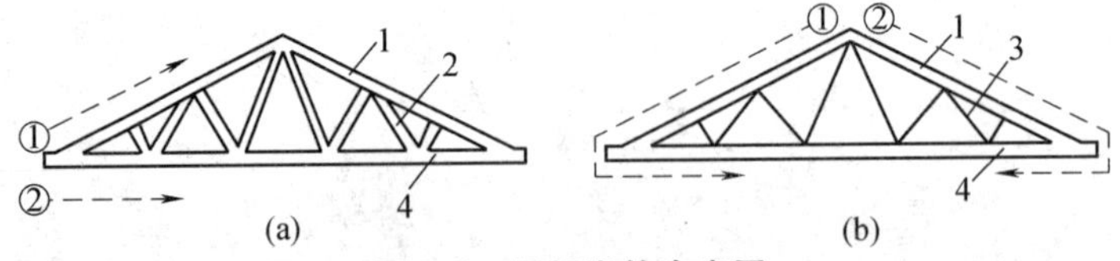

图 5-2　屋架浇筑次序图

(a)全现浇屋架；(b)腹杆件预制、上下弦现浇屋架

1—上弦；2—腹杆；3—预制腹杆件；4—下弦

注：圆圈内数码代表作业小组浇筑路线

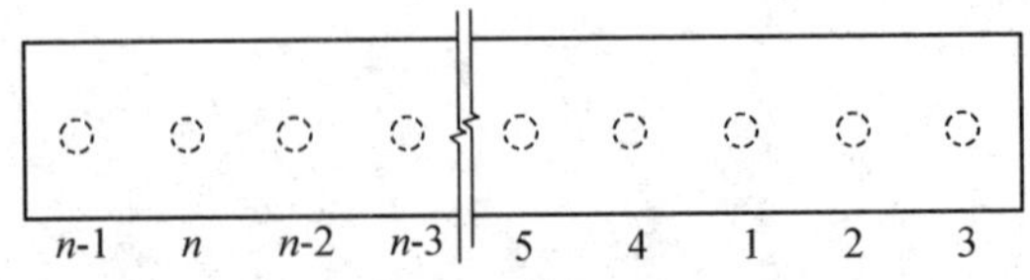

图 5-3　条形构件振捣的振点次序图

1、2……—振点次序；n—振点总数

2.现场预制构件的操作要点

1）地台。

(1) 无设备基础的车间，可先浇筑车间的内地台，利用地面作为预制构件的台面。

(2) 有设备基础的车间，只能按施工平面布置图将原地夯实，分块制作模型底板。

(3) 应设有临时排水沟，预防下雨时原地下沉。

2）模型。

(1) 模型底板安装必须平整，横梁中距不大于 1 m，结合牢固，拼缝紧密，做到不下沉、不漏浆。

(2) 尺寸要准，斜撑、螺栓要牢靠；内壁要平正光滑，木模尽可能刨光。

(3) 胎模角位要顺滑，便于脱模。

(4) 脱模剂要有效，不影响外观。

3）送浆路线。

(1) 尽量利用吊机在现场吊运浆料，省去运送浆料道路。

(2) 如无吊机利用，可按规定设置单行循环线路。

4）预应力技术。

(1) 由于场地关系，通常采用后张法施工。

(2) 构件两端应留有抽管位置及操作位置。

5）施工缝。

预制构件不允许留施工缝。

6）各种构件特点。

(1) 柱的特点是长度长，中腹薄，牛腿钢筋密，通常是卧放生产，可两柱叠层生产。

(2) 吊车梁、薄腹梁的特点是梁深、底部钢筋（预应力筋）密，梁底易生蜂窝；如卧放生产则占地多，通常是立放生产。

(3) 屋架（桁架）的特点是杆件多而细，端点、节点钢筋多；通常是卧放生产，可二至三榀叠放生产。

7）浇筑。

(1) 采用带浆法下料，赶浆法捣固；按规定的分层厚度浇筑。

(2) 柱及梁的浇筑，由一个作业小组操作时，可由任意一端开始（通常是按来料方向，从远端开始），向另一端进行，如由两个作业小组操作，则可由两端开始，向中部汇合。

(3) 柱的牛腿，梁的底部，屋架的节点和端部，应采用小型或剑式插入式振动器振捣,必要时可用人工辅助。

(4) 高度较大的吊车梁、薄腹梁,可采用附着式振动器振捣。

(5) 用插入式振动器振捣桩、柱、梁等条形构件时,振点的开始点和终结点不宜靠近两端模板,其振点的次序如图 5-3 所示。

(6) 振捣时注意保持预埋件位置的准确,如已位移,及时纠正。

8) 养护。

(1) 宜采取覆盖薄膜保湿养护,但薄膜要覆盖至底板。

(2) 淋水养护时,应有控制(水量少、次数多),避免水量过多,浸软基层,影响底板下沉,导致构件变形。

二、预制构件装配施工技术要点

1.预制构件施工基本要求

1) 构件运输。

(1) 构件支承的位置和方法、构件端部的挑出长度应根据其受力情况经计算确定,不得引起混凝土超应力或损伤构件。

(2) 构件装运时应绑扎牢固,防止移动或倾倒;对构件边部或与链索接触处的混凝土,应采用衬垫加以保护;在运输细长构件时,行车应平稳,并可根据需要对构件设置临时水平支撑。

(3) 构件装卸车时,应缓慢、平稳地进行。构件应逐件搬运,能进行多件搬运的,起吊时应加垫木或软物隔离,以防受到破坏。

2) 构件堆放。

(1) 堆放构件的场地应平整坚实,并具有排水措施,堆放构件时应使构件与地面之间留有一定空隙。

(2) 应根据构件的刚度及受力情况,确定构件平放或立放,并应保持稳定。

① 一般板、柱、桩类构件采用平放。

② 梁类采用立放(即平卧浇制的梁要翻身后堆放)。

③ 构件的断面高宽比大于 2.5 时,堆放时下部应加支撑或有坚固的堆放架,上部应拉牢固定,以免倾倒。

(3) 对于特殊和不规则形状的构件的堆放,应制定施工方案并严格执行。

(4) 构件的最多堆放层数应按构件强度、地面耐压力、构件形状和重量力等因素确定。一般可参见表 5-1 的规定。

表 5-1　预制混凝土构件的最多堆放层数

构件类别	最多堆放层数	构件类别	最多堆放层数
预应力大型屋面板(高 240 mm)	10	民用高低天沟板	8
预应力槽型板、卡口板(高 300 mm)	10	天窗侧板	8
槽型板(高 400 mm)	6	预应力大楼板	9
空心板(高 240 mm)	10	设备实心楼板	12
空心板(高 180 mm)	12	隔墙实心板	12
空心板(高 120～130 mm)	14	楼梯段	10
大型梁、T 形梁	3	阳台板	10
大型桩	3	带坡屋面梁(立放)	1
桩	8	桁架(立放)	1
工业天沟板	6	—	—

(5) 重叠堆放的构件，吊环应向上，标志应向外，面上有吊环的构件，两层构件之间的垫木应高于吊环。构件中有预留钢筋的，叠堆层不允许钢筋相互碰撞；其堆垛高度应根据构件与垫木的承载能力及堆垛的稳定性确定。各层垫木的位置应在一条垂直线上，最大偏差不应超过垫木横截面宽度的 1/2。构件支承点按结构要求以不起反作用为准，构件悬臂一般不应大于 500 mm。

(6) 重叠底层的垫木要有足够的支承刚度和支承面积，其上的堆垛高度应按构件强度、地面承载力、垫木强度以及堆垛的稳定性确定，叠堆高度一般不宜超过 2 m，应避免堆垛的下沉或局部沉陷。

(7) 叠堆应按构件型号分别堆放，构件型号应清楚易见，不同型号的构件不得混放在同一堆垛内。叠放后应平正、整齐、不歪斜，并应除净外突的水泥飞边。

(8) 采用靠放架立放的构件，必须对称靠放和吊运，其倾斜角度应保持大于 80°，构件上部宜用木块隔开。靠放架一般宜用金属材料制作，使用前要认真检查和验收，靠放架的高度应为构件高度的 2/3 以上。

3) 构件起吊。

(1) 当设计无具体要求时，起吊点应根据计算确定。在起吊大型空间构件或薄壁构件前，应采取避免构件变形或损伤的临时加固措施；当起吊方法与设计要求不同时，应验算构件在起吊过程中所产生的内力能否符合要求；构件在起吊时，绳索与构件水平面所成夹角不宜小于 45°，当小于 45°时，应经过验算或采用吊架起吊。

(2) 承受内力的接头和接缝，当其混凝土强度未达到设计要求时，不得吊装上一层结构构件;当设计无具体要求时,应在混凝土强度不小于 10.0 MPa 或具有足够的支承时,方可吊装上一层结构构件。

4) 构件安装。

(1) 构件安装就位后,应采取保证构件稳定性的临时固定措施。

(2) 安装就位的构件,必须经过校正后方准焊接或浇筑接头混凝土,根据需要焊后再进行一次复查。

(3) 结构构件应根据水准点和主轴线进行校正,并做好记录;吊车梁的校正,应在房屋结构校正和固定后进行。

(4) 构件接头的焊接,应符合钢筋焊接及验收的规定及有关钢结构工程技术标准,并经检查合格后,填写记录单。当混凝土在高温作用下易受损伤时,可采用间隔流水焊接或分层流水焊接的方法。

(5) 装配式结构中承受内力的接头和接缝,应采用混凝土浇筑,其强度等级宜比构件混凝土等级提高一级;对不随内力的接头和接缝,应采用混凝土或水泥砂浆浇筑,其强度等级不低于 C15 或 M15。对接头或接缝的混凝土或砂浆宜采取快硬措施,在浇筑过程中,必须捣实,并应采取必要的养护措施。

5) 已安装完毕的装配式结构,应在混凝土强度达到设计要求后,方可承受全部设计荷载。

2. 预制柱安装

1) 钢筋混凝土杯形基础准备工作。

在杯口的顶面弹出十字中线,根据中线检查杯口尺寸,测出杯底的实际高度,量出柱底至牛腿面的实际长度,与设计长度比较,计算出杯底标高的调整值并在杯口做出标志;用水泥砂浆或细石混凝土将杯底抹平至标志处。

2) 在构件上弹出安装中心线,作为构件安装对位、校核的依据。

在柱身三面弹出几何中心线,在柱顶弹出截面中心线,在牛腿上弹出吊车梁安装中心线。

3) 绑扎柱子时要在吊索与柱之间垫以柔性材料,避免起吊时吊索磨损构件表面。吊点符合设计要求,若吊点无要求时,必须进行起吊验算。

4) 柱子起吊应慢速起升,起吊索绷紧离地 300 mm 高时停止上升,检查无误后方可起吊。

5) 柱子就位临时固定。

柱子转动到位就缓缓降落插入杯口,至离杯口底 2～3 mm 时,用 8 只楔块从柱的四边插入杯口,并用撬杠撬动柱脚,使柱子中心线对准杯口中心线,对准后略打紧楔块,放松吊钩,柱子沉至杯底,并复核无误后,两面对称打紧四周楔块,将柱子临时固定,起重机脱钩。

6）柱子垂直度校正。

用2台经纬仪从柱子互相垂直的两个面检查柱的安装中线垂直度，其允许误差：当柱高小于或等于5 m时，为8 mm；柱高大于5 m时，为10 mm。

校正方法：当柱的垂直偏差较小，可用打紧或稍放松楔块的方法纠正；柱偏差较大，可用螺旋千斤顶平顶法、螺旋千斤顶斜顶法、撑杆法校正。

7）柱子固定。

(1) 校正完毕，在柱脚与杯口空隙处灌注细石混凝土；灌注分两次进行，第一次灌注到楔块底部，第二次在第一次灌注混凝土强度达到25%设计强度时，拔去楔块，将杯口灌满混凝土。

(2) 柱子中心线要准确，并使相对两面中心线在同一平面上。吊装前对杯口十字线及杯口尺寸要进行预检，防止柱子实际轴线偏离标准轴线。

(3) 杯口与柱身之间空隙太大时，应增加楔块厚度，不得将几个楔块叠合使用，并且不得随意拆掉楔块。

(4) 杯口与柱脚之间空隙灌注混凝土时，不得碰动楔块，灌注过程中，还应对柱子的垂直度进行观测，发现偏差及时纠正。

3.预制梁(屋架)安装

1）吊车梁安装。

(1) 为避免吊车梁呈波浪形，要做好预检工作，如杯口标高、牛腿标高、几何尺寸等。吊车梁应在两端及顶面弹出几何中心线。在安装过程中，吊车梁两端不平时，应用合适的铁楔找平。

(2) 吊车梁的安装，必须在柱子杯口第二次浇筑混凝土强度达到70%以后进行。

(3) 吊车梁绑扎、起吊、就位。吊车梁用两点对称绑扎，吊钩对准重心，起吊后保持水平。梁的两端设拉绳控制，避免悬空时碰撞柱子。就位时应缓慢落钩，将梁端安装中心线与牛腿顶面安装中心线对准。吊车梁就位时，用垫铁垫平即可脱钩。但当梁高与梁宽之比大于4时，除垫平外，还宜用钢丝将梁捆在柱上，以防倾倒。

(4) 吊车梁核正。吊车梁可在屋盖结构吊装前或吊装后校正。较重的吊车梁，由于脱钩后校正困难，宜随安装随校正，用经纬仪支在一端打通线校正。对于较轻的吊车梁，单排吊车梁安装完毕后，在两端轴线点上拉通长线逐根校正。校正内容有：标高、平面位置及垂直度。在安装轨道时，吊车梁面不宜批砂浆，其轨道应与预埋件或预留螺栓焊接或连接，垂直度用挂线锤测量，若有误差可在梁底支垫铁片进行校正。吊车梁平面位置的校正可用通线法及平移轴线法(又称仪器放线法)，检查两个吊车梁的跨距是否符合要求，若有误差，拨正各吊车梁的中心线。

(5) 吊车梁固定：吊车梁校正后，立即电焊作最后固定，并在吊车梁与柱的空隙处灌筑细石混凝土。

2) 屋架安装。

(1) 重叠制作的屋架，当黏结力较大时，可采用撬杠撬动或使用倒链、千斤顶使屋架脱离，防止扶直时出现裂缝。屋架在上弦顶面弹出几何中心线；从跨中向两端分别弹出天窗架，屋面板安装准线；端头弹出安装中心线；上下弦两侧弹出支撑连接件的安装位置线，弹出竖杆中心线。

(2) 屋架的绑扎与翻身就位。屋架的绑扎点应选在上弦节点处，左右对称；吊点的数目位置应符合设计要求，吊索与水平线的夹角，翻身扶直时不宜小于 60°，起吊时不宜小于 45°，当不能满足要求时应采用钢制横吊梁(俗称铁扁担)和滑轮串绳法，以保证吊索与构件的夹角要求或降低吊钩高度或使各吊索受力均匀。翻身前，屋架上表面应用杉木杆加固(见图 5-4)，以增加屋架平面外的刚度。

重叠生产的屋架，翻身前，应在屋架两端用枕木搭设井字架，其高度与下一榀上平面相同，以便屋架扶直时平稳地搁置其上(图 5-5)。翻身时，吊钩对准上弦中点，收紧吊钩，使屋架脱模，随之边收紧吊索边移动把杆，使屋架以下弦为轴缓慢转为直立状态。屋架扶直后，采用跨内吊装时，应按吊装顺序使屋架在跨内两侧斜向就位。就位的位置应能够使屋架安装时，吊车移动一次位置即可吊装一榀屋架(即吊车坐落在跨中心线上某一位置，吊钩能对准屋架中心，然后起钩吊离地面，然后通过提升、转臂即可将屋架安装到位)。屋架就位时为直立状态，两端支座处用方木垫牢，两侧加斜撑固定。

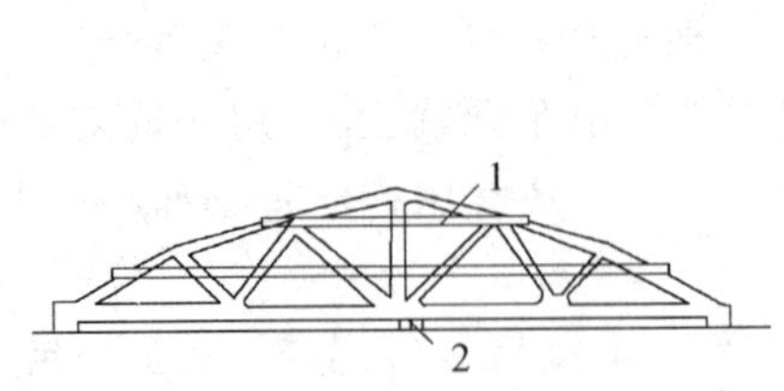

图 5-4 设置中垫点翻屋架

1—加固木杆；2—下弦中节点垫点

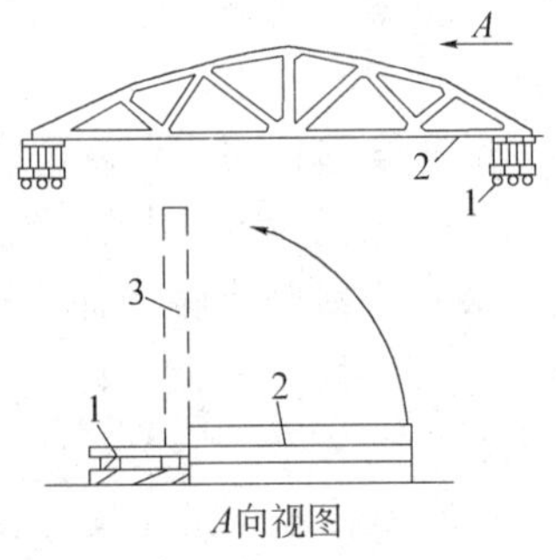

图 5-5 重叠生产的屋架翻身

1—井字架；2—屋架；3—屋架立直

(3) 屋架起吊对位。屋架两端绑设拉绳，先将屋架吊离地面约 500 mm，停歇瞬间，符合稳定要求后，转动把杆，将屋架吊至安装位置下方，使吊钩与屋架安装轴线中心重合，如图 5-6 所示。屋架轴线与安装轴线成一定夹角，起钩将屋架吊至超过柱顶 300 mm 左右，用两端拉绳旋转屋架使其基本对准安装中心线，随之缓慢下落，在屋架刚接触柱顶时，即刹车对位，使屋架端头的中心线与柱顶中心线重合。

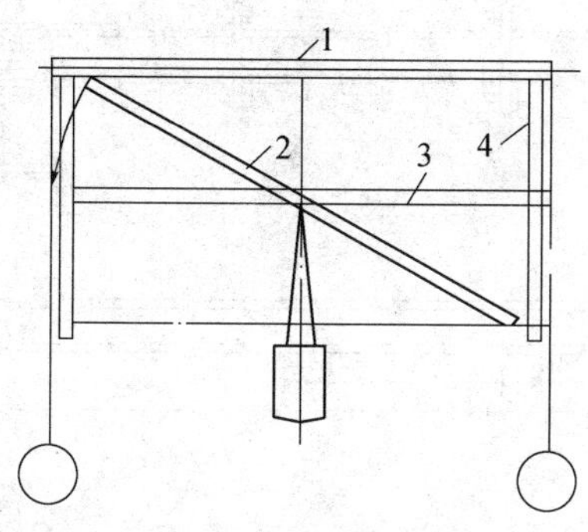

图 5-6　升钩时屋架对准跨度中心

1—已吊好的屋架；2—正吊装的屋架；
3—正吊装屋架的安装位置；4—吊车梁

(4) 屋架临时固定。对好线后即可做临时固定，屋架固定稳妥后，起重机才能脱钩。第一榀屋架安装就位后，用 4 根缆风绳从两边把屋架拉牢。若有抗风柱，可与抗风柱连接固定。第二榀屋架用屋架校正器临时固定，每榀屋架至少用两个屋架校正器与前榀屋架连接临时固定(图 5-7)。

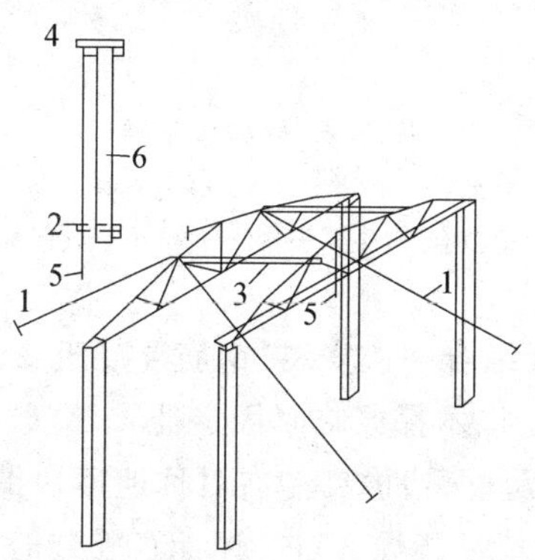

图 5-7　用屋架校正器临时固定和校正屋架

1—第一榀屋架上缆风；2—卡在屋架下弦的挂线卡子；3—校正器；
4—卡在屋架上弦的挂线卡子；5—线锤；6—屋架

(5) 屋架的校正、最后固定。可在屋架上弦安装 3 个卡尺(一个安装在屋架中央，两个安装在屋架两端)校正屋架垂直度。从屋架上弦几何中心线量出 300 mm，在卡尺上做标志，在两端卡尺标志之间连一通线，从中央卡尺的标志向下挂垂球，检查三个卡尺是否在一垂面上，如偏差超出规定数值，转动屋架校正器纠正，校正无误后即用电焊焊牢，应对角施焊(屋架校正器如图 5-8所示)。

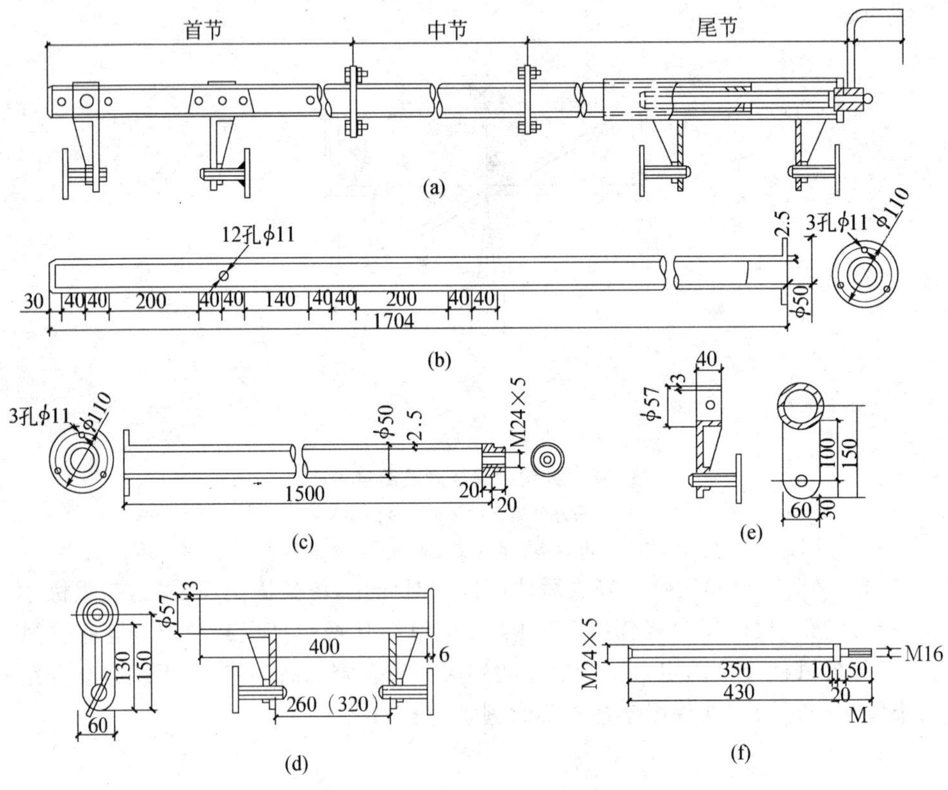

图 5-8 屋架校正器

(a)总装图；(b)首节钢管(带法兰)；(c)尾节钢管(带法兰、螺母)；
(d)尾节套管(带卡子)；(e)首节卡子；(f)螺杆

(6) 天窗架与屋面板组合一次安装，钢筋混凝土天窗架一般采用四点绑扎，校正和临时固定，可用缆风、木撑或临时固定器。

(7) 屋面板的安装应自两边檐口左右对称地逐块铺向屋脊，上弦焊牢，每块屋面板可焊 3 点，最后一块只能焊 2 点。屋面板安装时尽量调整板缝，防止板边吃线或发生位移。

(8) 起吊吊车梁、屋架等构件，要在构件两端设置拉绳，防止起吊的构件碰撞到已安装好的柱子。

4. 预制板安装

1) 施工工艺流程。

抹找平层或硬架支模→划板位置线→吊装楼板→调整板位置→绑扎或焊接锚固钢筋。

2) 圆孔板进场后堆放在指定地点,堆放场地应平整夯实,垫木要靠近吊环或距板端 300 mm,垫木上下对齐,不得有一角脱空,堆放高度不超过 10 层。不同板号分别堆放。

3) 抹找平层或硬架支模。

(1) 圆孔板安装之前先将墙顶或梁顶清扫干净,检查标高及轴线尺寸,按设计要求抹水泥砂浆找平层,厚度一般为 15～20 mm,配合比为 1∶3。

(2) 在现浇混凝土墙上安装预制板,一般墙体混凝土强度达 4 MPa 以上,方准安装。

(3) 安装预制板也可采用硬架支模方法:按板底标高将 100 mm×100 mm 木方用钢管或木支柱支承于承重墙边,木方承托板底的上面要平直,钢管或木支柱下边垫通长脚手板,保证板底标高准确。

4) 划板位置线。

在承托预制板的墙或梁侧面,按设计图纸要求划出板缝位置线,宜在梁或墙上标出板的型号,预制板之间按设计规定拉开板缝,板缝宽度一般为 40 mm,缝宽大于 60 mm 时,应按设计要求配筋。

5) 吊装楼板。

起吊时要求各吊点均匀受力,板面保持水平,避免扭翘使板开裂。如墙体采用抹水泥砂浆找平层方法,吊装楼板前先在墙或梁上洒素水泥浆(水灰比为 0.45)。按设计图纸核对墙上的板号是否正确,然后对号入座,不得放错。安装时板端对准位置线,缓缓下降,放稳后才允许脱钩。

6) 调整板位置。

用撬棍拨动板端,使板两端支承长度及板间距离符合设计要求。

7) 绑扎或焊接锚固筋。

如为短向板时,将板端伸出的锚固筋(胡子筋)经整理后弯成 45°弯,并互相交叉。在交叉处绑 1ϕ6 通长连接筋,严禁将锚固筋上弯 90°或压在板下,弯锚固筋时用套管缓弯,防止弯断。如为长向板时,安装就位后应按设计要求将锚固筋进行焊接,用 1ϕ12 通长筋,把每块板板端伸出的预应力钢筋与另一块板板端伸出的钢筋隔根点焊,但每块板至少点焊 4 根。焊接质量符合《钢筋焊接及验收规程》(JGJ 18—2012)的规定。

第六部分　特殊混凝土工程

一、轻骨料混凝土施工技术要点

1.轻骨料混凝土组成材料

轻骨料混凝土是用轻粗骨料、轻细骨料（或普通砂）和水泥配制成的混凝土，其干表观密度不大于 1950 kg/m^3。

1）水泥。

一般采用硅酸盐水泥、普通水泥、矿渣水泥、火山灰水泥及粉煤灰水泥。

2）轻骨料。

轻粗骨料——粒径在 5 mm 以上，堆积密度小于 1000 kg/m^3。

轻细骨料——粒径不大于 5 mm，堆积密度小于 1200 kg/m^3。

(1)轻骨料按原料来源分有三类：

① 工业废料轻骨料——如粉煤灰陶粒、膨胀矿渣珠、自燃煤矸石、煤渣及其轻砂。

② 天然轻骨料——如浮石、火山渣及其轻砂。

③ 人造轻骨料——如页岩陶粒、黏土陶粒、膨胀珍珠岩骨料及其轻砂。

(2)轻骨料的堆放和运输应符合下列要求：

① 轻骨料应按不同品种分批运输和堆放，避免混杂。

② 轻粗骨料运输和堆放应保持颗粒混合均匀，减少离析。采用自然级配时，其堆放高度不宜超过 2 m，并应防止树叶、泥土和其他有害物质混入。

③ 轻砂在堆放和运输时，宜采取防雨措施。

气温在 5℃以上的季节施工时，可根据工程需要，对轻粗骨料进行预湿处理。预湿时间可根据外界气温和来料的自然含水状态确定，一般应提前 0.5 d 或 1 d 对骨料进行淋水、预湿，然后滤干水分进行投料。气温在 5℃以下时，不宜进行预湿处理。

3）水。

其要求同普通混凝土。

2. 轻骨料混凝土施工

1）为防止轻骨料混凝土拌和物离析，运输距离应尽量缩短。在停放或运输过程中，若产生拌和物稠度损失或离析较重者，浇筑前宜采用人工二次拌和。拌和物从搅拌机卸料起到浇筑入模止的延续时间不宜超过 45 min。

2）轻骨料混凝土拌和物应采用机械振捣成形。对流动性大、能满足强度要求的塑性拌和物以及结构保温类和保温类轻骨料混凝土拌和物，可采用人工插捣成形。

3）用干硬性拌和物浇筑的配筋预制构件，宜采用振动台和表面加压（加压重力约 0.2 N/cm^2）成形。

4）现场浇筑的竖向结构物（如大模板或滑模施工的墙体），每层浇筑高度宜控制在 30～50 cm。拌和物浇筑倾落高度大于 2 m 时，应加串筒、斜槽、溜管等辅助工具，避免拌和物离析。

5）浇筑上表面积较大的构件，若厚度在 20 cm 以下，可采用表面振动成形；厚度大于 20 cm，宜先用插入式振捣器振捣密实后，再采用表面振捣。

6）振捣延续时间以拌和物捣实为准，振捣时间不宜过长，以防骨料上浮。振捣时间随拌和物稠度、振捣部位等不同，宜在 10～30 s 内选用。

7）采用自然养护，浇筑成形后应防止表面失水太快，避免由于湿差太大而出现表面网状裂纹。脱模后应及时覆盖，或喷水养护。

8）采用加热养护时，成形后静停时间不应少于 2 h，以避免混凝土表面产生起皮、酥松等现象。

9）采用自然养护时，湿养护时间应遵守下列规定：用普通硅酸盐水泥、硅酸盐水泥、矿渣水泥拌制的混凝土，养护时间不少于 7 d；用粉煤灰水泥、火山灰水泥拌制的及在施工中掺缓凝型外加剂的混凝土，养护时间不少于 14 d。构件用塑料薄膜覆盖养护时，要保持密封。

3. 轻骨料混凝土质量预控与质量弊病防治措施

用轻质粗骨料、轻质细骨料（或普通砂）、水泥和水配制的表观密度不大于 1900 kg/m^3 的混凝土，称为轻骨料混凝土。凡堆积密度小于 1000 kg/m^3 的骨料称为轻骨料。按其堆积密度大小，划分为 8 个堆积密度等级（kg/m^3）：300，400，500，600，700，800，900 和 1000。常用的轻骨料有工业废料轻骨料（粉煤灰陶粒、膨胀矿渣珠、自燃煤矸石等）、天然轻骨料（浮石、火山灰渣等）和人造轻骨料（页岩陶粒、黏土陶粒、膨胀珍珠岩等）。

轻骨料混凝土具有表观密度小、保温性能好、抗震性能强等一系列优点，适用于装配式或现浇的工业与民用建筑，特别适用于高层及大跨度建筑。

轻骨料混凝土的缺点主要有以下几方面。

1）坍落度波动大，损失快。

（1）现象。

① 同一配合比配制的轻骨料混凝土拌和物，随机抽查的坍落度，各次测定值不一，且差值较大，一般大于 20 mm。

② 坍落度损失较之普通混凝土在相同流动性的条件下，明显较快，一般可达 20 mm 以上。

（2）原因分析。

① 轻骨料颗粒级配匀质性差。

② 附加吸水率（粗骨料 1 h 的吸水率）试样缺乏代表性，或粗骨料饱和面干含水率测试不准，试样缺乏代表性或粗骨料用水饱和时，各部位被湿润的状况差异较大。

③ 各批进场粗骨料品质不一，尤其表现在附加吸水率和饱和吸水率两个指标上，前后差别较大，但又未能及时予以调整，导致混凝土坍落度前后不一，损失快而大。

④ 运输、停留和浇筑时间过长。

⑤ 砂子产地多而杂，使进场各部位的细度模数差异较大。

（3）防治措施。

① 配制混凝土用的轻（粗）骨料，应选用同一厂别、产地和同一品种规格，并尽可能一次性进场。若分批进场，则应分别检验其附加用水量和饱和含水率，进行用水量的调整，以利于保证坍落度的稳定性。

② 选用同一厂别、产地和同 规格的颗粒级配匀质性较好的砂子为细骨料。细度模数的波动不宜大于 0.3～0.4。配制全轻混凝土时，轻（细）骨料也应满足类似要求。

③ 测定附加用水量或饱和面干含水率的试样应有代表性。当进场轻（粗）骨料有变化时，应及时测定附加用水量，调整总水胶比值，以保持坍落度和强度的稳定。

④ 对采用饱和面干法进行处理后的轻（粗）骨料，应及时用塑料薄膜或塑料布加以覆盖，防止水分蒸发。炎热季节，应经常核查，如有变化，应及时进行处理和调整。常温季节，也宜随处理随使用。储存备用量不宜超过 4～8 h 的施工量为宜。阴雨潮湿天气，储存量可适当增加。

⑤ 妥善安排搅拌、运输、浇筑时间。拌和物从出料到浇筑完毕的时间不宜超过 45 min。

2）收缩开裂。

（1）现象。混凝土表面有少量肉眼可见的不规则裂纹和大量需借助放大镜才能清晰观察到的微裂纹(裂纹宽度通常在 0.05～0.1 mm 之间),呈现于现浇混凝土的暴露面,基本上出现于混凝土表面。

(2) 原因分析。

① 混凝土拌和物坍落度大,和易性差,水泥和水泥浆量大。

② 总水胶比、有效水胶比大。

③ 骨料中含有夹杂物质,含泥量大。

④ 配合比选择和设计时,没有考虑附加用水量问题;或仅凭估量而定,没有实际测定;或施工中没有得到执行。

⑤ 混凝土拌和物搅拌、停留时间长,骨料吸水率大(或大于估计值、试验值),失水和水分蒸发后的收缩变形亦大。

⑥ 浇筑暴露面面积大,湿养护不及时,养护时间短,或水分失散,蒸发过快,表里(断面)含水率梯度大。

(3) 防治措施。

① 骨料质量应符合有关标准规定。天然或工业废料轻骨料的含泥量不得大于 2%,人工骨料不得含夹杂物质或黏土块。

② 轻(粗)骨料的附加用水量应取样测定,不能估算,检测结果应有代表性。

③ 配合比设计中应区分总水胶比和有效水胶比。因此,必须对轻(粗)骨料的附加水用量(1 h 的吸水率)或饱和面干含水率进行测定以及相应调整或处理。

④ 轻骨料 1 h 的吸水率:粉煤灰陶粒不大于 22%;黏土陶粒和页岩陶粒不大于 10%。超过规定吸水率的轻骨料不可随便使用,以免对混凝土的物理力学性能造成危害。

⑤ 用以配制轻骨料混凝土的粗骨料级配应符合表 6-1 的要求。

表 6-1　粗骨料的级配要求

用　途	筛孔尺寸/mm					
	5	10	15	20	25	30
	累计重量筛余(%)					
保温及结构保温用	≥90	不规定	30～70	不规定	不规定	≤10
结构用	≥90	30～70	不规定	不规定	—	—

注:①不允许含有超过最大粒径两倍的颗粒。

②采用自然级配时,其空隙不大于 50%。

⑥ 轻骨料混凝土宜采用强制式搅拌机搅拌。其加料顺序是:当轻骨料在搅拌前已预湿时,应先将粗、细骨料和水泥搅拌 30 s,再加水继续搅拌;若轻骨料在搅拌前未预湿时,则应先加 1/2 的总水量和粗细骨料搅拌 60 s,然后再加水泥和

剩余用水量继续搅拌，至均匀为止。

掺用外加剂时(应通过试验)，应先将外加剂溶(混)于水中，待混合均匀后，再加入拌和水中，一同加入搅拌机。不可将粉料或液态外加剂直接加入搅拌机内。

⑦ 合理安排搅拌、运输和浇筑的时间，整个过程不要超过 45 min。终凝后立即进行湿养护，时间不得少于 7 d，并应尽可能适当延长养护时间，防止收缩开裂。当采用蒸汽养护时，静置时间不宜小于 1.5～2 h，而且升温不可过快，以避免裂纹等不良现象的发生。

⑧ 配制轻骨料混凝土的有效用水量，可参考表 6-2 选用。

表 6-2　轻骨料混凝土有效用水量选择参考

序号	用　　途	流　动　性		有效用水量/(kg/m³)
		工作度/s	坍落度/mm	
1	预制混凝土构件	<30	0～30	155～300
2	现浇混凝土 (1)机械振动 (2)人工振捣或钢筋较密	—	 30～50 50～80	 165～210 200～220

注：①表中数值适用于圆球型和普通型轻骨料，碎石型粗骨料需按表中数值增加 10 kg 左右的水。

②表中数值是指采用普通砂，如采用轻砂，需取 1 h 吸水量为附加水量。

⑨ 配制 C10 以下的轻骨料混凝土时，允许加入占水泥重量 20%～25%的粉煤灰或其他磨细的水硬性矿物外掺料，以改善混凝土拌和物的和易性。

⑩ 施工浇筑应分层连续进行。当采用插入式振捣器时，浇筑厚度不宜超过 300 mm；如采用表面振动器，则浇筑厚度宜控制在 200 mm 以内，并适当加压。对于上浮或浮露于表面的轻骨料，可用木拍等工具进行拍压，使其混入砂浆中，然后用抹子抹平。

二、型钢混凝土施工技术要点

1.第一节型钢柱安装

1) 型钢翼缘板上的带孔耳板(在加工厂家完成)，经检查牢固可靠后，满足吊装和临时固定要求，并弹出柱身定位轴线，方可进入下一步工作。

2) 起吊方法：一般采用单机回转法起吊，起吊时，塔吊吊点在型钢柱头位置，辅助汽车吊吊点在型钢柱脚部位，不得使型钢柱端在地面上有拖拉现象。

3）第一节型钢柱临时固定及校正。

① 型钢柱就位：当型钢柱吊至就位位置上方 200 mm 时，使其稳定，对准螺栓孔，缓慢下落，下落过程中避免磕碰地脚螺栓丝扣。落稳后用专用角尺检查，调整型钢柱使其定位线与基础定位轴线重合。调整型钢柱时，边移动，边稳定，边检测。

② 临时固定：在四个方向用带花篮螺栓的钢丝绳连接吊耳和预埋钢筋拉环进行临时固定。

③ 型钢柱校正、固定。

a. 标高调整：调整柱脚螺母，对标高进行调整，见图 6-1。

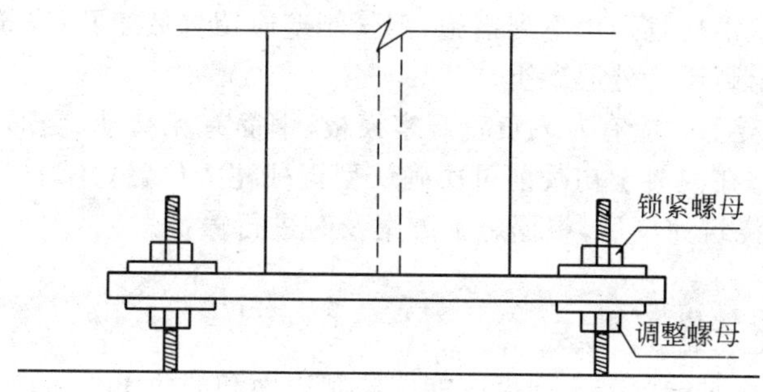

图 6-1　标高调整示意图

b. 型钢柱垂直度调整、固定：架设经纬仪，调整花篮螺栓进行垂直度校正，并对称紧固地脚螺栓螺母。

c. 灌注无收缩砂浆：灌注前，将型钢柱柱脚下部清理干净并预湿。先用强度相同的干硬性混凝土封堵型钢底部四周，留置一个注浆口，随后将无收缩砂浆搅拌均匀，达到所需的流动度，采用人工灌注密实，并做好养护。

2. 型钢混凝土柱钢筋绑扎

1）型钢混凝土柱主筋的绑扎：按设计要求绑扎柱子钢筋。纵筋与型钢的净间距不宜小于 30 mm；型钢的混凝土保护层不宜小于 120 mm。

2）型钢混凝土柱箍筋的绑扎：型钢混凝土柱上下两端箍筋应加密，加密区长度及加密区内箍筋间距应符合设计要求，如有拉结筋时，拉结筋应钩住箍筋。

3）梁主筋与型钢相交处节点处理。

(1) 梁主筋与型钢焊接。

(2) 梁主筋绕过型钢。

(3) 在型钢上开孔，梁主筋穿过。

钢筋绑扎后办理隐检手续。

3.型钢柱混凝土浇筑

1）型钢混凝土柱为结构重要部位，应采用质量更为稳定的预拌混凝土。

2）混凝土浇筑前应先填入 50～100 mm 厚且与混凝土配合比相同的减石子混凝土。混凝土自由倾落高度不得大于 2 m，否则应用软管或溜槽下灰。混凝土浇筑时应在型钢柱两侧同时下灰。混凝土浇筑的分层厚度控制在 500 mm 以内，同时用标尺杆严格控制。由于型钢混凝土柱内的钢筋较密，应使用 ϕ30 高频振捣棒，振捣时振捣棒不得碰撞型钢柱，分层振捣，每次振捣时间不得超过 20 s，待表面泛浆不再下沉，气泡溢出即可，严禁过振。当上层混凝土振捣时振捣棒应插入下层混凝土 50～100 mm。

对于管状型钢柱宜采用下列措施：钢管侧壁应留置放气孔；浇筑混凝土时应保证管内混凝土高于管外混凝土。

3）浇筑混凝土时应有专人负责观察模板、钢筋有无移动、变形等情况，发现问题及时处理。在混凝土初凝前再次确认型钢柱柱头位置，并调整就位。

4）混凝土浇筑完毕后，根据施工方案及时进行养护。

4.型钢混凝土柱模板拆除

1）柱模拆除时的混凝土强度应能保证其表面和棱角不受损伤。

2）先拆除拉杆或斜撑，自上而下拆除柱箍及连接件，逐片将模板拆除。

5.安装第二节型钢柱

1）吊装。

(1) 型钢柱在吊装前应在柱头位置划出钢柱翼缘中心标记线，以便上层钢柱安装就位使用。

(2) 型钢柱的起吊方法同首节柱。

(3) 型钢柱就位采用临时连接板(吊装用耳板)。当型钢柱就位后，对齐安装定位线，将连接板用连接螺栓固定。

2）预热。

焊接时应根据工作地点的环境温度、钢材材质和厚度选择相应的预热温度对焊件进行预热。设计无特殊要求时，可按表 6-3 选取预热温度。

表 6-3　常用的预热温度

钢材分类	环境温度	板厚/mm	预热及层间宜控温度/℃
普通碳素结构钢	0℃以上	≥50	70～100
低合金结构钢	0℃以下	≥36	70～100

凡需预热的构件，焊前应在焊道两侧各 100 mm 范围内均匀进行预热，预热热源采用氧-乙炔中性火焰加热，预热温度的测量应在距焊道 50 mm 处进行。预热范围均匀达到预定值后，恒温 20～30 min。预热的温度测试应在离坡口边沿距板厚 3 倍（最低 100 mm）的地方，采用表面温度计测试。

3）焊接。

（1）一般规定：型钢柱焊接前应根据焊件钢板厚度，按照国家现行标准《钢筋焊接及验收规程》（JGJ 18－2003）的有关要求进行剖口处理。

（2）优先考虑 CO_2 气体保护焊。焊接时，焊缝间的层间温度应始终控制在 70～100℃之间，每个焊接接头应一次性焊完。如遇中途停焊，至少焊完板厚的 1/3 方能停焊，且严格做好焊后热处理，记下层间温度。

（3）十字钢柱焊接。

a. 由两名焊工先在无夹板的翼缘板两侧对接焊至板厚的 1/3 厚度，换到另外两侧焊至翼缘板厚的 1/3，去掉腹板侧夹板。然后在腹板的两侧对称焊至板厚的 1/3。

b. 两名焊工再分别承担相临两侧面的焊接，在一面焊完一层后，立即拐过 90°接着焊另一面，如此交替进行，直至完成焊接。

c. 待以上步骤完成后，分别将柱错口处腹板与翼缘板之间的立缝焊完。

d. 每两层之间焊道的接头应相互错开，焊接的焊道接头也要注意每层错开，每道焊完要清除焊渣和飞溅物，如有焊瘤要铲除磨掉，焊接过程中要注意检测层间温度。

（4）箱形、圆形钢柱焊接：采用在型钢柱的对称面同时焊接。

（5）H 型钢柱焊接：H 型钢柱采用在两翼缘板对称焊接，然后焊接腹板。

4）焊缝检验。

（1）焊缝外观检验：焊缝需进行 100%外观检验。要求焊缝的焊坡均匀平整，表面无裂纹、气孔、夹渣、未熔合和深度咬边，并没有明显焊瘤和未填满的弧坑。

（2）焊缝的无损检测：碳素钢冷却至环境温度，低合金钢冷却 24 h 后方可进行无损检测。焊缝完成外观检查且质量符合标准后，进行无损检测，其标准执行《钢焊缝手工超声波探伤方法和质量分级法》（GB 11345－1989）、《金属熔化焊对接接头射线照相》（GB 3323－2005）规定的检验等级。对不合格的焊缝，根据超标缺陷的位置，采用刨、切除、打磨等方法去除后，以与正式焊缝相同的工艺方法补焊，并按同样的标准核验。

6. 梁混凝土浇筑

1）梁浇筑时，应先浇筑型钢梁底部，再浇筑型钢梁、柱交接部位，然后再浇筑型钢梁的内部。

2）梁浇筑普通混凝土时候，应从一侧开始浇筑，用振捣棒从该侧进行赶浆，在另一侧设置一振捣棒，同时进行振捣，同时观察型钢梁底是否灌满。若有条件时，应将振捣棒斜插到型钢梁底部进行振捣。

3）梁柱节点钢筋较密时，浇筑此处混凝土宜用小粒径石子同强度等级的混凝土浇筑，并用小直径振捣棒振捣。

4）若型钢梁底部空间较小、钢筋密度过大及型钢梁、柱接头连接复杂，普通混凝土无法满足要求的时候，可采用自密实混凝土进行浇筑。浇筑自密实混凝土梁时应采用小振捣棒进行微振，切忌过振。

5）施工缝位置：宜沿次梁方向浇筑楼板，施工缝应留置在次梁跨度的中间1/3范围内。施工缝的表面应与梁轴线或板面垂直，不得留斜槎。施工缝宜用木板或钢丝网挡牢。

6）施工缝处须待已浇筑混凝土的抗压强度不小于1.2 MPa时，才允许继续浇筑。在继续浇筑混凝土前，施工缝混凝土表面应凿毛，剔除浮动石子，并用水冲洗干净后，先浇一层水泥浆，然后继续浇筑混凝土，应细致操作振实，使新旧混凝土紧密结合。

7. 型钢组合剪力墙混凝土浇筑

1）剪力墙浇筑混凝土前，先在底部均匀浇筑50 mm厚与墙体混凝土成分相同的水泥砂浆，并用铁锹入模，不应用料斗直接灌入模内。

2）浇筑墙体混凝土应连续进行，间隔时间不应超过2 h，每层浇筑厚度控制在600 mm左右，因此必须预先安排好混凝土下料点位置和振捣器操作人员数量。

3）振捣棒移动间距应小于500 mm，每一振点的延续时间以表面呈现浮浆为度，为使上下层混凝土接合成整体，振捣器应插入下层混凝土50 mm。振捣时注意钢筋密集及洞口部位，为防止出现漏振。须在洞口两侧同时振捣，下灰高度也要大体一致。大洞口的洞底模板应开口，并在此处浇筑振捣。

4）混凝土墙体浇筑完毕之后，将上口甩出的钢筋加以整理，用木抹子按标高线将墙上表面混凝土找平。

三、自密实混凝土施工技术要点

1. 原材料选择

1）水泥的选择。

宜对水泥进行抗裂性能的试验，选择抗裂性能较好的水泥。

2）外加剂的选择。

宜选择聚羧酸高性能减水剂作为自密实混凝土外加剂。聚羧酸类减水剂与通常所称的萘系或三聚氰胺高效减水剂的不同之处是聚羧酸减水剂本身就具有缓凝、引气等效应，而不需要复合缓凝剂、引气剂。主要是聚羧酸类减水剂不但具有极强的电荷排斥效应，而且其侧链上的极性基团能吸附水分子，在水泥颗粒周围形成立体位阻效应，提高了溶液的分散性和稳定性，从而达到保持混凝土坍落度的目的。可以改变聚羧酸类减水剂分子主链上引入强极性基团种类和分子量，增大其减水率；调节侧链分子量，增加立体位阻效应。真可谓可通过设计外加剂的分子结构达到改变外加剂性能的材料科学中的最高境界。

聚羧酸类减水剂还有较大的引气作用。听起来似乎对配制高强混凝土有一定影响，但这一点早就被高减水率所弥补。由于有一定的引气作用，微气泡的滚珠和增稠作用不但能减低混凝土的黏度，还能增加混凝土的抗离析能力，无疑对自密实混凝土是一个福音。

聚羧酸减水剂具有高性能混凝土外加剂的所有优点，具有高减水率、保塑、增稠等特点，是配制高性能混凝土和自密实混凝土的理想材料。

3）掺和料的选择。

粉煤灰是自密实混凝土理想的掺和料，它不但能起到提高混凝土抗离析能力，而且还能改善混凝土的抗裂性能。对于粉煤灰的质量指标，主要是控制其烧失量应小于5%。对于细度和需水比，应根据配制的混凝土强度等级而确定。对于混凝土强度等级较低的C30或C40自密实混凝土来说，细度和需水比达到Ⅲ级粉煤灰的要求同样可以配制出性能良好的自密实混凝土。

关于粉煤灰的掺量，应根据混凝土所处的环境条件而定。处于比较干燥或不宜接触水的环境中的混凝土，粉煤灰掺量不应大于40%；而在潮湿环境中的混凝土，粉煤灰掺量可高达50%～60%。因为只有在潮湿环境中，粉煤灰的活性才能得以发挥，才能获得具有良好耐久性的混凝土。

如果要使自密实混凝土的总细粉用量小于500 kg/m^3，在添加粉煤灰的同时，添加总细粉用量2%～3%的硅灰，对处于干燥环境中的自密实混凝土有很大的益处，其目的一方面是为了改善混凝土骨料的界面，增加混凝土的密实度，提高混凝土的耐久性；另一方面可以达到增稠、提高混凝土抗离析能力的目的。

4）骨料的选择。

骨料的类型对混凝土的性能有很大的影响。在标准规范中限制针片状含量，就是强调粒型。碎石的粒型，越接近圆形越好。在我国，5～10 mm小粒径的石子粒型很差，严重影响混凝土的各种性质。对于自密实混凝土来说，粗骨料的粒型更为重要。要选择接近圆形的骨料。对针片状含量，一般混凝土控制在不大于15%，而对于自密实混凝土应控制在不大于5%。

既然要选择接近圆形的骨料，那么就选择卵石好了。由于卵石表面很光滑，就减小了与砂浆的摩擦力，在混凝土黏度较小的情况下，容易离析。但有一个致命的缺点是，由于卵石混凝土骨料与水泥浆的界面很脆弱，所以用卵石制成的混凝土耐久性不好，尤其在较严酷的环境条件下，掺加粉煤灰的卵石混凝土，更是如此。破碎后的卵石混凝土的耐久性，能得到很大的改善。

骨料的级配，对自密实混凝土尤为重要，良好的骨料级配，不但能减少水泥用量，提高抗裂性能，而且还能减小粗骨料相互碰撞的几率，增加混凝土的流动性能。

自密实混凝土骨料级配的有效方法，是采用粒径为 25～20 mm、10～20 mm 的碎石以及 5～10 mm 的豆石（粒型呈圆形的碎石或小粒径的卵石）进行级配，在混凝土中增加 5～10 mm 的豆石，能起到“滚珠”的作用，减小了混凝土拌和物的黏度，提高了流动性，得到意想不到的结果。

2. 自密实混凝土试配

我们采用的方法是先选择我们认为粒型较好、但没有经过级配优化的骨料进行试配，配制出流动性、充填性、抗离析性和保塑型都符合要求的配比。然后分别对粗、细骨料进行级配优化。用骨料级配优化后的参数，再对符合要求的混凝土配比进行优化，最后会得到理想的自密实混凝土配合比。

自密实混凝土配合比可采用两种方法计算，一种是采用体积法计算自密实混凝土配合比，只是应注意粗骨料的振实堆积密度体积百分比 α_g 应为 $48\% \leqslant \alpha_g \leqslant 55\%$，砂浆中细骨料体积百分比 α_s 应为 $38\% \leqslant \alpha_s \leqslant 42\%$。另一种是直接计算法。下面我们重点介绍直接计算法。

1）测定骨料的振实堆积密度和表观密度。

测定粗骨料的振实堆积密度 ρ_{g0}，表观密度 ρ_g，细骨料的振实堆积密度 ρ_{s0}，表观密度 ρ_s。

2）取粗骨料的振实堆积密度体积百分比 α_g 为 48%～55%（α_g 的取值由大到小进行试配，如取 0.52 m^3、0.50 m^3、0.48 m^3），根据粗骨料的振实堆积密度 ρ_{g0} 计算出粗骨料用量 G_g：

$$G_g = \rho_{g0}\alpha_g \tag{6-1}$$

3）根据粗骨料的表观密度计算粗骨料的体积 V_g：

$$V_g = G_g/\rho_g \tag{6-2}$$

4）砂浆体积 V_{sg}：

$$V_{sg} = 1 - V_g - \alpha \tag{6-3}$$

式中 α——混凝土含气量。

5）计算细骨料体积和浆体体积。

规定砂浆中细骨料体积百分比 α_s 为 38%～42%，则细骨料的实体体积 V_s 和浆体体积 V_j：

$$V_s = V_{sg}\alpha_s \tag{6-4}$$

$$V_j = V_{sg} - V_s \tag{6-5}$$

6）计算细骨料用量。

根据细骨料表观密度，计算细骨料用量 G_s：

$$G_s = \rho_s V_s \tag{6-6}$$

7）确定水胶比和掺和料用量。

根据混凝土强度等级，确定外加剂掺量和水胶比。

8）计算浆体体积和浆体质量。

根据水泥表观密度 ρ_c、掺和料表观密度 ρ_h 及其掺量 β、月胶比 $B/(C+F)$，计算 1 m^3 浆体的密度 ρ_j 和浆体质量 G_j：

$$\rho_j = [1 + W/(C+F)]/[(1-\beta)/\rho_c + \beta/\rho_h + W/(C+F)/1000] \tag{6-7}$$

$$G_j = \rho_j V_j \tag{6-8}$$

9）计算水泥用量 G_c、掺和料用量 G_h 和用水量 G_w：

$$G_c = G_j \times (1-\beta)/[1 + W/(C+F)] \tag{6-9}$$

$$G_h = G_j\beta/[1 + W/(C+F)] \tag{6-10}$$

$$g_w = G_j - G_c - G_h \tag{6-11}$$

10）试配。

按以上粗骨料和细骨料体积波动范围以及外加剂掺量和水灰比容许范围，计算出几组配合比进行试配，检验其流动性、充填性、抗填性、抗离析性、保塑性以及硬化后的各种物理力学性能，如不能满足要求，调整配合比设计参数，再做配比试验；如有符合要求的配合比，则可按以下方法对配合比作进一步优化。

3. 自密实混凝土施工

1）采用搅拌车运送自密实混凝土拌和物，应防止自密实混凝土在运输中发生分层离析现象。混凝土从运输到浇筑结束的时间一般不应超过 120 min。

2）由于自密实混凝土在浇筑过程中没有振捣，仅靠自重成型，因此必须保证其在入模之前，仍具有优异的工作性，否则将影响混凝土工程质量，甚至造成严重的工程事故，缩短自密实混凝土从出机到入模的时间非常必要，在施工中务必做好施工组织工作，保证运输、施工过程的连续性。

3）混凝土在运输过程中或现场停置时间过长，将引起自密实混凝土的坍落度损失，使其工作性不满足工程要求。因此，当发生交通堵塞等意外情况时，可以根据设计由混凝土供应方派专人在现场掺加外加剂来调整其工作性，但必须根据试验结果确定其掺量，并保证混凝土拌和物均匀。

4）浇筑。

(1) 在自密实混凝土的生产、施工过程中，都应该由经验丰富的配合比设计人员配合做好自密实混凝土的质量控制工作，在确定混凝土工作性满足后进行浇筑。

(2) 在浇筑自密实混凝土前，应确认模板的设计安装符合要求。模板宜选择坚固、刚度大、接缝少、不漏浆的大型模板。

(3) 由于自密实混凝土流动性较大，其对模板的侧压力比普通混凝土大，在模板设计时应充分考虑这一点，尤其是高度较大的竖向构件。

(4) 为防止自密实混凝土在垂直浇筑中因高度过大产生离析现象，或被钢筋打散使混凝土不连续，应对自密实混凝土的自由下落高度进行限制。

(5) 当自密实混凝土的垂直浇筑高度过大时，可采用导管法，即用直通到底部的竖管浇筑自密实混凝土，在向上提管的过程中，管口始终埋在已经浇筑的自密实混凝土内部，也可采用串筒、溜槽等常规的施工方法。

(6) 在非密集配筋情况下，自密实混凝土浇筑点间的水平距离不宜大于10 m，垂直自由下落距离不宜大于5 m；对配筋密集的混凝土构件，自密实混凝土浇筑点间的水平距离不宜大于5 m，垂直自由下落最大距离不宜大于2.5 m。

5）养护。

(1) 由于自密实混凝土与普通混凝土相比，其表面泌水量少，甚至没有泌水，为了减少混凝土的水分散失和塑性开裂，应加强养护。混凝土的养护包括保持湿度与温度两个方面。在养护的过程中，除了保持混凝土的湿度外，应避免外部环境和混凝土内部的温差过大。

(2) 为减少自密实混凝土的非荷载裂缝，必须从混凝土入模开始就进行保湿养护，在混凝土塑性阶段可采用薄膜覆盖等措施。一旦混凝土硬化，拆模后及时采用湿麻布覆盖，并及时浇水，以使混凝土表面保持湿润并能够及时散热。

四、纤维混凝土施工技术要点

1. 钢纤维混凝土施工

由于钢纤维的加入，对混凝土施工中某些工序如搅拌、振捣密实等产生了不同程度的影响。经过大量研究，钢纤维混凝土的施工工艺已取得了较大进展。目前钢纤维混凝土的施工主要有如下几种方法。

1）全掺入法施工工艺。

所谓全掺入法，是在混凝土搅拌过程中即将钢纤维掺入。根据掺入的顺序，又可分为以下几种方法。

(1) 将按配合比计量后的水泥、砂、石、掺和料等一次倒入搅拌机中开拌 1～2 min，然后将钢纤维用人工或机械方法缓慢均匀地撒入到干拌料中，边撒边搅拌，2 min 左右时加水和外加剂再搅拌 3～4 min，然后注模成型。用振动器振捣密实，养护至一定龄期脱膜。

(2) 先投入配合比 50%的砂和 50%石料及全部钢纤维干拌 2 min，然后投入水泥掺和料和其余骨料及水，搅拌 4～5 min 后注模，振捣密实成型，养护至一定龄期脱模。

(3) 先将水泥、掺和料投入搅拌机干拌 1～2 min，再投入石子、砂干拌 2 min 后加水搅拌 3 min，将钢纤维用人工或机械方法均匀撒入搅拌机中，继续搅拌 3～4 min后注模，振捣密实成型，养护至一定龄期脱模。

需要说明的是，上述方法(1)可用自落式搅拌机也可用强制性搅拌机，而方法(2)只宜用自落式搅拌机，方法(3)则必须用强制式搅拌机。如钢纤维的 V_t> 2.0%，最好采用方法(3)。另外，钢纤维的撒入最好应通过摇筛和分散机进行，捣筛是一种开有长形筛孔筛板的筛，如图 6-2 所示。

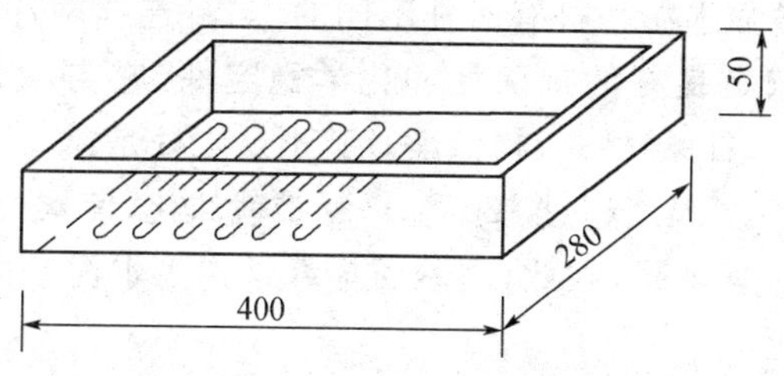

图 6-2　用于撒放钢纤维的摇筛

2) 流动砂浆渗浇法施工工艺。

用流动砂浆渗浇法工艺浇制的钢纤维混凝土也称 SIFCON(slurry infiltrated fiber concrete 的简称)，具体施工程序如下。

(1) 将钢纤维用手工或专用设备铺放在模板或模具底部形成一定厚度“钢纤维垫”；

(2) 将由砂子、水泥、掺和料和水配制成的流动性较好的砂浆(坍落度 10～15 cm)均匀浇筑在“钢纤维垫”上，并借助振动使砂浆渗入“钢纤维垫”，并尽量填满钢纤维之间的空隙；

(3) 渗浇到规定厚度后，表面抹平收光，而后进行养护，至一定龄期脱模。

与上述施工工艺类似的还有一种由美国汉克曼(Hackman)等研究的钢纤维混凝土施工工艺。该工艺与上述方法不同之处是将乱向分布的钢纤维垫层改为钢纤维网。这种网是将熔融的铁水用熔抽法成型后冷却成 13～50 mm 厚的无编织钢纤维网，单根纤维长径比可达 500，网宽可达 1.2 m，用其制备钢纤维混凝土 V_t 可达 4%～6%。用此法制成的钢纤维混凝土也称 SIMCON(slurvy iu－filtrated mat concrete)，其增强率和增韧率可分别为 SIFCON 的 2.9～4.1 倍和 2.5～6.3 倍。

2.聚丙烯纤维混凝土施工

1）常用聚丙烯纤维的物理力学性能指标，见表 6-4。

表 6-4　常用聚丙烯纤维的物理力学性能

纤维名称	密度/(kg/m^3)	纤维直径/μm	纤维长度/mm	抗拉强度/MPa	弹性模量/GPa	断裂延伸率(%)
杜拉纤维	910	—	5～19	276	3.79	15
丙纶纤维	910	26	5～19	525	3.5	15
改性丙纶纤维	910	30～40	4～12	500～700	9～10	7～9
纤化丙纶	900	—	12～50	500～700	3.5～4.8	20

聚丙烯纤维增强水泥基材有两种不同的方式：连续网片和短切纤维。聚丙烯纤维的主要优点是良好的抗碱性和化学稳定性(它与大多数化学物质无反应)，有较高的熔点，且原材料价格低廉。其不足之处是：

(1) 耐火性差，当温度超过 120℃时，纤维就软化，使聚丙烯纤维增强水泥基复合材料的强度显著下降，因此，用聚丙烯纤维作为水泥基的主要增强材料，要特别注意耐火性能；

(2) 在空气或氧气中光照易老化；

(3) 弹性模量低，一般只有 1～8 GPa；

(4) 具有憎水性而不易被水泥浆浸湿。

但是这些缺点并未阻碍聚丙烯纤维增强水泥基复合材料的发展，因包裹纤维的基体提供了一个保护层，有助于减小对火和其他环境因素的损伤。

2）聚丙烯纤维及混凝土的性能。

纤维加入混凝土(砂浆)中采用常规搅拌设备搅拌，只要适当延长搅拌时间(约 120 s)，纤维束即可彻底分散为纤维单丝，并均匀地分布于砂浆中，而采用强制式搅拌设备可以无需延长搅拌时间。每立方米混凝土掺入 0.7 kg 纤维，纤维丝数量即可达 2000 多万条。

聚丙烯纤维可以通过大量吸收能量，控制水泥基体内部微裂的生成及发展，大幅度提高混凝土抗裂能力及改善抗冲击性能，并能大幅度提高混凝土抗折强度并降低其脆性，同时也提高了混凝土的抗渗能力、抗冻能力，使混凝土耐久性大大增强。

聚丙烯纤维的使用非常方便，根据配合比掺量，将适量纤维(体积掺量

0.05%～0.15%)加入料斗中的骨料一同送入搅拌机加水搅拌即可。在预拌混凝土搅拌站,可直接将整袋纤维置于传送带上的骨料中即可。由于包装纸袋为特制的快速水降解纸制成,进入搅拌机后见水迅速溶融,散于水泥基体中。聚丙烯纤维完全为物理性配筋,同混凝土骨料及外加剂不起任何化学反应,故不需改变混凝土或砂浆的其他配合比,对坍落度影响很小,初凝、终凝时间变化甚微,粘聚性增强,泵送性能可以改善,施工及养护工艺无特殊要求。

3.玻璃纤维混凝土施工

玻璃纤维增强混凝土施工技术的关键是如何使玻璃纤维均匀地分布在混凝土中。因此其施工技术与传统的混凝土施工技术有较大的不同。目前国内外所用的施工技术主要有预拌成型法、压制成型法、注模成型法、直接喷涂法、铺网-喷浆法及缠绕法几种。

1）预拌成型法。

此方法是先将水泥、砂在搅拌机(最好用强制式搅拌机)中干拌均匀,增黏剂溶于少量拌和水中(占总拌和水的1%左右),然后将短切玻璃纤维分散到有增黏剂的水中,再与拌和水同时加入到水泥-砂的混合物中,边加边搅拌,直至均匀。

拌好的混凝土料分层入模并分层捣实,每层厚度不超过25 mm。捣实应采用平板式振动器。表面经抹光覆盖薄膜后养护24 h(养护温度大于或等于10℃),脱模。脱模后再在RH≥90%、温度≥10℃的条件下养护7～8 d即可使用。

2）压制成型法。

压制法是在预拌成型法的基础上,浇筑成型后在模板的一面或两面采用滤膜(如纤维毡、纸毡等)进行真空脱水过滤,以减少已成型混凝土中的水分,而使混凝土的强度提高,而且可以缩短脱模时间。由于真空脱水,因此在搅拌时为增加拌和物的流动性可以适当增加水胶比。

3）注模成型法。

在预拌时适当加大水胶比以提高拌和物的流动度,然后用泵送的方法,浇筑到密闭的模具内成型。此法特别适用于生产一些外形复杂的混凝土构件。

4）直接喷涂法及喷射抽吸法。

直接喷射法是利用专门的施工机械喷射机进行施工的方法。施工时用两个喷嘴,一个喷射短切玻璃纤维,一个喷射拌制好的水泥砂浆,并使喷出的短切纤维与雾化的水泥砂浆在空间混合后溅落到模具内成型。到达一定厚度后,用压辊或振动抹刀压实,再覆盖塑料薄膜,经20 h以上的自然养护(养护温度大于或等于10℃)后脱模。然后在相对湿度RH≥90%的条件下养护7 d左右。如用蒸汽养护,可先带模养护4～6 h后连模置于50℃左右的蒸汽中养护6～8 h,脱模后在相对湿度RH≥90%的环境下养护3～4 d即可使用。其施工工艺流程如

图 6-3 所示。

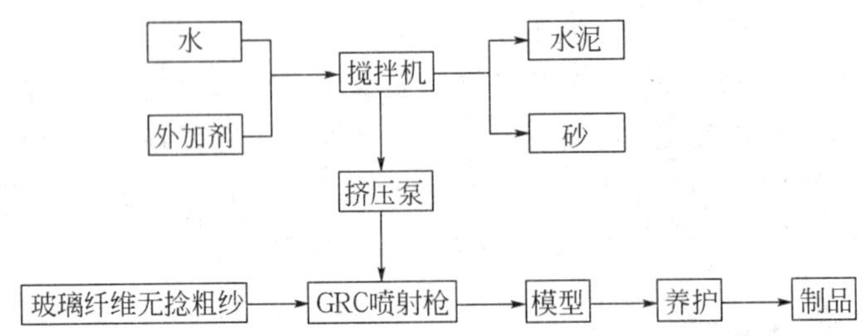

图 6-3　直接喷射法施工工艺流程

直接喷射法所采用的主要机具见表 6-5。

表 6-5　直接喷射法施工主要设备表

机具名称	作　　用	型　　式	主要技术参数
切割喷射机	将玻璃纤维无捻粗纱切成一定长度后喷出,水泥砂浆雾化喷出,并使两者混合	按纤维与水泥砂浆喷射方式可分为双枪式或同心式;按动力类型可分为气动式或电动式	纤维切割长度:22～66 mm 纤维喷射量:100～1000 g/min 砂浆喷射量:2～22 kg
砂浆搅拌机	制备水泥砂浆	强制式	容积:0.1～0.2 m^3
砂浆输送泵	使已制备的水泥砂浆送至切割喷射机的砂浆喷枪内	挤压式或螺旋式	输送能力:1～25 L/min
空气压缩机	喷吹纤维与水泥砂浆,控制切割喷射机的电动机	气冷式	送气量:0.9～1.2m^3/min 气压:0.6～0.7MPa

用直接喷射法时,应使纤维喷枪与砂浆喷枪喷射方向的夹角保持在 28°～32°之间,纤维喷枪的喷嘴与受喷面的距离应为 300～400 mm。

喷射抽吸法是在用直接喷射法成型时,采用可抽真空的模具(模具表面开有许多小孔,并覆以可滤水的毡布)。当喷射到规定厚度后,通过真空抽吸(真空度约 8000 Pa)抽出部分水以降低混凝土的水胶比,达到降低孔隙率、提高强度的目的。真空吸水后,可使拌和料成为具有一定形状的湿坯,用真空吸盘将湿坯吸至另一模具内,再进行模塑成型。此法不仅可提高混凝土的强度,而且可以生产形状较复杂的制品。所用机具除模具与直接喷浆法有区别外,需增加一套真空抽吸装置。

5）铺网-喷浆法

铺网-喷浆法是将一定数量、一定规格的玻璃纤维网格布置于砂浆中制得的一定厚度的玻璃纤维增强混凝土制品。具体施工方法为:先用砂浆喷枪在模具内喷一层砂浆,然后铺一层玻璃纤维网格布;再铺一层砂浆,接着铺第二层玻璃纤维网格布。如此反复喷铺至规定厚度。振压抹平收光(也可采用真空抽吸)。每层砂浆的厚度根据需要在 10～25 mm,养护条件及时间同直接喷射法。

具体施工工艺流程如图 6-4 所示。

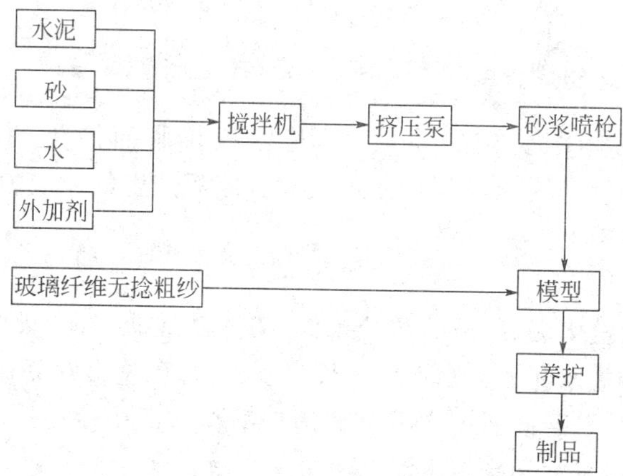

图 6-4　铺网-喷浆法施工工艺流程

6）缠绕法

缠绕法一般用于生玻璃纤维增强混凝土管材制品(如输水管道和空心柱材)。其施工工艺如下。

连续的玻璃纤维无捻纱在配制好的水泥浆浆槽中浸渍,然后按预定的角度和螺距绕在卷筒上,在缠绕过程中将水泥砂浆及短纤维喷在沾满水泥浆的连续玻璃纤维无捻纱上,然后用辊压机碾压。并利用抽吸法除去多余的水泥浆和水。因为缠绕法的纤维体积率很高,可以超过 15%,因此混凝土强度很高。另外,此法很容易实现生产过程自动化。

生产工艺示意图如图 6-5 所示。

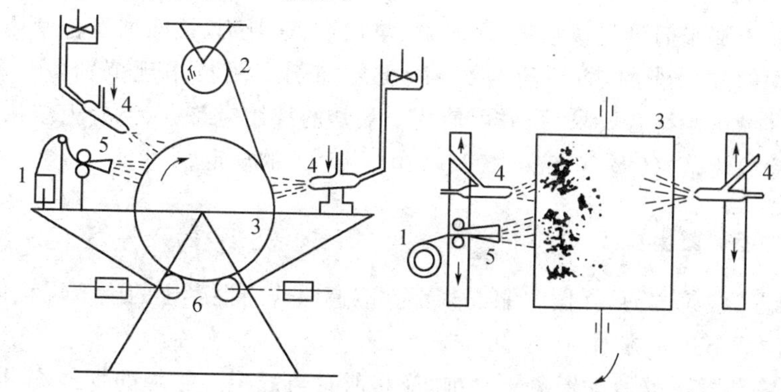

图 6-5　缠绕法生产玻璃纤维管材制品

1—线筒;2—无捻纱;3—缠绕筒;4—水泥浆喷射机;5—切断的纤维喷射机;6—辊压机

如果生产出的管材在未硬化时沿管边纵向切开，也可以生产出板材制品。

五、补偿收缩混凝土施工技术要点

1.补偿收缩混凝土组成材料

当混凝土的体积受到约束时，因其体积膨胀而产生的压应力（0.2～0.7 MPa）全部或大部分补偿了因水泥硬化收缩而产生的拉应力，这种混凝土即称为补偿收缩混凝土。

1）水泥。

可掺入硅酸盐水泥、普通硅酸盐水泥、矿渣硅酸盐水泥、火山灰质硅酸盐水泥及粉煤灰硅酸盐水泥五大水泥中使用，但从工程质量出发更宜加入到32.5号以上硅酸盐水泥、普通硅酸盐水泥和矿渣硅酸盐水泥中使用。不得使用硫铝酸盐水泥、铁铝酸盐水泥和高铝水泥。

2）膨胀剂。

所用膨胀剂应符合混凝土膨胀剂国家标准《混凝土外加剂应用技术规程》（DBJ 01－61－2002）的要求。

3）骨料。

骨料的种类和品质应符合《普通混凝土用砂、石质量及检验方法标准》（JGJ 52－2006）。

4）水。

拌制混凝土宜用饮用水。钢筋混凝土和预应力混凝土均不得用海水和污水拌制。

5）外加剂。

混凝土膨胀剂可与减水剂、缓凝剂、早加剂、速凝剂、抗冻剂复合使用。混凝土中掺用的其他外加剂，应符合《混凝土外加剂应用技术规范》（GB 50119－2003），并经试验符合要求后，方可使用。氯盐的掺用应符合《混凝土结构工程施工质量验收规范》（GB 50204－2002）（2011年版）的规定。

2.补偿收缩混凝土施工

在施工浇筑方面，补偿收缩混凝土除应遵照普通混凝土的施工规程以外，还应特别注意下述几方面：

1）在浇筑补偿收缩混凝土之前，应将所有与混凝土接触的物件充分加以湿润。与老混凝土接触的面，最好先行保湿12～24 h。

2）补偿收缩混凝土拌和物黏稠，无离析和泌水现象，因此，泵送性能很好，宜于泵送施工。由于不泌水，容易产生早期塑性收缩裂缝，因此，必须注意早期养护。拌和之后，如运输和停放时间较长，坍落度损失将引起施工困难，此时，不允许再添加拌和水，以免大大降低强度和膨胀率。补偿收缩混凝土的浇筑温度不宜超过 35℃。

3）补偿收缩混凝土浇筑后的保湿养护十分重要。浇筑后，立即开始养护，养护时间不少于 7 d，以充分供应膨胀过程中需要的水分。养护方法最好是蓄水，亦可洒水和用塑料薄膜覆盖。

4）由于补偿收缩混凝土不泌水，凝结时间较短，所以，抹面和修整的时间可以提早，不宜过晚。此外，在施工过程中，补偿收缩混凝土会产生少量的膨胀，这对模板不会产生危害，因此，不需对模板进行特别设计和处理。

3. 补偿收缩混凝土质量预控与防治措施

以膨胀水泥为胶结料，或在硅酸盐水泥熟料中或高强度等级的硅酸盐水泥中，掺入适量膨胀剂和粗细骨料混合而成的一种混凝土。由于它具有一定的微膨胀特性，能减少、防止和补偿混凝土的收缩，故被称为补偿收缩混凝土。

混凝土的开裂，通常都与混凝土的收缩有关。因此，用补偿收缩混凝土的膨胀来补偿收缩，也就是用膨胀来抵消全部或大部分收缩，就能够避免或大大减轻开裂。此外，补偿收缩混凝土还具有较好的抗渗性能和较高的早期强度。在工业与民用建筑的地下防水工程地下建筑、水池、水塔、水场、机场、接缝、接头、底座、修补堵漏、压力灌浆和混凝土后浇缝等方面得到广泛的应用。

1）坍落度损失大及防治。

(1) 现象。混凝土拌和物出罐后，30～45 min 即明显出现黏稠现象，施工操作困难。

(2) 原因分析。

① 用于配制补偿收缩混凝土的水泥比表面积大。膨胀水泥或掺膨胀剂的硅酸盐水泥熟料(或高强度等级的硅酸盐水泥)，其细度要求较之普通硅酸盐水泥及矾土水泥等要求高，因此混凝土拌和物的需水量，较之相同坍落度的普通水泥混凝土不仅多，而且坍落度损失既快也大。

② 不管是硅酸盐膨胀水泥、铝酸盐膨胀水泥还是明矾石膨胀水泥和硫铝酸盐膨胀水泥，其组分中的石膏含量，普遍较常用水泥中的石膏含量高得多。

③ 膨胀水泥用量大或膨胀剂掺量过多。

④ 施工环境温度过高，混凝土拌和物运输、停留时间过长。

⑤ 混入其他品种水泥。如石膏矾土水泥混凝土拌和物中混入了硅酸盐水泥，混凝土拌和物便会很快失去流动性。

(3) 防治措施。

① 在混凝土配合比设计时,应充分考虑坍落度损失这一因素。其方法是:将混凝土在第一次测定坍落度后的拌和物,立即用湿麻袋覆盖,经过 20 min(相当于 30～40 min 的运输或停放),继续加水重新拌和 2 min,如坍落度符合要求,则前后两次加水量之和就是正式配合比的加水量。据此,对配合比做最后的调整。不允许在拌和后的混凝土拌和物中加水调整坍落度。在操作条件许可的情况下,应尽可能采用较少的加水量,或掺用减水剂来减少需水量。

② 补偿收缩混凝土水泥用量以满足必要的强度和膨胀率(尤其是限制膨胀率)为度,控制在 280～350 kg/m^3 左右为宜。砂率可略低于普通混凝土。

③ 施工环境温度高于 35℃时,应对骨料采取遮阳措施,拌和物在运输途中也应予以覆盖,避免太阳曝晒。

④ 膨胀混凝土应采用机械搅拌,时间不少于 3 min,并应比不掺加外加剂的延长 30s。从搅拌机出料口出料至浇筑完毕的允许时间由试验确定。

⑤ 补偿收缩混凝土的早期养护尤为重要,应由专人负责。湿养护时间一般不得少于 14 d。

⑥ 膨胀水泥在储存、堆放、搅拌、运输以及浇灌等过程中,均不能混入其他品种水泥或其他品种水泥混凝土残留物,以免造成速凝、流动性迅速消失,损害混凝土的物理力学性能。

⑦ 膨胀水泥品种较多,性能各有差异,相互间不可随便替代。如有变更,必须通过试验,重新确定配合比和膨胀剂掺量。

2) 收缩裂纹,强度低及防治。

(1) 现象。混凝土存在表面性、且无规则的细小裂纹、0.1 mm 以下肉眼难见或不可见的微裂缝,强度一般较相同水灰比的普通混凝土为低。

(2) 原因分析。

① 水泥强度等级低,或使用了受潮、结块、过期的水泥。

② 水灰比大,用水量大,造成了膨胀率减少,收缩率增大,或掺用了不合适的缓凝剂。缓凝剂一般都会加大收缩率。

③ 骨料级配不好,和易性差,泥和泥块含量大。

④ 养护不及时或养护湿度不够,时间短,混凝土表面失水过快,甚至脱水。

⑤ 膨胀剂称量有误,加大了使用量。

(3) 防治措施。

① 受潮、结块水泥不得使用。过期水泥需要重新作强度检验,还必须进行膨胀性能(膨胀率)的测定,达到标准要求后方可使用。

② 严格按配合比计量。水泥、膨胀剂称量误差必须严格控制在±2%以内。不得用目测坍落度替代水灰比控制。

③ 掺膨胀剂的膨胀混凝土所用水泥,应符合下列规定:

a. 对硫铝酸钙类膨胀剂(明矾石膨胀剂除外)、氧化钙类膨胀剂,宜采用硅酸盐水泥、普通硅酸盐水泥,如采用其他水泥,应通过试验确定。

b. 明矾石膨胀剂宜采用普通硅酸盐水泥、矿渣硅酸盐水泥,如采用其他水泥,应通过试验确定。

④ 补偿收缩混凝土水泥用量不应少于 300 kg/m^3,水灰比值和配合比由试验确定,不可套用。在满足混凝土和易性要求和施工操作的条件下,用水量宜少不宜多。骨料质量应符合规范规定。

⑤ 缓凝剂尽量不要使用,以防加大收缩率。确定需要使用时,则必须经实验证实能延缓混凝土的初凝时间,并不损害强度和膨胀性能,否则不得使用。使用时称量一定要准确、可靠,误差不得超过±2%。

⑥ 补偿收缩混凝土浇筑后应采取挡风、遮阳或喷雾等措施,防止表面水分蒸发过快,浇灌后 8～12 h,即应用湿草袋覆盖养护,时间不得少于 14 d,自始至终,应使混凝土处于湿润状态。如施工环境温度较高(35℃以上),应对骨料采取遮阳措施。

⑦ 施工环境温度低于 5℃时,应采取保温措施,以利于混凝土强度的正常增长和膨胀效能的正常发挥。

3) 补偿收缩性能不稳定及防治。

(1) 现象。

膨胀率或大或小,波动大;抗渗性能或高或低,不稳定。

(2) 原因分析。

① 水泥、膨胀剂质量不稳定,组成成分或有关组分含量有变化,或水泥过期、受潮、结块,膨胀剂计量不准。

② 水泥中混入了其他品种材料。如石膏矾土膨胀水泥中混入了硅酸盐水泥或石灰,轻则影响补偿收缩混凝土的膨胀性能,重则使混凝土遭受破坏,无法使用。

③ 混凝土搅拌不均匀,养护工作随意性大。

④ 骨料品质匀质性差,级配不好,或多次进场,材质变动大。

⑤ 水灰比控制不严,含水率不测定,配合比不调整,或加水箱失灵,凭目测控制用水量。材料用量比例用体积比替代重量比。

(3) 防治措施。

① 水泥应符合标准的规定和设计要求。受潮、结块水泥不得使用。贮存期超过三个月的膨胀水泥,不仅需要复检强度,还应测试膨胀率,然后才能确定其能否继续使用。

② 膨胀剂的品种应根据工程地质和施工条件进行选择。配合比通过试验确定。所用膨胀剂的技术质量指标应稳定。如石膏、明矾,其纯度应保持一致,

如有变化，则应重新进行膨胀性能和抗压强度的试验，不可套用。

③ 砂石材料的质量应符合规定和要求。为保证材料质量的稳定性和一致性，应尽可能一次性进场。

④ 膨胀水泥和膨胀剂的存放地点，应保持洁净、干燥，防止其他品种水泥或杂物混入。搅拌、运输机具、施工振捣和操作机具上沾上的其他品种水泥浆块或残留物应清除、冲洗干净，防止混入补偿收缩混凝土中，影响质量。

⑤ 补偿收缩混凝土搅拌时间不少于 3 min，并应比不掺外加剂混凝土延长 30 s。其允许的运输和浇筑时间，应根据试验确定。宜采用机械振捣，并必须振捣密实。坍落度在 15 cm 以上的填充用膨胀混凝土，不得使用机械振捣。每个部位必须从一个方向浇筑。

⑥ 混凝土拌和物发生黏稠现象。不利于施工操作时，则应弃之不用，不允许再加水重新拌和。

⑦ 施工环境温度大于 35℃时，水泥和骨料均应采取遮阳措施，防止曝晒；当施工环境温度低于 5℃时，应采取保温措施。

第七部分　预应力混凝土工程

一、先张法预应力施工技术要点

1. 先张法张拉工艺流程

在台座或钢模上预先张拉预应力筋并用夹具临时固定，再浇筑混凝土，待混凝土达到一定强度后，放张并切断构件外预应力筋，这种方法称之为先张法，通常用于生产预制预应力混凝土构件。

先张法工艺流程如图 7-1 所示。

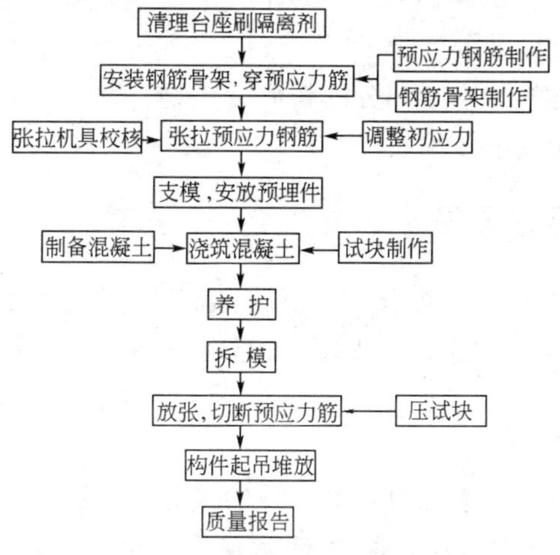

图 7-1　先张法工艺流程

2. 先张法预应力钢筋计算与下料

先张法的预应力筋下料长度计算，应考虑预应力筋钢材品种、夹具形式、焊接接点的压缩及冷拉率、弹性回缩率、张拉伸长值、台座长度、构件长度和构件间的缝隙等各种因素的影响，可采用式(7-1)～式(7-3)计算长线台座分段钢筋的下料(图 7-2)。

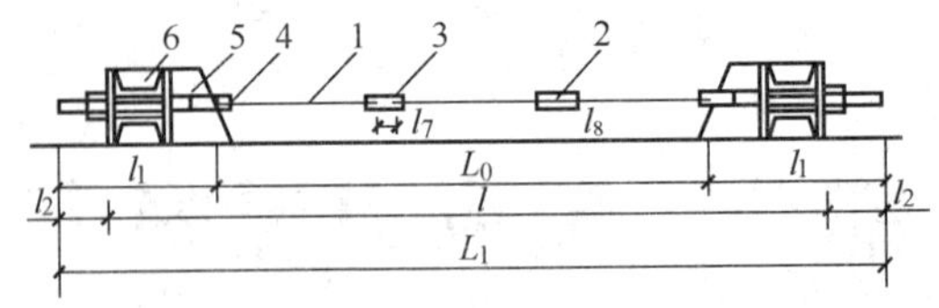

图 7-2 长线台座分段冷拉钢筋下料长度计算示意图

1—分段预应力筋；2—镦头；3—钢筋连接器；
4—螺丝端杆连接器；5—台座承力支架；6—横梁

预应力筋的成品长度：

$$L_1 = l + 2l_2 \tag{7-1}$$

预应力筋钢筋部分成品长度：

$$L_0 = L_1 - 2l_1 - (m-1)l_7 \tag{7-2}$$

预应力筋钢筋部分的下料长度：

$$L = L_0/(1+\gamma-\delta) + nl_0 + 2ml_8 \tag{7-3}$$

式中 m——钢筋分段数；

l_7——钢筋连接器中间部分的长度；

l_8——每个镦头的压缩长度。

3. 先张法预应力筋的张拉程序

张拉程序应按设计要求进行，如无设计规定时可按规范执行。为了避免在钢筋张拉过程中产生的预应力损失，一般都用超张拉方法建立张拉程序。

预应力钢丝由于张拉工作量大，宜采用一次张拉程序，即 $0 \to 1.03 \sim 1.05\sigma_{con}$ 锚固。

其中 1.03～1.05 是考虑弹簧测力计的误差、温度影响、台座横梁或定位板刚度不足、台座长度不符合设计取值、工人操作影响等。

预应力钢筋的张拉程序可采用 $0 \to 1.05\sigma_{con} \xrightarrow{\text{持荷 2 min}} \sigma_{con}$ 锚固，主要减少应力松弛损失。同时根据《混凝土结构工程施工质量验收规范》(GB 50204—2002)(2011 年版)规定，预应力筋的张拉控制应力 σ_{con} 不宜超过给定的数据。

4. 先张法混凝土的浇筑与养护

预应力筋在张拉、绑扎和立模工作完成后，应立即浇筑混凝土，每条生产线应一次浇筑完毕。为保证钢筋与混凝土有较好的黏结，浇筑时振动器不能碰撞钢筋，混凝土未达到一定强度前，也不允许碰撞或踩动钢筋。构件应避开台面的温度缝，如不能避开，可在缝上铺油毡。采用重叠法生产构件，应待下层构件的混凝土强度达到设计强度等级50%后方可浇筑上层混凝土构件。

5. 先张法预应力筋放张与切断

1）预应力筋放张要求。预应力筋放张时，混凝土的强度应符合设计要求；如设计无规定，不应低于强度等级的75%。

放张前，应拆除侧模，使放张时构件能自由收缩，否则将损坏模板或造成构件开裂。对有横肋的构件（如大型屋面板），其横肋断面应有合适的斜度，或采用活动模板，以免放张钢筋时构件端肋开裂。

2）预应力筋放张方法。配筋不多的中小型钢筋混凝土构件，钢丝可用砂轮锯或切断机切断等方法放张。配筋多的钢筋混凝土构件，钢丝应同时放张。如果逐根放张，最后几根钢丝将由于承受过大的拉力而突然断裂，易使构件端部开裂。放张后预应力筋的切断顺序一般由放张端开始，逐一切向另一端。

对热处理钢筋及冷拉HRB500级钢筋，不得用电弧切割，宜用砂轮锯或切断机切断。断量较多时应同时放张，可采用油压千斤顶、砂箱、楔块等装置（图7-3）。

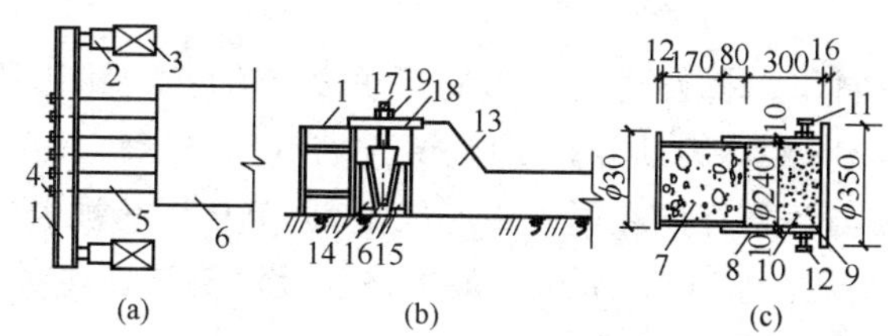

图7-3　预应力筋放张装置

（a）千斤顶放张装置；（b）砂箱放张装置；（c）楔块放张装置

1—横梁；2—千斤顶；3—承力架；4—夹具；5—钢丝；6—构件；7—活塞；8—套箱；9—套箱底板；10—砂；11—进砂口（ϕ25螺丝）；12—出砂口（ϕ16螺丝）；13—台座；14、15—钢固定楔块；16—钢滑动楔块；17—螺杆；18—承力板；19—螺母

6. 先张法放张顺序

对轴心受压构件，所有预应力筋应同时放松。对偏心受压构件，应先同时放松预应力较小区域的预应力筋。如不能满足上述要求时，应分阶段、对称、相互交错进行放松，以防止在放松过程中，构件产生弯曲、裂纹以及预应力筋断裂等现象。

二、后张法无黏结预应力施工技术要点

1.无黏结预应力筋的加工制作

1）无黏结预应力筋切断以书面下料单的长度和数量为依据，应用砂轮锯切断，不得采用电弧切割。

2）下料场地应平整通直，预应力筋下垫钢管或方木上铺编织布。不得将预应力筋生拉硬拽，防止磨损保护套。下料过程中要随时检查预应力筋保护套有无破损，发现轻微破损可采用外包防水聚乙烯胶带进行修补。每圈胶带搭接宽度不应小于胶带宽度的 1/2，缠绕层数不少于 2 层，缠绕长度应超过破损长度 30 mm，严重破损的切除不用。切割完的预应力筋按使用部位逐一编码，贴上标签，注明长度及代码并码放整齐。下料宜与工程进度相协调，数量不宜太多。

3）预应力筋不允许有死弯，见死弯必须切断。成形中每根钢绞线应为通长。

4）挤压锚的制作。剥去预应力筋的保护套，套上弹簧圈，其端头与预应力筋齐平，套上挤压套，预应力筋外露 10 mm 左右利用挤压机挤压成形。挤压时，预应力筋、挤压模与活塞杆应在同一中心线上，以免挤压套被卡住。挤压后预应力筋外端应露出挤压套筒 1～5 mm。每次挤压后清理挤压模并涂抹石墨油膏。挤压模直径磨损 0.3 mm 时应更换。

5）预紧垫板连体式固定端夹片锚具的制作：先用专用紧楔器以 0.75 倍预应力筋张拉力的顶紧力使夹片预紧，之后在夹片及无黏结预应力筋端头外露部分应涂专用防腐油脂或环氧树脂，并安装带螺母外盖。

2.布设无黏结预应力筋

1）无黏结预应力筋铺放之前，应及时检查其规格尺寸和数量，逐根检查并确认其端部组装配件可靠无误后，方可在工程中使用。

2）预应力筋定位。梁结构可用支撑钢筋定位，板结构用钢筋焊成马凳定位。无黏结筋与定位筋之间用绑扎丝绑扎牢固。

3）定位支撑。用于支撑平板中单根无黏结预应力筋的支撑钢筋，间距不宜大于 2.0 m；对于支撑 2～4 根无黏结预应力筋集束，支撑钢筋直径不宜小于 10 mm，间距不宜大于 1.0 m；对于 5 根或更多的预应力筋集束，支撑钢筋直径不宜小于 12 mm，支撑间距亦不宜大于 1.0 m。支撑钢筋可采用 HPB 235 级钢筋或 HRB 335 级钢筋。预应力筋竖向、环向或螺旋形铺放时所设定位筋的直径

及间距可按上述条件设置，并有定位支架控制位置。

4）双向无黏结筋布置，可按矢高关系编出布束交叉点平面图，比较各交叉点的矢高，对各交叉点标高较低的无黏结预应力筋应先进行铺放，标高较高的次之，应避免两个方向的无黏结预应力筋相互穿插。

5）集束配置多根无黏结预应力筋时，各根筋应保持平行走向，防止相互扭绞；束之间的水平净间距不宜小于 50 mm，束至构件边缘的净间距不宜小于 40 mm。

6）当采用多根无黏结预应力筋平行带状布束时，每束不宜超过 5 根无黏结预应力筋，并应采取可靠的支撑固定措施，保证同束中各根无黏结预应力筋具有相同的矢高；带状束在固定端平顺地张开。

7）铺设的各种管线及非预应力筋应避让预应力筋，不应将预应力筋的垂直位置抬高或压低。

8）平板结构的开洞避让。板内无黏结预应力筋可分两侧绕开开洞处铺放，无黏结预应力筋距洞口不宜小于 150 mm，水平偏移的曲率半径不小于 6.5 m。

9）预应力筋穿束完成后，应对保护套进行检查，如有破损进行修补。

3.张拉端和固定端安装固定

1）夹片锚具系统张拉端安装固定。

(1) 张拉端端模留孔：在端模外侧按施工图中规定的无黏结预应力筋的位置编号和钻孔。

(2) 夹片锚具凸出混凝土表面时，锚具下的承压板应用钉子或螺栓固定在端部模板上；夹片锚具凹进混凝土表面时，采用“穴模”构造，承压板与端模间安放塑料穴模，穴模高度宜为锚具高度加 60 mm(圆套筒式夹片锚具)，承压板、穴模、端模三者必须紧贴，应保证张拉油缸与承压板相互垂直。同时浇筑混凝土前，在锚垫板内侧位置将预应力筋保护套割断，张拉时再将其抽出。

(3) 张拉端单根预应力筋的间距不小于图纸规定，且需满足千斤顶施工空间要求。

(4) 无黏结预应力曲线筋或折线筋末端的切线应与承压板相垂直，曲线段的起始点至张拉锚固点应有不小于 300 mm 的直线段；单根无黏结预应力筋要求的最小曲率半径对 ϕ^s12.7 mm 和 ϕ^s15.2 mm 钢绞线分别不宜小于 1.5 m 和 2.0 m。

(5) 张拉端应按设计要求设置锚下螺旋筋或网片筋增加混凝土局部抗压强度。

2）夹片锚具系统固定端的安装固定。

(1) 将组装好的固定端锚具按设计要求的位置绑扎牢固，内埋式固定端垫板不得重叠，锚具与垫板应紧贴。

(2) 固定端锚具布置宜前后纵向错开，不小于 100 mm，以降低混凝土局部压应力。

(3) 固定端按设计要求设置锚下螺旋筋，并绑扎牢固。

4. 预应力体系检查

无黏结预应力筋铺放、安装完毕后，施工单位会同监理单位进行隐蔽工程验收，合格后方可浇筑混凝土。

5. 预应力筋张拉

1) 张拉准备。

(1) 张拉前应将板端面清理干净，剥去外露钢绞线的外包塑料保护套，对锚具逐个进行检查，严禁使用锈蚀锚具。高空张拉预应力筋时，应搭设可靠的操作平台，并装有防护栏杆。当张拉操作面受限制时，可采用变角张拉装置进行变角张拉。

(2) 检查预应力筋轴线应与承压板垂直。承压板外表面无积灰，并检查承压板后混凝土质量。

(3) 检查油路、电路，设备试运转。

(4) 核查实用千斤顶和配套油压表编号应与计量标定报告相符，无计量失效情况，并给出正确的张拉油表读数。

(5) 锚具安装。对于夹片锚应注意工作锚环或锚板对中，夹片均匀打紧并外露一致。

(6) 千斤顶安装。对直线的无黏结预应力筋，应使张拉力的作用线与无黏结预应力筋中心线重合；对曲线的无黏结预应力筋，应使张拉力的作用线与无黏结预应力筋中心线末端的切线重合。做到预应力中心、锚具中心、千斤顶轴心"三心一线"。

(7) 工具锚的夹片，应注意保持清洁和良好的润滑状态。新的工具锚夹片第一次使用前，应在夹片背面涂上润滑剂，以后每使用 5～10 次，应将工具锚上的挡板连同夹片一同卸下，向锚板的锥形孔中重新涂上一层润滑剂，以防夹片在退楔时卡住。

2) 张拉操作及要求。

(1) 无黏结预应力筋的张拉顺序应符合设计要求，如设计无要求时，采用分批、分阶段对称张拉或依次张拉。

(2) 为减少后张预应力筋松弛损失，可采用超张拉法，但最大张拉应力不得超过预应力筋抗拉强度的 80%。

(3) 预应力筋的张拉操作程序,应按设计规定进行,当设计无具体要求时可采取:0→初始张拉力 N_0(测量记录预应力筋拉出长度 Δl_0)→100%张拉控制力(测量记录预应力筋拉出长度 Δl_1)→103%张拉控制力(测量记录预应力筋拉出长度 Δl_2)→锚固(核对伸长值)。

(4) 预应力筋规定为两端张拉时,宜在两端同时张拉,也可一端先张拉并锚固后,再在另一端张拉锚固。补拉时应先观察工作夹片是否张开,没有张开说明补拉无效。

(5) 多跨超长预应力筋设计规定需分段张拉时,可使用开口式双缸千斤顶,或用连接器分段张拉。

(6) 无黏结预应力筋张拉过程中,当有个别钢丝发生滑脱或断裂时,可相应降低张拉力。

(7) 在张拉过程中,随时注意是否千斤顶有漏油、油压表无压时指针不归零等异常情况,此时即认为计量失效。多束相对伸长超限或预应力筋发现缩颈、破坏时,亦应考虑计量失效的可能性。

(8) 预应力筋的锚固。当采用夹片锚锚固时宜对夹片施加张拉力 10%~20%的顶压力。预应力筋回缩值不得大于 5 mm。若采用夹片限位板,可不对夹片顶压,但预应力筋回缩值不大于6~8 mm。

(9) 预应力筋锚固后的检查。夹片外露应基本平齐。

(10) 张拉时认真填写张拉记录。

(11) 预应力筋张拉完毕,伸长值符合规范要求,经检验合格后,切除锚具外多余预应力筋。预应力筋切断后,其露出锚具夹片外的预应力筋长度不宜小于30 mm,宜用砂轮锯或液压剪切断,不宜采用氧炔切割,严禁采用电弧切割。

6.封锚防护

预应力筋张拉完毕后,要及时对锚固区进行保护。

1) 当锚具采用凹进混凝土表面布置时,在夹片及无黏结预应力筋端头外露部分应涂专用防腐油脂或环氧树脂,并罩帽盖进行封闭,该防护帽与锚具应可靠连接;然后应采用后浇微膨胀混凝土或专用密封砂浆进行封闭。

2) 锚固区也可用后浇的外包钢筋混凝土圈梁进行封闭,但外包圈梁不宜突出在外墙面以外。当锚具凸出混凝土表面布置时,锚具的混凝土保护层厚度不应小于 50 mm。外露预应力筋的混凝土保护层厚度要求:处于一类室内正常环境时,不应小于 30 mm;处于二类、三类易受腐蚀环境时,不应小于 50 mm。

对不能使用混凝土或砂浆包裹层的部位,应对无黏结预应力筋的锚具全部涂以与无黏结预应力筋涂料层相同的防腐油脂,并用具有可靠防腐和防火性能的保护罩将锚具全部密封。

3）对处于二类、三类环境条件下的无黏结预应力锚固系统，应采用连续封闭的防腐蚀体系，并符合下列规定：

(1) 锚固端应为预应力钢材提供全封闭防水设计。

(2) 无黏结预应力筋与锚具部件的连接及其他部件的连接，应采用封闭装置或采取封闭措施，使无黏结预应力锚固系统处于全封闭状态。

(3) 连接部位在 10 kPa 静水压力(约 1.0 m 水头)下应保持不透水。

(4) 如设计对无黏结预应力筋与锚具系统有电绝缘防腐蚀要求，可采用塑料等绝缘材料对锚具系统进行表面处理，以形成整体电绝缘。

三、后张法有黏结预应力施工技术要点

1.金属螺旋管铺设固定

1）金属螺旋管应根据设计要求的线型固定，采用 500～1000 mm 间距的井字形钢筋托架或吊架定位，该托架或吊架均应与构件的非预应力钢筋固定牢靠。

2）对连续结构中的多波曲线束，且高差较大时，应分别在曲线的每个峰顶和峰谷处设置排气孔；对于较长的直线孔道，应每隔 12～15 m 左右设置排气孔。

3）金属螺旋管的连接可采用大一号的同型金属螺旋管，管径为 $\phi40$～$\phi65$ 时接头管的长度取 200 mm；$\phi70$～$\phi85$ 时取 250 mm；$\phi90$～$\phi100$ 时取 300 mm。接口区两端用密封胶带封口。

4）张拉端喇叭管应按设计要求与构件的非预应力筋固定或与模板固定。

5）金属螺旋管与张拉端喇叭管的连接有两种做法：一是将金属螺旋管穿入张拉端喇叭管孔道内，可以伸到喇叭管张拉端面，用密封胶带将金属螺旋管和喇叭管间隙缠绕密封；另一种是金属螺旋管不伸入喇叭管孔道内，将金属螺旋管套入喇叭管末端，然后用密封胶带将金属螺旋管和喇叭管间隙缠绕密封。

6）金属螺旋管铺设可自一端穿入依次连接，亦可从两端穿入中间连接，穿入过程中应尽量避免反复弯曲，以防管壁开裂，同时还应防止电焊火花烧伤管壁。

2.预应力筋下料加工

1）钢丝下料与编束。

(1) 下料场地宜垫方木或铺设编织布，场地不得有积水和油污等杂物。

(2) 钢丝下料应用圆盘砂轮切割锯切割，不得采用电弧切割；切口应平整。

(3) 钢丝下料可用钢管限位法或用牵引机在拉紧状态下进行。

(4) 钢丝束两端钢丝的排列顺序一致，每束钢丝都必须进行编号编束。编

束方法按所用锚具形式具体确定。

2）钢丝镦头。

（1）Φ^S5 钢丝的镦头，采用 LD10 型钢丝冷镦器；Φ^S7 钢丝的镦头，采用 LD20 型钢丝冷镦器。

（2）钢丝镦头前先进行试镦，待镦头外观外形稳定良好后抽取 6 个镦头试件做强度试验合格后，再进行批量生产。

（3）镦头外形要求头形圆整、不偏歪。镦头过程中目测镦头外形不良者，应随时切除重镦。

（4）镦头不允许出现纵向贯通延伸至母材的镦头裂缝，或将镦头分为两半或水平裂缝；亦不允许出现因镦头夹片造成的钢丝显著刻痕。

3）钢绞线下料与编束。

（1）钢绞线下料场地与钢丝下料场地要求相同，不得在混凝土地面上生拉硬拽。

（2）钢绞线下料时，应将钢绞线盘卷装在放线架内，宜从盘卷中央逐步抽出。

（3）钢绞线下料宜用圆盘砂轮切割机切割，不得采用电弧切割。

（4）钢绞线的编束应先将钢绞线理顺，再用 20 号铁丝绑扎，间距 1～1.5 m，并尽量使各根钢绞线松紧一致。

（5）如钢绞线单根穿入孔道，则可不进行编束，但应在每根筋上贴注标签，表明长度和编号。

4）P 型锚固定端制作。

（1）将弹簧圈套在钢绞线然后推入挤压模，将挤压套套入钢绞线，端部钢绞线外露 10 mm。

（2）开动挤压机油泵，使挤压机挤顶杆顶压挤压套，强力使之通过挤压模缩径成形。

（3）每次挤压后都应将顶杆内槽和挤压模内腔清理一次，开将挤压模内腔涂以黄油或石墨油膏。

（4）当挤压成形后的外径比新装挤压模挤成挤压锚的外径大 0.3 mm，或挤压成形的挤压锚出现肉眼可见的弯曲时，应更换新的挤压模。

（5）当挤压成形的挤压锚不满足要求时，应将其切断废弃重新挤压。

5）H 形锚固定端制作。

（1）将钢绞线伸入压花机，端头顶入压花机顶杆内槽。

（2）将压花机的夹具夹紧钢绞线，使钢绞线前后固定。

（3）启动压花机油泵，使压花机挤压顶杆强力顶推钢绞线。

（4）将压花机顶杆顶推到位并将钢绞线端头压成梨形散花头。

3.预应力筋穿束

预应力筋穿束一般分先穿法和后穿法。

1）先穿束法是在浇筑混凝土之前穿束。穿束前金属螺旋管应铺设固定完毕，穿束时，应注意不得随意移动金属螺旋管的位置；如有移动，穿束完成后应及时恢复。

2）先穿钢绞线宜采取防止锈蚀的措施。

3）后穿束法是在浇筑混凝土之后穿束。穿束前应检查预留孔道是否通畅，如孔道有杂物、积水、积冰等应彻底清除；同时，应检查预应力筋的规格、长度、编号是否与孔道对应相符。

4）钢丝束应整束穿，钢绞线宜采用整束穿，也可用单根穿。穿束工作可由人工、卷扬机和穿束机进行。整束穿时，束的前端应装有特制牵引头或穿束网套；单根穿时，钢绞线前头套上一个子弹头形的帽壳。

5）预应力筋穿束完成后，应对金属螺旋管进行检查，如有破损的地方应进行修补。

4.排气孔(兼泌水孔)设置

在金属螺旋管上开洞，然后将带嘴塑料弧形压盖板用钢丝同管子绑在一起，再用塑料管插在嘴上，将其引出构件顶面，并应高出混凝土顶面不小于 300 mm。压盖板与金属螺旋管之间垫海绵垫片，压盖板的周边宜用密封胶带缠绕封严。对于曲线形孔道，宜在每个波峰设置排气孔(兼泌水孔)。

5.预应力筋张拉

1）张拉设备及机具应配套使用，张拉前应对各种张拉设备机具及仪表进行校核和标定，并给出正确的张拉油表读数。

2）安装张拉设备及机具时，对直线预应力筋，应使张拉力的作用线与孔道中心线重合；对曲线预应力筋，应使张拉力的作用线与孔道中心线末端的切线重合，做到孔道、锚环与千斤顶三对中。

3）高空张拉预应力筋时，应搭设可靠的操作平台。张拉操作台应能承受操作人员与张拉设备的重量，并装有防护栏杆。为了减轻操作平台的负荷，张拉设备应尽量移至靠近的楼板上，无关人员不得停留在操作平台上。当张拉操作面受限制时，可采用变角张拉装置进行变角张拉。

4）对安装锚具的要求，应根据预应力筋张拉锚固体系不同分别要求如下：

(1) 钢丝束镦头锚具体系：由于穿束关系，其中一端锚具要后装并进行镦头。配套的工具式拉杆与连接套筒应事先准备好。此外，还应检查千斤顶的撑脚是否适用。

(2) 钢绞线束夹片锚固体系：安装锚具时应注意工作锚环或锚板对中，夹片均匀打紧并外露一致；千斤顶上的工具锚孔位与构件端部工作锚的孔位排列要一致，以防钢绞线在千斤顶穿心孔内交叉，如图 7-4 所示。

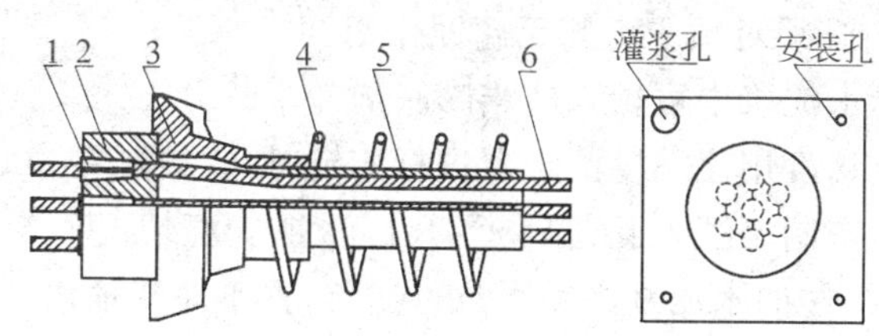

图 7-4　张拉端锚固体系构造图

1—夹片；2—锚板；3—锚垫板；4—螺旋筋；5—波纹管；6—钢绞线

5) 工具锚的夹片，应注意保持清洁和良好的润滑状态。新的工具锚夹片第一次使用前，应在夹片背面涂上润滑剂，以后每使用 5～10 次，应将工具锚上的挡板连同夹片一同卸下，向锚板的锥形孔中重新涂上一层润滑剂。

6) 张拉要求。

(1) 按照设计单位提供的张拉控制应力、张拉方法和张拉顺序进行张拉。当设计无具体要求时，可采取分批、分阶段对称张拉，同时还应考虑到尽量减少张拉设备的移动次数。

(2) 采用超张拉法时，张拉最大应力不得大于预应力筋抗拉强度的 80%。

(3) 张拉操作程序，应按设计规定进行，当设计无具体要求时可采取：0→初始张拉力 N_0→103%σ_{con}→锚固(对低松弛预应力钢绞线)，或 0→初始张拉力 N_0→105%σ_{con}持荷 2 min→σ_{con}→锚固(对普通松弛预应力钢绞线)。N_0 为测量伸长值起点，取值可为(10%～20%)σ_{con}，张拉要分级加载，每级加载均应量测伸长值，并绘制应力和伸长值的关系曲线，确定伸长值的起始点及实际伸长值。

(4) 多根钢绞线束夹片锚固体系遇到个别钢绞线滑移，可更换夹片，用小型千斤顶单根张拉。

(5) 实际伸长值超出允许偏差范围时，应暂停张拉，在采取措施予以调整后，方可继续张拉。

7) 张拉时应填写张拉现场记录。

8) 锚具端头封堵：预应力筋张拉完成并经检验合格后，可对外露锚头多余的预应力筋进行切割，外留长度不宜小于预应力筋直径的 1.5 倍，且不应小于 30 mm，然后用水泥浆封堵锚头。

6.水泥浆制备

1）灌浆一般采用水泥浆，空隙大的孔道，水泥浆中可掺入适量的细砂。配制的水泥浆或砂浆其强度均不应低于 30 MPa。

2）水灰比一般宜采用 0.4～0.45，掺入适量减水剂时，水灰比可减少到 0.35；水及减水剂必须对预应力筋无腐蚀作用。

3）通过试验水泥浆中可掺入适当膨胀剂。

4）水泥浆流动度用流动度测定器进行测定时，宜控制在 200 mm 以上。

5）水泥浆自调制至灌入孔道的延续时间，视气温情况而定，一般不宜超过 30～45 min。搅拌好的水泥浆必须通过过滤器，置于储浆桶内，在使用前和压注过程中应经常搅动，以防泌水沉淀。

7.孔道灌浆

1）灌浆前，首先要进行机具准备和试车。对孔道应冲洗洁净、湿润，如有积水应用气泵排除。

2）灌浆时宜先灌注下层孔道，后灌注上层孔道。灌浆工作应缓慢均匀地进行，不得中断，并应排气通顺。

3）灌浆压力可取为 0.4～1.0 MPa。孔道较长或输浆管较长时压力宜大些，反之，可小些。

4）灌浆进行到排气孔冒出浓浆时，即可堵塞此处的排气孔，再继续加压至 0.5～0.6 MPa，保持 1～2 min 后封闭灌浆孔。

5）灌浆时，对比较集中和邻近的孔道，宜尽量连续灌浆完成，以免串到邻孔的水泥浆凝固、堵塞孔道。不能连续灌浆时，后灌浆的孔道应在灌浆前用压力水冲洗通畅。

6）灌浆后应从排气孔抽查灌浆的密实情况，如有不实，应及时处理。灌浆时，每一工作班应留取不少于一组边长为 70.7 mm 立方体试件，标准养护 28 d，检验其抗压强度作为水泥浆质量的评定依据。

7）孔道灌浆应填写施工记录。

8.封锚

灌浆完成后，及时对锚具进行防护处理或浇筑封锚混凝土，封锚混凝土应加强养护。

四、预应力混凝土屋架施工技术要点

1.施工准备

1）材料设备准备场地平整夯实；制作或整修模板，模板内涂润滑剂；锚具准备及制作；检验张拉机具。

2）地模准备预应力屋架一般采用卧式重叠法生产，重叠不超过3～4层。在铺屋架底模之前，应认真布置预制平面，绘出屋架平面布置图。地胎模应按照施工平面图布置，不仅应满足屋架翻身扶正就位和吊装的要求，还要在每根屋架地胎模之间留有一定的距离并互相错位，以满足预应力屋架抽管、穿筋和张拉的要求。隔离剂应选用非油质类隔离剂。

3）平面布置要求。

（1）满足构件吊装顺序的要求，按照确定的吊装方法、吊装路线，安排好屋架起模后临时就位的位置及排列顺序，再布置屋架的预制平面，要便于屋架起模后就位，尽量避免或减少屋架倒运。

（2）保证运输道路及起重机运行路线畅通。

（3）满足构件制作各工序的场地需要，如混凝土运输、堆放及上料，芯管的安装与抽拔，预应力筋穿束及张拉等。

（4）厂房采用敞开法施工时，应尽量避免一榀屋架的一部分布置在设备基础上，另一部分布置在地基上，以避免屋架块体发生裂缝。

（5）预制场地应平整夯实，利于排水。

2.绑扎钢筋

预应力屋架的钢筋骨架可在隔离剂已干燥的地胎模上绑扎成形。绑扎方法与普通钢筋混凝土屋架的钢筋骨架绑扎相似，但绑扎时应同时预留孔道并固定芯管。

3.预留孔道

1）孔道形状。

预应力钢筋的孔道形状有直线、曲线和折线三种。孔道直径取决于预应力筋和锚具，对于粗钢筋，孔道直径应比预应力筋外径、钢筋对焊接头外径大10～15 mm；对于钢丝或钢绞线，孔道的直径应比预应力束外径或锚具外径大5～10 mm，且孔道面积应大于预应力筋面积的两倍。凡需要起拱的构件，预留孔道宜随构件同时起拱。

2）留孔方法。

预应力筋的孔道可采用钢管抽芯法、胶管抽芯法和预埋波纹管等方法成形。

3）留孔要求。

对孔道成形的基本要求是：孔道的尺寸与位置应正确，孔道应平顺，端部预埋件钢板应垂直孔道中心线等。孔道成形的质量，对孔道摩阻损失的影响较大。

屋架下弦预留直线孔道通常采用钢管抽芯法。在钢筋骨架绑扎过程中，预埋芯管可用 ϕ6～ϕ8 mm 钢筋焊接成井字网片与骨架绑扎连接，将芯管（钢管、胶管或波纹管）放在网片井字中央。井字架的最大间距：当芯管为钢管时，其间距为 1 m，波纹管间距为 0.8 m，胶管间距为 0.5 m。预留孔道芯管的直径，应比预应力筋大 15 mm。每根钢管长度最好不超过 15 m，较长构件可用两根钢管，两根钢管接头处可用 0.5 mm 厚铁皮做成的套管连接，套管内表面要与钢管外表面紧密结合，以防漏浆堵塞孔道。抽芯的钢管表面必须圆滑、顺直，不得有伤痕及凸凹印，预埋前应除锈，刷脱模剂。如用弯曲的钢管，转动时会沿孔道方向产生裂缝，甚至塌陷。钢管安放时，两端应伸出构件 500 mm 左右，并在端部留有方向互相垂直的耳环或小孔，以便插入钢筋转动和抽拔钢管。

由于屋架要求起拱，直线孔道在屋架下弦中间形成弯折，芯管通常做成两节，接头在中间弯折处并在弯折处内装短套管一个，固定在一节管端，如图 7-5(a)所示。芯管位置必须摆正，并通过沿长度方向隔一定距离布置的井字形钢筋网格加以固定，以防混凝土浇捣过程中芯管产生挠曲或位移。

若屋架跨度超过 15 m，应对称设置两根芯管，分别从两端抽出。中部用白铁套管连接，如图 7-5(b)所示。

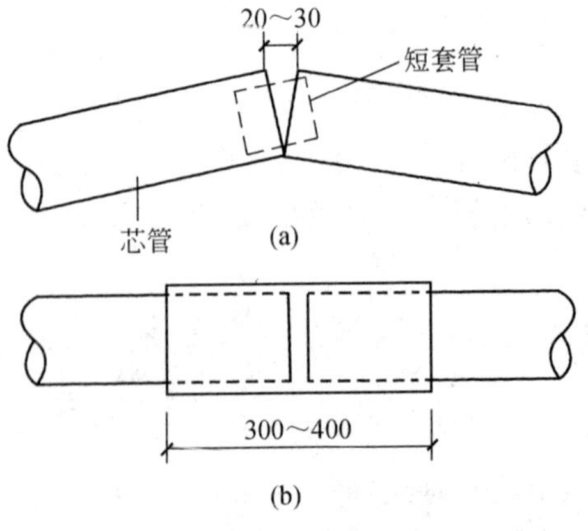

图 7-5　芯管连接

(a)芯管连接；(b)套管连接

4. 侧模安装

侧模可采用木模板。应按要求留置灌浆孔及排气孔。灌浆孔直径不宜小于25 mm，其间距对金属螺旋管不宜大于30 m，对抽芯成形孔道不宜大于12 m。可在屋架下弦模板一侧用木塞或短钢筋留设灌浆孔。排气孔应高于灌浆孔，直径8～10 mm，在下弦模板一侧用短钢筋预留。

浇筑前，应按图样规定留置灌浆孔、排气孔、泌水孔等；如图样无规定，按施工需要留置。灌浆孔直径不宜小于25 mm，宜设在下方；如有多个时，间距应小于12 m；排气孔、泌水孔等的直径为8～10 mm，应设在上方，并高于灌浆孔。

在混凝土浇筑后随即把木塞或短钢筋活动一下，看是否顶着孔道芯管。待抽出芯管后，再把木塞或短钢筋拔出，这样可保证灌浆孔和排气孔与孔道连接畅通。

屋架上弦铁件要求位置准确，与上弦表面相平。屋架两端的锚固铁板面与孔道中线应垂直并能保证浇筑时不被移动，以免张拉时螺栓端杆弯曲，不能拧紧螺母，影响屋架的受力性能，或屋架难于安装。

5. 浇筑混凝土

1）材料制备屋架混凝土宜采用普通硅酸盐水泥或硅酸盐水泥与中砂、碎石配制，每立方米的水泥用量不宜大于450 kg。混凝土应饱满密实。

2）浇筑要求：端部平正对弦杆厚度小于350 mm时，可一次浇筑全厚度；对厚度大于350 mm的超厚杆件或埋设两排以上预留孔道芯管时应分层浇筑，其上下层的前后距离宜在3～4 m以内；屋架应一次浇筑完毕，不宜留施工缝。

3）浇筑顺序：屋架混凝土浇筑顺序应视气温情况而定。气温高时，宜从屋架上弦中间节点开始浇筑，分别向两端进行，最后在下弦中间节点会合。这样可以使下弦混凝土凝结时间基本一致，有利于抽芯管。气温较低时，宜从屋架下弦中间节点开始分头向两端浇筑，最后在上弦中间节点会合。

4）浇筑时注意事项。

(1) 屋架叠层预制时，应事先计算好上下层腹杆之间的垫木厚度，确保腹杆安装时位置准确。

(2) 屋架端部预埋件的宽度宜比设计尺寸小2～3 mm，以避免叠层预制时块体超厚，或造成屋架端部中心偏离屋架平面。下弦非预应力纵向钢筋应与承压钢板塞孔焊。

(3) 腹杆钢筋伸入下弦节点的部分要适当弯折，在孔道中间穿过，不得影响芯管的转动与抽拔。尤其是端拉杆纵向筋较多，必须控制好其端部形状。可先加工样筋，在已安装好下弦杆的节点处反复试穿调整，再正式成形。

(4) 铺设屋架底模时,要按设计要求起拱。起拱时应注意层架上弦应同时向上抬,即保证屋架杆件尺寸不能减小。

(5) 端节点的钢筋网片必须按设计的数量与位置安装固定好。

(6) 浇筑混凝土时,禁止碰撞芯管及芯管支架,节点处尤其是弦端节点应仔细振捣,确保混凝土密实。

(7) 按时转动芯管,掌握好拔管时间,防止坍孔或拔不出管。由于屋架用的芯管较长,抽拔时应注意保持芯管端平,避免外部下垂而影响拔管或造成坍孔。

6. 抽芯管

在混凝土浇筑后每隔 10～15 min 应将芯管转动一周,以免混凝土凝结硬化后芯管抽不动;转动时如发现表面混凝土产生裂纹,应立即用抹子搓动压平消除。

1) 抽管时间。

应在混凝土初凝后终凝前用手指轻按表面而没有指纹时开始抽芯管。抽管时间主要与环境温度、水泥品种、有无掺外加剂和混凝土强度有关,过早会引起管壁坍落,过迟则会使混凝土与芯管粘住抽拔困难,甚至抽不出来,要恰当掌握。在一般情况下,当环境温度大于 30℃时,应在混凝土浇筑 3 h 后抽芯管;30～20℃时,3～5 h 后抽管;20～10℃时,可在 5～8 h 后抽管;当环境温度小于 10℃时,应在浇筑混凝土 8～12 h 以后抽管。

2) 抽管顺序先将芯管内气压放空,或将填充芯管的金属丝抽出。抽管应先上后下地进行,可用手摇绞车或慢动电动卷扬机抽拔;如用人工抽拔,抽管时应边转边抽,速度均匀,并与孔道保持在一直线上,每组 4～6 人;在抽管端设置可调整高度的转向滑轮架,使管道方向与抽拔方向同在一条直线上,保护管道口的完整。

抽管后,应及时检查孔道情况,并做好孔道清理工作,以防止以后穿筋困难。

7. 养护拆模

1) 混凝土养护一般规定应在浇筑完毕后的 12 h 对混凝土加以覆盖和浇水。在已浇筑的混凝土强度未达到 1.2 MPa 以前,不得在其上踩踏或安装模板及支架。

2) 开始养护时间初凝后可以覆盖,终凝后开始浇水。

3) 浇水次数 浇水次数以保持覆盖物(草包)湿润状态为准。

4) 养护强度要求 混凝土养护应保证强度增长保证设计强度的 100%。

5) 侧模拆除要求 侧模在混凝土强度能保证构件不变形、棱角完整、无裂缝时方可拆除。一般在强度大于 12 MPa 方可拆除。

8. 清理孔道

抽管时如发生孔道壁混凝土坍落现象，可待混凝土达到足够强度后，将其凿通，清除残渣，以不妨碍穿筋。

抽芯后应检查孔道有无堵塞，可用强光电筒照射，或用小口径胶(铁)管试穿。如果堵塞，应及时清理。清理孔道可采用清孔器将孔道拉通。清孔器与插入式振动器相似，但软轮较长，振动棒改为螺旋钻头。

9. 穿筋、张拉

1）张拉前准备。

穿筋前预应力筋端部螺纹必须用薄膜、布、水泥纸袋等用铁丝缠绕在螺栓端杆上保护螺纹，方可穿入。张拉前除应检查屋架几何尺寸、混凝土浇筑质量和强度、预应力钢筋的品种、规格、长度和有关焊接冷拉及力学性能报告等是否符合设计要求外，还应检查锚夹具的质量标准和外观质量，若有裂缝、弯形或损伤情况应更换。表面油污和脏物应用汽油或煤油擦拭干净。张拉设备(油压千斤顶、高压油泵和油压表)应配套进行检验。

2）预应力筋张拉时混凝土的强度要求。

预应力筋张拉或放张时，混凝土强度必须达到混凝土设计强度的75%，并以现场养护混凝土试块试压强度为准。

3）张拉程序张拉程序采用 $0 \rightarrow 1.05\sigma_{con}$（持荷 2～3 min）$\rightarrow \sigma_{con}$；或 $0 \rightarrow 1.03\sigma_{con}$。

4）张拉方法为减少预应力筋与预留孔壁摩擦而引起的预应力损失，对于抽芯成形孔道，曲线预应力筋和直线预应力筋长度小于或等于 24 m 的屋架，可在一端张拉，但宜将张拉组数错开，左右两端各张拉 50%；长度超过 24 m 的屋架，应采用两端同时张拉，张拉后宜先在一端锚固，在另一端补足张拉力后再进行锚固，以减少预应力损失。若逐根张拉钢筋时，应先张拉靠近重心处的预应力筋，并逐步地向外、对称地进行。

5）张拉顺序对平卧重叠浇筑的构件，按构件叠层次序，先上后下逐层进行张拉。

10. 孔道灌浆

预应力筋张拉后，即可进行孔道灌浆。采用电热张拉的，应在钢筋冷却后进行孔道灌浆。用连接器连接的多跨度连续预应力筋的孔道灌浆，应张拉完一跨随即灌注一跨，不应在各跨全部张拉完毕后，一次连续灌浆。灌浆程序应是先下后上，以免上层孔道漏浆而堵塞下层孔道。

1）灌浆准备工作。

灌浆前，将下部孔洞口临时用木塞堵封，用压力水冲洗管道，直至最高的孔洞排水为止。灌浆材料应采用强度等级不低于42.5的普通硅酸盐水泥配置的纯水泥浆；对空隙较大的孔道，可采用砂浆灌浆，水泥浆和砂浆强度标准值均不应低于20 MPa，水泥浆的水灰比为0.4～0.45，搅拌后3 h泌水率宜控制在2%，最大不得超过3%。为了增加孔道灌浆的密实性，在水泥浆中可掺入对预应力筋无腐蚀作用的外加剂，如可掺入占水泥重量0.25%的木质磺酸钙，或占水泥重量0.05%的铝粉。

2）灌浆方法与要求。

开始灌浆时，压力保持在0.5～0.6 MPa为宜，压力过大时易胀裂孔壁，水泥浆应过筛，以免水泥夹有硬块而堵塞泵管或孔道。稍后，将有浆体从各个孔洞口冒出，带有清洗孔洞时的水及稀浆，应让其流出。待冒出与灌浆稠度基本一致的浓浆时，即可再用木塞堵死，符合一个，封堵一个；在灌满孔道并封闭排气孔后约几分钟拔出灌浆嘴，并用木塞堵死。端头锚具亦尽早用混凝土封闭。

灌浆工作应连续进行，不得中断，如因故障在20min后不能继续灌浆时，应用压力水将已灌部分全部冲洗出来，以后另行灌浆。

3）灌浆试块留设。

浆体应留试块，试块有两种：一是标准养护用，以测定强度标准值；二是同条件养护用，以作为移动构件的参考。

11. 屋架扶直就位

吊装屋架在孔道灌浆强度达到15 MPa以上时即可翻身扶直就位并可直接吊装。

五、预应力混凝土T形吊车梁浇筑施工技术要点

1. 施工准备

1）材料准备。

清理台座上地模的残渣瘤疤、刷隔离剂。隔离剂不应沾污预应力筋，以免影响预应力筋与混凝土的黏结。如果预应力筋遭受污染，应使用适当的溶剂加以清洗。在生产过程中，应防止雨水冲刷掉台面上的隔离剂。

2）地模准备。

地模一般采用砖胎模，表面用1∶2水泥砂浆抹面找平。亦可以台面为底模，直接在台面上支侧模。

3）平面布置要求。

（1）满足构件吊装顺序的要求。

（2）保证运输道路及起重机运行路线畅通。

（3）满足构件制作各工序的场地需要，如混凝土运输、堆放及上料，预应力筋穿束及张拉等。

（4）预制场地应平整夯实、利于排水。

2.安放下部预应力筋及预埋件

1）准备工作。

安放钢筋前应检查预应力的制作是否符合设计要求，预埋件规格数量是否正确。钢筋上的油污，应用棉纱头或布擦拭干净。

2）预应力筋铺设。

预应力筋铺设时，钢筋之间的连接或钢筋与螺杆的连接，可采用套筒双拼式连接器；预应力钢丝宜用牵引车铺设。如果钢丝需要接长，可借助于钢丝拼接器用20～22号铁丝密排绑扎。

3.张拉下部预应力筋

1）张拉前准备。

应将张拉参数（张拉力、油压表值、伸长值等）标在牌上，供操作人员掌握，张拉前应校检张拉设备仪表，检查锚夹具。已有较大磨损的锚夹具，应立即更换，不宜勉强使用；张拉前应进行一次检查，钢丝绳无破损，千斤顶无泄漏。

2）张拉要求。

张拉时应以稳定的速度逐渐加大拉力，并使拉力传到台座横梁上，而不应使预应力筋或夹具产生次应力。张拉后持荷2～3 min，待预应力值稳定后，方可锚定。为避免台座承受过大的偏心力，应先张拉靠近台座截面重心处的预应力筋。张拉至90%σ_{con}时，可进行预埋件、钢箍的校正工作。

3）张拉注意事项。

（1）构件在浇筑混凝土前发生断裂或滑脱的预应力钢丝必须予以更换。

（2）多根钢丝同时张拉时，断裂和滑脱的钢丝数量不得超过结构同一截面钢材总根数的5%，且严禁相邻两根预应力钢丝断裂和滑脱。

（3）张拉完毕，预应力筋对设计位置的偏差不得大于5 mm，也不得大于构件截面最短边长的4%。

4.绑扎安装钢筋骨架、安放上部预应力筋并张拉、安放绑扎网片

下部预应力筋张拉锚固后，方可绑扎钢筋骨架，钢筋骨架的钢筋规格、数量及骨架的几何尺寸都应符合设计要求。骨架一般先预制绑扎后安装入模或模内绑扎。

上部预应力筋张拉锚固与下部预应力筋张拉相同。

按设计要求绑扎网片，应注意绑扎牢固，与骨架连接正确，以免影响支模。

5.支侧模、安放预埋件

吊车梁一般采用立式支模生产方法。吊车梁宜优先选用钢制模板，如采用木模，模板与混凝土接触的表面宜包钉镀锌铁皮，以使构件表面光滑平整。端模采用拼装式钢板，以便在预应力钢筋放松前可以拆除；模板内侧应涂刷非油质类模板隔离剂。模板应有足够的刚度，要求不变形、不漏浆、装拆方便。用地坪台面作底板时，安装模板应避开伸缩缝；如必须跨压伸缩缝时，宜用薄钢板或油毡纸垫铺，以备放张时滑动。侧模支好后，预埋件可随之安装定位。铁件数量规格应检验合格，定位要牢固，位置应正确。

6.浇筑混凝土

1）混凝土制备 确定预应力混凝土的配合比时，应尽量减少混凝土的收缩和徐变，以减少预应力损失。

2）混凝土浇筑时间 预应力筋张拉、绑扎和立模工作完成之后，即应浇筑混凝土，每条生产线应一次浇筑完毕。

3）混凝土下料 如用人工操作，必须反铲下料；如用翻斗车、吊斗下料，应注意铺料均匀，料斗下料高度应小于 2 m，下料速度不可过快，注意避免压弯吊车梁上部构造钢筋网片或骨架。

4）混凝土振捣 采用插入式振捣棒分层振捣，每层厚度为 300～350 mm。吊车梁腹部应采用垂直振捣，对上部翼缘应采用斜向振捣。振捣时应避免碰撞钢筋和模板。振动以混凝土振出浆为度，每次插入时应将振捣棒插入下层混凝土 50 mm 左右，以使上下层混凝土接合密实；吊车梁的振捣应从一端向另一端进行。

5）混凝土浇筑注意事项 为保证钢丝与混凝土有良好的黏结，浇筑时振捣棒不应碰撞钢丝，混凝土未达到一定强度前也不允许碰撞或踩动钢丝。应注意振实铁件下的混凝土，吊车梁上表面应用铁抹抹平。一次浇筑完成不留施工缝，并

应将每一条长线台座上的构件在一个生产日内全部完成。浇筑完毕即应覆盖养护。

7.拆模

侧模在混凝土强度能保证棱角完整，构件不变形，无裂缝时方可拆除。浇筑混凝土后要静停 1～2 d 方可拆除侧模和端模，拆模后应检查外表，对胀大的地方应凿除，对出现的漏浆、蜂窝等缺陷应及时修补。

8.养护

对浇筑完的混凝土应在其初凝前覆盖保湿养护，直至放张吊运归堆，并在归堆后继续养护。养护的时间不应少于 14 d。预应力混凝土可采用自然养护或湿热养护。当预应力混凝土进行湿热养护时，应采取正确的养护制度以减少由于温差引起的预应力损失。混凝土强度设计值小于 1.2 MPa 时，不准踩踏该生产线的预应力筋。

9.放松预应力筋

1）混凝土强度。

放松预应力钢筋时，混凝土应达到设计要求的强度。如设计无要求时，应不得低于设计混凝土强度标准值的 75％。

2）放张顺序。

预应力筋的放张顺序，应符合设计要求；当设计无要求时，应先放张预压力较小区域的预应力筋，再放张预压力较大区域的预应力筋，如图 7-6 所示。长线台座预应力冷拔低碳钢丝的放张，应先从中间开始，后向两端进行。

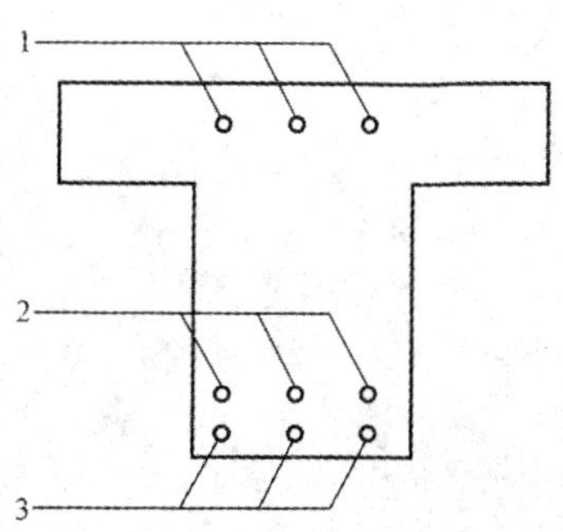

图 7-6　多根预应力筋放张顺序图

注：1、2、3 为放张顺序号

3）放张方法常用的放张方法

千斤顶放张、砂箱放张、楔块放张、预热熔割、钢丝钳或氧炔焰切割。预应力筋的放张工作，应缓慢进行，防止冲击。

10. 成品堆放

脱模时先用撬棍轻轻拨撬，使吊车梁与底模分离脱模，然后用带有横担的无水平分力的吊具起吊堆放。每堆不宜超过二层。

后张法预应力混凝土 T 形吊车梁与预应力屋架制作相似。

参考文献

[1] 中华人民共和国住房和城乡建设部．普通混凝土配合比设计规格 JGJ 55－2011[S]. 北京:中国建筑工业出版社,2011.

[2] 北京土木建筑学会. 主体结构工程[M]. 北京:中国电力出版社,2008.

[3] 北京土木建筑学会. 建筑工程施工技术手册[M]. 武汉:华中科技大学出版社,2008.

[4] 北京土木建筑学会. 安装工程施工技术手册[M]. 武汉:华中科技大学出版社,2008.

[5] 北京土木建筑学会. 建筑施工安全技术手册[M]. 武汉:华中科技大学出版社,2008.

[6] 北京土木建筑学会. 建筑工人实用技术便携手册. 混凝土[M]. 北京:中国计划出版社,2006.

[7] 北京城建科技促进会,等．建筑安装分项工程施工工艺规程 DBJ/T 01－26－2003[S]. 北京:中国市场出版社,2003.

[8] 建设部人事教育司. 混凝土工[M]. 北京:中国建筑工业出版社,2002.

[9] 曹丽娟. 安装工人常用机具使用维修手册[M]. 北京:机械工业出版社,2008.

[10] 杨建华. 混凝土工(初级)[M]. 北京:机械工业出版社,2007.

[11] 王华生,赵慧如. 混凝土工操作技术指南[M]. 北京:中国计划出版社,2000.

[12] 本书编委会. 建筑业 10 项新技术(2011)应用指南[M]. 北京:中国建筑工业出版社,2011.

图书在版编目(CIP)数据

混凝土结构工程施工技术速学宝典/北京土木建筑学会主编. —武汉:华中科技大学出版社,2012.9

(建筑工程实用施工技术速学宝典)

ISBN 978-7-5609-7764-5

Ⅰ. ①混… Ⅱ. ①北… Ⅲ. ①混凝土结构—建筑工程—工程施工 Ⅳ. ①TU755

中国版本图书馆 CIP 数据核字(2012)第 040690 号

建筑工程实用施工技术速学宝典

混凝土结构工程施工技术速学宝典 北京土木建筑学会 主编

出版发行:华中科技大学出版社(中国·武汉)

地 址:武汉市武昌珞喻路 1037 号(邮编:430074)

出 版 人:阮海洪

责任编辑:简晓思 责任监印:秦 英

责任校对:李锦明 装帧设计:王亚平

印 刷:北京亚通印刷有限责任公司

开 本:787mm×1092mm 1/16

印 张:20

字 数:403 千字

版 次:2012 年 9 月第 1 版第 1 次印刷

定 价:42.80 元

投稿热线:(010) 64155588－8031 hzjztg@163.com

本书若有印装质量问题,请向出版社营销中心调换

全国免费服务热线:400－6679－118 竭诚为您服务